普通高等教育“十二五”系列教材（高职高专教育）

DIANLU JICHU YU SHIJIAN YINGYONG

电路基础与实践应用

编著 李元庆 何 佳
主审 刘耀年

中国电力出版社
CHINA ELECTRIC POWER PRESS

内 容 提 要

本书集电路基础理论、电路实践应用、电路学习指南及电路教学项目于一体，为项目化教学教材。全书分为两部分。第一部分为第1～5章，主要为电路基础知识，包括电路的基本元件及性能，电阻电路的等效变换及其应用，线性电路的分析方法及其定理，正弦交流电路的分析与应用，三相电路的分析与应用。第二部分为第6～10章，主要为电路知识的应用，包括谐振、互感电路及磁路的分析与应用，非正弦交流电路的分析，动态电路的分析与应用，电工仪表及其使用，安全用电技术及其应用。

本书主要作为高等职业教育相关专业电路课程教材，还可作为中、高级电工的培训教材及工程技术人员的参考用书。

图书在版编目（CIP）数据

电路基础与实践应用 / 李元庆，何佳编著. —北京：中国电力出版社，2011.9 （2023.8重印）

普通高等教育“十二五”规划教材. 高职高专教育

ISBN 978-7-5123-2100-7

Ⅰ. ①电… Ⅱ. ①李… ②何… Ⅲ. ①电路理论—高等职业教育—教材 Ⅳ. ①TM13

中国版本图书馆 CIP 数据核字（2011）第 182796 号

中国电力出版社出版、发行

（北京市东城区北京站西街 19 号 100005 http://www.cepp.sgcc.com.cn）

三河市百盛印装有限公司印刷

各地新华书店经售

*

2011年9月第一版 2023年8月北京第九次印刷

787毫米×1092毫米 16开本 19.25印张 466千字

定价33.00元

前 言

本教材根据“十二五”高职高专教育教学内容和课程体系改革的要求编写而成。教材内容突破了原有课程的结构体系，突出了课程的应用性和操作性，删除了理论性强的二端口网络内容，增加了实用性强的电工仪表及其使用和安全用电技术等内容。本教材具有以下特点。

（1）每一章节均以提出问题的方式（任务引导）引入教学任务。另外，各章均附有教学项目，各教学项目给出了具体的能力目标、知识目标、工作任务、相关实践知识、相关理论知识及拓展知识。考虑到不同专业对教学项目的需求及差异，为了方便不同专业弹性选择教学项目，增强对教学项目的适应性，故将教学项目置于每一章末供选用或参考。该项目教材能让学生在工作任务的驱动下去学习，掌握相关的电工基本操作技能。

（2）以工作过程为教学项目，融理论与项目于一体，在实践中教理论，在运用中学技术，注重理论和实践并举，强化学生实践能力、操作技能、创新精神和职业素质的培养。

（3）以培养学生的动手能力为主线，集学习与讨论、试验与反思、认识与扩展、实践与创新为一体。为了提高学生的外语应用能力，书中主要名词都标有英语注释。

（4）为适应传统教学内容向项目化教学内容之间的过渡，在内容编排上按电路基本概念、电路分析方法、解题步骤、例题分析、解题要点、实践应用、小结等内容编排，充分体现了理论与实践相结合的特点，避免了复杂的推理论证和定量分析。

（5）注重教学方法和教学手段的改革，编写时力求做到概念准确、语言精练、重点突出、内容创新、叙述通俗；教学时可运用实践应用（或教学项目）中的内容直接验证相关的电路定理、定律。本教材适用于用传统的方法教学，更适合于进行项目化教学。

（6）本教材编写了简要习题解答，给出了习题的主要解题步骤及计算结果，能进一步提高读者学习电路知识的兴趣，掌握相关知识要点。

本教材由何佳、李元庆编著。全书由李元庆统稿。何佳编写第一至五章；李元庆编写第六至十章及附录部分；本书由东北电力大学刘耀年教授主审，提出了宝贵的意见，在此表示衷心感谢。

由于时间仓促且作者水平有限，书中纰漏之处在所难免，恳请使用这套教材的师生和读者提出宝贵的意见与建议，以利我们今后不断改进。

编 者

2011 年 8 月

目　录

第一章　电路的基本元件及性能

电路是电能和电信号的传输及转换系统。电路最常用的物理量有电流、电压、电位、电动势、电功率。组成电路的元件主要有电阻、电容、电感及理想电流源和理想电压源等，它们构成了电气器件连接的整体。

第一节　电 路 及 其 模 型

问题一：实际的电路是怎样用模型来表示的？
问题二：电路的工作状态有哪几种？各有什么特点？

电路模型是用以反映实际电路中电气设备电磁性能的理想电路元件或它们的组合。其中，理想电路元件是指忽略实际部件的外形、尺寸等差异，只反映其电磁性能共性的电路模型最小单元。

一、电路的概念

电路又称为回路，泛指电流流通的闭合路径。电路由电源、中间环节和负载三个基本部件组成。电路中提供电能的设备或元器件称为电源（如电池、发电机等），电路中使用电能的设备或元器件称为负载（如电炉、电灯和电动机等）。中间环节（如开关和连接导体等）是连接电源和负载的部分，用来传输和控制电能。

图 1-1 是简单的手电筒实际电路。它由一个电源（干电池）、一只负载（小灯泡）、一只开关和若干连接导线（手电筒的金属外壳）组成。在图 1-1 所示电路中，当开关闭合后，储存在电池中的化学能转换为电能经连接导体供给灯泡使用，灯泡则将电能转换为光能和热能。

电路的另一作用是传递和处理电信号。图 1-2 所示为简单有线广播电路。其中，话筒是传感器，它将声音信号转换为相应的电压和电流（称为电信号），再通过放大器、均衡器、功放器等设备进行处理，传递给扬声器（负载），最后还原为声音。

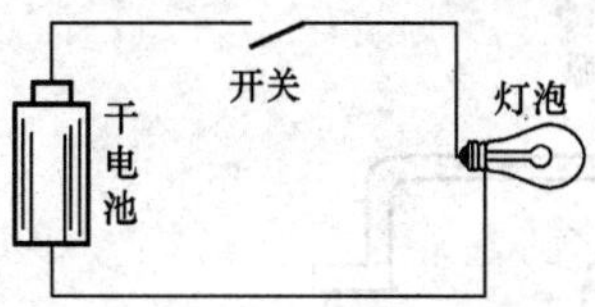

图 1-1　手电筒实际电路

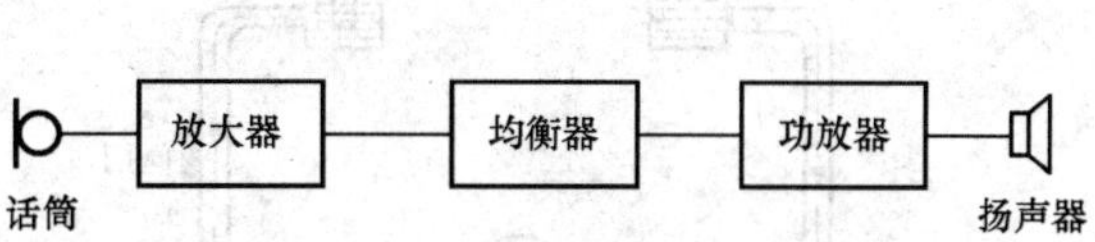

图 1-2　简单有线广播电路

二、电路模型（Circuit Model）

由理想元件组成的电路，称为电路模型。一个实际电路用什么样的电路模型表示，应当通过对电路物理过程的观察分析而确定。例如常见的手电筒，其实际电路元件由干电池、灯泡、开关和筒体组成，电路模型如图 1-3 所示。

三、电路的三种工作状态

（1）通路（Access Road）（或有载工作状态）。图 1-3 是一种典型的有载工作电路，电源与负载接通时，电路中就有电流通过，电气设备或元器件获得一定的电压和电功率，并进行能量转换。

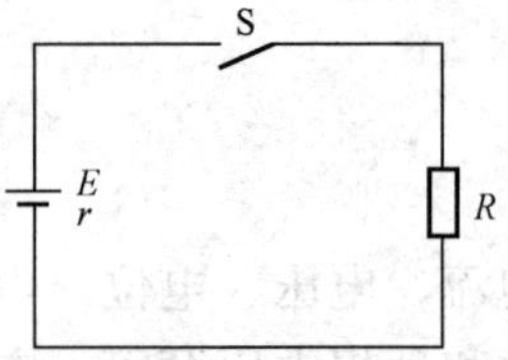

图 1-3　电路模型

（2）开路（Open Circuit）。当开关断开时，电路中没有电流通过，称电路为开路状态。

（3）短路（Short Circuit）。当电源两端由于某种原因被电阻值接近于零的导线相连接时，电源处于短路状态，外电阻可视为零，电源端电压也为零。电路短路时，回路电流很大，若电路没有保护措施，电源或电器会烧毁或导致发生火灾。所以在电路或电气设备中需安装熔断器、熔丝等保护装置，以避免短路时发生严重后果。

今后，如未加特别说明，所讨论的电路均是电路模型，所说的元件均是理想元件。

第二节　电路中的基本物理量

问题三：什么是电流和电压？

问题四：电压、电位、电动势有哪些内在联系？电功率和电能如何计算？

电路中涉及的物理量主要有电流（I）、电压（U）、电荷（q）、磁通（Φ）、电功率（P）和电磁能量（W）等，在电路中主要关心的物理量是电流、电压和电功率。

一、电流及电流参考方向

1. 电流的概念

带电粒子有规则地定向运动形成电流（Current），即单位时间内通过导体横截面的电荷量，用 I 或 i 表示。

为了便于对电流概念的理解，用水流来作比拟电流。图 1-4 所示是水流和电流形成示意图。从图 1-4（a）可知，控制水流的阀门打开后，只要水池 A 中的水位高过水池 B 的水位，涡轮转动，水管中有水流流动。为了保持水池 A 中的水位高过水池 B 的水位（即涡轮两端有水位差），则由抽水机不停地做功，将水池 B 中的水移动到水池 A 中，提高了水的重力势能。

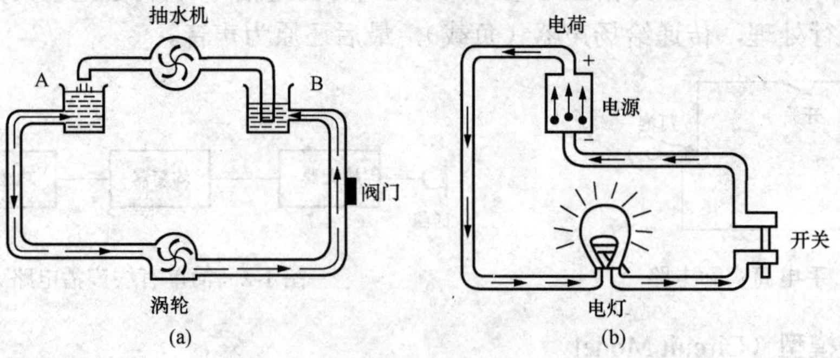

图 1-4　水流和电流形成的示意图

（a）水流的形成；（b）电流的形成

从图 1-4（b）可知，开关闭合后，电灯亮，电路中有电流流过，电源的作用保持了电灯两端有电位差。为了维持这一电位差，电源不断地克服电场力做功，将正电荷从电源的负极移动到正极，提高了正电荷的电势能。

由于在不同的导电物质中，形成电流的运动电荷可以是正电荷，也可以是负电荷，甚至两者都有。习惯上，规定正电荷移动的方向为电流的方向。

电流的大小常用电流强度来衡量，为简单起见，把电流强度简称为电流。这样，“电流”一词不但表示一种物理现象，还表示电路中的一个基本物理量。

大小和方向都随时间变化的电流叫变动电流。其中在一个周期内电流的平均值为零的变动电流称为交变电流，简称交流（即 AC），用符号 i 表示。

对于变动电流来说，设在时间间隔 dt 内，通过导体横截面的电荷量为 dq，则在该瞬间的电流强度为

$$i=\frac{\mathrm{d}q}{\mathrm{d}t}$$

大小和方向均不随时间变化的电流称为恒定电流，简称直流（即 DC），用符号 I 表示。对直流电流来说，t 时间内通过导体横截面的电荷量为 q，则其电流强度为

$$I=\frac{q}{t} \tag{1-1}$$

在国际单位制（SI）中，电流的单位为 A（安培，简称安）。1A=1C/s（库仑/秒）。有时也用 kA（千安）、mA（毫安）、μA（微安）作为计量单位。

$$1\text{kA}=10^3\text{A}，1\text{A}=10^3\text{mA}=10^6\mu\text{A}$$

如图 1-5 所示为几种常见的电流波形图。

2. 电流的参考方向

在分析电路时，对某一电流的实际方向可能一时很难确定，也可能其方向是不断变化的。因此，需要有一个电流参考方向与其比较。

任意假定的电流方向就称之为电流的参考方向，用实线箭头表示，如图 1-6 所示。另一种是用双下标表示，如 I_{ab} 指电流的参考方向由 a 指向 b。

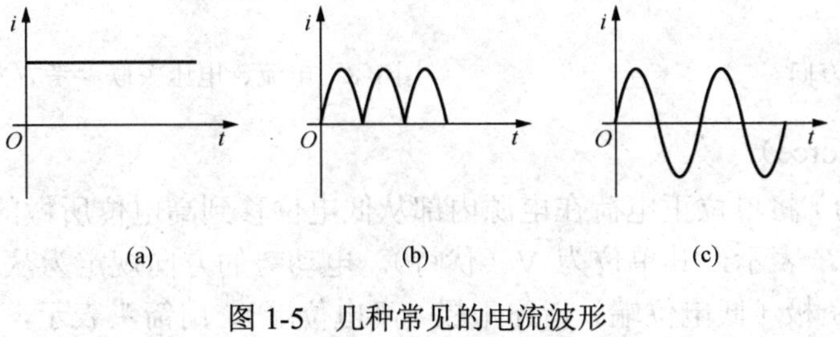

图 1-5　几种常见的电流波形

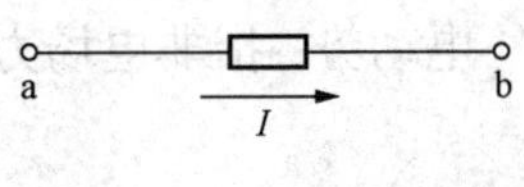

图 1-6　电流参考方向

确定好参考方向后，若计算电流的结果为正值，则说明电流的实际方向与参考方向一致。反之，当电流为负值时，则说明电流的实际方向与参考方向相反。在图 1-6 所示电路中，若 I 为正值，表示电流从 a 流到 b；若 I 为负值，表示电流从 b 流到 a。

二、电位、电压及电压参考方向

1. 电位（Potential）

电路中，电场力将单位正电荷从某点移至参考点所做的功称为电位，用 V 表示，其中参

考点可任意指定，一般选择大地、接地点或电气设备的机壳、电路的公共连接点作为参考点。参考点一经选定，一般将该点电位设为 0，即$V=0$。

虽然电路中电位的参考方向可任意选择，但是参考点一经选定，电路中各点的电位值就是唯一的。当选择不同的电位作参考点时，电路中各点电位值将发生改变，但任意两点间电压保持不变。

2. 电压（Voltage）

电压U指电场力将单位正电荷从电路中某点移至另一点所做的功。即

$$U_{ab}=\frac{W}{q} \tag{1-2}$$

电压也可理解为电路中任意两点间的电位差。例如 a、b 两点间的电压为

$$U_{ab}=V_a-V_b \tag{1-3}$$

因此，电路中两点间的电压就是该两点的电位之差。

两点间电压的实际方向即是由高电位点指向低电位点的方向。所以电压也称为电位降落，简称电位降或电压降。直流电压用大写字母U表示，交流电压用小写字母u表示。

3. 电压的参考方向

电压参考方向的表达式通常有两种：一种是用“+、−”极性表示，此时电压参考方向由“+”指向“−”，如图 1-7 所示；另一种是用双下标，如U_{ab}，电压的参考方向由 a 指向 b，如图 1-8 所示。这样选定的电流和电压的参考方向称为关联参考方向。

当正电荷在电场力作用下由 a 点移动到 b 点时，电场力做功，即$W>0$，实际方向就是正电荷在电场中受电场力作用移动的方向。在国际单位制（SI）中，电压的单位是 V（伏特，简称伏）。1V=1J/C（焦耳/库仑）。电压单位也用 kV（千伏）、mV（毫伏）、μV（微伏）。

$$1\text{kV}=10^3\text{V}\text{，}\ 1\text{V}=10^3\text{mV}=10^6\mu\text{V}$$

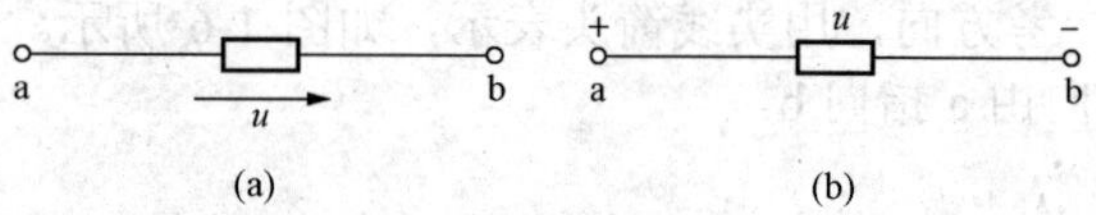

图 1-7　电压参考方向

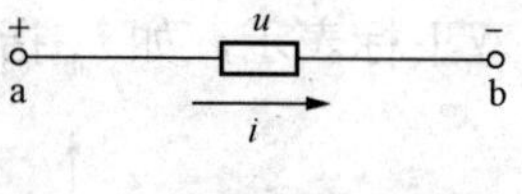

图 1-8　电流、电压关联参考方向

三、电动势（Electromotive Force）

电动势：指非电场力（即外力）将单位正电荷在电源内部从低电位移到高电位所做的功。用符号E表示，其单位为 V（伏特）。电动势的方向规定为从电源内部的负极（低电位端）指向正极（高电位端），用箭头表示，如图 1-9 所示。在电路分析时，常常考虑的是电源的端电压U_s，对于理想电压源

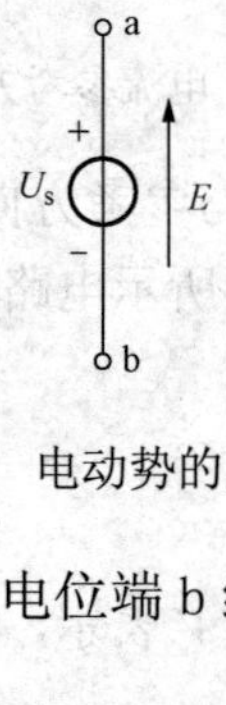

图 1-9　电动势的正方向

$$U_s=E \tag{1-4}$$

电动势是表示电源特征的一个物理量，电源中非静电力对电荷做功的能力，称为电动势，在数值上等于非静电力把单位正电荷从电源低电位端 b 经电源内部移到高电位端 a 所做的功。

四、电功率和电能

1. 电功率（Electric Power）

电功率指单位时间内电场力所做的功，用符号 p 或 P 表示。电流做功的过程是将电能转换为光能、热能、机械能等非电能的过程。电功率的表达式为

$$P = W/t$$

电功率的单位是 W（瓦特，简称瓦），还有 kW（千瓦）、mW（毫瓦）、μW（微瓦）等。其中 $1\text{kW}=10^3\text{W}$，$1\text{mW}=10^{-3}\text{W}$，$1\mu\text{W}=10^{-6}\text{W}$。

在实际应用中，电功率和电压及电流的关系为

$$W = Uq = UIt = U^2t/R = I^2Rt = Pt$$

$$P = \frac{W}{t} = \frac{W}{q} \times \frac{q}{t} = UI \tag{1-5}$$

在电流和电压的方向为关联参考方向时，若计算出功率数值为正，即 $P>0$ 时，表明元件实际吸收或消耗功率；若计算出功率数值为负，即 $P<0$ 时，表明元件释放或提供功率。

如果元件电压、电流参考方向相反，则元件的功率为

$$P = -ui \tag{1-6}$$

若 $P<0$，表明元件实际释放或提供功率。

若功率的单位为 W（瓦），时间的单位为 s（秒），则电能的单位为 J（焦耳）。

2. 电能（Electric Energy）

电能指电以各种形式做功的能力。分为直流电能、交流电能，这两种电能均可相互转换。

电能的单位常用 kW·h（千瓦小时）表示，1kW·h 的电能通常叫做 1 度电。

$$1\text{kW}\cdot\text{h} = 1000\text{W} \times 3600\text{s} = 3.6\times10^6\text{J}$$

五、电气设备的额定值

额定值是使用电气设备的依据。电气设备的额定电压、额定电流和额定功率用 U_N、I_N、P_N 表示，并标记在设备的铭牌上。电气设备工作在额定状态称为满载。低于额定值的工作状态称为轻载，高于额定值的工作状态称为过载。

当外加电压大大高于额定电压，电气设备的绝缘材料将被击穿，造成短路或设备被烧毁。如果通过电气设备的电流超过额定值，设备温度过高，不仅影响寿命而且绝缘材料会因过热出现炭化，破坏其绝缘性能，导致设备和人身事故。

如果工作电压比额定值小得多，电气设备将处于不良工作状态，甚至不能正常工作。例如，将一只标有“220V、40W”的白炽灯接到110V的电源上，则灯光昏暗，照明效果差。洗衣机、电冰箱、计算机、电视机等设备如电源电压过低，将不能正常工作。

六、例题分析（Sample Analysis）

【例 1-1】 一只400Ω、1W 的碳膜电阻，若接于电路时，元件两端的电压不得超过多大的数值？

解 根据功率的计算公式有

$$P = \frac{U^2}{R} \Rightarrow U = \sqrt{PR} = \sqrt{1\times400} = 20(\text{V})$$

由计算可知其端电压不得超过 20V。如果将其接到 100V 的电压上，此时它的功率为

$$P=\frac{100^2}{400}=25(\text{W})$$

这功率大大超过其额定功率，电阻将立即烧毁。

七、实践应用（Applications）

直流电压 *U* 和直流电流 *I* 的测量

（一）教学目标

（1）能测量直流电压及直流电流。

（2）能使用万用表和稳压电源，并正确选择挡位和读数。

（二）仪器设备

（1）指针式万用表，1 只。

（2）数字式万用表，1 只。

（3）直流稳压电源，1 台。

（4）电阻箱［或滑线变阻器或电位器（串联 100Ω 电阻）]，1 只。

（5）电源引线，若干。

（三）工作任务

1. 测量直流电压

（1）用稳压电源输出高、低不同的直流电压。

（2）根据稳压电源输出的电压，选择万用表的电压挡。

（3）将万用表红表笔触及稳压电源的正输出端，黑表笔触及稳压电源的负输出端（注意：两表笔不能短接)，即可测出直流稳压电源的输出电压；对调表笔重新测量。将两电表的挡位及测量结果填入表 1-1 中。

表 1-1　　数据记录 1

电源电压（V）	1		6		12		24	
测量所用万用表	针式	数字	针式	数字	针式	数字	针式	数字
万用表量程	2.5	2	10	20	50	20	50	200
测量值								
对调表笔后测量值								

2. 测量交流电压

（1）将万用表置于交流 250V 或 500V（数字表用 700V）挡位上，用两表笔直接接触有市电的插座两孔，此时即可在表上读出交流电压值。

（2）测量交流时必须注意安全，不可用手碰触万用表金属裸露部分或将两表笔短接。

（3）将两电表的挡位及测得交流电压值填入表 1-2 中。

表 1-2　　数据记录 2

所测电源 / 电表挡位（V）	市电 220V	市电 380V
针式电表 250		—
数字电表 700		

续表

电表挡位（V）＼所测电源	市电 220V	市电 380V
针式电表 500		
数字电表 700		

注　打“—”者不能选用该量程测试。

3. 测量直流电流

（1）按图 1-10 所示连接电路。

（2）调节直流稳压电源输出电压为 6V。

（3）改变电阻箱（或电位器）的阻值。

根据电阻箱（或电位器）阻值的变化情况，合理选择电流挡位，即可测得电路中的电流值。并将两电表的挡位及测得电流值填入表 1-3 中。

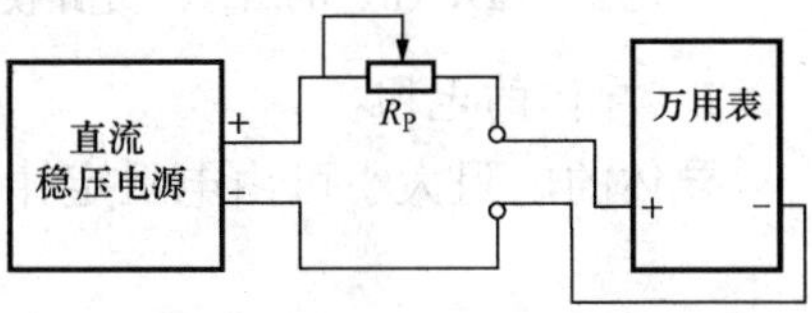

图 1-10　测量直流电流电路

（四）数据记录

表 1-3　　数据记录 3

电阻箱阻值（Ω）	10k		1k		100	
测量所用万用表	针式	数字	针式	数字	针式	数字
万用表量程（mA）	1	2	10	20	100	200
测量值						

最后，对以上实测数据进行分析。

第三节　电阻、电感、电容元件及其应用

问题五：哪些元件称为电阻元件？如何用欧姆定律计算电阻上的电压或电流？

问题六：哪些元件称为电感元件？电感元件上储存的磁场能量如何计算？

问题七：哪些元件称为电容元件？电容元件上储存的电场能量如何计算？

实际的电路元件繁多，它们可以组成简单的电路，也可以组成复杂的电路。电路中的各种元件涉及的物理过程很广泛，它在表现其主要物理性质的同时，还兼有其他性质。如电阻器、电灯、电炉在有电流通过时，除发光、发热外，还会产生磁场，兼有电感性质；实际的电感线圈总是有电阻的，通过电流时除建立磁场外，还要消耗能量；即使质量优良的电容器也会有漏电；干电池、发电机内部总有内阻存在。

这样，在一定的条件下，将实际的电路元件近似化、理想化，用反映其主要电磁性质的“模型”来表示，即用理想元件来表示实际元件。

一、电阻元件

1. 电阻（Resistance）

电阻是衡量导体对电流阻碍作用的物理量。通常用符号 R 表示，它是导体的一种基本性质，电阻值的大小与导体的尺寸、材料、温度有关。如电阻器、白炽灯、电炉等具有电阻性质的实际电路元件，当有电流通过时，就要消耗电能，并将电能转变为热能、光能。

电阻元件是一种对电流呈现“阻碍”作用的耗能元件。如图 1-11 所示是电阻元件外形和电路模型。

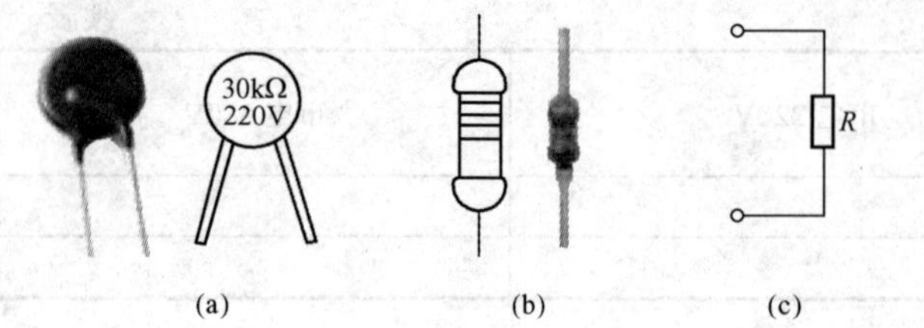

图 1-11 电阻元件外形和电路模型

（a）、（b）外形；（c）电路模型

2. 导体的电阻

导体的电阻大小可由电阻定律求得，即

$$R=\rho\frac{L}{S} \tag{1-7}$$

式中：ρ 是材料的电阻率，单位为 $\Omega\cdot$m（欧姆米）；L 是导体的长度，单位为 m（米）；S 是导体的横截面积，单位是 m^2（平方米）；R 是导体的电阻，单位是 Ω（欧姆），比较大的单位有 kΩ（千欧）、MΩ（兆欧），$1\text{M}\Omega=10^3\text{k}\Omega=10^6\Omega$，$1\text{k}\Omega=10^3\Omega$。

导体的电阻与温度有关。一般的金属材料如银、钢、铝、铁、钨等，温度升高时，电阻增大；某些材料如碳素、电解液、半导体等，当温度升高时，电阻减小；还有一些导体（如康铜、锰钢、镍铬合金等），它们的电阻几乎不随温度变化而变化。所以常用它们制作标准电阻、电阻箱以及电工仪表中的分流电阻、附加电阻等。

有些半导体材料的电阻温度系数很大，且是负值。利用半导体这一特性可制作热敏电阻。某些金属材料在温度很低时电阻陡降为零，这就是超导现象。

3. 电阻器的参数

电阻器的参数主要包括额定功率、标称阻值、最高工作温度、最高工作电压、精度、噪声参数及高频特性等。在选择电阻时主要考虑电阻值、精度和额定功率。其他参数，只有在特定的电气条件下才予以考虑。

4. 电导（Conductance）

在电路中，电阻的倒数叫做电导，用 G 表示，即

$$G=\frac{1}{R} \tag{1-8}$$

在国际单位制中电导的单位是 S（西门子），$1\text{S}=1/\Omega$。

电导是衡量材料导电能力大小的参考量。材料的电阻越大，电导越小，导电性越差；反之，材料的电阻越小，电导越大，导电性越好。有时（如在并联电路中）用电导来分析计算比较方便。

5. 线性电阻元件及欧姆定律

欧姆定律（Ohm's law）是关于导体两端电压与导体中电流关系的定律。在同一电路中，通过导体的电流 I 与其两端的电压 U 成正比，与导体的电阻成反比，即

$$I=\frac{U}{R} \tag{1-9}$$

当 R 为常数时，电阻元件的电压和电流关系（称为伏安特性）是一条通过坐标原点

的直线，如图 1-12（a）所示，这样的电阻元件称为线性电阻。若电阻元件的电压和电流关系不是直线，则称为非线性电阻，如图 1-12（b）所示，如灯泡中钨丝的伏安特性曲线。

在电路分析中，常常忽略外界环境对电阻的影响，将电阻元件看作是线性的，在电压电流取关联参考方向的前提下，任何时刻它两端的电压和电流关系都服从欧姆定律（以部分电路欧姆定律为例），根据图 1-13 所示电路，可得：

关联方向　$$I=\frac{U}{R}\rightarrow U=IR$$

即流过电路中电阻的电流，与加在电阻两端的电压成正比，与电阻的阻值成反比。

非关联方向　$$U=-IR$$

用电导表示的欧姆定律则为

$$I=GU$$

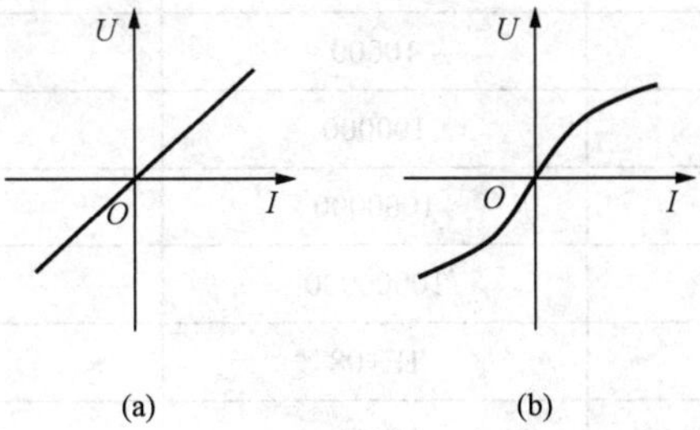

图 1-12　电阻元件的伏安特性

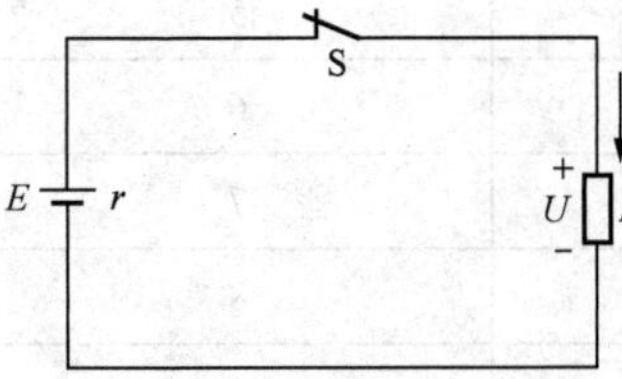

图 1-13　单电源闭合电路

若回路中有电源，则运用闭合电路欧姆定律求回路中的电流，根据图 1-13 所示电路，可得

$$I=\frac{E}{R+r}\rightarrow IE=I^2R+I^2r \tag{1-10}$$

式（1-10）称为全电路欧姆定律，它表明闭合电路中的电流和电源电动势成正比，和电路中的内外电阻之和成反比。

式（1-10）表明：电源提供的总功率 IE 等于负载取用的功率 I^2R 及损耗功率 I^2r 之和。也就是说电路的功率是平衡的。

6. 常用电阻简介

（1）碳膜电阻器。它由结晶碳沉积在磁棒骨架上制成。稳定性好、高频特性较好，可工作在 70℃的温度下，涂层多为绿色。

（2）碳质电阻器。它由碳粉、填充剂等压制而成，性能较差但价格便宜。

（3）金属膜电阻器。与碳膜电阻相比，它用金属粉代替结晶碳，除具有碳膜电阻的特性外，能耐更高的温度，涂层多为红色。

（4）绕线电阻器。它由电阻率较大、性能稳定的锰铜、康铜等合金线涂上绝缘层绕制而成。具有精度高、稳定性好、线性关系好的优点，多用于需要高精度的仪器仪表中；缺点是具有较大的分布电容。

（5）热敏电阻器。它的电阻值随温度的变化而变化，有正温度系数和负温度系数电阻器两类，一般用于温度补偿和限流保护。正温度系数电阻器随温度的升高而增大，负温度系数电阻器随温度的升高而减小。

7. 电阻器的识别与测量

（1）电阻的识别。

给定若干个色环电阻器，根据表 1-4 中给出的规律，识别色环电阻的阻值，判断其功率，并将结果填入表 1-5 相应的空格。

表 1-4　　色环颜色所代表的数字或意义

色 别	第一色环	第二色环	第三色环	第四色环
	最大一位数字	第二位数字	应乘的数	误 差
棕	1	1	10	
红	2	2	100	
橙	3	3	1000	
黄	4	4	10000	
绿	5	5	100000	
蓝	6	6	1000000	
紫	7	7	10000000	
灰	8	8	1E+08	
白	9	9	1E+09	
黑	0	0	1	
金			0.1	±5%
银			0.01	±10%
无色				±20%

（2）电阻值的测量。

对给出的不同阻值的若干个电阻，用万用表测量其电阻值，要求达到测量迅速、准确。注意测量时手不应碰及电阻引线，欧姆表每换一次量程后都应重新调零。将测量结果填入表 1-5 相应的空格。

（3）用万用表测量电位器电阻值。

1）测量两固定端间的电阻值。

2）测中间滑动片与固定端间的电阻值，旋转电位器，观察阻值变化情况。

表 1-5　　数 据 记 录

电阻元件	色环颜色					标称电阻（Ω）	功率（W）	电阻测量值（Ω）
R_1								
R_2								
R_3								
R_4								
R_5								

二、电感元件

1. 电感（Inductance）

电感元件是一种储能元件，电感元件的原始模型为导线绕制成的圆柱线圈。当线圈中通以电流 i，在线圈中就会产生磁通量Φ，并储存能量。表征电感元件（简称电感）产生磁通，存储磁场能力的参数，叫电感，用 L 表示，它在数值上等于单位电流产生的磁链。

当导线中有电流时，其周围即有磁场，通常将导线绕成线圈的形式称为电感线圈，以增加电流的磁场。如图 1-14（a）所示是几种实际的电感器。实际电感器有一定的电阻，它主要用来储存磁场能，当忽略实际电感器电阻时，就可以用电感元件表示。电感元件的符号如图 1-14（b）所示。电感 L 表明了线圈电流 i 产生磁链Ψ的能力。电感 L 的大小与线圈的线径、长度、截面积、匝数有关，有磁芯的线圈电感 L 比没有磁芯的线圈电感 L 大。

在国际单位制（SI）中，电感的单位为 H（亨利，简称亨），更小的单位有 mH（毫亨）和μH（微亨）。$1\text{mH}=10^{-3}\text{H}$，$1\mu\text{H}=10^{-6}\text{H}$。

一个实际的电感器，除了标明它的电感之外，还标明它的额定工作电流。若通过电感线圈的电流过大，则会使线圈过热从而烧毁线圈，或者使线圈受到过大的电磁力作用而发生机械变形。

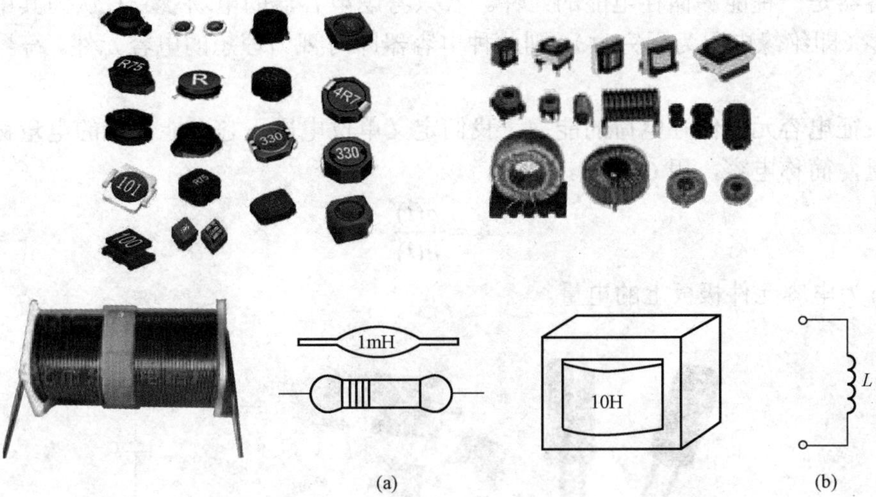

图 1-14　电感器外形和电感元件的电路模型

2. 电感元件的能量

电感元件中有电流，其周围就有磁场，电感元件储存的磁场能大小为

$$W_L=\frac{1}{2}Li^2$$

3. 电感器的识别与测量

（1）对给定的电感器进行识别其电感量，并将结果填入表 1-6 相应的空格。

（2）用万用表测电感器的直流电阻，并将测量结果填入表 1-6 相应的空格。

表 1-6　　测 量 结 果

电感元件	标称电感量	直流电阻值（Ω）
L_1		
L_2		
变压器	——	

注　打“——”者不填写。

三、电容元件

电容元件是一种表征电路元件储存电荷特性的理想元件，其原始模型为由两块金属极板中间用绝缘介质隔开的平板电容器。电容又称为电容器（Capacitor），用字母 C 表示。电容器的含义是“储存电荷的容器”。电容也是电子设备中大量使用的电子元件之一，广泛应用于隔直、耦合、旁路、滤波、调谐回路、能量转换、控制电路等方面。

1. 电容（Capacitance）

任何两个彼此绝缘且相隔很近的导体（包括导线）之间就构成一个简单的电容器。如图 1-15（a）所示是几种常见的电容器。电容器的基本特性是容纳电荷。电荷的聚集也就是电场建立的过程，在这一过程中，外力所做的功应等于电容器所储存的能量。因此，我们也可以说电容器是一种能够储存电能的元件。若只考虑电容器的电场效应且认为其中绝缘介质的损耗为零（即绝缘电阻为无穷大），则此种电容器即可视为理想的电容元件。符号如图 1-15（b）所示。

为了表征电容元件储存电荷的能力，我们定义单位电压下它所能储存的电量称为电容元件的电容量，简称电容，用 C 表示，则有

$$C=\frac{q(t)}{u(t)} \tag{1-11}$$

式中：$q(t)$ 为电容元件极板上的电量。

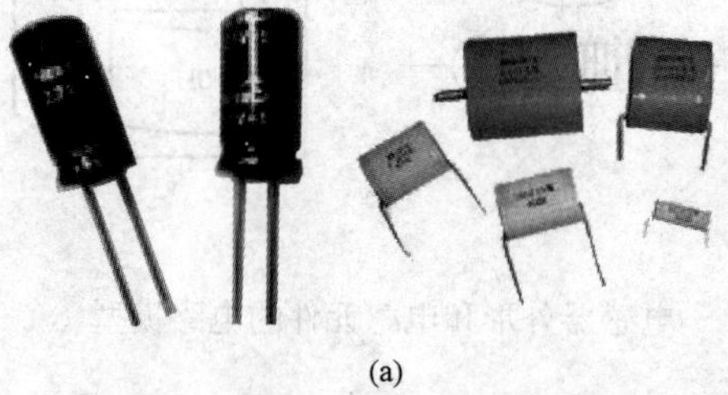

(a)

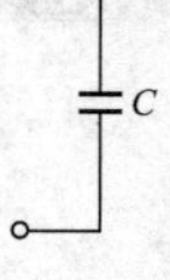

(b)

图 1-15　电容器外形和电容元件的电路模型
（a）外形；（b）电路模型

若极板上储存的电量与极板间的电压关系成正比，即电容量 C 是常数，则这种电容器就是线性的。

电容元件充电后储存电场能，且电场能的大小为

$$W_C = \frac{1}{2}CU^2 \tag{1-12}$$

在国际单位制（SI）中，电容的单位为 F（法拉）。F 这个单位太大，常用较小的单位μF（微法）、nF（纳法）和 pF（皮法）。

$$1\mu F = 10^{-6}F，1nF = 10^{-9}F，1pF = 10^{-12}F$$

电容器运行时易发生外壳鼓肚、套管或油箱漏油，其主要原因是电容器的温度太高所致。

2. 电容器的工作原理及作用

在电路中，利用电容器“通交流，隔直流”的特性，将电容器用作耦合、旁路、滤波等。那么交流电为什么能够通过电容器呢？

交流电的特点是不仅方向往复交变，大小也在按规律变化。电容器接在交流电源上，电容器连续地充电、放电，电路中就会流过与交流电变化规律一致（相位不同）的充电电流和放电电流。

在电子线路中，电容器也用来存储和释放电荷以充当滤波器，平滑输出脉动信号。小容量的电容，通常在高频电路中使用，如收音机、发射机和振荡器。大容量的电容往往作滤波和存储电荷用。一般 1μF 以上的电容均为电解电容，而 1μF 以下的电容多为瓷片电容，电解电容有个铝壳，里面充满了电解质，并引出两个电极，作为正（+）、负（–）极，与其他电容器不同，它们在电路中的极性不能接错，而其他电容则没有极性要求。

3. 检测固定电容器的方法

（1）10pF 以下的固定电容器容量太小，用万用表进行测量，只能定性地检查其是否有漏电、内部短路或击穿现象。测量时，可选用万用表 R×10k 挡，用两表笔分别任意接电容的两个引脚，阻值应为无穷大。若测出阻值（指针向右摆动）为零，则说明电容漏电损坏或内部击穿。

（2）对于 0.01μF 以上的固定电容，可用万用表的 R×10k 挡直接测试电容器有无充电过程以及有无内部短路或漏电，并可根据指针向右摆动的幅度大小估计出电容器的容量。

4. 检测电解电容器的方法

（1）因为电解电容的容量较一般固定电容大得多，所以，测量时应针对不同容量选用合适的量程。一般情况下，1～47μF 间的电容，可用 R×1k 挡测量，大于 47μF 的电容可用 R×100 挡测量。

（2）将万用表红表笔接负极，黑表笔接正极，在接触瞬间，万用表指针即向右偏转较大摆幅（对于同一电阻挡，容量越大，摆幅越大），接着逐渐向左回转，直到停在某一位置。此时的阻值便是电解电容的正向漏电阻，此值略大于反向漏电阻。实际使用经验表明，电解电容的漏电阻一般应在几百千欧以上，否则，将不能正常工作。在测试中，若正向、反向均无充电的现象，即表针不动，则说明容量消失或内部断路；如果所测阻值很小或为零，说明电容漏电大或已击穿损坏，不能再使用。

（3）对于正、负极标志不明的电解电容器，可利用上述测量漏电阻的方法加以判别。即先任意测一下漏电阻，记住其大小，然后交换表笔再测出一个阻值。两次测量中阻值大的那一次便是正向接法，即黑表笔接的是正极，红表笔接的是负极。

5. 检测可变电容器的方法

（1）用手轻轻旋动转轴，应感觉十分平滑，不应感觉有时松时紧甚至有卡滞现象。将转轴向前、后、上、下、左、右等各个方向推动时，转轴不应有松动的现象。

（2）用一只手旋动转轴，另一只手轻摸动片组的外缘，不应感觉有任何松脱现象。转轴与动片之间接触不良的可变电容器，不能再继续使用。

（3）将万用表置于 R×10k 挡，一只手将两个表笔分别接可变电容器的动片和定片的引出端，另一只手将转轴缓缓旋动几个来回，万用表指针应在无穷大位置不动。在旋动转轴的过程中，如果指针有时指向零，则说明动片和定片之间存在短路点；如果碰到某一角度，万用表读数不是无穷大而是出现一定阻值，则说明可变电容器动片与定片之间存在漏电现象。

6. 处理故障电容注意事项

处理故障电容器时，首先拉开电容器组的断路器及其上下隔离开关，再对电容器进行放电，否则容易发生触电事故。

采用熔断器保护的电容器，应先取下熔丝管。再对电容器进行人工放电。放电时，要先将接地线的接地端与接地网固定好，再用接地棒对电容器放电，直至无火花和放电声为止，最后将接地线固定好。若电容器有内部断线、熔丝熔断或引线接触不良时，其两极间还可能会有残余电荷，而在自动放电或人工放电时，这些残余电荷是放不掉的。故运行或检修人员在接触故障电容器前，应戴好绝缘手套，并用短路线短接故障电容器的两极使其放电。另外，对采用串联接线方式的电容器还应进行单独放电。

7. 电容器的识别与测量

（1）电容器的识别。

对所给不同标称值的电容器进行识别其电容量、工作电压，并将结果填入表 1-7 相应的空格。

（2）用万用表测电容器的漏电电阻，并将测量结果填入表 1-7 相应的空格。

1）小电容器漏电电阻的测量（以 0.01～0.047μF 为例），用万用表的 R×10k 挡，将表棒接触电容两极，表针先向顺时针跳动一下，然后逆时针倒退，待表针稳定时的读数即为漏电电阻。

2）大电容器漏电电阻的测量（以 100～1000μF 为例）：用万用表的 R×1k 挡，将表棒接触电容两极，当表针已偏转到最大值时，迅速从 R×1k 挡拨到 R×1 挡，片刻后再拨回 R×1k 挡，表针最后停在某一刻度上，其读数即为漏电电阻。

表 1-7 数据记录

电容元件	标称容量	工作电压（V）	漏电电阻值（Ω）
C_1			
C_2			
C_3			
C_4			
C_5			

第四节　电路中的独立电源

问题八：你了解独立电源吗？你所知道的独立电源有哪些？

电源是一种将其他形式的能量（如机械能、热能、光能、化学能）转换为电能的装置和设备，电源给电路提供某种形式的“输入”或“激励”。如发电机、蓄电瓶、干电池等是一些常见的电源。

实际电源在工作时，端电压基本不随外部电路的变化而变化，如新的干电池、大型电网；有的提供的电流基本不随外部电路变化而变化，如光电池、晶体管稳流电源。电源模型一般分为两种，即电压源和电流源。

一、理想电压源（Ideal Voltage Source）

理想电压源是从实际电源抽象出来的一种模型，其端电压与通过的电流无关。理想电压源具有两个基本的性质。

（1）它的端电压是定值U_s或是某一固定的时间函数$u_s(t)$，与外接电路无关。

（2）电压源自身的电压是确定的，流过它的电流是由与其相接的外电路所决定。

理想电压源的表示方法及伏安特性曲线如图 1-16 所示。图 1-16（c）是直流电压源的伏安特性曲线（电压、电流关系曲线），其图像是平行于横轴的一条直线，它表明其端电压与电流的大小无关。

根据理想电压源的端电压与外接电路无关的特点，在理想电压源开路和接通外电路时，其端电压及输出电压是相同的。端电压不为零的电压源短路将导致产生较大的短路电流将其烧毁。

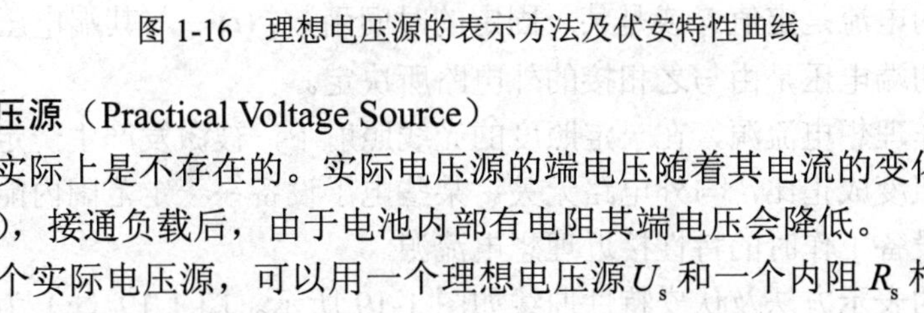

图 1-16　理想电压源的表示方法及伏安特性曲线

二、实际电压源（Practical Voltage Source）

理想电压源实际上是不存在的。实际电压源的端电压随着其电流的变化而变化。例如干电池（或蓄电池），接通负载后，由于电池内部有电阻其端电压会降低。

因此对于一个实际电压源，可以用一个理想电压源U_s和一个内阻R_s相串联的模型来表示，这就是实际电源的电压源模型，如图 1-17（b）中虚线框部分所示。内阻R_s有时也称输出电阻。

从图 1-17（b）可导出实际电压源的端电压为

$$U = U_s - IR_s$$

图 1-17（c）是实际电压源的电压、电流关系曲线。从图中可以看出，电流越大，内阻R_s上

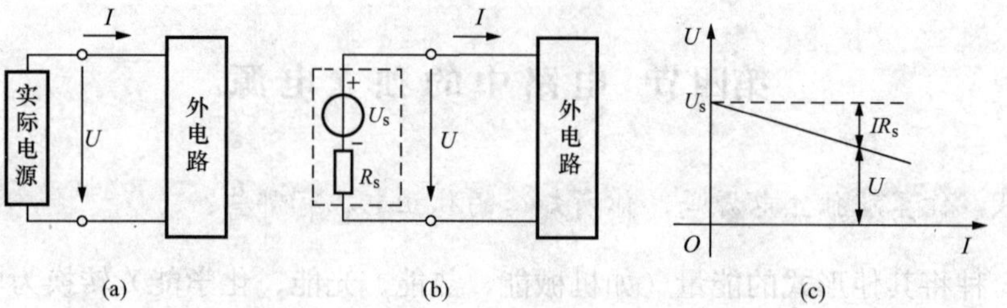

图 1-17 实际电压源模型及其特性曲线

电压IR_s越大，输出电压U就越低，内阻R_s的作用是分压。当内阻$R_s=0$时，输出电压U就等于电压源电压U_s。因此，理想电压源可看作内阻等于零的电压源模型，或说理想电压源的内阻等于零。当外电路开路时，$I=0$，$U=U_s$。

三、例题分析

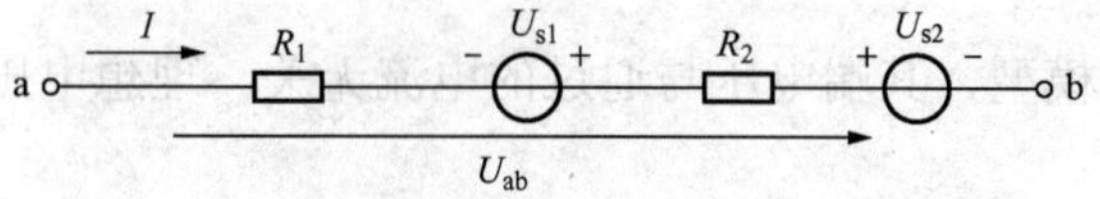

图 1-18 例 1-2 图

【例 1-2】 图 1-18 所示为一段含源电路，流过电路 ab 的电流及两端电压的参考方向如图中所示，已知$U_{s1}=7\text{V}$，$U_{s2}=12\text{V}$，$U_{ab}=20\text{V}$，$R_1=2\Omega$，$R_2=3\Omega$，求流过电路 ab 的电流I。

解 U_{ab}应是从 a 到 b 路径上全部电压降的代数和，根据各元件电压的参考方向可写出含源电路U_{ab}的表示式，即

$$\begin{aligned}U_{ab}&=IR_1-U_{s1}+IR_2+U_{s2}\\&=I(R_1+R_2)+U_{s2}-U_{s1}\end{aligned}$$

所以有

$$I=\frac{U_{ab}-U_{s2}+U_{s1}}{R_1+R_2}=\frac{20-12+7}{2+3}=3(\text{A})$$

四、理想电流源（Ideal Current Source）

输出电流保持恒定值I_s或是某一固定的时间函数$i_s(t)$，而与加在其两端电压无关的电源叫理想电流源。

理想电流源有两个基本性质。

（1）电流源的电流是定值I_s或是某一固定的时间函数$i_s(t)$，与其端电压无关。

（2）电流源的端电压是由与之相接的外电路所决定。

光电池可看作理想电流源，在一定照度的光线照射下，被激发产生一定值的电流。光电池的输出电流与照度成正比，与外电路无关。某些电子设备在一定范围内能够产生恒定的电流，这些器件或设备工作时的特性接近理想电流源。

理想电流源的表示方法及伏安特性曲线如图 1-19 所示。图 1-19（c）为直流电流源的电压、电流关系曲线，其图像是平行于横轴U的一条直线，表明其电流与端电压的大小无关。

由于理想电流源的输出电流与外电路无关，不管外电路如何，理想电流源总向外输出定值电流I_s。因此，输出电流不为零的理想电流源不允许开路，否则将击穿电流源。

五、实际电流源（Practical Current Source）

理想电流源这种元件实际上是不存在的。实际的电流源，输出的电流随端电压的变化而

变化。例如光电池，受光照激发的电流，并不能全部外流，其中一部分将在光电池内部流动。

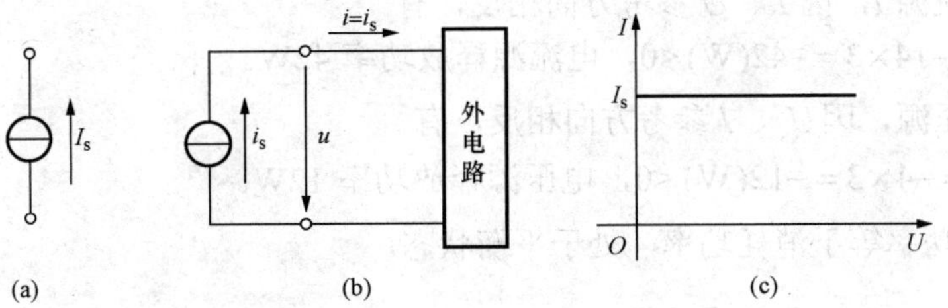

图 1-19　理想电流源的表示方法及伏安特性曲线

实际电流源可以用一个理想电流源 I_s 和一个内阻 R_s' 相并联的模型来表示。这种模型称为实际电源的电流源模型，如图 1-20（b）中虚线框部分所示。

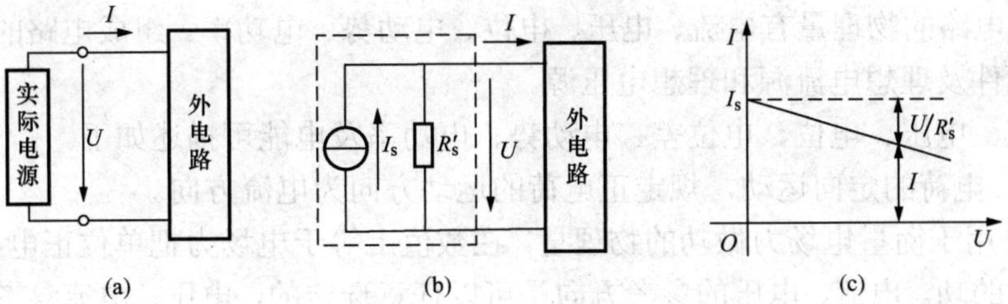

图 1-20　实际电流源模型及伏安特性曲线

从图 1-20（b）可得实际电流源输出电流为

$$I = I_s - \frac{U}{R_s'}$$

当内阻 $R_s' \to \infty$ 时，输出的电流 I 即为电流源的定值电流，因此理想电流源可看作内阻 R_s' 为无穷大的电流源模型，或说理想电流源的内阻 R_s' 等于无穷大；当实际电源短路（$U=0$），则其短路电流就是电流源模型的定值电流 I_s。

六、例题分析（Sample Analysis）

【例 1-3】 电路如图 1-21 所示，已知 $I_s = 3\text{A}$，$R = 6\Omega$，$U_s = 4\text{V}$，求电流源的端电压 U 和各元件的功率，并校验电路功率是否平衡。

解　选定回路电流 I 的参考方向及电阻电压、电流源端电压参考极性如图 1-21 所示。

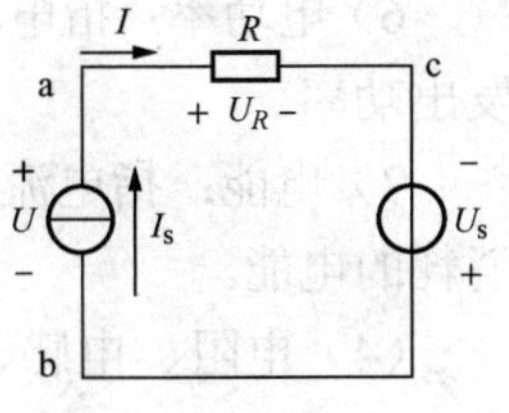

图 1-21　例 1-3 图

电流源电流为定值，回路电流 I 即为电流源的电流，则

$$I = I_s = 3(\text{A})$$

因此，电阻电压

$$U_R = IR = 3 \times 6 = 18(\text{V})$$

电流源的端电压 U 取决于与之连接的外电路。从 a→c→b，U_R 与 U 的参考方向一致，U_R 前面取正；U_s 与 U 的参考方向相反，U_s 前面取负，因此

$$U = U_R - U_s = 18 - 4 = 14(\text{V})$$

各元件的功率求解如下。

6Ω 电阻 R 的功率为

$P_R = I^2R = 3^2 \times 6 = 54(\text{W}) > 0$，电阻消耗功率 54W。

对于 3A 电流源 I，因 I_s、U 参考方向相反，有

$P_{I_s} = -UI_s = -14 \times 3 = -42(\text{W}) < 0$，电流源释放功率 42W。

对于 4V 电压源，因 U_s、I 参考方向相反，有

$P_{U_s} = -U_sI = -4 \times 3 = -12(\text{W}) < 0$，电压源释放功率 12W。

电路释放的功率等于消耗功率，处于平衡状态。

本 章 小 结

（1）电路是电流流通的闭合路径，它的功能一是实现信号的传递和处理，二是实现电能的传输和转换。

（2）描述电路的物理量有电流、电压、电位、电动势、电功率。组成电路的元件有电阻、电容和电感元件及理想电流源和理想电压源。

（3）电流、电压、电位、电位差、电动势、电功率及电能可描述如下。

1）电流：电荷的定向运动，规定正电荷的运动方向为电流方向。

2）电压：用于衡量电场力做功的物理量，在数值上等于电场力把单位正电荷 q 由 a 点移动到 b 点所做的功。电流、电压的参考方向是可以任意选定的，电压、电流参考方向一致时，为关联参考方向，否则为非关联参考方向。

3）电位：表征电场或电路能量特性的物理量；数值上等于单位正电荷在电路中某点所具有的能量。

4）电位差：又称电压，指电场或电路中两点间的电位之差。电位是相对量，它的大小与参考点选择有关；电压是绝对量，它的大小与参考点选择无关。

5）电动势：指电源力把单位正电荷从电源负极经电源内部移到正极所做的功；方向为电位升方向。

6）电功率：指电流在单位时间内所做的功；电流电压参考方向一致为吸收功率，反之为发出功率。

7）电能：指电流在某段时间内所做的功；1 度电等于功率为 1kW 的用电设备在 1h 内所消耗的电能。

（4）电阻、电感、电容元件可描述如下。

1）电阻 R：一种对电流呈现阻碍力的元件。对线性电阻元件来说，在电压电流关联参考方向下，有 $U=IR$，此即欧姆定律，引入电导概念，则有 $I=GU$。

2）电感 L：表明了线圈电流 i 产生磁链 Ψ 能力的一个参数。电感 L 的大小与线圈的线径、长度、截面积、匝数有关，有磁芯的线圈电感 L 比没有磁芯的线圈电感 L 大。电感储存的磁场能大小为

$$W_L = \frac{1}{2}Li^2$$

3）电容 C：一种储存电场能量的元件。电容器对直流电有隔直作用。对线性电容元件来说，$C=Q/U$。电容元件储存电场能大小为

$$W_C = \frac{1}{2}Cu^2$$

（5）理想电压源的端电压是恒定值或是某一固定的时间函数 $u_s(t)$，与通过它的电流无关，通过它的电流随外接电路的不同而改变。

（6）理想电流源的电流是恒定值或是某一固定的时间函数 $i_s(t)$，与其端电压无关，其端电压随外接电路的不同而改变。

（7）实际电源的电压源模型是理想电压源与内阻的串联组合，实际电流源的电流源模型是理想电流源与内阻的并联组合。

习　题　一

1．电路的作用是什么？

2．电路的组成及各组成部分的作用是什么？

3．电感元件是储能元件，储存的能量与什么因素有关？

4. 理想电压源与实际电压源有什么区别？

5.理想电流源与实际电流源有什么区别？

6．电容元件是储能元件，储存的能量与什么因素有关？

7．如图 1-22 所示电路，按给定的电压、电流参考方向，求出元件端电压 U 的值。

8．如图 1-23 所示电路，按给定的电压、电流参考方向，求电流 I 的值。

9．如图 1-24 所示电路，以“C”点为参考点，已知 $V_A = 21V$，$V_B = 15V$，$V_D = -5V$，求 U_{BD}、U_{AC}。

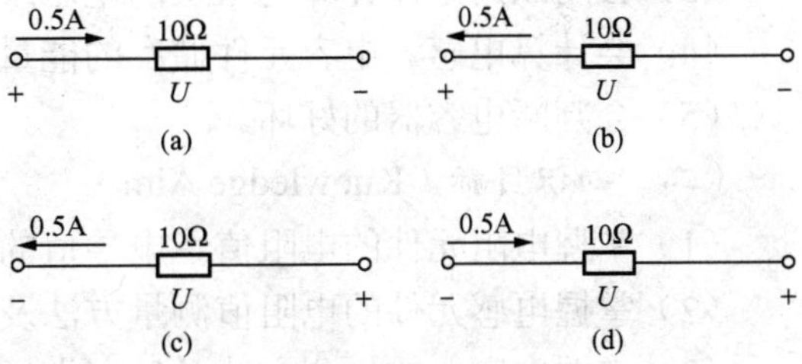

图 1-22　题 7 图

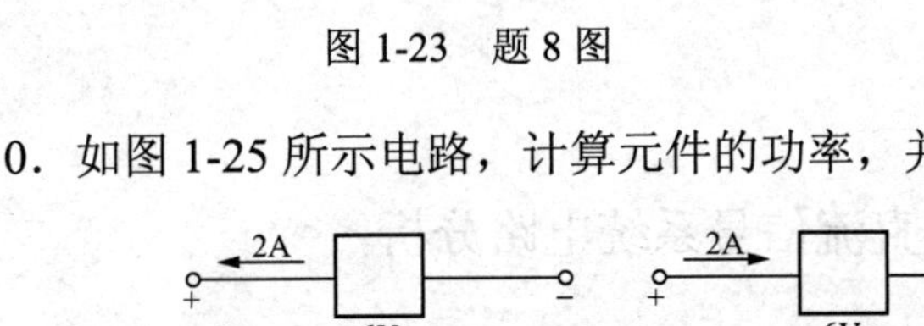

图 1-23　题 8 图

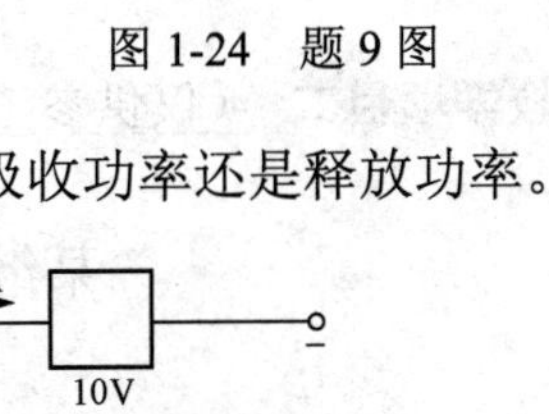

图 1-24　题 9 图

10．如图 1-25 所示电路，计算元件的功率，并说明元件是吸收功率还是释放功率。

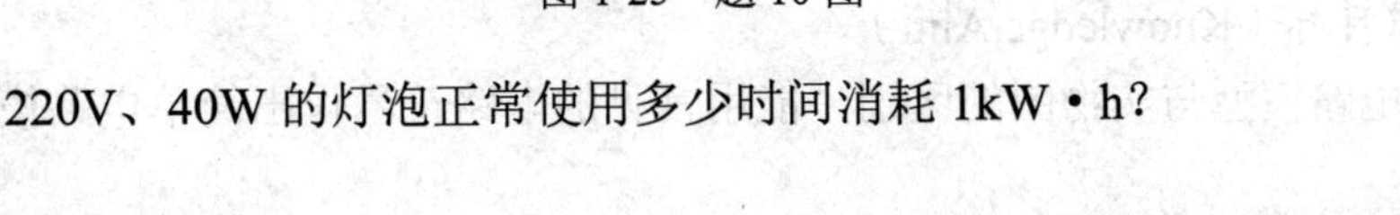

图 1-25　题 10 图

11．一只 220V、40W 的灯泡正常使用多少时间消耗 1kW・h？

12．有一只阻值为 200Ω、额定功率为 1W 的电阻，在使用时电流、电压不得超过多大的数值？

13．一只 10kΩ、5W 的电阻，使用时最多允许加多大的电压？一只 1kΩ、0.5W 的电阻，使用时允许通过的最大电流是多少？

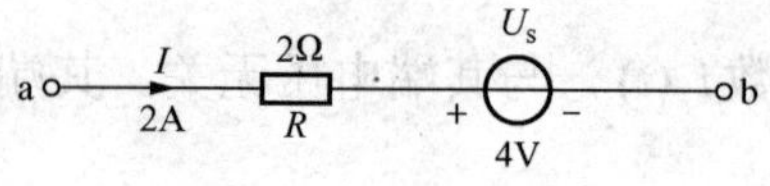

图 1-26　题 15 图

14．一只 220V、100W 的灯泡，如果误接在 380V 电源上，功率为多少？是否安全？

15．如图 1-26 所示电路，求电路的 U_{ab}。

教学项目一（仅供参考）

电阻、电感和电容元件的识别及参数测定

（一）能力目标（Ability Aim）

（1）能对电路中的电阻器、电位器、电容器、电感器进行直观识别。

（2）能测量电阻器、电位器、电容器及电感的电阻值。

（3）会用欧姆定律计算电阻上的电压或电流。

（4）会计算电感、电容元件储存的能量。

（5）会判断电容器的好坏。

（二）知识目标（Knowledge Aim）

（1）掌握电阻元件的电阻值、电导值的计算方法。

（2）掌握电感元件的电阻值测量方法及储存磁场能量的计算。

（3）掌握电容器的检测方法及储存电场能量的计算。

（三）工作任务（Work Task）

（1）给定若干电阻，对电阻进行识别，测量电阻的电阻值，计算电阻的电导值。

（2）给定若干电感元件对其进行识别并测量其电阻值。

（3）给定若干电容元件对其进行识别并判断电容的好坏，计算电容储存的电场能量。

（四）相关理论知识（Related Theory Knowledge）

第一章第三节：电阻、电感、电容元件及其应用。

（五）拓展知识（Learning More）

固定电容器及电解电容器的检测方法。

教学项目二（仅供参考）

某继电保护装置直流信号系统电路分析

（一）能力目标（Ability Aim）

能进行信号系统电路工作原理分析，能进行该系统的操作。

（二）知识目标（Knowledge Aim）

（1）了解电路模型与实物图的区别，能用常见的电路符号作出简单电路模型。

（2）理解电压、电流和电阻的概念，并掌握电压、电流的参考方向以及关联参考方向在部分电路欧姆定律中的应用。

（3）明确电路的三种状态，在描述这三种状态过程中引出电动势的概念，同时在解释通路状态时介绍全电路欧姆定律。

（4）掌握功率和电能的概念。

（三）工作任务（Work Task）

操作图 1-27 所示继电保护装置直流信号系统电路，分析其工作原理，并扩展其功能。

（四）相关实践知识（Related Practice Knowledge）

1. 图 1-27（a）系统中各元件的功能

SA—断路器控制开关；1HG*n*—跳闸位置指示灯；1HRd—合闸位置指示灯；

1HR—双灯指示牌；3HR—双灯指示牌；KTP—跳闸位置继电器；

KCP—合闸位置继电器；KV—零序电压继电器。

2. 图 1-27（a）系统的工作过程

线路投入运行时，断路器合闸（KCP 动作，KTP 不动作，KTP 的动合触点断开）；SA 手柄处于“合闸后位置”，SA_{1-3}、SA_{17-19} 闭合。

（1）发生事故时，继电保护动作，断路器自动跳闸，KTP 动作，不对应支路接通，启动事故音响。

（2）操作回路断线时。KTP、KCP 均失去电源不动作，其动断触点均闭合，启动预告信号。

（3）中性点直接接地系统发生单相接地故障时，KV 动作，启动预告信号。

3. 图 1-27（b）系统中各元件的功能

1SB—试验按钮；2SB—试验按钮；4KS—信号继电器；

5KS—信号继电器；1HAL—闪红光继电器；2HAL—闪绿光继电器；

1SR—音响复归按钮；KM—中间继电器；3KT—时间继电器；

KVL—闪光继电器；WFA—事故信号小母线；WAS—预告信号小母线。

4. 图 1-27（b）系统工作原理

（1）按下 1SB，4KS 动作，1HAL 闪红光并发出蜂鸣声。

手动解除：按下 1SR，KM 动作，其动断触点断开，切断 1HAL 音响信号。

音响自动解除：4KS 动作后，启动 3KT，经延时后 3KT 的动合触点闭合，KM 动作，切断 1HAL 音响。

（2）按下 2SB，5KS 动作，2HAL 闪绿光并发出蜂鸣声。

手动解除：按下 1SR，KM 动作，其动断触点断开，切断 2HAL 音响信号。

音响自动解除：5KS 动作后，启动 3KT，经延时后 3KT 的动合触点闭合，KM 动作，切断 2HAL 音响。

（五）相关理论知识（Related Theory Knowledge）

第一章第一节：电路及其模型；第二节：电路中的基本物理量。

（六）拓展知识（Learning More）

第一章第三节：电阻、电感、电容元件及其应用；第四节：电路中的独立电源。

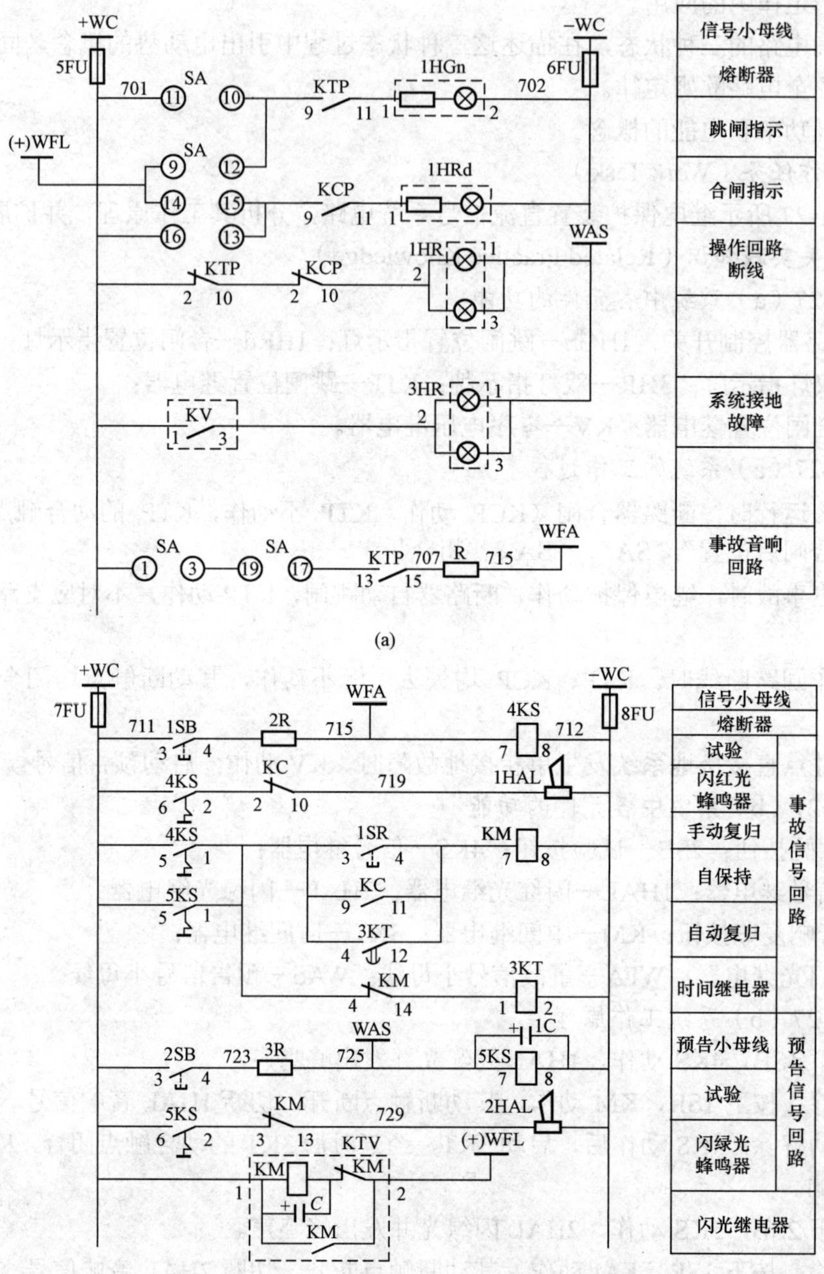

图 1-27 继电保护装置直流信号系统电路图

（a）直流信号回路；（b）事故、预告信号回路

教学项目三（仅供参考）

汽车信号系统电路分析

（一）能力目标（Ability Aim）

能进行汽车信号系统电路的工作原理分析，能进行该系统的操作。

（二）知识目标（Knowledge Aim）

（1）了解电路模型与实物图的区别，能用常见的电路符号作出简单电路模型。

（2）理解电压、电流和电阻的概念，并掌握电压、电流的参考方向以及关联参考方向在部分电路欧姆定律中的应用。

（3）明确电路的三种状态，在描述这三种状态过程中引出电动势的概念，同时在解释通路状态时介绍全电路欧姆定律。

（4）掌握功率的概念。

（三）工作任务（Work Task）

操作该汽车信号系统，分析其原理，并扩展其功能，如图 1-28 所示。

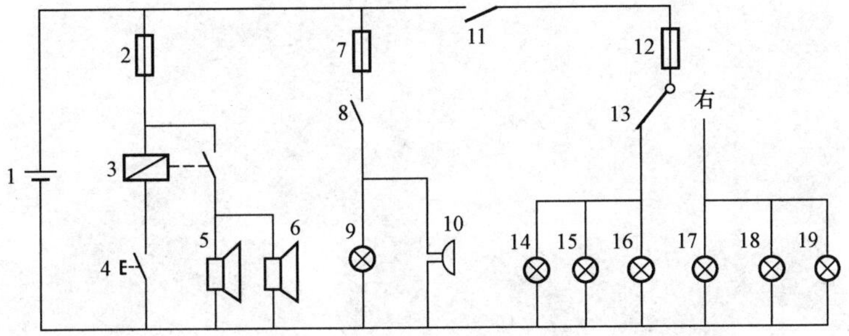

图 1-28　汽车信号系统电路

1—蓄电池（12V）；2，7，12—熔断器；3—继电器；4—喇叭按钮；5，6—喇叭；8—倒车灯开关；9—倒车灯；10—倒车蜂鸣器；11—转向灯总开关；13—转向灯切换开关；14，15—左转向信号灯；16—左转向指示灯；17，18—右转向信号灯；19—右转向指示灯

（四）相关实践知识（Related Practice Knowledge）

1. 系统中各部件的功能

（1）蓄电池：电源的一种，能将化学能转化为电能，输出的是直流电。

（2）熔断器：又称熔丝，主要作用是保护电路，防止电流过大而损坏电路。

（3）按钮：一种无自锁功能的开关部件，按下意味着电路接通，松手则电路重新断开。

（4）开关：打至闭合状态电路接通，打至断开状态则电路断开，不需用手按着。

（5）继电器：利用线圈得电与否来控制开关通断的一种元器件，优点是可以实现用弱电来控制强电。

（6）喇叭、蜂鸣器：将电能转换为声能的设备。

（7）灯泡：将电能转换为光能的设备。

2. 系统的工作过程

启动汽车的电源后，工作过程如下。

（1）按下喇叭按钮 4，继电器线圈 3 得电，其触点开关闭合，接通喇叭电路，电流从蓄电池正极，流经熔断器 2、继电器触点开关、喇叭，回到蓄电池负极，于是喇叭响一下，长按则长响。

（2）倒车灯开关 8 闭合，接通倒车灯 9 及倒车蜂鸣器 10，倒车灯发亮，同时倒车蜂鸣器发出声音信号。

（3）转向灯切换开关打到左挡，转向灯总开关 11 闭合，左转向信号灯 14、15 电路接通，电流从蓄电池正极，流经转向灯总开关 11、熔断器 12、转向灯切换开关 13、左转向信号灯和左转向指示灯，回到蓄电池负极，于是左转向信号灯和指示灯发亮。若转向灯切换开关打到右挡，则右转向信号灯 17、18 和指示灯 19 同样发亮。

（五）相关理论知识（Related Theoretical Knowledge）

第一章第一节：电路及其模型；第二节：电路中的基本物理量。

（六）拓展知识（Learning More）

第一章第三节：电阻、电感、电容元件及其应用；第四节：电路中的独立电源。

第二章　电阻电路的等效变换及其应用

电阻（Resistance）是一种对电流呈现阻碍力的物质。由电阻元件（Resistance Element）和各种电源构成的电路称为电阻电路。由于电阻对电流的流动呈现阻碍力，因此，电流要流过电阻就必然要消耗能量。欧姆定律及基尔霍夫定律是分析电阻电路的最基本方法。当电路中通过的电流是直流时，该电路称为直流电流电路。本章讨论的电阻元件主要是线性元件，线性电阻元件和独立电源组成的电路叫线性电阻电路，描述线性电阻电路的方程是线性代数方程。当电阻电路中同时具有多个电阻元件和多个电源作用时，则需要应用电阻电路的等效变换法，如电阻串联、并联、混联等效变换，Y－△等效变换、电源的等效变换等。等效变换是电路分析中的一种基本分析方法。

第一节　电阻的串、并联及其等效变换法

问题一：如何计算串、并联电路的总电阻？

在实际电路中，为满足某种需要，常常把单个电阻元件连接成不同的形式，串联、并联和混联是最常用的连接方式。电路的等效是对网络外端口的等效，对网络内部则不一定等效。等效条件下，用一个网络替换另一个网络，端口伏安关系不变，称为等效变换。等效变换只适用于线性网络，非线性网络不适用。

一、电阻串、并联的概念

1. 电阻的串联（Series Connection of Resistance）

电阻的串联是指两个及两个以上的电阻头尾相连，使电流只有一条通路的连接方式。图2-1（a）表示多个电阻串联后，接在电压源两端所组成的电阻串联电路。

2. 电阻的并联（Parallel Connection of Resistance）

电阻的并联是指两个或两个以上的电阻的两端分别接在一起的连接方式。图2-2（a）表示多个电阻并联后，接在电压源两端所组成的电阻并联电路。

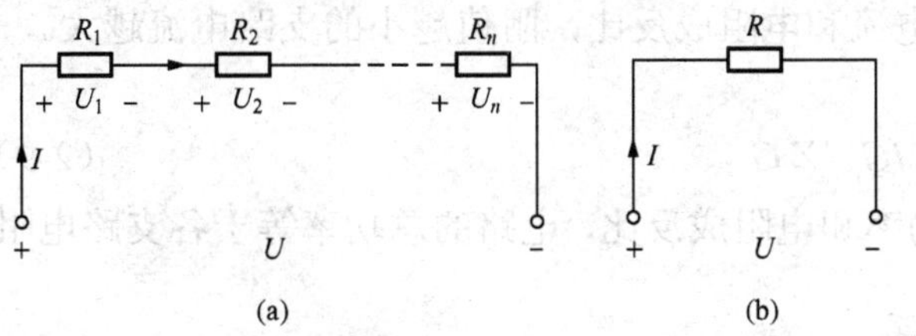

图 2-1　电阻的串联

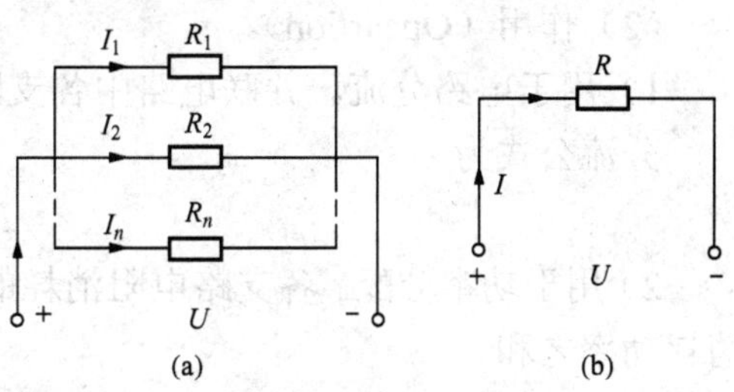

图 2-2　电阻的并联

二、电阻串、并联的特点

1. 电阻串联的特点及作用

（1）特点（Trait）。

1）各电阻流过相同的电流，即

$$I = I_1 = I_2 = I_3 = \cdots = I_n \qquad (2\text{-}1)$$

2）总电压等于各电阻电压之和，即

$$U = U_1 + U_2 + U_3 + \cdots + U_n \qquad (2\text{-}2)$$

其中

$$U_1 = IR_1，U_2 = R_2 I，U_3 = R_3 I$$

3）总电阻等于各分电阻之和，即

$$R = R_1 + R_2 + R_3 + \cdots + R_n \qquad (2\text{-}3)$$

总电阻 R 称为 R_1、R_2、R_3、…、R_n 的等效电阻。

其含义为：用电阻 R 代替 R_1、R_2、R_3、…、R_n 后，不影响电路的电流和电压，如图 2-1（b）所示。

（2）作用（Opeartion）。

1）用于电路分压。分压公式为

$$U_n = UR_n / \Sigma R \qquad (2\text{-}4)$$

2）用于功率分配。各电阻所消耗的功率与各电阻的阻值成正比，阻值越大，消耗的功率越大，功率分配公式为

$$P_1 = R_1 I^2，P_2 = R_2 I^2，\cdots，P_n = R_n I^2 \qquad (2\text{-}5)$$

2. 电阻并联的特点及作用

（1）特点（Trait）。

1）各电阻两端的电压相等，即

$$U = U_1 = U_2 = U_3 = \cdots = U_n \qquad (2\text{-}6)$$

2）总电流等于各电阻支路电流之和，即

$$I = I_1 + I_2 + I_3 + \cdots + I_n \qquad (2\text{-}7)$$

其中

$$I_1 = UG_1，I_2 = UG_2，I_3 = UG_3，I = UG$$

3）总电导等于各电导之和，即

$$G = G_1 + G_2 + G_3 + \cdots + G_n \qquad (2\text{-}8)$$

如图 2-2（b）所示。

（2）作用（Opeartion）。

1）用于电路分流。并联电路中各支路电流和电阻成反比，阻值越小的支路电流越大。

分流公式为

$$I_n = IG_n / \Sigma G \qquad (2\text{-}9)$$

2）用于功率分配。各支路电阻消耗的功率和电阻成反比，电路的总功率等于各支路电阻消耗功率之和。

3. 混联（Seriesparallel）

混联电路是指既有电阻串联又有电阻并联的电路。混联电路在实际工作中应用很广，形式多种多样。对于混联电路的计算，只要按串联和并联电路的计算方法，一步一步把电路化简，即可求出总的等效电阻。

4. 电阻串、并联的计算步骤

电阻串、并联常见的计算方法是求总电阻、总电流，再分压、分流。其步骤如下。

（1）确定等电位点、标出相应的符号。把不容易看清串、并联关系的电路拉直、缩短、改画、整理或化简成容易看清楚串、并联关系的电路。

（2）作出串、并联关系清晰的等效电路图。计算各电阻串联和并联的等效电阻，再计算电路总的等效电阻。

（3）根据欧姆定律，电阻串、并联的特点和功率计算公式列出方程。根据电阻串联的分压关系和电阻并联的分流关系，逐步推算出各部分的电压和电流。

三、例题分析（**Sample Analysis**）

【例 2-1】 图 2-3 所示电路为某学生宿舍照明电路，有 40 盏额定值为“220V，60W”的白炽灯和 72 盏额定值为“220V，40W”的白炽灯并联到 220V 的线路上，求电路的总电流 I。

解 “220V，60W”白炽灯的额定电流（各白炽灯均为并联连接）

$$I_1 = n_1P_1/U = 40\times60/220 = 10.909(\text{A})$$

“220V，40W”白炽灯的额定电流为

$$I_2 = n_2P_2/U = 72\times40/220 = 13.0908(\text{A})$$

总电流为

$$I = I_1 + I_2 = 10.909 + 13.0908 \approx 24(\text{A})$$

【例 2-2】 如图 2-4 所示电路，求等效电阻 R_{ab}。

解 $R_{\text{ab}} = [2+(4//4)]//6$

$$= [(2+2)//6] = \frac{4\times6}{4+6} = 2.4(\Omega)$$

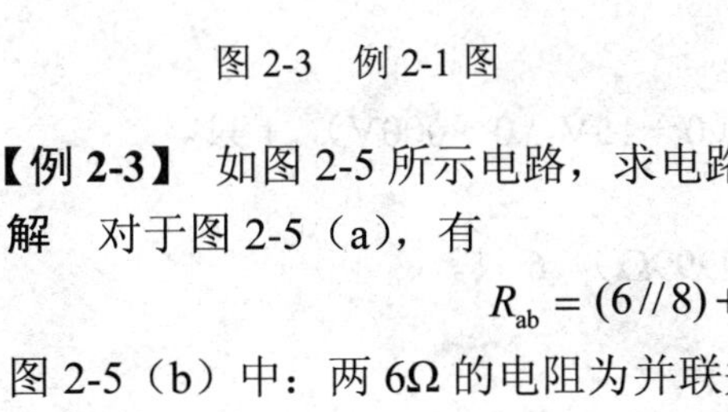

图 2-3 例 2-1 图

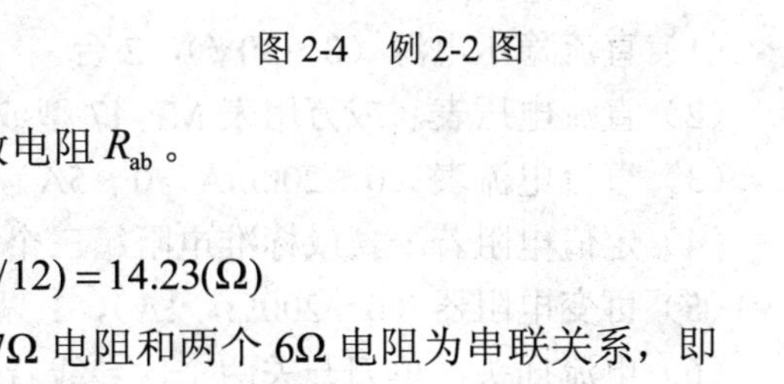

图 2-4 例 2-2 图

【例 2-3】 如图 2-5 所示电路，求电路的等效电阻 R_{ab}。

解 对于图 2-5（a），有

$$R_{\text{ab}} = (6//8) + 6 + (8//12) = 14.23(\Omega)$$

图 2-5（b）中：两 6Ω 的电阻为并联关系，7Ω 电阻和两个 6Ω 电阻为串联关系，即

$$R_{\text{ab}} = 10//[7+(6//6)] = 10//10 = 5(\Omega)$$

【例 2-4】 如图 2-6 所示电路，求电路的等效电阻 R_{ab}。

解 图 2-6（a）所示电路，c 点、d 点、e 点、b 点为等电位点，f 点、a 点为等电位点，4 个 16Ω 电阻并联，则

$$R_{\text{ab}} = 16//16//16//16 = 4(\Omega)$$

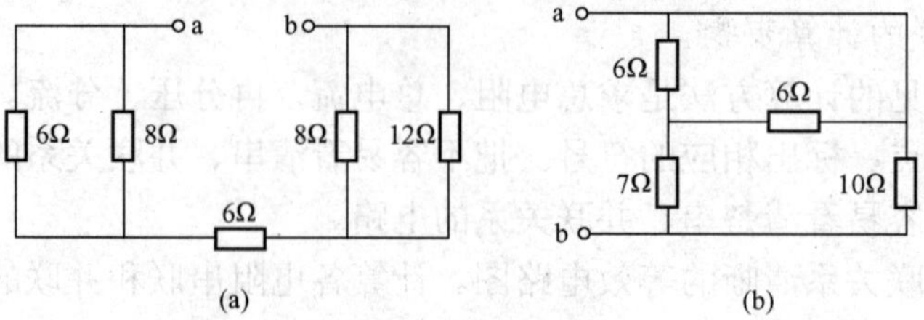

图 2-5 例 2-3 图

图 2-6（b）所示电路，两个 4Ω 电阻被短接，3Ω 和 6Ω 电阻并联，则

$$R_{ab}=3//6=3\times6/(3+6)=2(\Omega)$$

图 2-6（c）所示电路中，a 点和 d 点为等电位点，b 点和 e 点为等电位点，de 支路的电阻与其他 4 个 2Ω 电阻为并联关系，将与 a 点连接的线段缩为点，将 eb 缩为点，则

$$R_{ab}=(2//2+2//2)//2=(1+1)//2=1(\Omega)$$

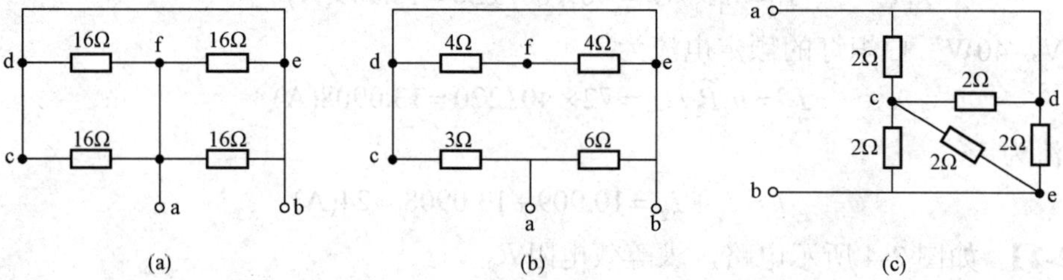

图 2-6 例 2-4 图

四、实践应用（Applications）

电阻串并联、混联等效阻值的测量及分析

（一）教学目标

（1）能进行多个电阻的串联及并联，能求出串、并联电路的等效电阻。

（2）能进行可变电阻器的分压器接法并能调节。

（3）能灵活使用直流电压表、电流表、万用表测量电路中的电流、电压、电动势。

（二）仪器设备

（1）直流稳压电源（0～30V），2 台。

（2）直流电压表（或万用表 MF-47 型或其他）（0～15V，0～600V），1 只。

（3）直流电流表（0～200mA，0～5A），3 只。

（4）定值电阻若干（或标准电阻箱三个，0～99999Ω），6 只。

（5）可变电阻器（0～200Ω，1A），1 只。

（6）电流插头，单刀开关两个，导线若干。

（三）工作任务

1. 串联电路等效电阻的测量

将三个电阻箱的电阻值调节为 $R_1=100\Omega$， $R_2=200\Omega$， $R_3=300\Omega$，用万用表电阻挡（$R\times10\Omega$）分别测量三个电阻箱的电阻值，然后将三个电阻箱串联连接，测量串联后的总电阻值，记入表 2-1 中。

2. 并联电路等效电阻的测量

将三个电阻箱的电阻值调节为 $R_1=100\Omega$，$R_2=200\Omega$，$R_3=300\Omega$，然后将三个电阻箱并联连接，测量并联后的总电阻值，记入表 2-1 中。

3. 混联电路等效电阻的测量

将三个电阻箱的电阻值调节为 $R_1=100\Omega$，$R_2=200\Omega$，$R_3=300\Omega$，然后将电阻 R_2 与 R_3 并联后与电阻 R_1 串联连接，测量三个电阻混联后的总电阻值，记入表 2-1 中。

表 2-1　　　　　　　　**数 据 记 录**

电阻（Ω） 连接方式	R_1	R_2	R_3	测量值	理论计算值
三个电阻串联					$R=R_1+R_2+R_3=$
三个电阻并联					$R=R_1 // R_2 // R_3=$
电阻混联					$R=R_1+R_2 // R_3=$

4. 混联电路电压、电流的测量

按图 2-7（a）接线，取 $U_s=12V$，$R_1=200\Omega$，$R_2=100\Omega$，$R_3=150\Omega$，合开关 S，分别测量电压 U_1、U_2、U 和电流 I_1、I_2、I_3，记入表 2-2 中。

5. 分压器接线

按图 2-7（b）接线，取 $U_s=12V$，可变电阻器 R_P 接成分压器，负载电阻 $R_L=300\Omega$。合电源开关 S，移动可变电阻器滑动触头 C，使 R_{CB} 分别为 0、$0.5R_{CB}$、R_{CB}，测量各对应的电压 U_1、U_2 和 I_1、I_2、I_3，记入表 2-3 中。

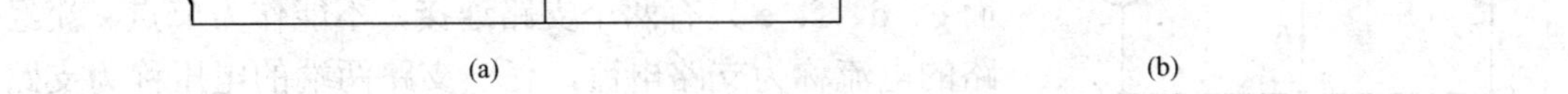

图 2-7　混联电路

表 2-2　　　　　　　　**数 据 记 录**

实验数据	U（V）	U_1（V）	U_2（V）	I_1（mA）	I_2（mA）	I_3（mA）
计算结果	$R=U/I$	$R_1=U_1/I_1$	$R_2=U_2/I_2$	$R_3=U_3/I_3$	$U_1+U_2=$	$I_2+I_3=$

表 2-3　　　　数　据　记　录

R_{CB}	R_L（Ω）	U_1（V）	U_2（V）	I_1（mA）	I_2（mA）	I_3（mA）
0	300Ω					
$0.5R_{CB}$						
R_{CB}						

最后，对以上实测数据进行分析。

第二节　基尔霍夫定律及其应用

问题二：电流流过节点有什么规律？一个闭合回路的电压有什么特点？

基尔霍夫定律（Kirchhoff Laws）是由德国物理学家基尔霍夫提出的。它概括了电路中电流和电压分别遵循的基本规律，它包括基尔霍夫电流定律（KCL）和基尔霍夫电压定律（KVL）。

电路由元件相互连接而成，当电路只有一个电源且电路元件仅有串、并联关系时，电路中的电流、电压的计算可以根据欧姆定律求出。但在许多电子或电力线路中，大多含有两个及以上电源组成的多回路电路，它们不能直接运用电阻的串、并联计算方法将电路化简为无分支的单回路电路，这种电路习惯上称为复杂电路。对于复杂电路，常常应用基尔霍夫定律进行求解。基尔霍夫定律从电路连接方面阐明了电路的电流、电压应遵循的约束关系，它是分析复杂电路的基本依据之一。

一、支路、节点、回路、网孔的概念

电路中包含有支路、节点、回路和网孔等基本概念，分述如下。

1. 支路（Branch）

电路中通过同一电流的分支称为支路。支路也可定义为电路中每一个电流的通路。

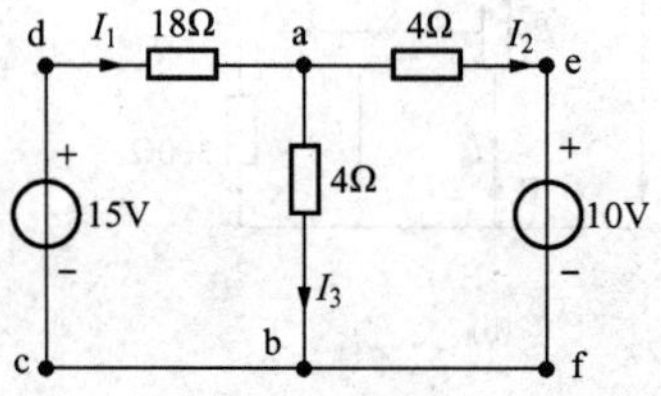

图 2-8　电路

2. 节点（Node）

三条或三条以上支路的公共连接点称为节点。如图 2-8 所示，该电路有三条支路 I_1、I_2、I_3；2 个节点，节点 a 和节点 b。而 c、d、f、e 只有两个支路连接，不能作为节点。流经任一支路的电流称为支路电流，任一支路两端的电压称为支路电压。

3. 回路（Mesh Circuit）

由支路组成的闭合路径称为回路。

4. 网孔（Mesh）

网孔指中间无分支的回路。网孔又称为独立回路。图 2-8 所示电路中，有 3 个回路（abcda 回路、aefba 回路、aefbcda 回路）；2 个网孔（abcda 网孔、aefba 网孔）。而 aefbcda 回路中间穿插了支路，不能称为网孔。

二、基尔霍夫第一定律——节点电流定律（Node Current Law）

基尔霍夫电流定律（Kirchhoff's Current Law）是描述电路中与节点相连的各支路电流间相互关系的定律。它确定了汇集于某一节点的各支路电流间的关系，简称 KCL 定律。

1. KCL 定律

KCL 定律指在任一时刻，对电路中的任一节点，流入该节点的电流之和等于流出该节点电流之和，或指汇集于任一节点的各支路电流的代数和等于零。

2. 数学表达式

$$\sum I_{\text{in}} = \sum I_{\text{out}} \text{ 或 } \sum I = 0 \tag{2-10}$$

KCL 定律的基本原理来自于电流的连续性，即电路中任一节点，在任一时刻均不能堆积电荷。因此，节点处流入的电流必然等于流出节点的电流，规定流入节点的电流为负，流出节点的电流为正。在列写 KCL 方程时，可按电流的参考方向列，不必考虑电流的实际方向。例如，对于图 2-9 中的 4 个节点，KCL 方程分别表示为：

节点 a　　$I_6 = I_1 + I_4$ 或 $I_6 - I_1 - I_4 = 0$

节点 b　　$I_1 = I_2 + I_5$ 或 $I_1 - I_2 - I_5 = 0$

节点 c　　$I_2 + I_3 = I_6$ 或 $I_2 + I_3 - I_6 = 0$

节点 d　　$I_4 + I_5 = I_3$ 或 $I_4 + I_5 - I_3 = 0$

基尔霍夫节点电流定律可以推广应用于任意假定的封闭面。如图 2-10 所示电路，假定一个封闭面 S 把电阻 R_4、R_5、R_6 所构成的三角形全部包围起来成为一个广义节点，则流进封闭面的电流应等于从封闭面流出的电流，即

$$I_1 + I_2 = I_3 \tag{2-11}$$

在图 2-11 电路中，广义节点电流方程为

$$I_e - I_b - I_c = 0 \tag{2-12}$$

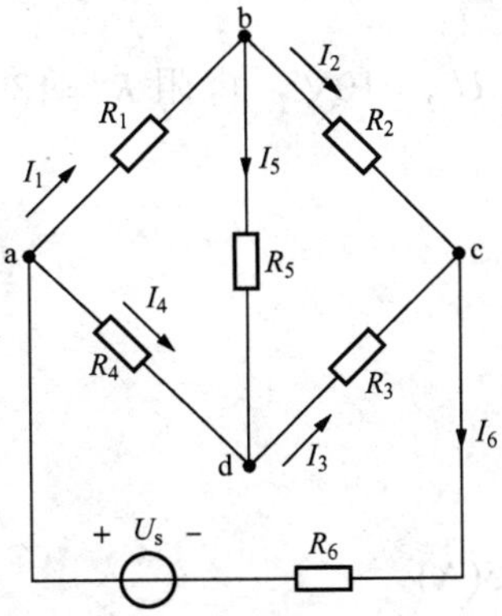

图 2-9　桥形电路

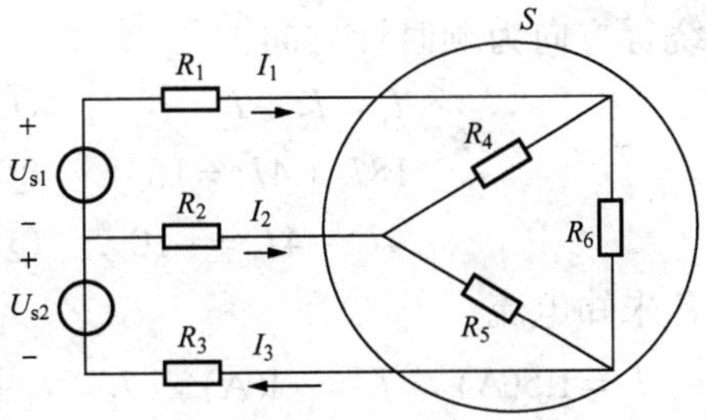

图 2-10　三角形电路

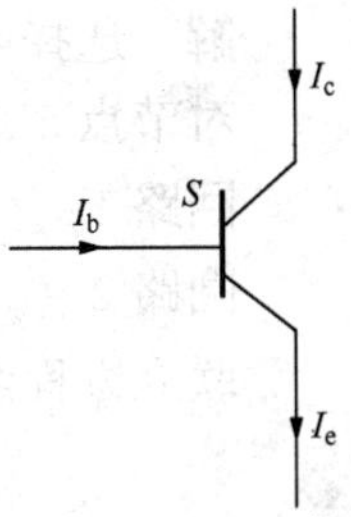

图 2-11　晶体管

3. 节点电流定律解题步骤

（1）列写 KCL 方程，首先假定未知电流的参考方向。

（2）列写 KCL 方程时，通常规定流入节点的电流为负，流出节点的电流为正。

（3）对于广义节点，则流进封闭面的电流应等于从封闭面流出的电流。

4. 例题分析（Sample Analysis）

【例 2-5】 图 2-9 所示电路中，若已知 $I_1 = 6\text{A}$，$I_2 = 5\text{A}$，$I_3 = 2\text{A}$，求其余各电阻的电流 I_4、I_5、I_6 各为多少？

解　假定各支路电流及参考方向如图 2-9 所示，根据 KCL 定律

由节点 b 得　　$I_1 = I_2 + I_5 \rightarrow I_5 = I_1 - I_2 = 6 - 5 = 1(\text{A})$

由节点 c 得　　$I_2 + I_3 = I_6 \rightarrow I_6 = I_2 + I_3 = 5 + 2 = 7(\text{A})$

由节点 d 得　　$I_4 + I_5 = I_3 \rightarrow I_4 = I_3 - I_5 = 2 - 1 = 1(\text{A})$

三、基尔霍夫第二定律——回路电压定律

基尔霍夫电压定律（Kirchhoff's Voltage Law）是描述回路中各支路（或各元件）电压之间关系的定律，简写为 KVL，它确定了一个闭合回路中各部分电压间的关系。

1. KVL 定律

KVL 定律指在任一时刻，对任一闭合回路，各支路电压的代数和等于零。或在任一时刻，对任一闭合回路，各段电阻上的电压降的代数和等于各电源电压的代数和。

其数学表达式为

$$\Sigma U = 0 \quad 或 \quad \Sigma IR = \Sigma U_\text{s} \tag{2-13}$$

基尔霍夫电压定律是电压与路径无关这一性质在电路中的体现。正是由于电路中在任一时刻，从任一节点出发经不同路径到达另外一个节点的电压相同，同时基尔霍夫电压定律说明了电路中任一节点电位具有单值性，即单位正电荷沿任一闭合路径一周，其能量不改变，KVL 方程是能量守恒定律的体现。

2. 回路电压定律的解题步骤

（1）任意选定回路绕行方向，然后应用 KCL、KVL 定律列写节点电流、回路电压方程。

（2）当回路中电压降方向和绕行方向相同时取正号，反之取负号。

（3）联立求解方程组，解出各未知电流。

3. 例题分析

【例 2-6】　在图 2-12 所示电路中，已知电压源 $U_{\text{s1}} = 15\text{V}$，$U_{\text{s2}} = 10\text{V}$，电阻 $R_1 = 18\Omega$，$R_2 = 4\Omega$，$R_3 = 4\Omega$，求各电阻中的电流。

解　选择两网孔绕行方向为顺时针方向。

对节点 a　　$I_1 = I_2 + I_3$　①

回路 1　　$18I_1 + 4I_3 = 15$　②

回路 2　　$4I_2 - 4I_3 = -10$　③

联立方程组解出各未知电流

$$I_3 = 1.5(\text{A}),\ I_2 = -1(\text{A}),\ I_1 = I_2 + I_3 = 0.5(\text{A})$$

【例 2-7】　线性电路如图 2-13 所示，已知 $U_{\text{s1}} = 12\text{V}$，$U_{\text{s2}} = 6\text{V}$，$R_1 = 0.2\Omega$，$R_2 = 0.1\Omega$，$R_3 = 1.4\Omega$，$R_4 = 2.3\Omega$，求电路中的电流和 U_{ab}。

解　设电流参考方向如图 2-13 所示，从 a 点出发顺时针绕行一周有

$$U_{\text{s2}} + R_1 I + R_2 I + R_3 I + R_4 I - U_{\text{s1}} = 0$$

$$I = \frac{U_{\text{s2}} - U_{\text{s1}}}{R_1 + R_2 + R_3 + R_4} = \frac{12 - 6}{0.2 + 0.1 + 1.4 + 2.3} = 1.5(\text{A})$$

$$U_{\text{ab}} = U_{\text{s2}} + R_2 I + R_4 I = 6 + 1.5 \times 1.1 + 1.5 \times 2.3 = 9.6(\text{V})$$

U_{ab} 为正值，由 a 到 b 为电压降。

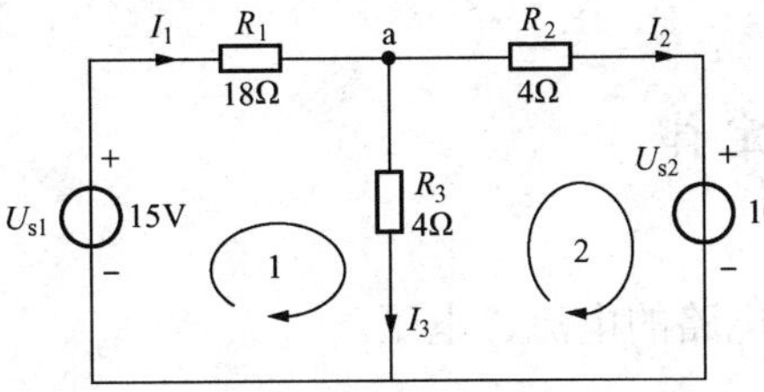

图 2-12　例 2-6 图

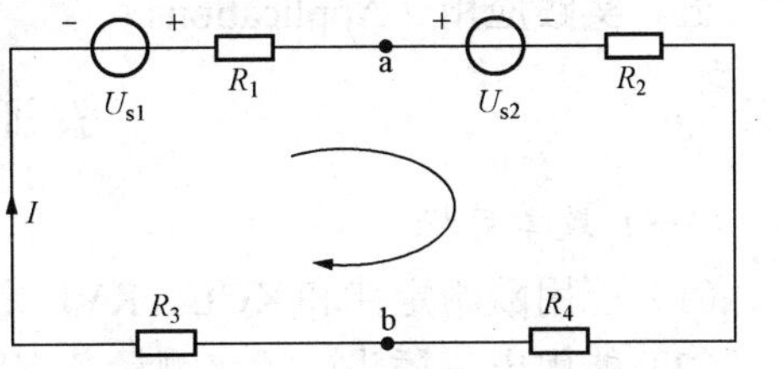

图 2-13　例 2-7 图

若循着左边路径计算，可得

$$U_{ab}=-R_1I+U_{s1}-R_3I=12-1.5(0.2+1.4)=9.6(\text{V})$$

可见，沿两条路径计算的结果是一样的。

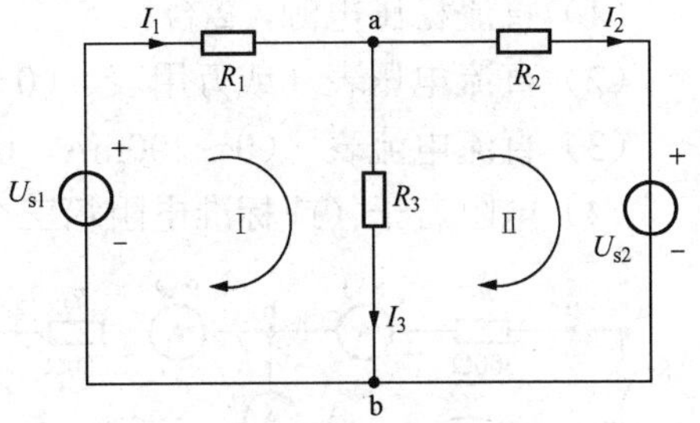

图 2-14　例 2-8 图

【例 2-8】 在图 2-14 所示电路中，已知 $U_{s1}=18\text{V}$，$U_{s2}=9\text{V}$，$R_1=R_2=1\Omega$，$R_3=4\Omega$，试求各支路电流。

解　设各支路电流参考方向及回路绕行方向如图 2-14 所示。

方法一：用 $\Sigma I=0$ 或 $\Sigma U=0$ 列方程求解。

（1）列 KCL 方程　$I_1-I_2-I_3=0$　⇨　$I_1=I_2+I_3$　①

（2）列 KVL 方程

回路Ⅰ　$R_1I_1+R_3I_3-U_{s1}=0$　⇨　$I_1+R_3I_3=18$　②

回路Ⅱ　$R_2I_2-R_3I_3+U_{s2}=0$　⇨　$I_2-4I_3=-9$　③

方法二：用 $\Sigma I_{in}=\Sigma I_{out}$ 或 $\Sigma IR=\Sigma U_s$ 列方程。

（1）列 KCL 方程　$I_1=I_2+I_3$　⇨　$I_1=I_2+I_3$　①

（2）列 KVL 方程

回路Ⅰ　$R_1I_1+R_3I_3=U_{s1}$　⇨　$I_1+R_4I_3=18$　②

回路Ⅱ　$R_2I_2-R_3I_3=-U_{s2}$　⇨　$I_2-4I_3=-9$　③

注意：应用 $\Sigma U=0$ 列方程时，回路中所有参数均用电压降表示（包括电压源），例 2-8 中，回路Ⅰ中的电压源 U_{s1} 电压降与回路绕行方向相反，取负号；回路Ⅱ中的电压源 U_{s2} 的电压降方向与回路绕行方向相同，取正号。可见，两种方法列出的方程组是一样的。

（3）联立方程组解出各未知电流：$I_1=6(\text{A})$，$I_2=3(\text{A})$，$I_3=3(\text{A})$。

四、基尔霍夫定律解题要点（Kirchhoff's law problem-solving points）

（1）列 KCL 方程时，支路电流的参考方向可任意选定（设电路的节点数为 n，支路数为 b），但只有 $n-1$ 个节点电流方程是独立的。如用 $\Sigma I=0$ 列方程，流进节点的电流取负号，流出节点的电流取正号。

（2）列 KVL 方程时，一般选网孔作为独立回路，且只有 $b-n$ 个独立回路方程。如果用 $\Sigma U=0$ 列回路电压方程，则回路内的所有元件（包括电压源 U_s）全部用电压降表示。电压降与回路绕行方向相同者，取正号，反之取负号。

（3）列 KVL 方程可推广到不闭合回路两端点间的电压。

五、实践应用（Applications）

验证基尔霍夫定律

（一）教学目标

（1）能用欧姆定律和 KCL、KVL 定律求解简单电路的电流、电压。

（2）能用电流插头、插座测量各支路电流。

（3）能使用直流电压表、直流电流表、万用表及直流稳压电源。

（二）仪器设备

（1）直流稳压电源，2 台。

（2）直流电压表（或万用表）（0～15V，0～30V），1 只。

（3）直流电流表 （0～200mA，0～2A），3 只。

（4）电阻若干（或标准电阻箱三个）（0～99999Ω），5 只。

（5）电流插头，单刀开关两个，导线若干。

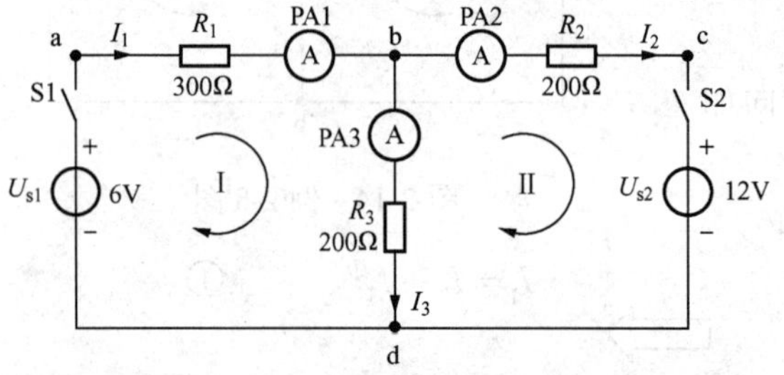

图 2-15 电路接线图

（三）工作任务

（1）按图 2-15 所示电路接线，其中U_{s1}、U_{s2}为直流稳压电源的两路输出电压。将U_{s1}调至 6V，U_{s2}调至 12V，检查无误后接通电源。

（2）电流表的读数填入表 2-4 中。

（3）用电压表分别测出 ab、bc、cd、da、db 段的电压，填入表 2-5 中。

（4）将U_{s1}调至 12V，U_{s2}调至 10V，重做上述实验。

（四）数据记录

表 2-4 数 据 记 录

电流 / 电源电压	I_1（A）	I_2（A）	I_3（A）	验算 $I_1-I_2-I_3=0$
$U_{s1}=6V$，$U_{s2}=12V$				
$U_{s1}=12V$，$U_{s2}=10V$				

表 2-5 数 据 记 录

回路	U_{s1}（V）	U_{s2}（V）	U_{R_1}（V）	U_{R_2}（V）	U_{R_3}（V）	验证 KVL 定律
abda						
bcdb						
abcda						

（五）注意事项

（1）接线时，应关掉电源。打开电源前，应确保稳压电源输出为零。

（2）所有测量的电压值，均以电压表测量的读数为准。U_{s1}、U_{s2}也需要测量，不应取电源本身的显示值。

（3）要防止稳压电源的两个输出端碰线短路。

（4）测量时若仪表指针反偏，则必须调换仪表极性，重新测量。所读取的电压或电流值的正、负号应根据设定的电流参考方向来判断。

最后，对以上实测数据进行分析计算。

第三节　电阻的星形、三角形连接及其等效变换法

问题三：如何进行电阻的星形、三角形等效变换？

在实际电路中，如图 2-16 所示电桥电路，它既非串联又非并联电路，且不具备参数对称条件，用串、并联简化电路的方法无法求得端口 ab 处的等效电阻，这就是星形连接电路和三角形连接电路。应用Y－△变换法可求得 ab 端口的等效电阻。利用Y－△变换法可将复杂电路变换为简单的串、并联电路。

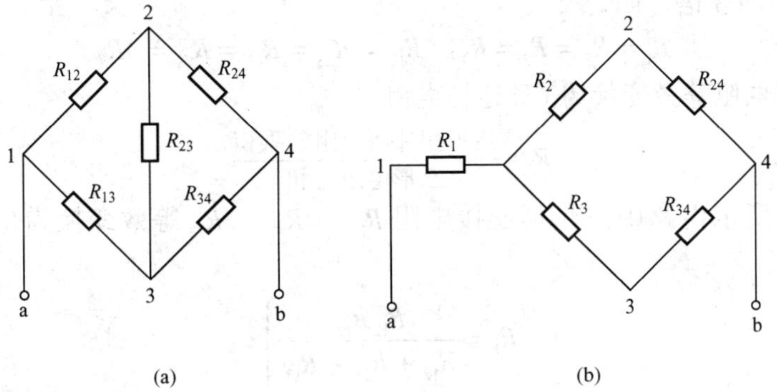

图 2-16　电桥电路

一、星形和三角形连接

1. 星形连接（Star Connection）

将三个电阻的一端连接在一个节点上，另一端分别连接到电路的三个节点上的连接方式称为星形连接。如图 2-16（a）中的电阻 R_{12}、R_{23}、R_{24} 的连接或电阻 R_{13}、R_{23}、R_{34} 的连接。星形连接又称为Y形连接。

2. 三角形连接（Delta Connection）

将三个电阻元件首尾相接，连接成一个闭合回路，称为三角形连接。如图 2-16（a）中的电阻 R_{12}、R_{13}、R_{23} 的连接或电阻 R_{23}、R_{24}、R_{34} 的连接。△形连接和Y形连接都是通过三个节点与外部相连。

二、Y形和△形连接电阻的等效变换

△形和Y形连接，在一定的条件下可以等效互换，并不影响网络未经变换部分的电压和电流。这种等效变换可以简化电路的计算。如图 2-16（a）中的电阻 R_{12}、R_{13}、R_{23} 变换为如图 2-16（b）中的电阻 R_1、R_2、R_3，便可应用电阻串、并联的方法求出 ab 端口的等效电阻。

注意这种等效变换，必须保证变换前后网络的外特性不变，即在两种网络的任意两个端点间加上相同的电压时，从各对应端点流出流入的电流也相等，这种变换只适用于不包含电源的网络（无源网络）。如果网络的任何支路中包含电源，则其变换范围不属于讨论范围之内。

1. Y形连接电阻等效变换为△形连接电阻

$$R_{\triangle}=\frac{\text{Y形电阻两两乘积之和}}{\text{Y形中不相邻的电阻}}$$

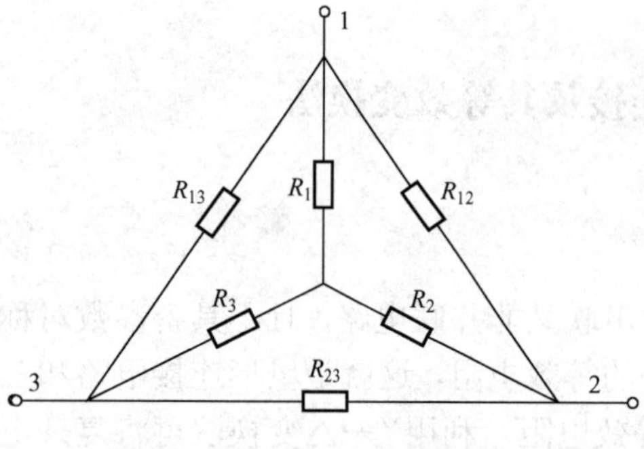

图 2-17 Y—△变换电路

如将图 2-17 所示电路中Y形连接电阻 R_1、R_2、R_3 等效变换为三角形连接电阻 R_{12}、R_{13}、R_{23}，则

$$\left.\begin{aligned}R_{12}&=\frac{R_1R_2+R_2R_3+R_3R_1}{R_3}\\R_{23}&=\frac{R_1R_2+R_2R_3+R_3R_1}{R_1}\\R_{13}&=\frac{R_1R_2+R_2R_3+R_3R_1}{R_2}\end{aligned}\right\}\qquad(2\text{-}14)$$

当电路中 3 个电阻相等时，等效电阻 $R_{\triangle}$ 为每一个Y形连接电阻的 3 倍，即

$$R_1=R_2=R_3=R_Y,\quad R_{12}=R_{23}=R_{13}=R_{\triangle}=3R_Y\qquad(2\text{-}15)$$

2. △形连接电阻等效变换为Y形连接电阻

$$R_Y=\frac{\text{△形相邻两电阻的乘积}}{\text{△形电阻之和}}\qquad(2\text{-}16)$$

如将图 2-17 所示电路中三角形连接电阻 R_{12}、R_{13}、R_{23} 等效变换为星形连接电阻 R_1、R_2、R_3，则

$$\left.\begin{aligned}R_1&=\frac{R_{12}R_{13}}{R_{12}+R_{23}+R_{13}}\\R_2&=\frac{R_{12}R_{23}}{R_{12}+R_{23}+R_{13}}\\R_3&=\frac{R_{23}R_{13}}{R_{12}+R_{23}+R_{13}}\end{aligned}\right\}\qquad(2\text{-}17)$$

当电路中 3 个三角形连接电阻相等时，即

$$R_{12}=R_{23}=R_{13}=R_{\triangle}=3R_Y$$

则

$$R_1=R_2=R_3=R_Y=R_{\triangle}/3$$

三、例题分析（Sample Analysis）

【例 2-9】 在图 2-17 所示电路中，已知电阻 $R_1=100\Omega$，$R_2=200\Omega$，$R_3=300\Omega$。试完成：

（1）求 R_{12}、R_{13}、R_{23} 各为多少？

（2）若 $R_1=R_2=R_3=100\Omega$，再求 R_{12}、R_{13}、R_{23} 各为多少？

解 （1）利用Y－△变换将星形连接电阻 R_1、R_2、R_3 变换为三角形连接电阻，即

$$R_{12}=\frac{R_1R_2+R_2R_3+R_3R_1}{R_3}=\frac{100\times200+200\times300+300\times100}{300}=\frac{110000}{300}=366.67(\Omega)$$

$$R_{23}=\frac{R_1R_2+R_2R_3+R_3R_1}{R_1}=\frac{100\times200+200\times300+300\times100}{100}=\frac{110000}{100}=1100(\Omega)$$

$$R_{13}=\frac{R_1R_2+R_2R_3+R_3R_1}{R_2}=\frac{100\times200+200\times300+300\times100}{200}=\frac{110000}{200}=550(\Omega)$$

（2）由于星形连接中的 3 个电阻相同，等效为三角形连接的三个电阻大小为星形连接电阻的 3 倍，所以有

$$R_{12}=R_{23}=R_{13}=R_{\triangle}=3R_{Y}=3\times100=300\Omega$$

【例 2-10】 在图 2-17 所示电路中，若已知电阻 $R_{12}=200\Omega$，$R_{23}=300\Omega$，$R_{13}=100\Omega$。

（1）求 R_1、R_2、R_3 各为多少？

（2）若 $R_{12}=R_{23}=R_{13}=300\Omega$，再求 R_1、R_2、R_3 各为多少？

解 （1）利用Y—△变换将三角形连接电阻 R_{12}、R_{13}、R_{23} 变换为星形连接电阻，即

$$R_1=\frac{R_{12}R_{13}}{R_{12}+R_{23}+R_{13}}=\frac{200\times100}{200+300+100}=\frac{20000}{600}=33.333(\Omega)$$

$$R_2=\frac{R_{12}R_{23}}{R_{12}+R_{23}+R_{13}}=\frac{200\times300}{200+300+100}=\frac{60000}{600}=100(\Omega)$$

$$R_3=\frac{R_{23}R_{13}}{R_{12}+R_{23}+R_{13}}=\frac{300\times100}{200+300+100}=\frac{30000}{600}=50(\Omega)$$

（2）由于三角形连接中的三个电阻相同，等效为星形连接的 3 个电阻大小为三角形连接的电阻的 1/3 倍，即

$$R_1=R_2=R_3=R_{\triangle}/3=300/3=100\Omega$$

【例 2-11】 求图 2-18 所示电路的 R_{ab} 及各支路电流、电压 U_{ab}、U_{ad}、U_{ac}。

解 图 2-18 所示电路中 abc、acd、bcd 为三角形连接，3 个 2Ω 电阻为星形连接。

（1）利用Y－△变换将星形连接电阻变换为三角形连接电阻。如图 2-18（b）所示，则

$$R_{ad}=R_{bd}=R'_{ab}=3\times2=6(\Omega)$$

（2）求 R_{ab}

$$R_{ab}=4//[6//(6//6+6//6)]=1.714(\Omega)$$

（3）求 U_{ab}、U_{ad}

$$U_{ab}=IR_{ab}=10\times1.714=17.14(V)$$

$$U_{ab}=U_{ad}+U_{db}=2U_{ad}$$

$$U_{ad}=U_{ab}/2=17.14/2=8.571(V)$$

（4）求原电路中各支路电流

$$I_{ab}=U_{ab}/4=17.14/4=4.286(A)$$

$$U_{ad}=U_{db}\rightarrow I_{ad}=I_{db}=8.571/6=1.429(A)$$

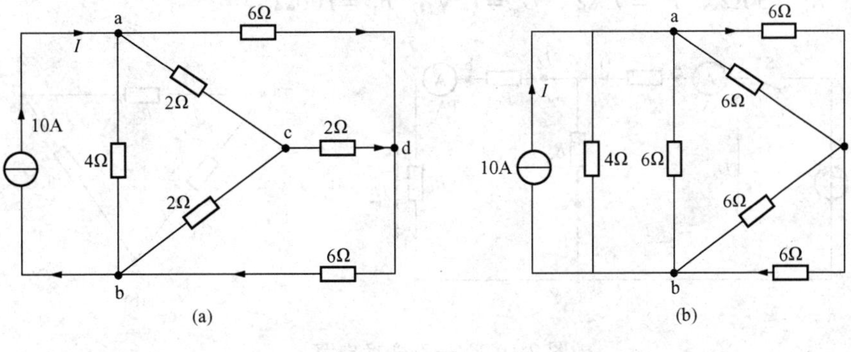

图 2-18　例 2-11 图

又因为$I-I_{ad}-I_{ab}-I_{ac}=0$，所以得

$$I_{ac}=I-I_{ad}-I_{ab}=10-1.429-4.286=4.286(A)$$

$$I_{cb}=I-I_{db}-I_{ab}=10-1.429-4.286=4.286(A)$$

因为$I_{ac}-I_{cb}-I_{cd}=0$，所以得

$$I_{cd}=I_{ac}-I_{cb}=0$$

$$U_{ac}=U_{cb}=2I_{ac}=2\times4.286=8.571(V)$$

四、星形和三角形电路等效变换要点

（1）Y—△变换是一种等效互换网络。既可以将星形连接的 3 个电阻等效变换为三角形连接的 3 个等效电阻，也可以将 3 个三角形连接电阻等效变换为 3 个星形连接电阻，具体情况视电路能否化简为简单的串、并联关系来确定电阻的变换方式。

（2）△形→Y形：电路增加一个节点，减少一个网孔，变换后电阻值比原电阻减少。若三角形连接 3 个电阻相等，则$R_Y=R_\triangle/3$。

（3）Y形→△形：电路减少一个节点，增加一个网孔，变换后电阻值增大；若星形连接的 3 个电阻相等，则$R_\triangle=3R_Y$。

五、实践应用（Applications）

星形和三角形网络的等效变换

（一）教学目标

（1）能进行星形连接和三角形连接电阻的等效变换。

（2）能进行无源电阻网络的等效变换。

（二）仪器设备

（1）直流稳压电源，2 台。

（2）直流电压表（或万用表）（0～100V），1 只。

（3）直流电流表（0～200mA，0～5A），1 只。

（4）电阻箱（0～99999Ω），4 只。

（5）单刀开关两个，导线若干。

（三）工作任务

1. Y—△连接等效变换的验证（一端电源）

（1）验证Y—△连接等效变换的电路如图 2-19 所示，其中R_a、R_b、R_c构成星形连接，且$R_a=30\Omega$、$R_b=50\Omega$、$R_c=75\Omega$、$U_s=12V$，$R_L=100\Omega$。

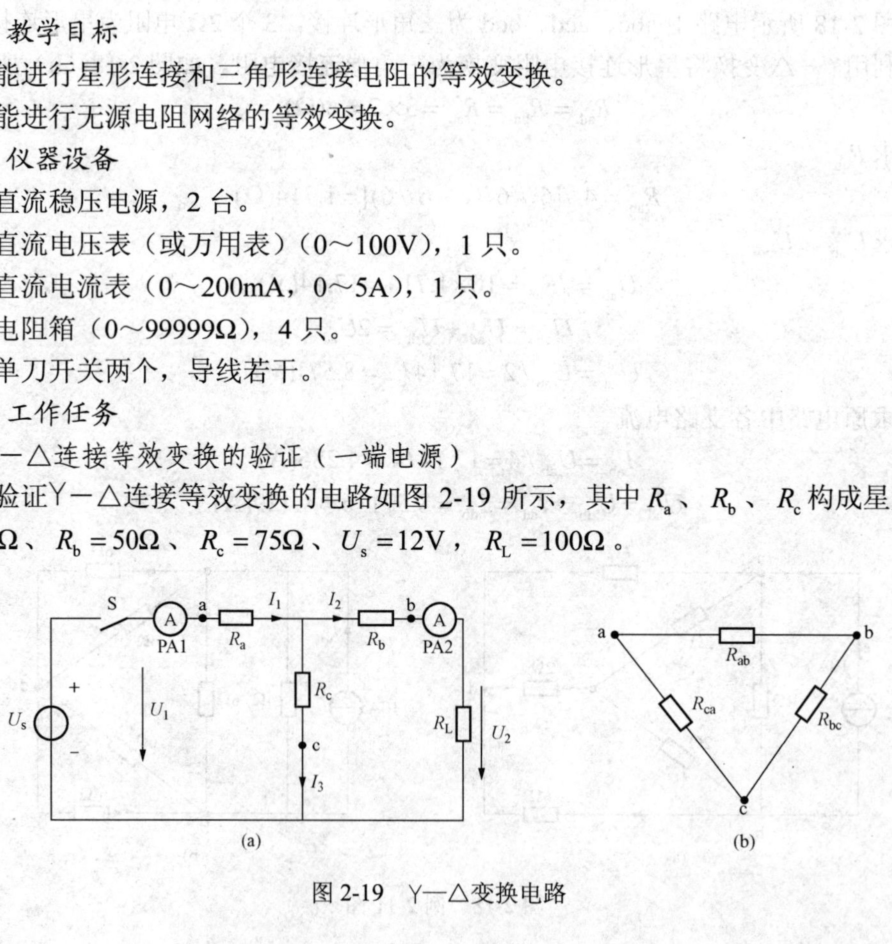

图 2-19 Y—△变换电路

（2）合上开关 S，测量电源和负载电阻 R_L 两端的电压 U_1 和 U_2、电流 I_1 和 I_2，记入表 2-6 中。

表 2-6　　　　　　　**数 据 记 录**

连接方式	电源		负载	
	U_1（V）	I_1（A）	U_2（V）	I_2（A）
Y				
△				

（3）将图 2-19（a）中的Y连接电阻用图 2-19（b）的△连接电阻替换（由计算得 $R_{ab}=$　，$R_{bc}=$　，$R_{ca}=$　）重复上述测量，并记入表 2-6 中。验证变换后对电源和负载均不产生影响。

2. Y—△连接等效变换的验证（二端电源）

（1）将图 2-19（a）所示电路中的负载电阻 R_L 用直流电源 U_{s2} 代替，如图 2-20 所示，取 $U_{s2}=15V$。

（2）合上开关 S1 和 S2，测量星形电阻的 3 个端钮的电流和端钮间的电压，记入表 2-7 中。

（3）用△连接的 3 个电阻替换Y连接的 3 个电阻，重复对应端间的电压和对应端的电流的测量，验证变换后对上述电压和电流没有影响。

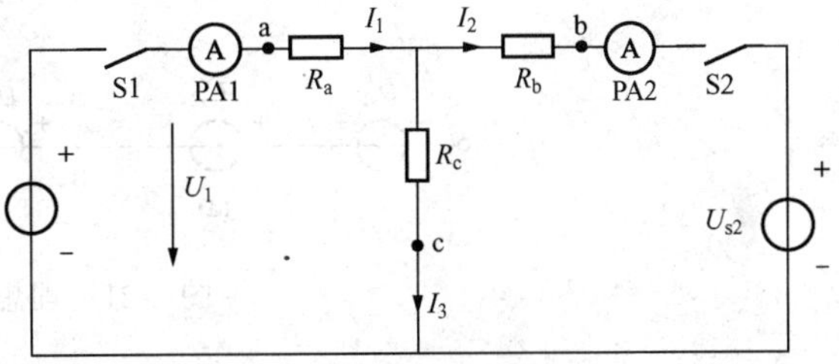

图 2-20　Y—△变换电路（两端电源）

（四）数据记录

表 2-7　　　　　　　**数 据 记 录**

连接方式	电源		负载	
	U_1（V）	I_1（A）	U_2（V）	I_2（A）
Y				
△				

最后，对以上实测数据进行分析。

第四节　电压源和电流源的等效变换及应用

问题四：如何进行电压源和电流源的等效变换？

在实际的电路分析中，经常会遇到若干个电压源、电流源支路既有串联又有并联构成的电路，本章第一节、第三节介绍的电阻串、并联及Y－△等效变换均属于无源网络的等效变换。电压源和电流源属于有源电路，进行电源简化时应遵循“简化前后，端口处的电压、电流关系不变的原则”。

一、电压源、电流源的等效方法

一般的电路都具有电源，电源对于负载来说，可看成是电压的提供者，也可以看成是电流的提供者。两者在一定的条件下可以等效互换。

1. 电压源的等效方法（Voltage Source Equivalent Method）

电压源串联指多个电压源之间的串联连接。若电源为理想电压源，当 n 个理想电压源串联时，可用一个等效的理想电压源代替，如图 2-21 所示，依据基尔霍夫电压定律，该理想电压源的等效电压等于各个理想电压源电压的代数和，即

$$U_s = \sum_{k=1}^{n} U_{sk}$$

公式中与 U_s 参考极性相同时电压取正号，相反时电压取负号。若各串联电压源具有串联电阻，其等效电压源的电阻等于各串联电压源电阻之和，如图 2-22 所示，即

$$R = \sum_{k=1}^{n} R_k \tag{2-18}$$

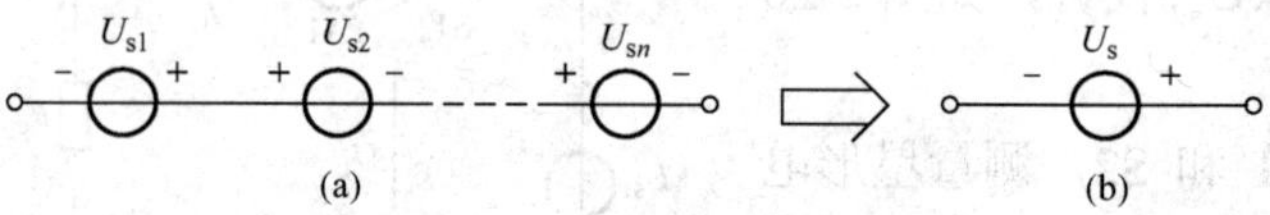

图 2-21 理想电压源的串联

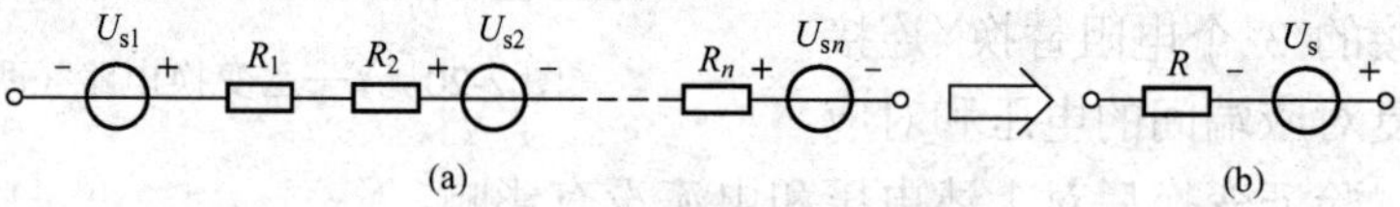

图 2-22 带电阻的电压源的串联

2. 电流源的等效方法

当 n 个理想电流源并联时，可用一个等效的理想电流源替代。其等效理想电流源的电流 I_s 等于各理想电流源电流的代数和，如图 2-23 所示，即

$$I_s = \sum_{k=1}^{n} I_{sk} \tag{2-19}$$

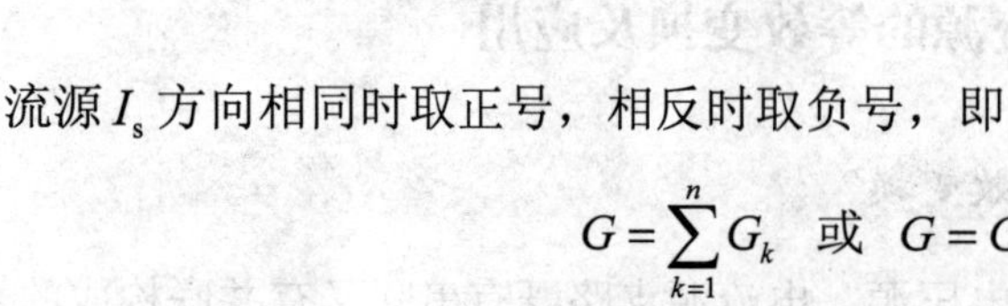

图 2-23 理想电流源并联时的等效

若各并联电流源具有并联电阻，其等效电流源的电阻等于各并联电流源电阻相并联，如图 2-24（b）所示。凡参考方向与电流源 I_s 方向相同时取正号，相反时取负号，即（用电导表示）

$$G = \sum_{k=1}^{n} G_k \quad 或 \quad G = G_1 + G_2 + G_3 + \cdots + G_n \tag{2-20}$$

二、电压源、电流源的等效变换

等效变换：通常指在等效条件下，用一个网络替换另一个网络，对外的端口伏安关系不变。注意，等效是对网络外部端口的等效，对网络内部不等效。等效变换的原则应遵循“简

化前后，端口处的电压、电流关系不变”。等效的两个网络内部可以具有完全不同的结构；如图 2-25 所示，一个实际电压源和一个实际电流源，在满足一定的条件下，可以等效互换。

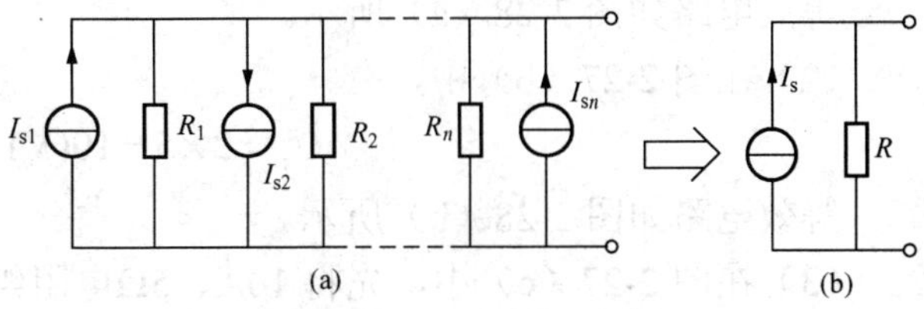

图 2-24　具有并联电阻的电流源并联时的等效

将一个负载电阻 R，分别接到 2-25（a）、（b）所示两电源模型上，若两电源对外等效，则 R 上得到的电压、电流相同。

对于图 2-25（a），有

$$I=\frac{U_s}{R_s+R}=\left(\frac{R_s}{R_s+R}\right)\frac{U_s}{R_s}\ \text{或}\ U=U_s-R_sI\text{，}\ I=\frac{U_s}{R_s}-\frac{U}{R_s}$$

对于图 2-25（b），有

$$I=\left[\frac{1}{G_s}/\left(\frac{1}{G_s}+R\right)\right]I_s\ \text{或}\ I=I_s-\frac{U}{R_s}$$

比较上述关系可知，若两电源等效，则下式成立（I_s 的参考方向应由 U_s 的负极指向正极）。

$$I_s=\frac{U_s}{R_s}\text{，}\ G_s=1/R_s\text{；}\quad R_s={}^{1}\!/\!_{G_s}\text{，}\ U_s=\frac{I_s}{G_s}=R_sI_s \tag{2-21}$$

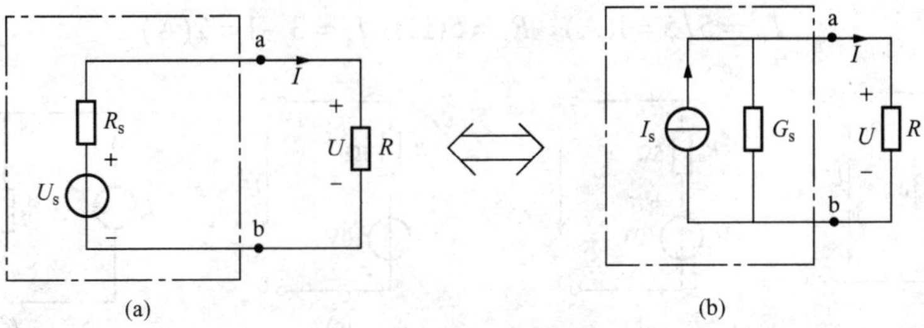

图 2-25　电压源和电流源等效变换

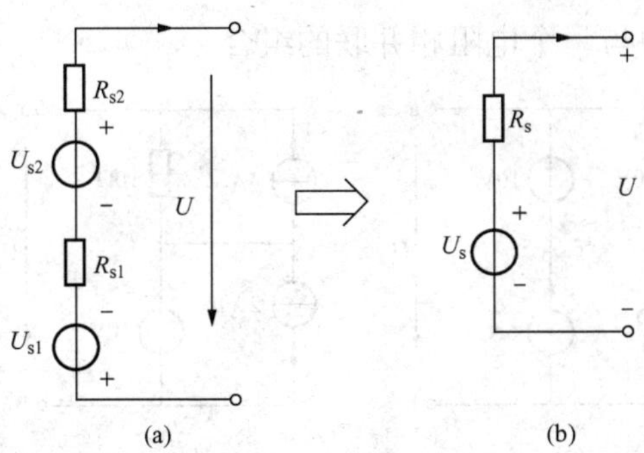

图 2-26　例 2-12 图

三、例题分析（Sample Analysis）

【例 2-12】 如图 2-26（a）所示电路，已知 $U_{s1}=15\text{V}$，$R_{s1}=10\Omega$，$U_{s2}=30\text{V}$，$R_{s2}=5\Omega$，求等效电压源模型的电压及电阻值。

解　$U_s=U_{s2}-U_{s1}=30-15=15(\text{V})$

$R_s=R_{s1}+R_{s2}=10+5=15(\Omega)$

等效电压源模型如图 2-26（b）所示。

【例 2-13】 如图 2-27 所示电路，用电源等效变换法将电路等效变换为电压源模型或电流源模型。

解　（1）在图 2-27（a）中，有

$$I_s=U_s/R_s=5/10=0.5(\text{A})\text{，}R_s=10(\Omega)$$

等效电路如图 2-28（a）所示。

（2）在图 2-27（b）中，有

$$U_s = 2\times 5 = 10(\text{V}),\ R_s = 5(\Omega)$$

等效电路如图 2-28（b）所示。

（3）在图 2-27（c）中，先将 10A、5Ω电阻组成的电流源等效为电压源，再与 40V 理想电压源合并，则有

$$U_{s1} = 10\times 5 = 50(\text{V}),\ R = 5(\Omega);\ U_s = 50-40 = 10(\text{V}),\ R_s = 5(\Omega)$$

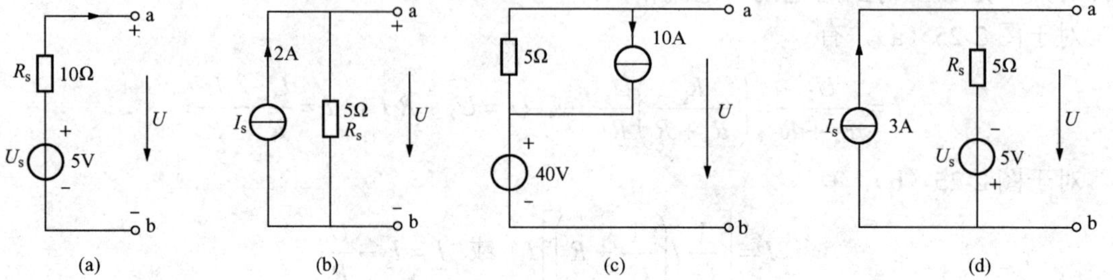

图 2-27　例 2-13 电路图

等效电路如图 2-28（c）所示。

（4）图 2-27（d）中，将 5V、5Ω电阻组成的电压源等效为电流源，再将两电流源合并，等效电路如图 2-28（d）所示，则有

$$I_{s1} = 5/5 = 1(\text{A}),\ R_s = 5(\Omega),\ I_s = 3-1 = 2(\text{A})$$

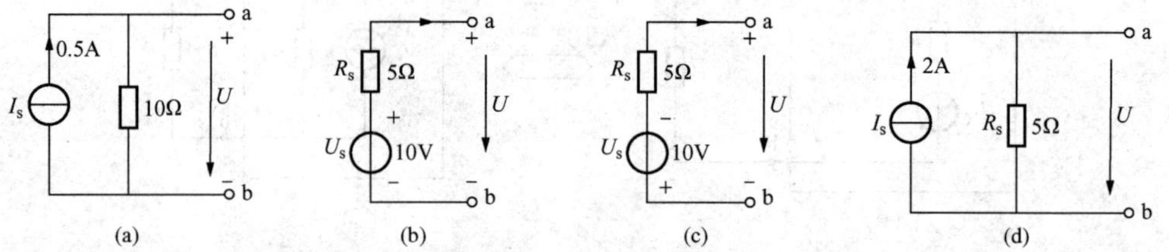

图 2-28　例 2-13 等效电路图

【例 2-14】 化简图 2-29 所示电路为一个电流源与一个电阻相并联的组合。

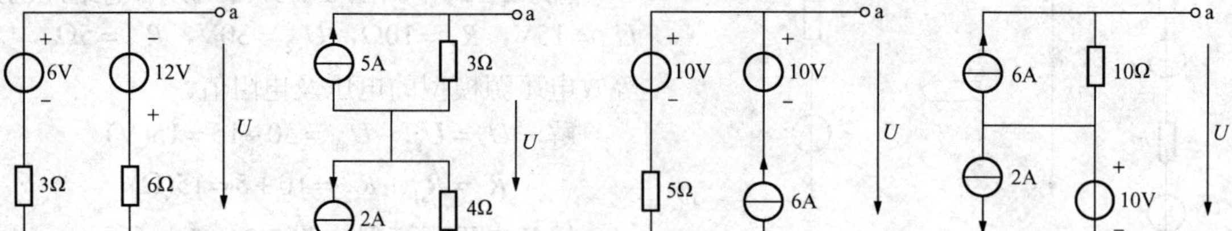

图 2-29　例 2-14 电路图

解　（1）在图 2-29（a）中，6V 电压源和 3Ω电阻及 12V 电压源和 6Ω电阻组成两个实际电压源且并联，将实际电压源用实际电流源等效，如图 2-30（a）所示。

（2）在图 2-29（b）中，将两个实际电流源化简为电压源，再将两电压串联。其简化过程和等效电路如图 2-30（b）所示。

（3）在图 2-29（c）中，根据电流源的性质（与电流源串联的任何元件可换成短路线而对外电路没有影响）将 10V 电压源用短路线代替，再将 10V 电压源和 5Ω电阻组成的实际电压源等效为电流源，然后合并。其简化过程和等效电路如图 2-30（c）所示。

（4）在图 2-29（d）中，2A 电流源与 10V 电压源并联，根据电压源的性质（与电压源并联的任何元件均可断开或取走而对外电路没有影响（将 2A 电流源取走）。其简化过程和等效电路如图 2-30（d）所示。

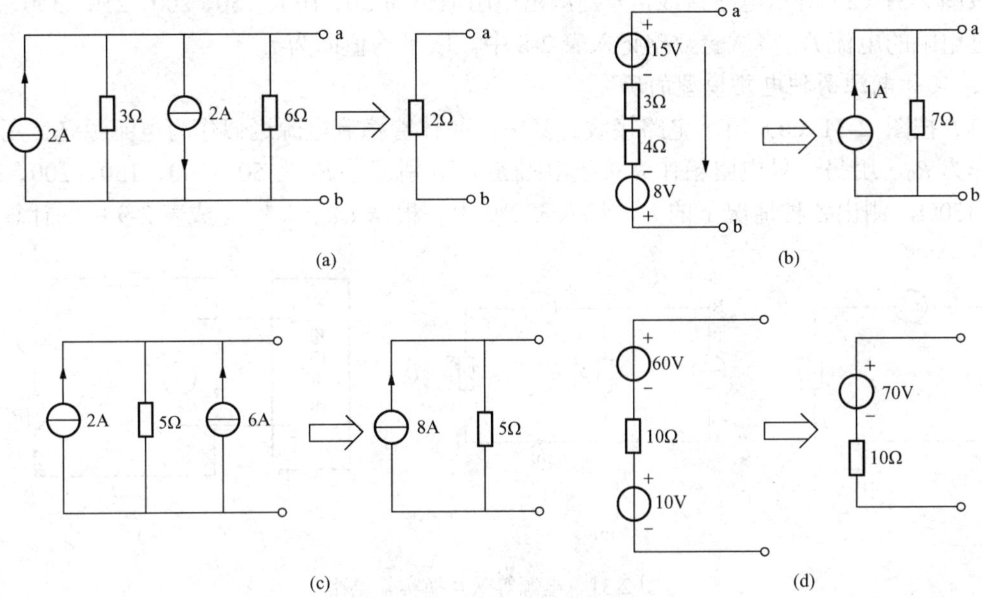

图 2-30　例 2-14 等效电路图

四、电压源和电流源等效变换要点

（1）一个实际电压源可以用电压源与电阻相串联的模型或用电流源与电阻相并联的模型来表示。只有实际电压源和实际电流源才可以进行等效变换，且等效时 U_s 和 I_s 的方向一致。

（2）只有与电压源串联的电阻才可以作为电源的内阻；与电流源相并联的电阻才能看作电源的内阻，若无此电阻，则没有与之等效的电源。

（3）与电压源并联的电阻（或其他元件）及与电流源串联的电阻（或其他元件）化简电路时可略去。

五、实践应用（Applications）

电压源与电流源的等效变换

（一）教学目标

（1）能区分理想电压源、理想电流源及实际电压源和实际电流源。

（2）能进行电压源和电流源的等效转换。

（3）能进行实际电压源和实际电流源等效变换的理论计算。

（二）仪器设备

（1）可调直流稳压电源，1台。

（2）直流电压表（或万用表）（0～15V，0～100V），1只。

（3）可变电阻器（0～200Ω，1A），1只。

（4）可调电阻箱（0～99999Ω），1只。

（5）晶体管稳压电源，1台。

（三）工作任务

1. 晶体管直流稳流电源输出电流的测定

按图2-31（a）所示电路接线，分别测出电阻取值为50、100、150、200、250、300、350Ω时流过电阻的电流 I，将试验数据记入表2-8中。取平均值即为 I_s。

2. 实际电源两种电路模型的研究

（1）按图2-31（b）所示电路接线。其中，晶体管稳流电源近似作为电流源 I_s，用1kΩ电阻作为 R_0，用另一只电阻箱作为负载电阻 R_L。分别调整 R_L 为50、100、150、200、250、300、350Ω，测出各种情况下的 I_L，记入表2-9中。根据 $U_{BA}=I_LR_L$ 完成表2-9中的计算。

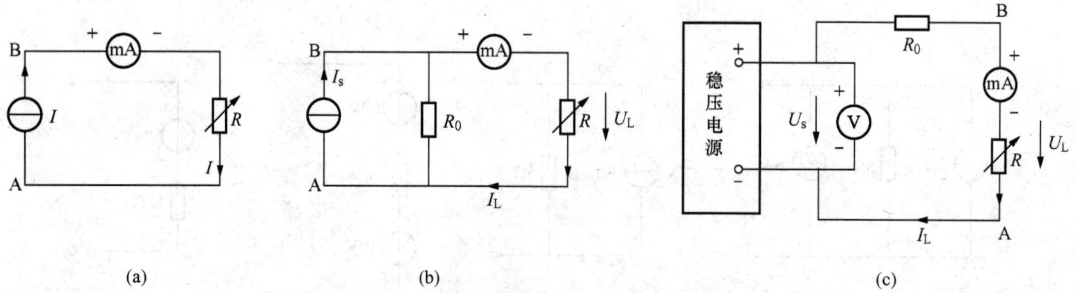

图2-31 电源等效互换实验电路

表2-8 数据记录一

指定值 R(Ω)							
测量值 I(mA)							

表2-9 数据记录二

指定值 R(Ω)							
测量值 I_L(mA)							
计算值 U_{BA}(V)							

（2）理想电流源 I_s 和电阻 R_0 的并联组合构成实际电流源的电路模型，与之等效的是理想电压源 U_s 和电阻 R_0 串联构成的电压源电路模型的组合。

调节晶体管直流稳压电源的输出电压 $U_s=I_sR_0$，串联电阻 R_0，再以另一电阻箱作为负载电阻 R_L，连接成如图2-31（c）所示电路。分别改变 R_L 为50、100、150、200、250、300、350Ω，测出各种情况下的 I_L，记入表2-10中。

表 2-10　　数 据 记 录 三

指定值 $R(\Omega)$								
测量值 I_L(mA)								
计算值 U_{BA}(V)								

根据 $U_{BA}=I_L R_L$ 完成表 2-10 中的计算。

（四）注意事项

（1）查表 2-9 和表 2-10 中的试验数据，当 R_L 取值相同时，两表格中对应的 I_L 值应在实际误差范围内吻合。

（2）测量外特性时，负载电阻 R_L 应保持一致。

最后，对以上实测数据进行分析。

第五节　受控源及其等效变换法

问题五：对于受控源如何进行等效变换？

电压或电流受电路中其他部分电压或电流控制的电源，称为受控源。前面介绍的电源都是独立电源，它们的电压或电流是一恒定值或者是一定的时间函数，它们与电路中其他支路的电压或电流无关，它们能独立地向电路提供电能或电信号，对电路起激励作用，称为独立源。受控源的电压或电流受另一条支路的电压或电流所控制，只能用来反映电路中某一支路电压或电流对另一支路电压或电流的控制关系。

一、受控电源的分类

受控源分为受控电压源（Controlled Voltage Source）和受控电流源（Controlled Current Source）。受控源有两对端钮，一对输出端和一对输入端，输出端钮又称为受控端，对外提供电压或电流；输入端钮称为控制端，用来控制输出电压或电流的大小；受控源按控制量是电压或电流，被控量是电压源还是电流源，可分为四种，即电压控制电压源（VCVS）、电压控制电流源（VCCS）、电流控制电压源（CCVS）及电流控制电流源（CCCS），如图 2-32 所示，为区别于独立源，用菱形符号表示受控源，菱形符号外用“+”、“−”表示受控电压源，菱形符号加箭头表示受控电流源。图 2-32（a）、（b）、（c）、（d）分别表示受控源中的电压控制电压源(VCVS)、电流控制电压源(CCVS)、电压控制电流源(VCCS)及电流控制电流源(CCCS)。这四种理想受控源的输入端口与输出端口的特性用数学式可表述如下。

（1）电压控制电压源（Voltage Controlled Voltage Source）：控制量为 u_1，控制系数为电压放大系数 μ，被控量为 μu_1，即 $i_1=0$，$u_2=\mu u_1$，μ 为电压放大系数，无量纲，如图 2-32（a）所示。

（2）电流控制电压源（Current Controlled Voltage Source）：控制量为 i_1，控制系数为转移电阻 r，被控量为 ri_1，即 $u_1=0$，$u_2=ri_1$，r 具有电阻的量纲，称为转移电阻，如图 2-32（b）所示。

（3）电压控制电流源（Voltage Controlled Current Source）：控制量为 u_1，控制系数为转移电导 g，被控量为 gu_1，即 $i_1=0$，$i_2=gu_1$，g 具有电导的量纲，称为转移电导，如图 2-32（c）

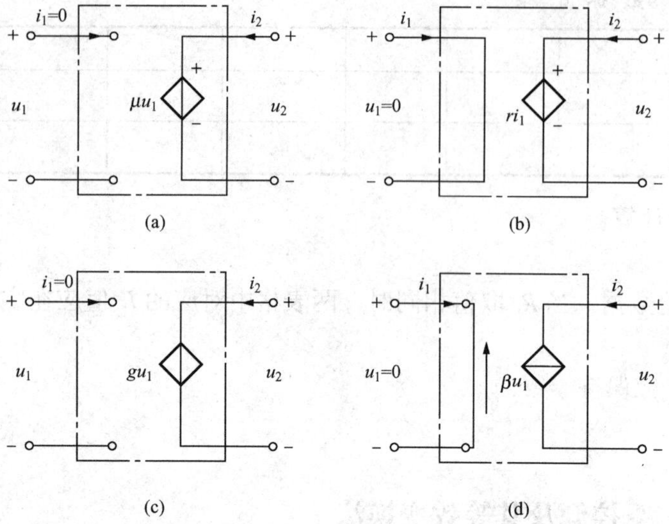

图 2-32 四种受控源电路

所示。

（4）电流控制电流源（Current Controlled Current Source）：控制量为 i_1，控制系数为电流放大系数 β，被控量为 βu_1，即 $u_1=0$，$i_2=\beta u_1$，β 称为电流放大系数，无量纲。如图 2-32（d）所示。

当比例系数 μ、r、g、β 为常数时，受控量和控制量之间呈正比关系，这样的受控源称为线性受控源。本书只讨论线性受控源。与独立电源一样，凡是有串联电阻的受控电压源和有并联电阻的受控电流源称为实际受控源。如用 VCVS 构成电子管电压放大器的电路模型，用 VCCS 构成场效应管电路模型，用 CCVS 构成他励式直流发电机的电路模型，用 CCCS 构成晶体管电路模型。

二、受控电源的等效变换

受控源由于本身受制于控制量，在电路解题中进行的化简、等效变换、列写方程等，都不能像独立源一样处理，而串联电阻与受控电压源及并联电阻与受控电流源的组合，可像独立源一样进行等效互换，但控制量所在的支路必须保留。

三、含受控源电路的解题方法

（1）受控源电路中无独立源的求解法：无独立源的受控源电路多数为求它的等效电路，求解时可用等效电源法或外施电压法进行化简，化简时控制量所在的支路不能去掉。

（2）受控源中含有电压控制电流源电路的解法：当受控源的控制量在有源二端网络内部时，含受控源的网络可用等效电源定理求出它的等效电路（参考第三章第四节戴维南定理）；当受控源的控制量在有源二端网络外部时，将受控电压源或受控电流源进行电源等效变换，求入端电阻 R_i 时，受控源应作为一种电阻性元件保留在电路中，且受控源不能作开路和短路处理，应用外施电压法或短路电流法求入端电阻 R_i。

（3）含受控源的复杂电路解法：对于含受控源的复杂电路，可用第三章介绍的网孔法、支路法或节点法列写出电路方程求解，受控源当作独立源列入方程中相应的各项，并将受控量和控制量的关系代入方程中（如第三章介绍的网孔电流、节点电位等未知量）。

四、例题分析（Sample Analysis）

【例 2-15】 用等效变换法求图 2-33（a）所示电路中的支路电流 i 和电压 u。

解 图 2-33（a）是一个含有电流控制电流源的电路（CCCS），受控电流为 i，在变换过程中要保持 8Ω电阻支路不变。具体变换过程如图 2-33（b）、（c）、（d）所示，根据图 2-33（d）所示等效电路，应用分流公式有

$$i=(i+1)\times\frac{4}{8+4}$$

得出

$$i = 0.5(\text{A})，\quad u = 8i = 8 \times 0.5 = 4(\text{V})$$

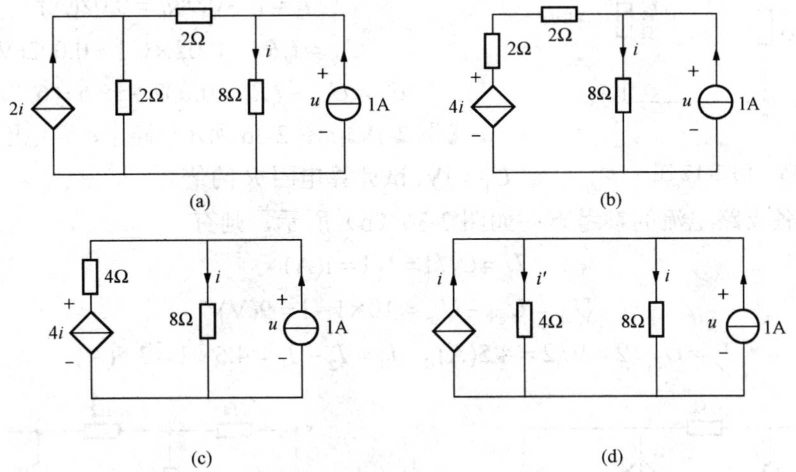

图 2-33　例 2-15 图

【例 2-16】 求图 2-34（a）所示电路中的二端口网络 ab 端口的等效电阻 R_{ab}。

解　图 2-34（a）所示电路为电流控制电流源电路，求解时先将实际受控电流源等效为实际受控电压源，再将实际受控电压源等效为实际受控电流源，然后将实际受控电流源等效为实际受控电压源，如图 2-34（b）、（c）所示，再用外施电压法求出等效电阻 R_{ab}，即

$$0.4i_1 \times 10 = 4i_1$$

$$10+10=20（\Omega）$$

$$20\times20/（20+20）=10（\Omega）$$

$$U_{ab} = i_1 R_{ab} = i_1(2+10) - 2i_1$$

$$R_{ab} = U_{ab} / i_1 = 10(\Omega)$$

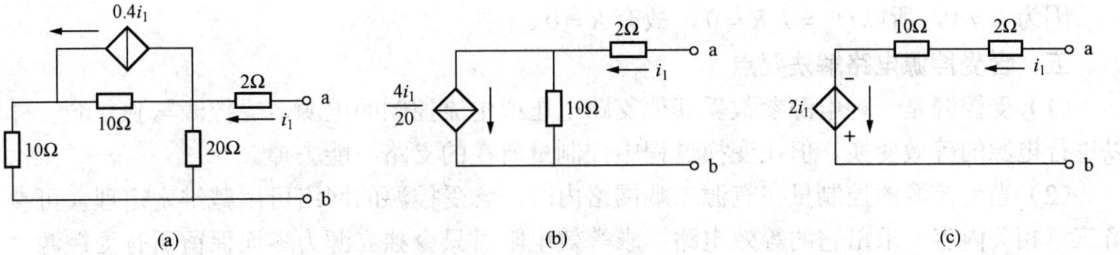

图 2-34　例 2-16 图

【例 2-17】 求图 2-35 所示电路的电压 U_s。

解　图 2-35 所示电路的受控源为电流控制电流源，受控电流源与 5Ω电阻串联，流过 5Ω电阻的电流为

$$i_1' = U / R_3 = 4.9 / 5 = 0.98(\text{A})$$

$$i_1' = 0.98 i_1 = 0.98(\text{A}) \Rightarrow i_1 = 1(\text{A})$$

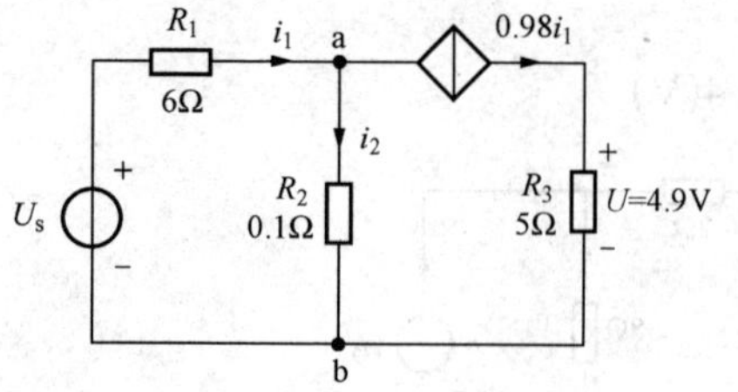

图 2-35　例 2-17 图

对节点 a 列 KCL 方程

$$i_2 + 0.98i_1 = i_1$$

$$i_2 = i_1 - 0.98i_1 = 0.02(\text{A})$$

$$U_{ab} = i_2 R_2 = 0.02 \times 0.1 = 0.002(\text{V})$$

$$U_s = U_{ab} + i_1 R_1 = 0.002 + 1 \times 6 = 6.002(\text{V})$$

【例 2-18】 图 2-36 所示电路中，若电压 $U_s = -19.5\text{V}$，$U_1 = 1\text{V}$，试计算电阻 R 的值。

解　选择各支路电流的参考方向如图 2-36（b）所示，则有

$$I_1 = U_1 / 1 = 1/1 = 1(\text{A})$$

$$U_{ca} = U_{cb} - U_{ab} = 10 \times 1 - 1 = 9(\text{V})$$

$$I_2 = U_{ca} / 2 = 9/2 = 4.5(\text{A})，\quad I_0 = I_2 - I_1 = 4.5 - 1 = 3.5(\text{A})$$

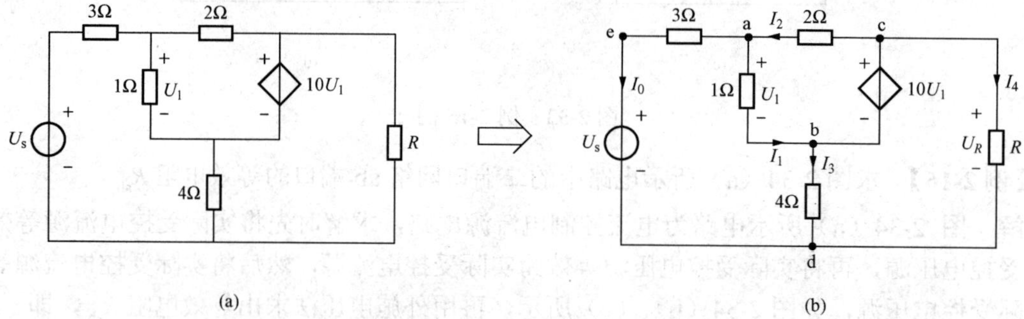

图 2-36　例 2-18 图

$$U_R = U_{cd} = U_{ca} + 3I_0 + U_s = 9 + 3 \times 3.5 + (-19.5) = 0$$

$$U_{bd} = U_{cd} - U_{cb} = 0 - 10 \times 1 = -10(\text{V})，\quad I_3 = U_{bd} / 4 = -10/4 = -2.5(\text{A})$$

对节点 d，有

$$I_0 + I_3 + I_4 = 0，\quad I_4 = -I_0 - I_3 = -3.5 - (-2.5) = -1(\text{A})$$

因为 $I_4 \neq 0$，所以 $U_R = I_4 R = 0$，故有 $R = 0$。

五、含受控源电路解法要点

（1）受控源是一种电源参数受其他支路电压或电流控制的电源，受控源与独立源一样可以进行电源的等效变换。但在变换过程中控制量所在的支路不能去掉。

（2）当受控源的控制量在有源二端网络内时，含受控源的网络可用戴维南定理（可参考第三章相关内容）求出它的等效电路；求等效电阻时只令独立源为零而保留所有受控源。

（3）当电路中出现受控源时，应注意掌握它的受控关系、端口特性及与独立源的区别。在列写电路方程时受控源可以当作独立源处理，但是必须补充控制量的约束方程。

（4）若用节点法、网孔法及支路法（参考第三章相关内容）列写含受控源的电路方程时，要把受控源作为独立电源看待。在节点方程中，受控源的控制量用节点电压表示；在网孔方程中，受控源的控制量用网孔电流表示；列出方程后，将受控量与控制量之间的关系列出代入方程整理后解答。

（5）当网络中受控电压源支路不存在串联电阻或受控电流源支路不存在并联电阻时，可

以用处理独立源支路的方法，把受控源转移到其他支路，与受控电压源并联的元件可以去掉，与受控电流源串联的元件可以短接而不影响电路的其他部分。

六、实践应用（Applications）

电阻电路故障原因分析

（一）教学目标

（1）能进行电阻电路的故障原因分析。

（2）能判断电阻电路出现不同故障时，电路中电位、电压、电阻值的变化情况。

（3）能运用所测的电位、电压和电阻值的大小来判断电路可能产生的故障。

（二）仪器设备

（1）可调直流稳压电源，1台。

（2）直流电压表（0～15V，0～100V），1只。

（3）万用表，1只。

（4）电阻器（50Ω、100Ω、200Ω，3W），若干。

（三）检测电路（见图2-37）

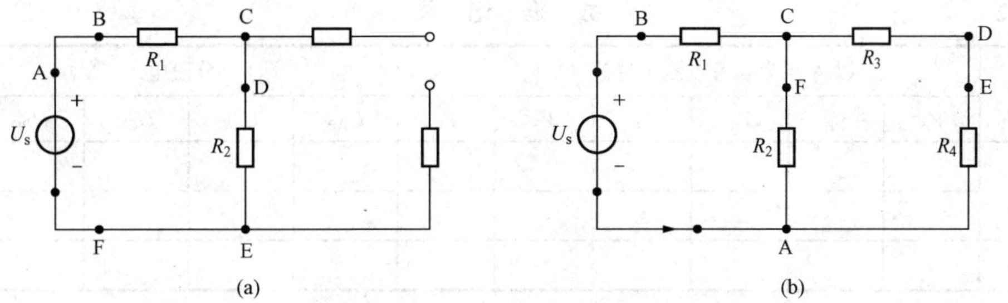

图2-37　检测电路

（四）工作任务

1. 用直流电压表（或万用表直流电压挡）检查电路可能存在的故障

（1）检查串联电路的故障。按图2-37（a）接线，稳压电源U_s输出电压调至12V，R_1取200Ω，R_2取100Ω，以电路中的F点为参考点，用电压表（或万用表直流电压挡）测量表2-11中所列各点的电位和各段电压，数据记入表2-11中。

表2-11　　数 据 记 录

电路状态	以F点为参考点测电位值（V）						分段电压（V）				
	V_A	V_B	V_C	V_D	V_E	V_F	U_{AB}	U_{BC}	U_{CD}	U_{DE}	U_{EF}
正常											
断开故障											
短路故障											

（2）在图2-37（a）所示电路中，将C、D连线断开，重复上述测量，将数据记入表

2-11 中。

（3）在图 2-37（a）所示电路中，用一根导线短接电阻 R_2，重复上述测量，将数据记入表 2-11 中。

2. 用直流电压表检查混联电路的故障

（1）按图 2-37（b）接线，稳压电源 U_s 输出电压取 12V，R_1 取 200Ω，R_2、R_3 均取 100Ω，R_4 取 50Ω，以电路中 A 点为参考点，用电压表测量表 2-12 中所列各点电位和各段电压，数据记入表 2-12 中。

（2）在图 2-37（b）所示电路中，断开并联支路的 E、F 点，重复上述测量，将数据记入表 2-12 中。

（3）在图 2-37（b）所示电路中，短接并联电阻 R_4，重复上述测量，将数据记入表 2-12 中。

3. 用万用表电阻挡检查电路故障

用万用表电阻挡检查图 2-37（b）所示线路在上述步骤中设定的开路和短路故障点，检查时必须先断开线路的电源，测量总电阻的各段电阻值，确定故障点的位置是否正确，将检查过程记录下来。

表 2-12　　数 据 记 录

电路状态	以 A 点为参考点测电位值（V）						分段电压（V）				
	V_A	V_B	V_C	V_D	V_E	V_F	U_{AB}	U_{BC}	U_{CD}	U_{DE}	U_{EF}
正常											
断开故障											
短路故障											

（五）注意事项

（1）使用万用表时应注意挡位及量限的选择。测量电阻时，严禁带电操作，以免损坏万用表。

（2）如果时间允许，可多设几个故障点重复上面的操作。

最后，对以上实测数据进行分析。

本 章 小 结

（1）KCL 定律是电流连续性和电荷守恒的体现，它说明在任何时刻，对任一节点（或任一假设的封闭面），流入、流出节点（或封闭面）的支路电流代数和为零，即 $\Sigma i=0$。

KVL 定律是电位单值性和能量守恒的体现，它说明在任何时刻，对任一回路，沿着指定的回路绕行方向，各支路电压的代数和为零，即 $\Sigma u=0$。凡支路电压的参考方向与回路绕行方向一致者，该电压前面取“+”号，支路电压参考方向与回路绕行方向相反者，该电压前面取“−”号。

（2）电阻元件串联时，流过所有元件的电流相等，电阻元件串联后的端电压为各元件端电压的总和，各元件电压的大小与它的电阻值成正比，电阻大，分配到的电压也大，n 个电阻串联，其等效电阻为 n 个电阻的总和。电阻元件并联时，所有元件的端电压相等，电阻元件并联后的总电流为各元件电流的总和，各元件电流的大小与它的电导值成正比，电导大的分配到的电流也大，n 个电导并联，其等效电导为 n 个电导的总和。

（3）Y－△连接电阻的等效变换只对网络外端口等效，对网络内部不等效。利用Y－△变换，可将复杂网络变换为简单的串、并联网络。星形连接电阻等效为三角形连接电阻，电阻值增大；反之，电阻值减小。若 3 个电阻相等，则 $R_{\triangle}=3R_{Y}$。

（4）n 个理想电流源并联时，可用一个等效的理想电流源替代；n 个理想电压源串联时，可用一个等效的理想电压源替代；一个实际电源可以用电流源与电阻相并联的模型或用电压源与电阻相串联的模型来表征。两种模型等效互换的条件为 $I_s=U_s/R$，或 $U_s=I_sR$，R 的大小不变，只是连接位置改变。

（5）对于无源二端网络总可以用一个等效电阻来替换。等效的方法：①运用电阻串、并联公式及Y－△变换公式对网络进行化简；②用外施电压法计算电流 I，或用外施电流法计算电压 U，则 $R=U/I$。

（6）对于有源电阻网络，总可以用一个电压源和电阻相串联的组合或一个电流源和电阻相并联的组合来替换。等效电路的求法如下。

1）含源二端网络由含源支路作串、并联构成时，运用电压源和电阻相串联的组合或电流源和电阻相并联的组合进行等效互换将电路化简。

2）运用第三章介绍的戴维南定理或诺顿定理进行化简。

（7）受控源是一种电源参数受其他支路电压或电流控制的电源。它兼有电源和电阻的双重性质。受控源是一种非独立源，受控源与独立源一样可以进行电源的等效变换。但控制量所在的支路必须保留。求入端电阻 R_i 时，受控源应作为一种电阻性元件保留在电路中，且受控源不能作开路和短路处理，应采用外施电压法或短路电流法求入端电阻 R_i。

习　题　二

1．如图 2-38 所示电路，有一内阻 $R_g=10\text{k}\Omega$、量程为 $I_g=50\mu\text{A}$ 的电流表，若将其改装为 5V 的电压表，问需串联一只多大的电阻。

2. 如图 2-39 所示电路，已知 $R_1=1\Omega$，$R_2=2\Omega$，$R_3=3\Omega$，$U=6\text{V}$。求：

（1）电路的总电阻 R；

（2）总电流 I 和 I_1、I_2、I_3；

（3）U_1、U_2、U_3。

3. 如图 2-40 所示电路，$R_1=10\Omega$，$R_2=20\Omega$，$R_3=60\Omega$，$U=6\text{V}$。求：

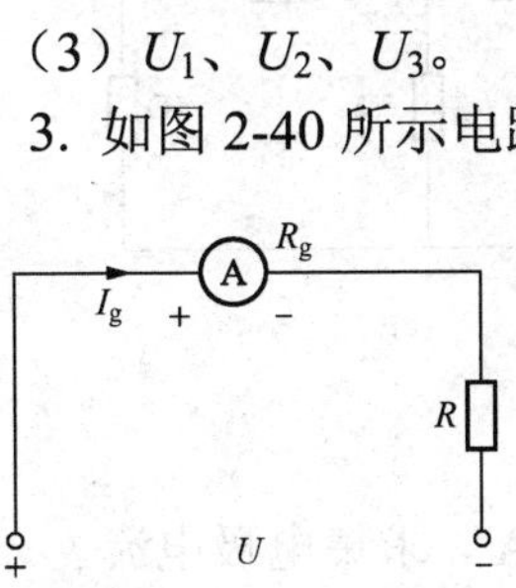

图 2-38　题 1 图

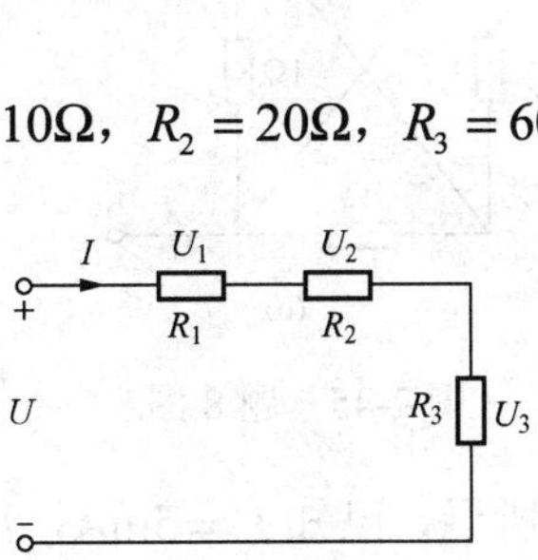

图 2-39　题 2 图

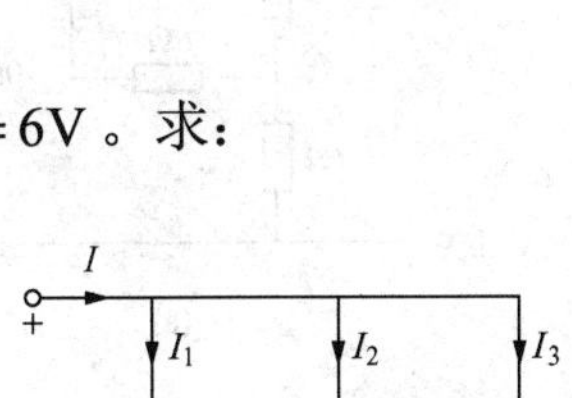

图 2-40　题 3 图

（1）电路的总电阻 R；

（2）U_1、U_2、U_3；

（3）总电流 I 和 I_1、I_2、I_3；

（4）电阻 R_1 消耗的功率 P_1。

4. 如图 2-41 所示电路，欲将量限为 5V、内阻为 10kΩ的电压表改装成 15V、25V、150V 多量限的电压表，求所需串联电阻的阻值。

5. 如图 2-42 所示电路，已知 $U=6\text{V}$，$R_1=20\Omega$，$R_2=5\Omega$，$R_3=R_4=30\Omega$，求：

（1）电路的总电阻 R；

（2）总电流 I 和流过电阻 R_1、R_2 的电流 I_1、I_2。

6. 如图 2-43 所示电路，若将内阻为 1800Ω、满偏电流为 100μA 的表头，改装成量限分别为 5mA、30mA 的电流表，应分别并联多大的分流电阻？

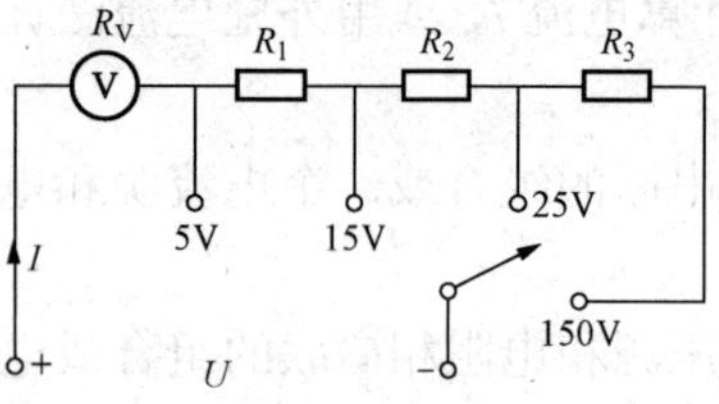

图 2-41　题 4 图

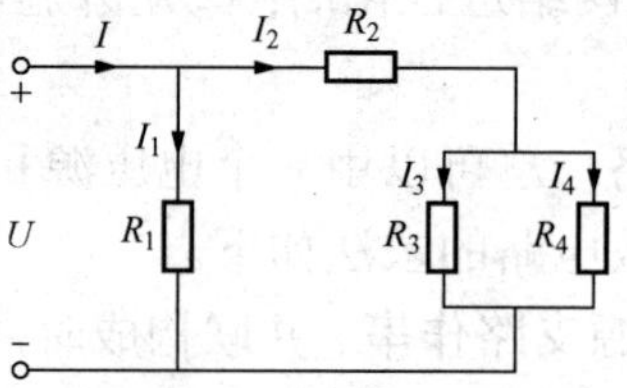

图 2-42　题 5 图

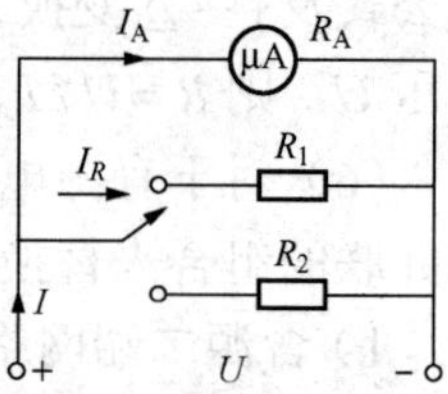

图 2-43　题 6 图

7. 求图 2-44 所示电路的等效电阻 R_{ab}。

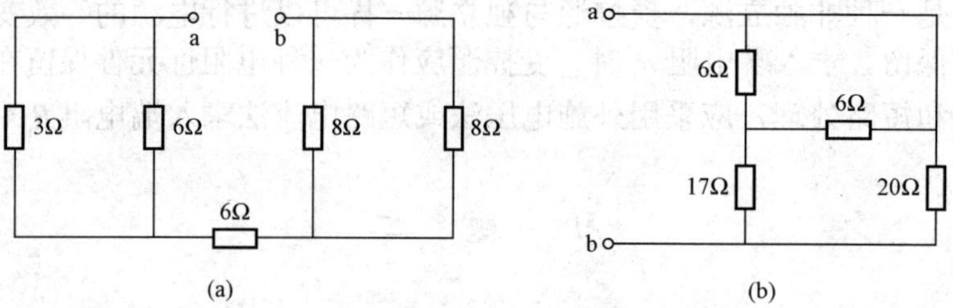

图 2-44　题 7 图

8. 求图 2-45 所示电路的等效电阻 R_{ab}。

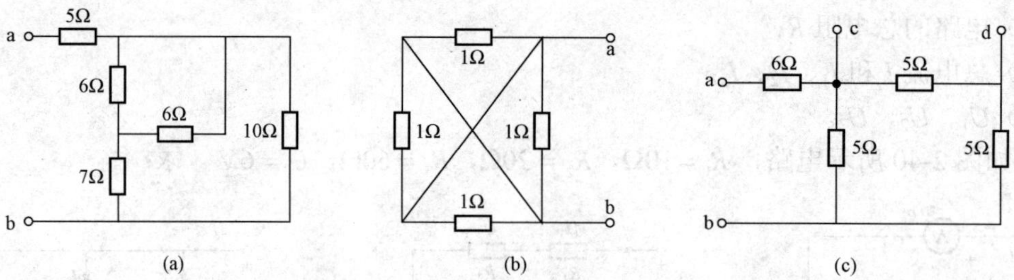

图 2-45　题 8 图

9. 某晶体管放大电路如图 2-46 所示，已知 $I_e=5\text{mA}$，$I_b=0.2\text{mA}$，求集电极电流 I_c，并指出电流的实际方向。

10. 求图 2-47 所示电路中的电流 I_5，已知 $I_1=4\text{A}$，$I_2=-2\text{A}$，$I_3=1\text{A}$，$I_4=-3\text{A}$。

11. 如图 2-48 所示电路，求各支路电流 I_1、I_2、I_3。

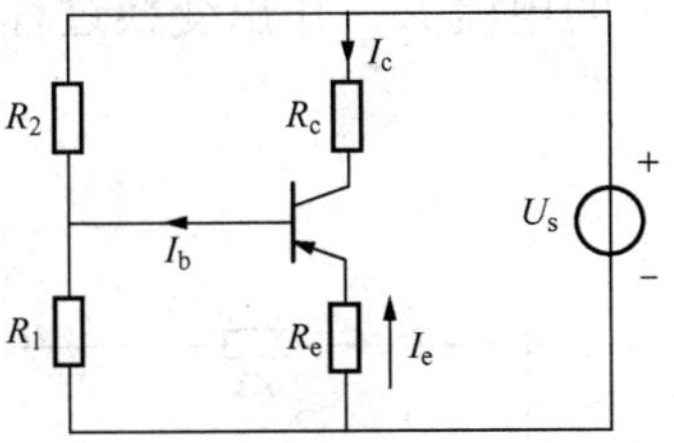

图 2-46　题 9 图

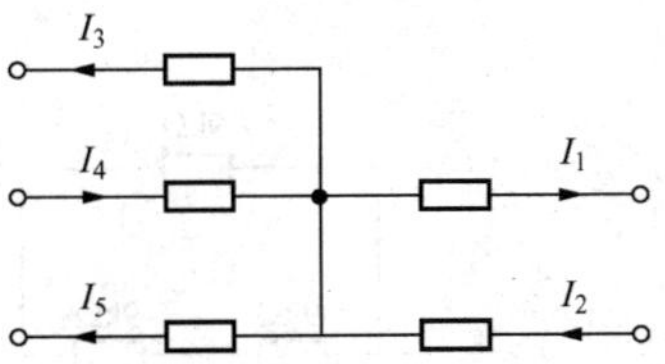

图 2-47　题 10 图

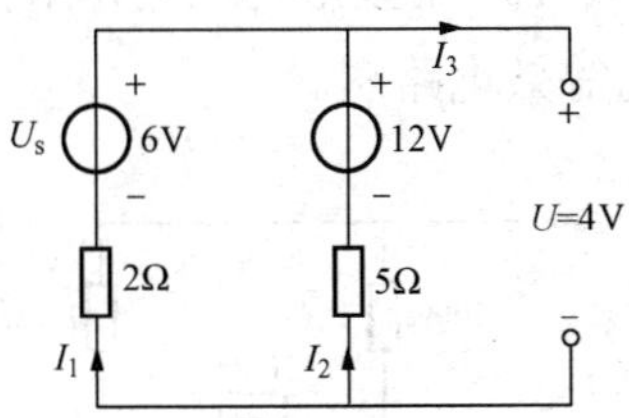

图 2-48　题 11 图

12. 如图 2-49 所示直流电路，求各支路电流 I_1、I_2、I_3。并求 a、b、c 三点的电位 V_a、V_b、V_c，再求三个电源各自的功率。

13. 如图 2-50 所示电路。

（1）当开关 S 闭合时，电路有几个节点，几个网孔？试列出一个节点的电流方程和一个网孔的回路电压方程；

（2）若开关 S 断开，电压 U_{ab}、U_{bc} 为多少？

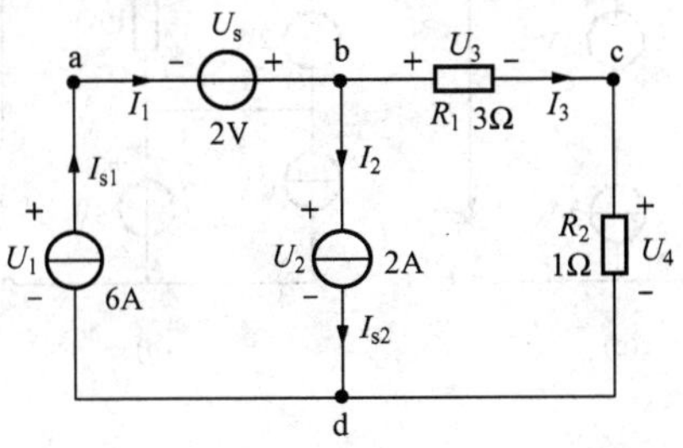

图 2-49　题 12 图

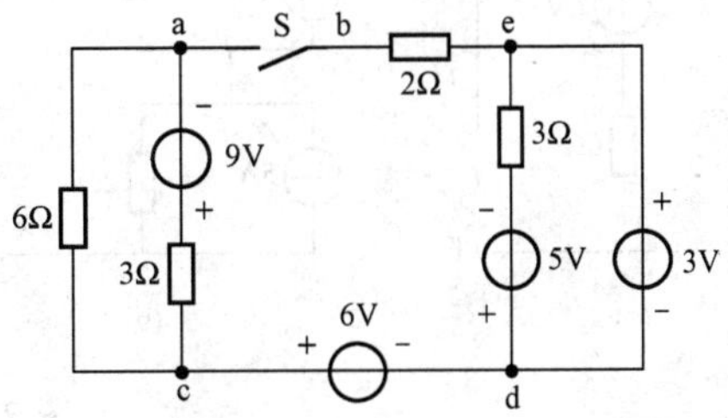

图 2-50　题 13 图

14. 将图 2-51 所示各电路由 T 形连接变换为△形连接，或由△形连接变换为Y形连接。

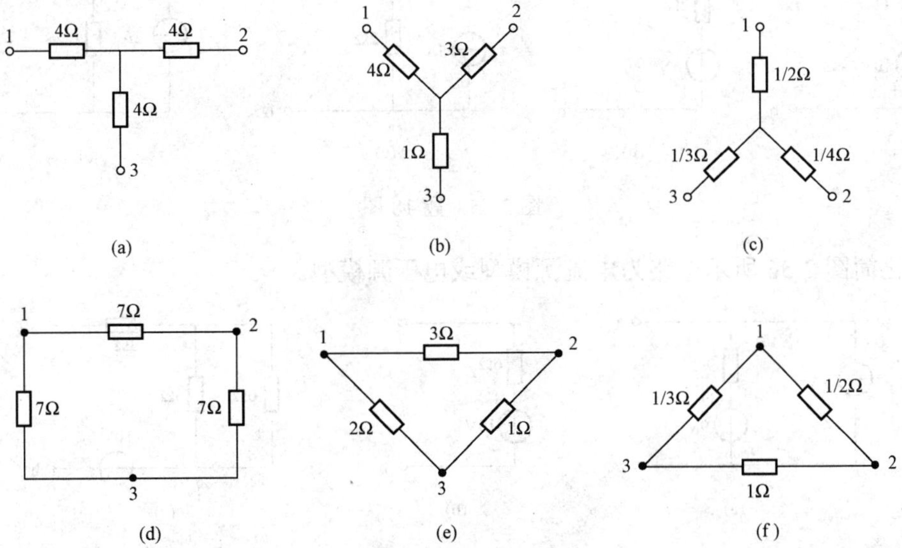

图 2-51　题 14 图

15. 求图 2-52 所示电路中 a、b 间的等效电阻 R_{ab}，作出变换过程的等效电路。

16. 用星形与三角形等效变换的方法，求图 2-53 所示电路中的电流 I_2，作出变换过程中的等效电路图。

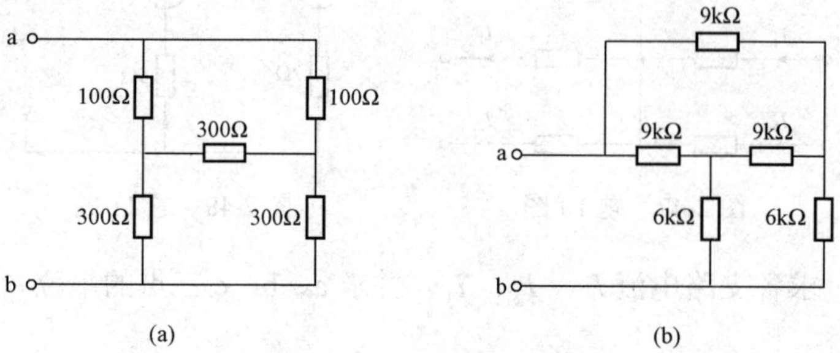

图 2-52 题 15 图

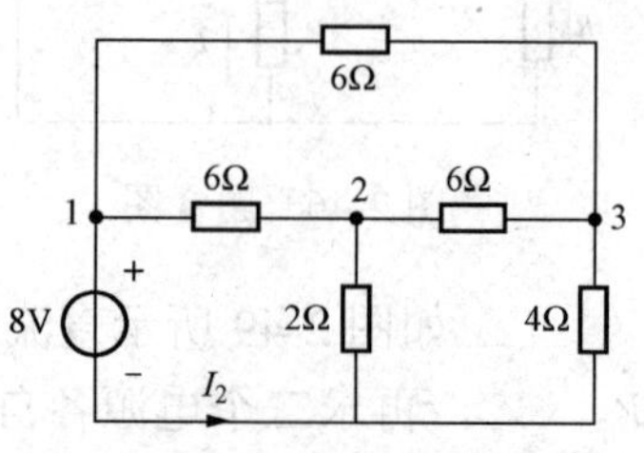

图 2-53 题 16 图

17. 化简图 2-54 所示电路为一个电流源与一个电阻相并联的组合。

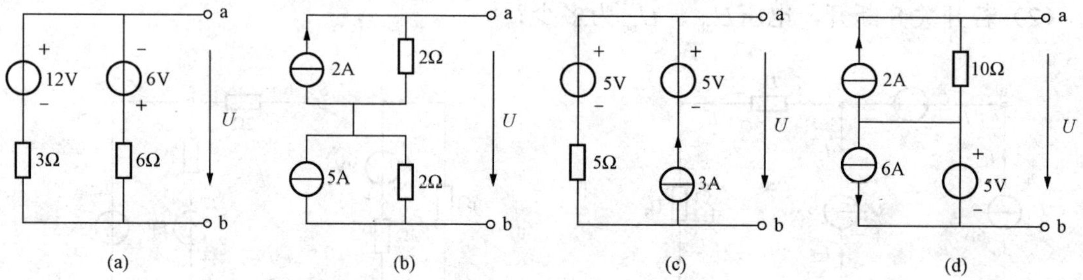

图 2-54 题 17 图

18. 将图 2-55 中的电压源化成等效电流源；电流源化成等效的电压源。

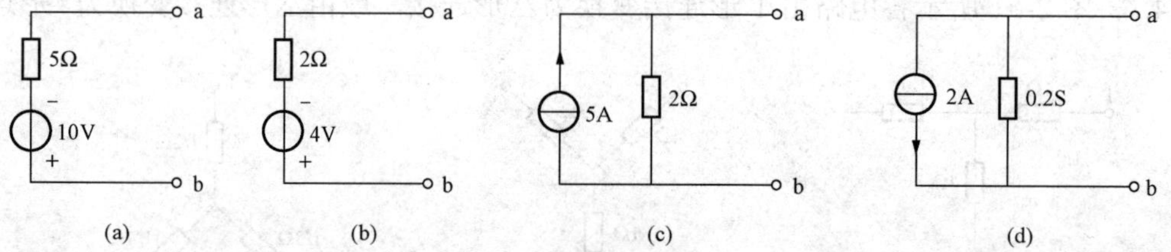

图 2-55 题 18 图

19. 化简图 2-56 所示电路为电流源模型或电压源模型。

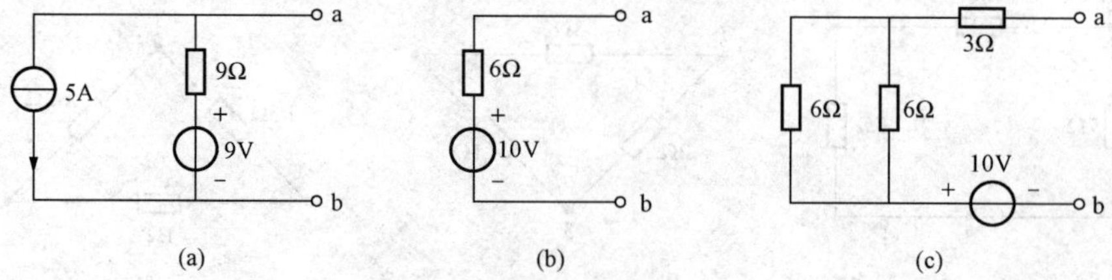

图 2-56 题 19 图

20. 求如图 2-57 所示电路的输入电阻 R_i 。

21. 求如图 2-58 所示受控源电路中 R_L 两端的电压 U。

22. 已知图 2-59 所示电路中 $R_1=2\Omega$，$R_2=6\Omega$，$U_s=10V$，求电流 I。

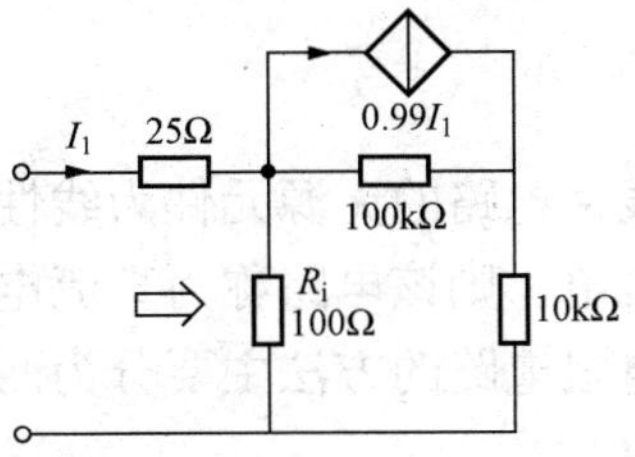

图 2-57　题 20 图

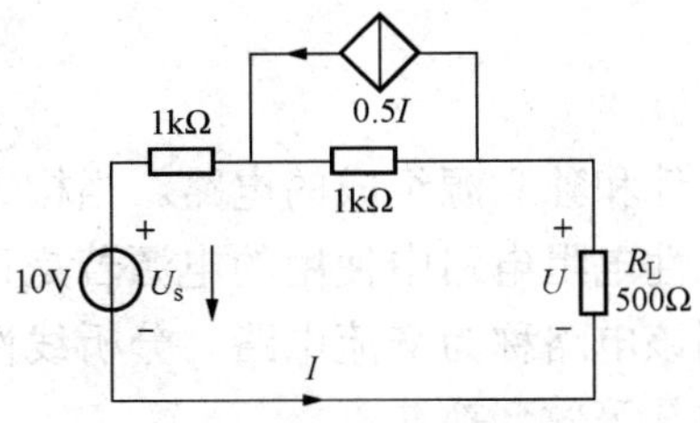

图 2-58　题 21 图

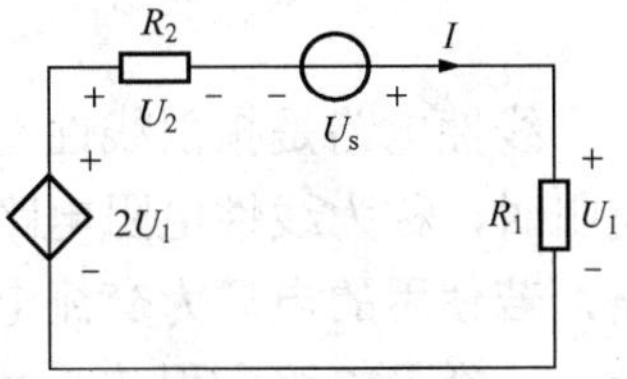

图 2-59　题 22 图

教学项目四（仅供参考）

直流单臂电桥的使用与分析

（一）能力目标（Ability Aim）

（1）能使用直流单臂电桥测量电阻值。

（2）能分析直流单臂电桥的工作原理。

（二）知识目标（Knowledge Aim）

（1）熟练掌握欧姆定律的应用。

（2）理解电阻的串、并联特性，理解直流单臂电桥的工作原理。

（3）掌握电阻混联电路的分析和计算过程。

（三）工作任务（Work Task）

能使用直流单臂电桥测量电阻值，当直流单臂电桥检流计指示值为零的时候，计算各电阻中电流的大小。

（四）相关实践知识（Related Practice Knowledge）

第九章第五节：直流单臂电桥。

（五）相关理论知识（Related Theory Knowledge）

（1）第二章第一节：电阻的串、并联及其等效变换法；第二节：基尔霍夫定律及其应用；第三节：电阻的星形、三角形连接及其等效变换法。

（2）第九章第五节：直流单臂电桥的工作原理分析。

（六）拓展知识（Learning More）

（1）第二章第四节：电压源和电流源的等效变换及应用；第五节：受控电源及其等效变换法。

（2）第九章第五节：直流双臂电桥。

第三章　线性电路的分析方法及其定理

线性电路是指由线性无源元件和独立源组成的电路。当构成线性电路的无源元件为线性电阻时，称为线性电阻电路。线性电阻电路中使用的电源若是直流电，则该电路称为直流电路，若使用的电源为交流电，则该电路称为交流电路。分析线性电阻电路的方法主要分为两类：一类是电路方程法；另一类是等效变换法。

电路方程法分为支路电流法、网孔分析法、回路分析法和节点分析法等。它是根据电路列出方程式，然后对电路进行分析计算的方法。等效变换法则是用一个网络等效替代另一个网络使原电路简化后，再进行分析计算的方法。

等效变换法分为电源等效变换法、戴维南定理、诺顿定理。叠加定理适用于多个电源作用的线性电路。

第一节　支路电流法及其应用

问题一：求解电路各支路电流最直接、最基本的方法是什么？

支路电流法是计算复杂电路的各种方法中的一种最基本的方法。支路法一般包括支路电流法和支路电压法，本节主要介绍支路电流法。

一、支路电流法的概念

支路电流法（Branch Current Analysis）是以各支路电流为未知量，用基尔霍夫定律对节点和回路列出所需要的方程组，而后解出各未知支路电流的电路计算方法。

对于有 n 个节点、b 条支路的电路，要求解支路电流，未知量共有 b 个。只需列出 b 个独立的电路方程，便可以求解出 b 个变量。

用支路电流法求解电路时，先假定各支路电流的参考方向，然后建立足够的独立 KCL、KVL 方程，对于具有 n 个节点的电路，独立的 KCL 方程数为 $n-1$ 个，它们可以在任意的 $n-1$ 个节点上建立。对于 n 个节点 b 条支路的电路，连同 KCL 方程数 $n-1$ 个，独立的 KVL 方程为 $b-(n-1)$个，独立的 KVL 和 KCL 方程总数为 b 个。它们恰好等于支路电流个数。

二、支路电流法的解题步骤

（1）标出各支路电流的参考方向和网孔回路的绕行方向。

（2）由 KCL 列写 $n-1$ 个独立节点电流方程（$\Sigma I=0$）。

（3）由 KVL 列写 $b-n+1$ 个独立回路电压方程（$\Sigma U=0$ 或 $\Sigma U_{\mathrm{s}}=\Sigma IR$）。

（4）联立解上述 b 个独立方程，求出各支路电流及其他各物理量。

三、例题分析（Sample Analysis）

【例 3-1】 求图 3-1 所示电路中各支路的电流及理想电流源的电压 U。

解　图 3-1 所示电路有四个节点、三个网孔、六条支路。I_4 等于电流源的电流（$I_4=2\mathrm{A}$）。设电流源的电压为 U。

（1）选各支路电流参考方向及回路绕行方向如图 3-2 所示。

（2）取独立节点列 KCL 方程（以节点 d 为参考节点）。

节点 a　$I_1+I_2=I_5$　①

节点 b　$I_5-2=I_6$　②

节点 c　$I_1+I_3=I_6$　③

且有

$$I_4=2\text{A}$$

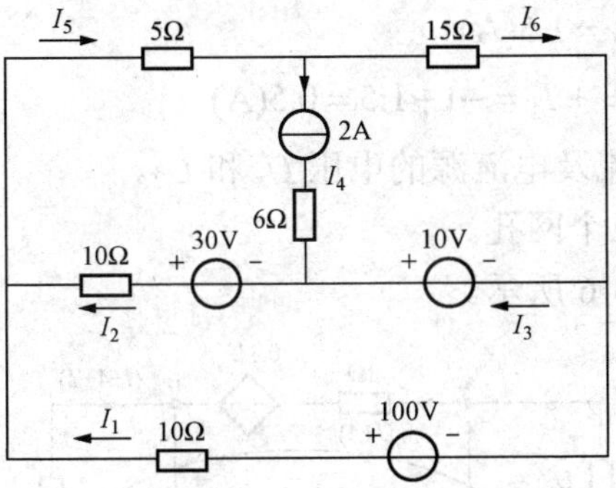

图 3-1　例 3-1 电路图

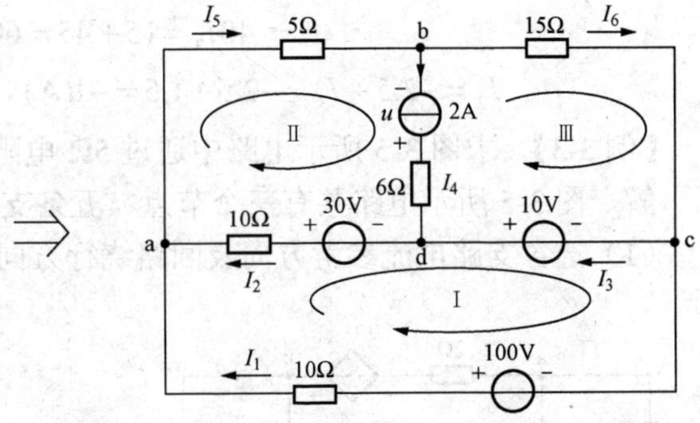

图 3-2　例 3-1 电路图各支路电流参考方向及回路绕行方向

（3）根据 KVL 定律，列出三个网孔的回路电压方程（用$\sum U_s=\sum IR$列方程）。

回路Ⅰ　$10I_1-10I_2=-30-10+100$　④　　$10I_1-10I_2=60$　④

回路Ⅱ　$10I_2+5I_5+6I_4=30+u$　⑤　⟹　$10I_2+5I_5+12=30+u$　⑤

回路Ⅲ　$15I_6-6I_4=10-u$　⑥　　$15I_6-12=10-u$　⑥

（4）解联立方程组得

$$I_1=5(\text{A}),\quad I_2=-1(\text{A}),\quad I_3=-3(\text{A})$$

$$I_4=2(\text{A}),\quad I_5=4(\text{A}),\quad I_6=2(\text{A})$$

$$U_{bd}=15I_6-10=-u+6I_4,\quad U=6I_4+10-15I_6=-8(\text{V})$$

【例 3-2】　求图 3-3 所示电路中各支路的电流 I_1、I_2、I_3。

解　（1）选各支路电流参考方向及回路绕行方向如图 3-4 所示。

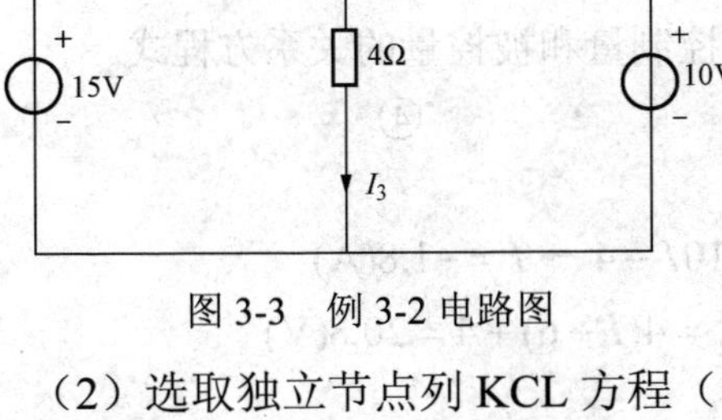

图 3-3　例 3-2 电路图

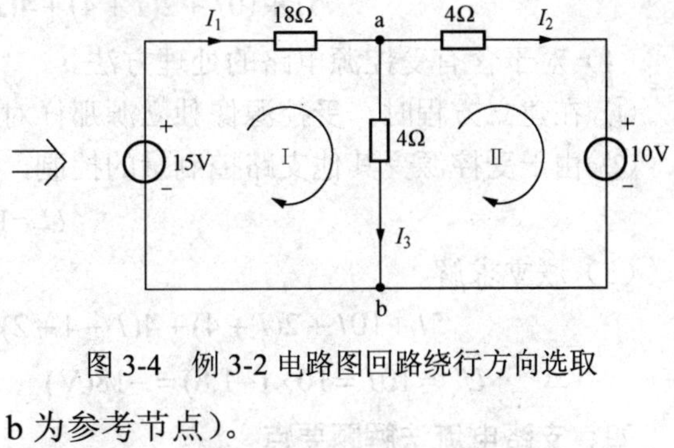

图 3-4　例 3-2 电路图回路绕行方向选取

（2）选取独立节点列 KCL 方程（以节点 b 为参考节点）。

节点 a　$I_1-I_2-I_3=0$　①

（3）根据基尔霍夫第二定律，列出两个网孔的回路电压方程。

回路Ⅰ　　$18I_1 + 4I_3 = 15$　　②

回路Ⅱ　　$4I_2 - 4I_3 = -10$　　③

（4）求解各未知电流（消元法）。

将 $I_1 = I_2 + I_3$ 代入②式 $\to 18(I_2 + I_3) + 4I_3 = 15 \to 18I_2 + 22I_3 = 15$

由③得

$$I_2 = -2.5 + I_3 \to 18(-2.5 + I_3) + 22I_3 = 15$$

$$\to 40I_3 = 15 + 45 = 60 \quad \to I_3 = 1.5(\text{A})$$

$$I_2 = -2.5 + I_3 = -2.5 + 1.5 = -1(\text{A})，\ I_1 = I_2 + I_3 = -1 + 1.5 = 0.5(\text{A})$$

【例 3-3】 求图 3-5 所示电路中通过 5Ω 电阻的电流及电流源的电压 U_x 和 U_2。

解　图 3-5 所示电路共有三个节点、五条支路、三个网孔。

（1）选各支路电流参考方向及回路绕行方向如图 3-6 所示。

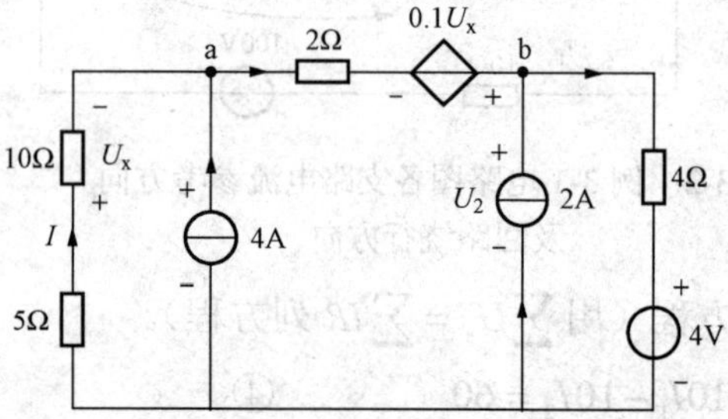

图 3-5　例 3-3 电路图

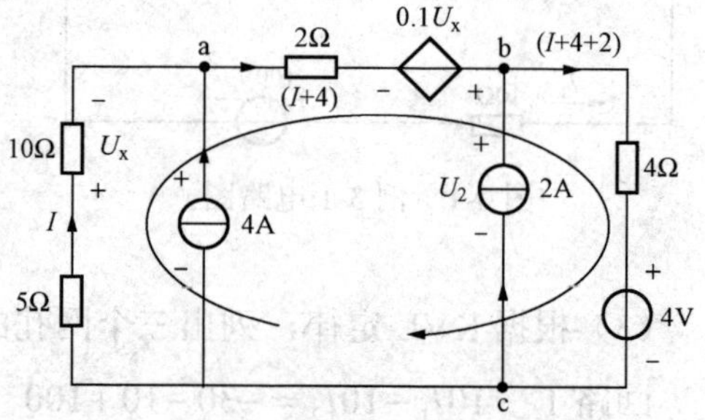

图 3-6　例 3-3 电路各支路参考方向及回路绕行方向

（2）选取独立节点 a、b 列 KCL 方程（以节点 c 为参考节点）。

对于节点 a，流出节点的电流为

$$I+4 \quad ①$$

对于节点 b，流出节点的电流为

$$I+4+2 \quad ②$$

（3）根据 KVL 定律，列出对外回路的 KVL 电压方程（用 $\sum U_s = \sum IR$ 列方程）

$$5I + 10I + 2(I+4) + 4(I+4+2) = 0.1U_x - 4 \quad ③$$

（4）对于含有受控源电路的处理方法。

① 在建立方程时，受控源像独立源那样对待。

② 由于受控源受其他支路控制量的控制，需补充控制量和被控量的关系方程式。

$$U_x = 10I \quad ④$$

（5）联立求解

$$5I + 10I + 2(I+4) + 4(I+4+2) = 0.1 \times 10I - 4 \to I = -1.8(\text{A})$$

$$U_x = 10I = 10 \times (-1.8) = -18(\text{V}) \quad \to \quad U_2 = 4(I+6) + 4 = 20.8(\text{V})$$

四、支路电流法解题要点

（1）用支路电流法求解电路时，首先选定各支路电流的参考方向及选定回路绕行方向，然后建立足够独立的 KCL 方程和 KVL 方程。绕行方向不同，建立的 KVL 方程不同。

（2）如果电路有 n 个节点，那么只有 n–1 个独立节点电流方程；以 $\Sigma I=0$ 形式列节点电流方程时，流进节点的电流取“+”号，流出节点的电流取“–”号。

（3）为保证回路电压方程的独立性，一般选取网孔来列方程，或保证每次选取的回路都包含一个新的支路。

（4）以 $\Sigma U=0$ 列回路电压方程时，则所有的电压源均作为电压降处理后列出回路电压方程。

（5）若以 $\Sigma IR=\Sigma U_s$ 形式列回路电压方程时，沿回路绕行方向，方程左端以电压降为正，右端以电压升为正。即当支路电流 i_k 与回路绕行方向一致时，i_kR_k 前取“+”号，反之取“–”号；电压源的参考方向与回路绕行方向一致时，U_{sk} 前取“–”号，反之取“+”号。

五、实践应用（Applications）

支路电流法应用分析

（一）教学目标

（1）能选择任一电路的电流、电压参考方向。

（2）能通过所选定的电流、电压参考方向列写出 KCL、KVL 方程。

（3）能进一步熟悉直流电压表、直流电流表、万用表及直流稳压电源的使用。

（4）能计算各支路电流及任一支路电压的大小。

（二）仪器设备

（1）直流稳压电源，2 台。

（2）直流电压表（或万用表）（0～15V，0～30V），1 只。

（3）直流电流表（0～200mA，0～2A），3 只。

（4）电阻若干（标准电阻箱）（0～99999Ω），5 只。

（5）电流插头，单刀开关两个，导线若干。

（三）工作任务

（1）按图 3-7 所示电路接线，其中 U_{s1}、U_{s2} 为直流稳压电源的两路输出电压。

（2）合上开关 S1 和 S2，测量三条支路中的电流，数据填入表 3-1 中，并与预算值相比较。验证 KCL 定律的正确性。

（3）验证 KVL 定律。绕回路 abda、bcdb、abcda 测量各元件的两端电压值，数据填入 3-2 中。

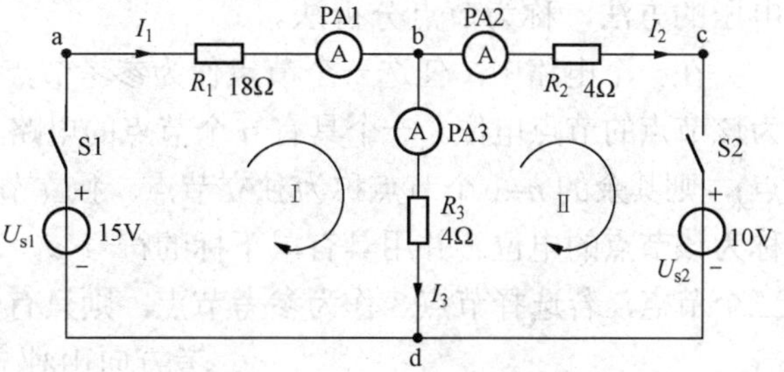

图 3-7　支路电流法电路图

（4）通过实测的支路电流值及测量各元件的电压值验证支路电流法的正确性。

（四）数据记录

表 3-1　　**数 据 记 录 一**

参　数	I_1（A）	I_2（A）	I_3（A）	验证：$I_1-I_2-I_3=0$
测量值				
预算值				

表 3-2　　数据记录二

回　路	U_{s1}（V）	U_{s2}（V）	U_{R1}（V）	U_{R2}（V）	U_{R3}（V）	验证 KVL 定律
abda						
bcdb						
abcda						

最后，对以上实测数据进行分析。

第二节　节点分析法及其应用

问题二：如何应用节点法求各支路电压、电流？

支路电流法需要列写出 n–1 个 KCL 方程和 $b-(n-1)$ 个 KVL 方程联立求解，方程数目较多，求解不便。若以电路的节点电位为待求变量，建立节点电位方程，联立解出节点电位，再进一步求出支路电流及其他物理量，可减少变量个数，节点法在支路数较多、节点数较少的情况下，可使计算简化。

一、节点分析法的概念

节点分析法又称节点电压法。该法是以电路中节点电位为未知量，根据 KCL 列写出独立的节点电流方程，然后联立求解出节点电位，再进一步求出各支路电流及其他物理量。

对一个具有 n 个节点的电路，在选择参考节点后有 n–1 个节点电位。如果在求解电路时，以节点电位为求解量，则电路中所有的支路电压都可以用节点电位来表示，且电路中的支路一般接在节点与参考节点之间或接在节点之间。

1. 节点电压（Node Voltage）

以电路中节点电压为未知量，根据 KCL 写出独立的节点电流方程，然后联立求解出节点电压的方法，称为节点分析法。

在一个电路中，任选一个节点作为参考节点，其余的每个节点与参考节点之间的电压，称为该节点的节点电位。一个具有 n 个节点的电路，若选择其中一个节点作为参考节点(非独立节点)，则其余的 n–1 个节点称为独立节点。独立节点对参考节点之间的电压，叫做节点电压或者称为该节点的电位。并用具有单下标的符号 u_1、u_2、…表示。图 3-8 所示电路，有七个支路、三个节点，若选择节点 3 作为参考节点，则只有两个节点是独立的，其节点电压为 u_1、u_2，参考方向由独立节点指向参考节点。对于具有 n 个节点的电路，只有 n–1 个独立节点电压。对于连接在各独立节点之间的支路，它的支路电压为两个相关节点电压之差，即

$$u_{13}=u_1,\ u_{23}=u_2,\ u_{12}=u_1-u_2。$$

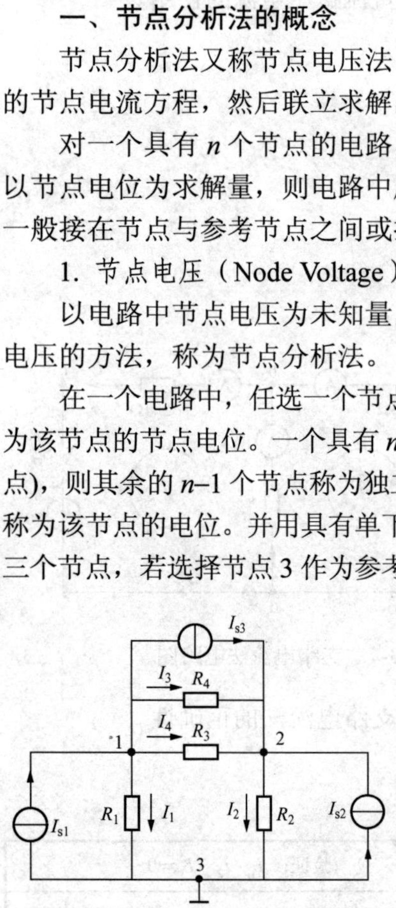

图 3-8　节点分析法的电路图

2. 节点电压方程

如图 3-8 所示电路，对独立节点 1、2 列 KCL 方程（$\sum I_{in}=\sum I_{out}$）得

节点 1　　$I_1+I_3+I_4+I_{s3}=I_{s1}$

节点 2　　$I_3+I_4+I_{s2}+I_{s3}=I_2$

设节点 3 为参考节点（即 $u_3=0$），则节点 1、2 的电压分别为 u_1、u_2。将支路电流用节点电压表示，根据欧姆定律有

$$I_1=\frac{U_1}{R_1}=G_1U_1,\quad I_2=\frac{U_2}{R_2}=G_2U_2$$

$$I_3=\frac{U_{12}}{R_3}=G_3U_1-G_3U_2,\quad I_4=\frac{U_{12}}{R_4}=G_4U_1-G_4U_2$$

代入两节点电流方程整理后得

节点 1　　$(G_1+G_3+G_4)U_1-(G_3+G_4)U_2=I_{s1}-I_{s3}$

节点 2　　$-(G_3+G_4)U_1+(G_2+G_3+G_4)U_2=I_{s2}+I_{s3}$

节点方程可改写成如下形式

$$G_{11}U_1+G_{12}U_2=I_{s11}$$
$$G_{21}U_1+G_{22}U_2=I_{s22}$$

3. 自电导与互电导

由上述节点电位方程可知$(G_1+G_3+G_4)=G_{11}$、$(G_2+G_3+G_4)=G_{22}$分别是连接到节点 1 和节点 2 的各支路电导之和，称为各节点的自电导，简称自导，其值为正。$-(G_3+G_4)=G_{12}=G_{21}$是连接到节点 1 和节点 2 的各公共支路电导之和，称为两相邻节点的互电导，简称互导，其值为负。（$I_{s1}-I_{s3}$）$=I_{s11}$、（$I_{s2}+I_{s3}$）$=I_{s22}$分别是流入节点 1 和节点 2 的各自电流源电流的代数和，称为节点电源电流，流入节点的取“+”号，流出节点的取“−”号。如果有电压源，将电压源变换为电流源。

推广到具有 n 个独立节点的电路，其节点电压方程的形式为

$$\left.\begin{aligned}G_{11}U_1+G_{12}U_2+\cdots+G_{1N}U_N&=I_{s11}\\G_{21}U_1+G_{22}U_2+\cdots+G_{2N}U_N&=I_{s22}\\\cdots\\G_{N1}U_1+G_{N2}U_2+\cdots+G_{NN}U_N&=I_{sNN}\end{aligned}\right\}\qquad(3\text{-}1)$$

式（3-1）中有相同下标的电导 G_{11}、G_{22}、G_{33} 等为各节点的自导，它们总是正的；标有不同下标的电导 G_{12}、G_{13}、G_{23} 等为两节点间的互导，它们总是负的；式中等号右边分别为流入各节点各电流源电流的代数和。

二、节点分析法的解题步骤

（1）指定参考节点，令其电位为 0，再给其余独立节点编号，并规定其参考方向由独立节点指向参考节点。

（2）以节点电压为未知量，列写出 $n-1$ 个独立节点的 KCL 方程（注意自电导为正，负电导为负）。

（3）求解联立方程组得各节点电压（电位）。

（4）根据节点电压求其他未知量。

三、例题分析（Sample Analysis）

【例 3-4】 用节点电压法求图 3-9 所示电路中各支路的电流。

解　（1）选 3 为参考节点，各支路电流参考方向如图 3-9 所示。

（2）列节点方程（KCL 方程）。

其中两个电压源等效为电流源，则有

$$I_{s1}=\frac{15}{5}=3(\text{A})\text{，}\quad I_{s2}=\frac{4}{10}=0.4(\text{A})$$

$$G_{11}=\frac{1}{5}+\frac{1}{20}+\frac{1}{2}+\frac{1}{4}=1(\text{S})$$

$$G_{22}=\frac{1}{10}+\frac{1}{20}+\frac{1}{2}+\frac{1}{4}=0.9(\text{S})$$

$$G_{12}=G_{21}=-\left(\frac{1}{2}+\frac{1}{4}\right)=-0.75(\text{S})$$

$$I_{s11}=3+2.5=5.5(\text{A})\text{，}\quad I_{s22}=0.4-2.5=-2.1(\text{A})$$

经整理后的节点方程为

$$U_1-0.75U_2=5.5 \qquad ①$$

$$-0.75U_1+0.9U_2=-2.1 \qquad ②$$

①×0.75+②得

$$U_2=\frac{2.025}{0.3375}=6(\text{V})\text{，}\quad U_1=5.5+0.75U_2=10(\text{V})$$

（3）求各支路电流，即

$U_1=-5I_1+15 \rightarrow I_1=1(\text{A})$，　$U_2=-10I_2+4 \rightarrow I_2=-0.2(\text{A})$

$U_2-U_1=4I_3 \rightarrow I_3=-1(\text{A})$，　$U_1=20I_4 \rightarrow I_4=0.5(\text{A})$

$U_1-U_2=2I_5 \rightarrow I_5=2(\text{A})$，　$U_1=20I_6 \rightarrow I_6=0.3(\text{A})$

【例 3-5】 用节点电压法求图 3-10 所示电路中的支路电流 I_a 和 I_b。

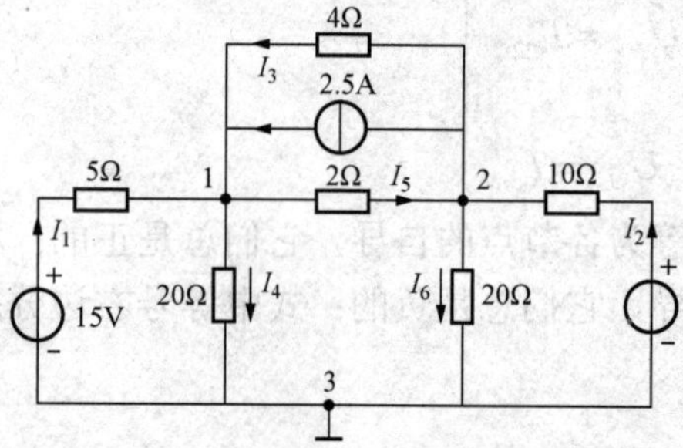

图 3-9 例 3-4 图

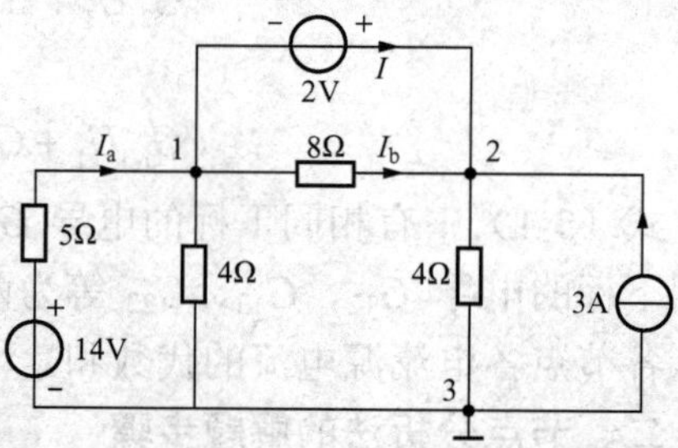

图 3-10 例 3-5 电路图

解 方法一：图 3-10 所示电路存在有理想电压源支路，无法直接套用公式，设电压源支路的电流为 I，补充电压源和节点电压之间的关系式，即 $U_2-U_1=2$。

（1）选 3 为参考节点，各支路电流参考方向如图 3-10 所示。

（2）列节点方程（KCL 方程）。

节点 1
$$\left(\frac{1}{5}+\frac{1}{4}+\frac{1}{8}\right)U_1-\frac{1}{8}U_2=\frac{14}{5}-I$$

节点 2
$$-\frac{1}{8}U_1+\left(\frac{1}{8}+\frac{1}{4}\right)U_2=I+3$$

补充方程式

$$U_2-U_1=2$$

化简得

$$0.575U_1-0.125U_2=2.8-I \quad ①$$
$$-0.125U_1+0.375U_2=I+3 \quad ②$$
$$U_2-U_1=2 \quad ③$$

联立求得

$$U_1=7.571\text{（V）},\qquad U_2=9.571\text{（V）},\qquad I=-0.357\text{（A）}$$
$$U_1=-5I_a+14 \rightarrow I_a=1.286\text{（A）}$$
$$U_2-U_1=-8I_b \rightarrow I_b=-0.25\text{（A）}$$

方法二：选择理想电压源的一端为参考节点，如图 3-11 所示，这时的节点方程为

节点 1　$$U_1=2 \quad ①$$

节点 2　$$-\frac{1}{4}U_1+\left(\frac{1}{5}+\frac{1}{4}+\frac{1}{4}\right)U_2=-\frac{14}{5}-3$$

即

$$-0.25U_1+0.7U_2=-5.8 \quad ②$$

联立①、②式解得

$$U_2=-7.571\text{（V）},\ U_1=-8I_b=2 \rightarrow I_b=-0.25\text{（A）}$$
$$U_2=-14+5I_a=-7.571 \rightarrow I_a=1.286\text{（A）}$$

当选择理想电压源的负端作为参考节点，可使计算简化。若要计算理想电压源的电流 I，则可补充节点 1 的 KCL 方程式

$$\left(\frac{1}{4}+\frac{1}{8}\right)U_1-\frac{1}{4}U_2=I+3 \rightarrow 0.375U_1-0.25U_2=I+3$$

$$I=-0.357\text{（A）}$$

【例 3-6】 用节点电压法求图 3-12 所示电路中的电压 u_0。

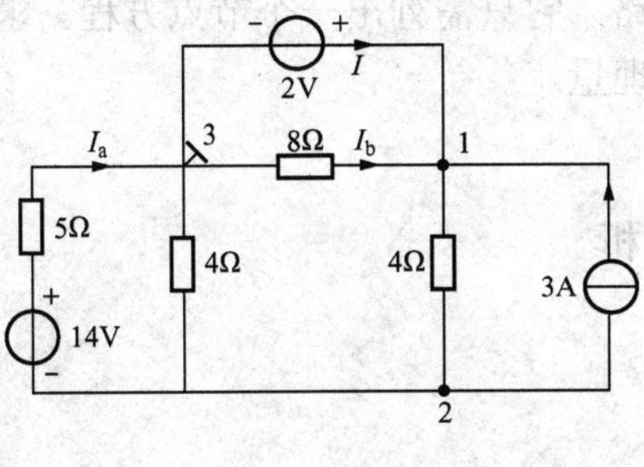

图 3-11　例 3-5 解法二参考图

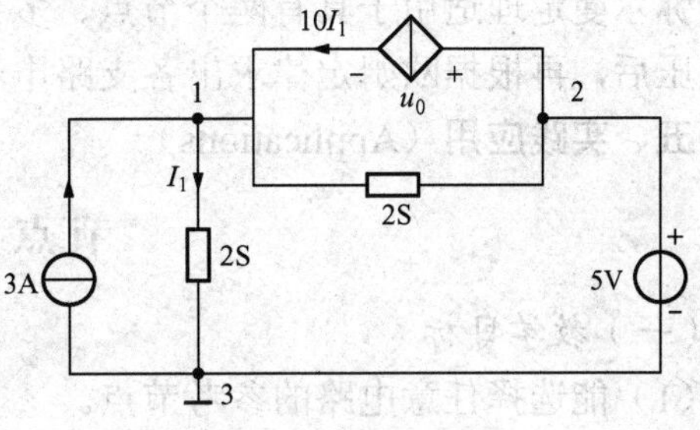

图 3-12　例 3-6 图

解　（1）选 3 为参考节点。

（2）列节点方程（KCL方程），即

$$(2+2)U_1-2U_2=3+10I_1 \quad ①$$
$$U_2=5 \quad ②$$
$$I_1=2U_1 \quad ③$$

解得

$$U_1=-0.8125\text{（V）}，U_0=U_2-U_1=5-(-0.8125)=5.8125\text{（V）}$$

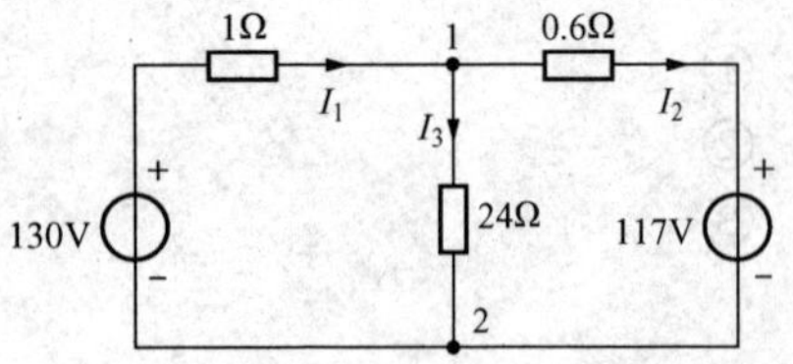

图 3-13 例 3-7 图

【例 3-7】 用节点电压法求图 3-13 中各支路的电流

解

（1）列节点电压方程

$$(1+1/0.6+1/24)U_{12}=(130/1+117/0.6)$$

$$U_{12}=120(\text{V})$$

（2）根据 KVL 定律及 VCR 定律得

$$U_{12}=-I_1R_1+130\rightarrow I_1=10\text{（A）}$$

$$U_{12}=24I_3\rightarrow I_3=\frac{120}{24}=5\text{（A）}$$

$$U_{12}=0.6I_2+117\rightarrow I_2=5\text{（A）}$$

四、节点分析法解题要点

（1）当电路中存在实际电压源时，等效变换为实际电流源。

（2）电路中若存在独立电压源支路时，该节点电压为已知，设定该支路的电流 I 为未知量列入 KCL 方程中，或选取电压源支路的负极端作为参考电位，这时节点电位等于该电压源的电压，少列一个方程。

（3）当电流源支路串接电阻时，由于该支路的电流为已知，所接入的电阻不影响支路电流，该串联电阻不能计入（自导或负导）节点电压方程中（即列方程时可去掉该电阻）。

（4）当电路含有受控电源时，建立节点方程时受控源像独立源一样对待；并将其作用列到方程右边，然后找出受控源的控制量与节点电压之间的关系，将关系代入节点方程。

（5）当电路只有两个节点时，所列的节点电压方程称为弥尔曼定理，即

$$U_{12}=\frac{\sum G_kU_{sk}}{\sum G_k}\rightarrow \sum G_K\ U_{12}=\sum G_kU_{sk}\quad\text{（k 为支路数）}\qquad(3\text{-}2)$$

弥尔曼定理适用于具有两个节点、多条支路的电路，它只需列出一个节点方程。求出节点电压后，再根据欧姆定律求出各支路电流及其他物理量。

五、实践应用（Applications）

节点法应用分析

（一）教学目标

（1）能选择任意电路的参考节点。

（2）能理解电位和电压及参考电位的含义。

（3）能使用直流电压表、直流电流表、万用表及直流稳压电源。

（二）仪器设备

（1）直流稳压电源（双路输出），2 台。

（2）直流电压表（或万用表）（0～15V，0～30V），3 只。

（3）直流电流表（0～200mA，0～2A），5 只。

（4）电阻若干（标准电阻箱）（0～99999Ω），5 只。

（5）电流插头，单刀开关 3 个，导线若干。

（三）工作任务

（1）按图 3-14 接线，其中三个电压分别为直流稳压电源的输出电压。

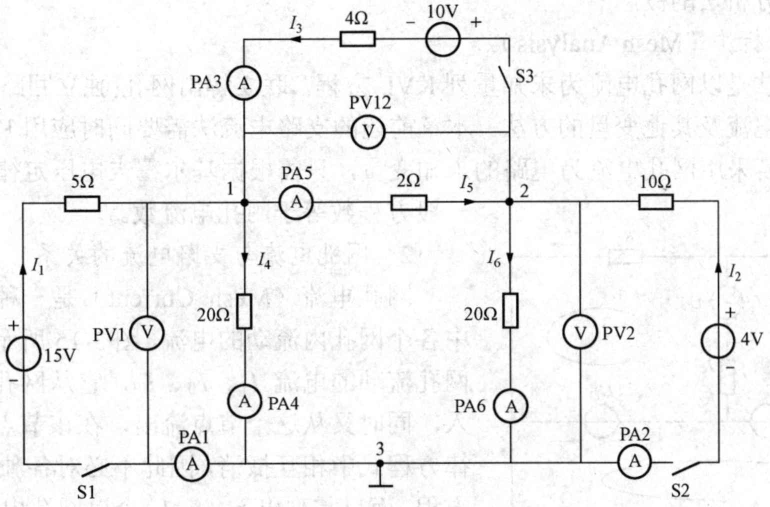

图 3-14　节点法应用分析电路图

（2）合上开关 S1、S2、S3，测量六条支路中的电流，填于表 3-3 中，并与预算值相比较。

（3）测量各电压源两端的电压值及各节点电压值，填于表 3-4 中。通过实测的电流值及电压值验证节点电压法的正确性。

（四）数据记录

表 3-3　　数据记录一

参　数	I_1(A)	I_2(A)	I_3(A)	I_4(A)	I_5(A)	I_6(A)	节点 1	节点 2
测量值								
预算值								

表 3-4　　数据记录二

节点电压	U_{S1}(V)	U_{S2}(V)	U_{S3}(V)	U_1(V)	U_2(V)	U_3(V)	U_{12}(V)
测量值							
预算值							

最后，对以上实测数据进行分析。

第三节　网孔分析法及其应用

问题三：应用网孔法如何求取网孔电流及支路电流？

节点电压法解决了支路电流法方程数目过多的问题，但为了减少联立方程数，也可选择网孔电流为未知变量，列 $b-(n-1)$ 个彼此独立的 KVL 方程，即可对电路进行求解。由于每一个网孔电流沿着闭合的网孔流动，当它从某一节点流入时，必从该节点流出。因此，网孔电流在所有节点处均满足 KCL 方程。省去 $n-1$ 个 KCL 方程，而只列出 $b-(n-1)$ 个 KVL 方程，使所列方程数等于网孔数。

一、网孔分析法的概念

1. 网孔分析法（Mesh Analysis）

网孔分析法是以网孔电流为未知量列 KVL 方程，联立解出网孔(独立回路)电流，再进一步求出各支路电流及其他变量的方法。本章前述的支路电流法需要同时应用 KCL 和 KVL 建立网络方程。若采用网孔电流为电路的未知变量，只需根据基尔霍夫电压定律列 KVL 方程，一般方程数等于网孔电流数。

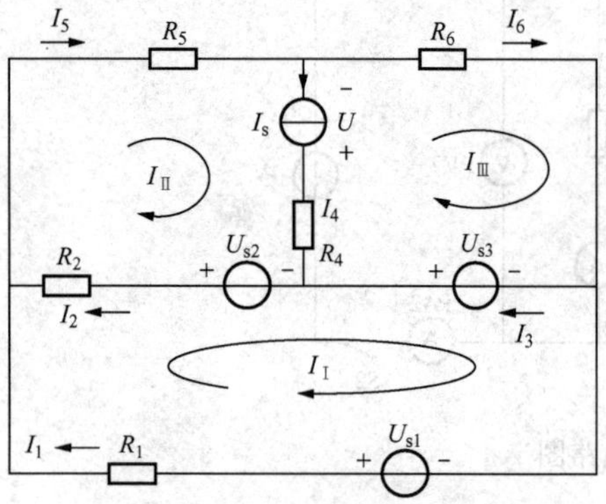

图 3-15 网孔电流分析法

2. 网孔电流与支路电流的关系

网孔电流（Mesh Current）是一种假想的在电路中各个网孔内流动的电流，图 3-15 所示电路为沿三个网孔流动的电流 $I_Ⅰ$、$I_Ⅱ$、$I_Ⅲ$，它从网孔中某一节点流入，同时又从这个节点流出，在该节点所列的电流定律方程式中相互抵消，因此不必对各独立节点列 KCL 方程，而只需列出 $b-(n-1)$ 个以网孔电流表示的 KVL 方程，即可求解电路，且方程数等于网孔数（独立回路数）。根据网孔电流和支路电流的流向，可确定支路电流与网孔电流的关系为

$$I_1=I_Ⅰ,\quad I_2=I_Ⅱ-I_Ⅰ,\quad I_3=I_Ⅲ-I_Ⅰ$$
$$I_4=I_Ⅱ-I_Ⅲ=I_s,\quad I_5=I_Ⅱ,\quad I_6=I_Ⅲ$$

这样，只需求出网孔电流，便可确定各支路电流。

3. 网孔的自阻、互阻及网孔方程

列写网孔方程形式上与支路电流法中列写 KVL 方程一样，只需用网孔电流表示各电阻上的电压，如果某电阻中同时有几个网孔电流流过时，则把各网孔电流所引起的电压同时计算进去，并注意两个网孔电流所引起的电压的参考方向。以图 3-15 为例，选择网孔电流的参考方向为顺时针方向，列写网孔方程为

$$\left.\begin{array}{ll}\text{网孔1} & (R_1+R_2)\ I_Ⅰ-R_2I_Ⅱ=U_{s1}-U_{s2}-U_{s3}\\ \text{网孔2} & -R_2I_Ⅰ+(R_2+R_4+R_5)\ I_Ⅱ-R_4I_Ⅲ=U_{s2}+U\\ \text{网孔3} & -R_4I_Ⅱ+(R_4+R_6)\ I_Ⅲ=U_{s3}-U\end{array}\right\}\tag{3-3}$$

式（3-3）就是以网孔电流为未知量而列出的 KVL 方程，称为网孔方程。若将式（3-3）中各网孔电流前的电阻表示为 $R_{11}=(R_1+R_2)$、$R_{22}=(R_2+R_4+R_5)$、$R_{33}=(R_4+R_6)$，则它们分别为网孔Ⅰ、网孔Ⅱ、网孔Ⅲ的电阻之和，称为自电阻；当选择各网孔电流参考方向均为顺时针方向时，自电阻为正值。若将网孔Ⅰ与网孔Ⅲ的电阻表示为 $R_{13}=R_{31}$、网孔Ⅰ与网孔Ⅱ的电阻表示为 $R_{12}=R_{21}=R_2$、网孔Ⅱ与网孔Ⅲ的电阻表示为 $R_{23}=R_{32}=R_4$，它们分别为相邻网孔的互电阻或公共电阻。互电阻可以取正号，也可以取负号；当流过互电阻的两个相邻网孔电流的参考方向一致时，互电阻取正号，反之取负号。两个网孔之间没有共用电阻时，互阻为零，且相邻网孔的互电阻相等，即 $R_{kj}=R_{jk}$。

$U_{s11}=U_{s1}-U_{s2}-U_{s3}$、$U_{s22}=U_{s2}+U$、$U_{s33}=U_{s3}-U$ 分别是各网孔中电压源电压的代数和，

称为网孔电源电压。凡参考方向与网孔绕行方向一致的电源电压取负号，反之取正号，这是因为将电源电压由左边移到右边要变号的缘故。

经整理后得

$$\left.\begin{aligned}&\text{网孔1}\quad R_{11}I_{\mathrm{I}}+R_{12}I_{\mathrm{II}}=U_{s11}\\&\text{网孔2}\quad R_{21}I_{\mathrm{I}}+R_{22}I_{\mathrm{II}}+R_{23}I_{\mathrm{III}}=U_{s22}\\&\text{网孔3}\quad R_{32}I_{\mathrm{II}}+R_{33}I_{\mathrm{III}}=U_{s33}\end{aligned}\right\}\tag{3-4}$$

推广到 m 个网孔的电路，其网孔方程的一般形式为

$$\left.\begin{aligned}&R_{11}I_{\mathrm{I}}+R_{12}I_{\mathrm{II}}+\cdots+R_{1m}I_m=U_{s11}\\&R_{21}I_{\mathrm{I}}+R_{22}I_{\mathrm{II}}+\cdots+R_{2m}I_m=U_{s22}\\&\cdots\\&R_{m1}I_{\mathrm{I}}+R_{m2}I_{\mathrm{II}}+\cdots+R_{mm}I_m=U_{smm}\end{aligned}\right\}\tag{3-5}$$

二、网孔分析法的解题步骤

（1）选定各网孔电流的参考方向，并以此方向作为回路的绕行方向。

（2）应用 KVL 列出与网孔数相等的独立网孔方程。

（3）解网孔方程求出网孔电流。

（4）由网孔电流求出各支路电流及其他物理量。

三、例题分析（Sample Analysis）

【例 3-8】 用网孔法求图 3-16 所示电路中的各支路电流。

解 图 3-16 有四个节点、六条支路、三个网孔，若用支路法求解各支路电流，需要列出六个方程，若用网孔法需列三个方程，求出网孔电流后再求各支路电流。

（1）选取各网孔电流参考方向及网孔绕行方向如图 3-16 所示，设理想电流源的电压 U 为未知量。

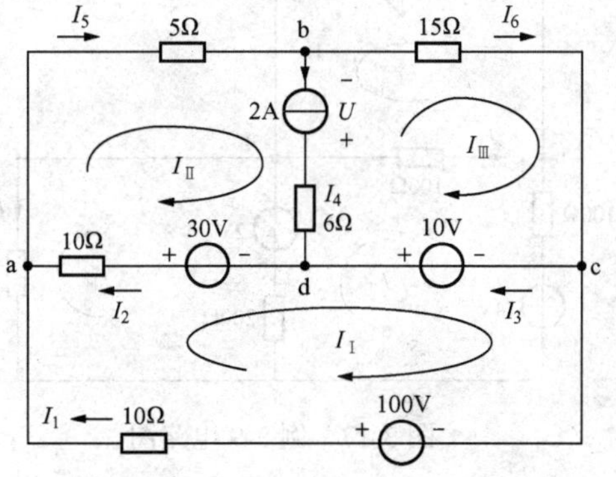

图 3-16　例 3-8 图

（2）应用 KVL 列网孔方程

网孔 1　$(10+10)I_{\mathrm{I}}-10I_{\mathrm{II}}=100-30-10$

网孔 2　$-10I_{\mathrm{I}}+(10+5+6)I_{\mathrm{II}}-6I_{\mathrm{III}}=30+U$

网孔 3　$-6I_{\mathrm{II}}+(6+15)I_{\mathrm{III}}=10-U$

补充方程

$$I_{\mathrm{II}}-I_{\mathrm{III}}=2$$

（3）解方程组得

$$I_{\mathrm{I}}=5\text{（A）},\ I_{\mathrm{II}}=4\text{（A）},\ I_{\mathrm{III}}=2\text{（A）},\ I_1=I_{\mathrm{I}}=5\text{（A）}$$

$$I_2=I_{\mathrm{II}}-I_{\mathrm{I}}=4-5=-1\text{（A）},\ I_3=I_{\mathrm{III}}-I_{\mathrm{I}}=2-5=-3\text{（A）}$$

$$I_4=I_{\mathrm{II}}-I_{\mathrm{III}}=4-2=2\text{（A）},\ I_5=I_{\mathrm{II}}=4\text{（A）},\ I_6=I_{\mathrm{III}}=2\text{（A）}$$

【例 3-9】 用网孔法求图 3-17 所示电路中的电流 I_a 及受控源提供的功率 P。

解 方法一：（1）选取各网孔电流参考方向及网孔绕行方向如图 3-17 所示，设受控电流源的电压 U 为未知量。

（2）应用 KVL 列网孔方程

$$I_1=2I_a \quad ①$$

$$I_a=-I_{Ⅲ} \quad ②$$

$$-100(2I_a)+(100+100+200)I_{Ⅱ}+200I_{Ⅲ}=14+2 \quad ③$$

$$200I_{Ⅱ}+(200+300)I_{Ⅲ}=2 \quad ④$$

（3）联立求解方程组得

$$I_{Ⅱ}=0.06\text{（A）}，\ I_a=0.02\text{（A）}，\ I=I_{Ⅱ}-I_1=0.06-0.04=0.02\text{（A）}$$

受控源的电流、电压为

$$2I_a=2\times0.02=0.04\text{（A）}，\ U=-100\times0.02=-2\text{（V）}$$

受控源提供的功率为

$$P=2I_aU=-0.04\times2=-0.08\text{（W）}$$

方法二：将图 3-17 中的受控电流源等效为受控电压源，减少一个回路，电路变为图 3-18。选取各网孔电流参考方向及网孔绕行方向如图 3-18 所示。

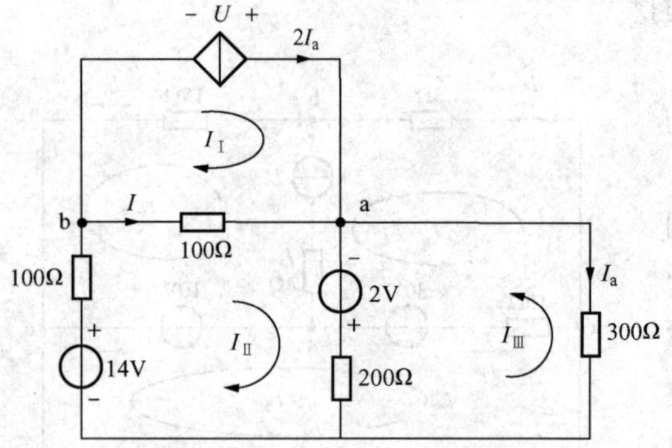

图 3-17 例 3-9 电路图

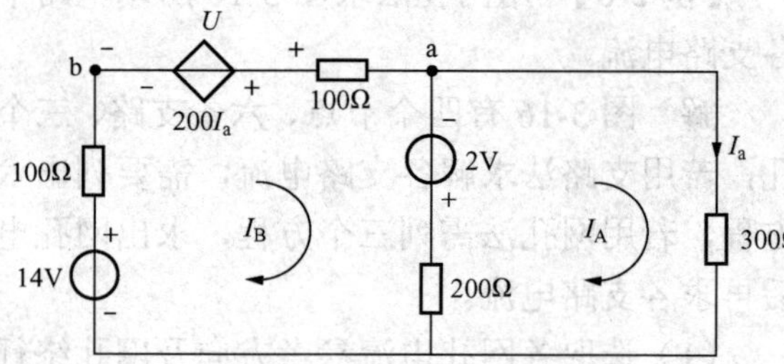

图 3-18 例 3-9 电路图简化图

应用 KVL 列网孔方程

网孔 1 $$(200+300)I_A-200I_B=-2$$

网孔 2 $$-200I_A+(100+100+200)I_B-200I_A=2+14$$

解方程组得

$$I_A=0.02\text{（A）}，\ I_B=0.06\text{（A）}$$

受控电压源电压为 $U=U_{ab}=300I_A+100I_B-14=-2$（V）

受控源提供的功率为 $P=2I_aU=-0.02\times2\times2=-0.08$（W）

四、网孔分析法解题要点

（1）用网孔法求解电路时，把各网孔电流的参考方向作为列 KVL 方程时的绕行方向。

（2）网孔中的自电阻总为正；互电阻为相邻网孔间的电阻，当各网孔电流一律为顺时针（或逆时针）方向时，互电阻总为负。U_{s11}、U_{s22}…为各网孔中电压升的代数和。

（3）使用网孔分析法时若电路中存在有实际电流源，先把它们等效变换为实际电压源；

如果电路中存在理想电流源支路，且为边界支路时（理想电流源仅属于一个网孔），选择该网孔的电流等于理想电流源的电流；若理想电流源支路不在边界支路时，设理想电流源的电压为 U，补充一个与理想电流源的电流有关的方程；当有电流源存在时，注意电流源两端有电压。

（4）对含受控源的电路列写网孔方程，先把受控源作为独立源看待，列出方程后，再把受控源的控制量用网孔电流表示，注意受控电流源两端有电压。

五、实践应用（Applications）

网孔法应用分析

（一）教学目标

（1）能列写出网孔分析法的 KVL 方程。

（2）能分析网孔电流和支路电流的关系。

（3）能对复杂电路进行测试，能使用直流电压表、电流表、万用表及直流稳压电源。

（二）仪器设备

（1）直流稳压电源（双路输出），1 台。

（2）直流电压表（或万用表）（0～15V，0～30V），2 只。

（3）直流电流表（0～200mA，0～2A），3 只。

（4）电阻若干（标准电阻箱）（0～99999Ω），3～5 只。

（5）电流插头，单刀开关 3 个，导线若干。

（三）工作任务

按图 3-19 接线，其中 U_{s1}、U_{s2} 为直流稳压电源的两路输出电压，可调。

（1）合上开关 S1 和 S2，测量两网孔中的电流 $I_{Ⅰ}$、$I_{Ⅱ}$，填于表 3-5 中，并与预算值相比较。

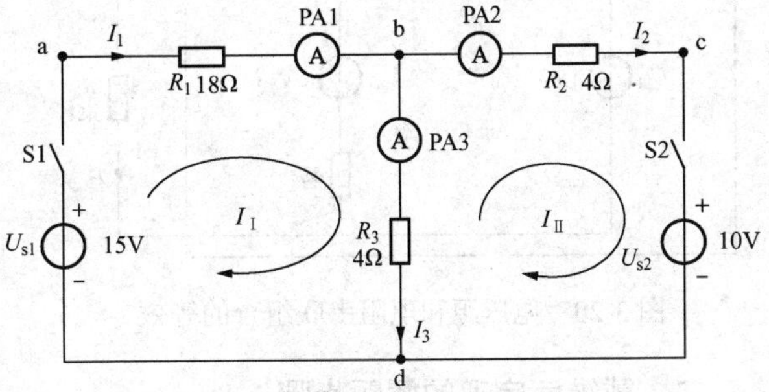

图 3-19　网孔分析法电路

（2）测量 I_3 支路的电流值及各元件的电压，填于表 3-5、表 3-6 中，验证KVL定律及网孔电流与支路电流的关系。

（四）数据记录

表 3-5　　数据记录一

参　数	I_1(A)	I_2(A)	I_3(A)	验证 $I_3=I_Ⅰ-I_Ⅱ$
测量值				
预算值				

表 3-6　　数据记录二

网　孔	U_{s1}(V)	U_{s2}(V)	U_{R_1}(V)	U_{R_2}(V)	U_{R_3}(V)	验证 $\Sigma U=0$
abda						
bcdb						

最后，对以上实测数据进行分析。

第四节 戴维南定理及其应用

问题四：求解电路中某一条支路最快捷的方法是什么？

在实际应用中，对于任一个复杂电路，往往只需求出某一支路的电流或电压，在这种情况下用支路法、网孔法或节点法来计算复杂电路，就显得很不方便。若使用戴维南定理求解，则相当快捷。

一、戴维南定理（Thevenin Theorem）

戴维南定理是一个等效变换定理，其内容表述为：任何一个线性含源二端网络，对外电路而言，总可以用一个电压源和电阻的串联组合来等效替代；其等效电压源的电压等于该二端网络的开路电压 U_{oc}，其等效电源的内阻 R_0 等于该二端网络中所有独立源置零值时从端口看进去的入端等效电阻。如图 3-20 所示电路，若只需求通过电阻 R_3 的电流 I_3，则可将图 3-20 虚线框左边的电路等效为一个电压源 U_{oc} 和电阻 R_0 相串联组合的支路，如图 3-21 左边虚线表示的电路，这个电压源与电阻相串联组合的支路称为戴维南等值电路。

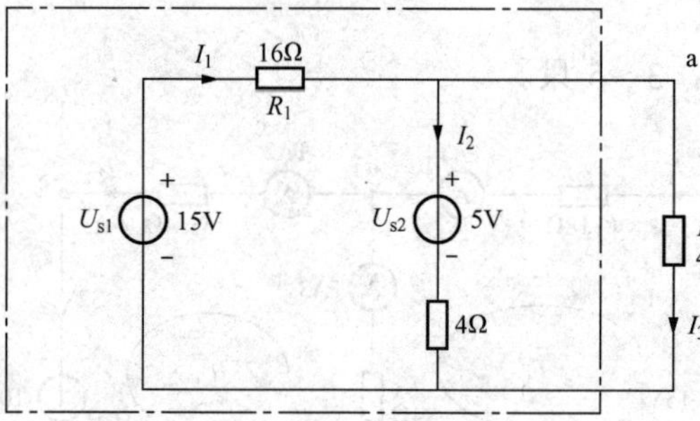

图 3-20 电压源和电阻串联组合的等效

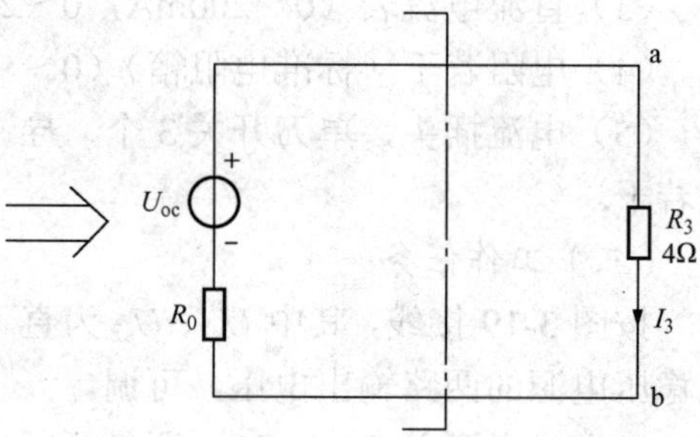

图 3-21 戴维南等值电路

二、戴维南定理的解题步骤

（1）把复杂电路分成有源二端网络和待求支路两部分；并把待求支路断开，求出有源二端口网络的开路电压 U_{oc}。

（2）将有源二端网络中的所有电源置零（电压源用短路线代替，电流源开路），然后求出二端网络的等效电阻 R_0。

（3）作出由 U_{oc} 与电阻 R_0 相串联支路的等效电路，并在等效电路两端接入待求支路，求出待求量。

三、例题分析（Sample Analysis）

【例 3-10】 求图 3-20 所示电路中通过电阻 R_3 的电流 I_3。

解 用戴维南定理求解。

（1）求有源二端口网络的开路电压 U_{oc}。

方法：把图 3-20 所示电路中的待求支路 R_3 支路断开，如图 3-22（a）所示，求出开路电压 U_{oc}

$$U_{oc}=\frac{15-5}{16+4}\times 4+5=7(\text{V})$$

（2）求等效电阻 R_0。

方法：将有源二端网络中的所有电源置零（即电压源用短路线代替）如图 3-22（b）所示，然后求出二端网络的等效电阻 R_0，即

$$R_0=\frac{16\times 4}{16+4}=3.2(\Omega)$$

（3）作出 U_{oc} 与电阻 R_0 相串联组成的等效电路，接入待求支路，电路如图 3-22（c）所示，然后求出待求量 I_3

$$I_3=\frac{U_{oc}}{R_0+R_3}=\frac{7}{3.2+4}=0.972\text{（A）}$$

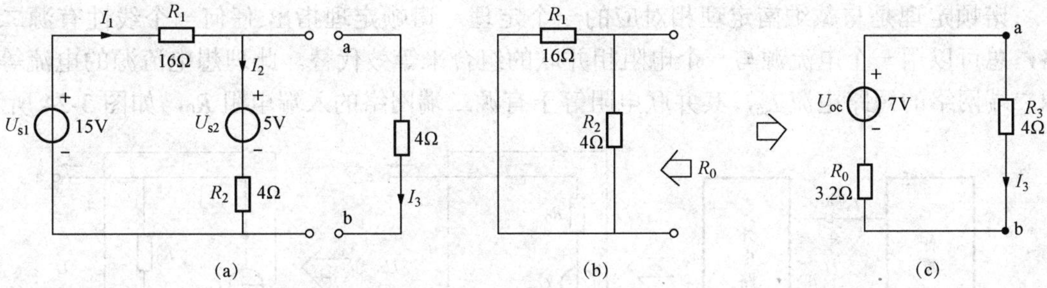

图 3-22　例 3-10 图

【例 3-11】 求图 3-23 所示电路中电阻 R 为多少时获得最大功率，最大功率 P_{max} 为多少？

解　（1）断开电阻 R 支路，求断口看进去的戴维南等值电路的开路电压 U_{oc} 及入端电阻 R_0。

$$U_{oc}=-6\times 2I+5-3\times 3I=-21I+5 \quad ①$$

$$2I+3I+3\times 3I=5 \quad ②$$

由②得

$$I=\frac{5}{14}$$

代入①得

$$U_{oc}=-2.5(\text{V})$$

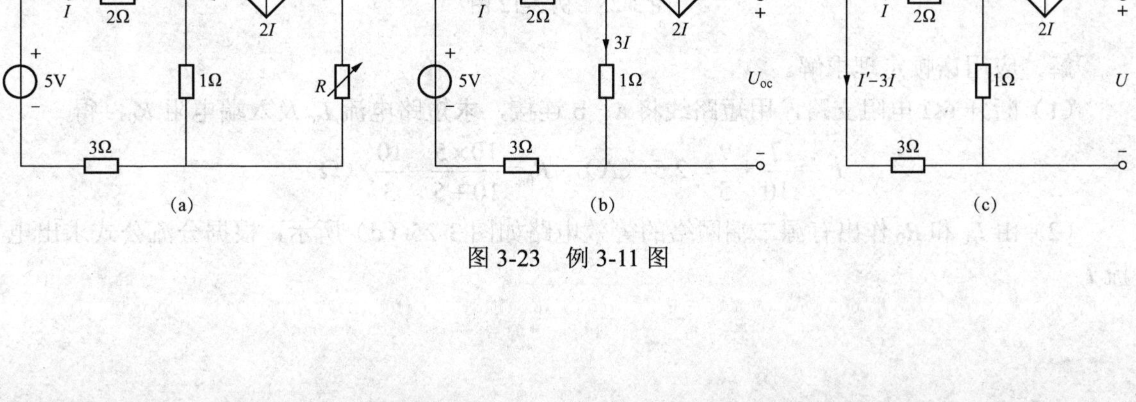

图 3-23　例 3-11 图

（2）由图 3-23（c）求入端电阻（用外施电压法）。

$$U=6\times(I'-2I)+3\times(I'-3I) \text{ 则 } U=9I'-21I$$

$$3(I'-3I)=2I+3I \rightarrow 3I'=14I \rightarrow I=\frac{3}{14}I'$$

代入 U 等式得

$$9I'-\frac{21\times3}{14}I'=U \rightarrow R_0=\frac{U}{I'}=4.5\text{（Ω）}$$

（3）求最大功率。获得最大功率的条件为 $R=R_0$，则有

$$P_{\max}=\frac{U_{oc}^2}{4R}=\frac{2.5^2}{4\times4.5}=0.347\text{（W）}$$

四、诺顿定理（Norton Theorem）

诺顿定理是与戴维南定理相对应的一个定理，诺顿定理指出:任何一个线性有源二端网络，总可以用一个电流源与一个电阻相并联的组合来等效代替。此理想电流源的电流等于有源二端网络的短路电流 I_{sc}，其并联电阻等于有源二端网络的入端电阻 R_0，如图 3-24 所示。

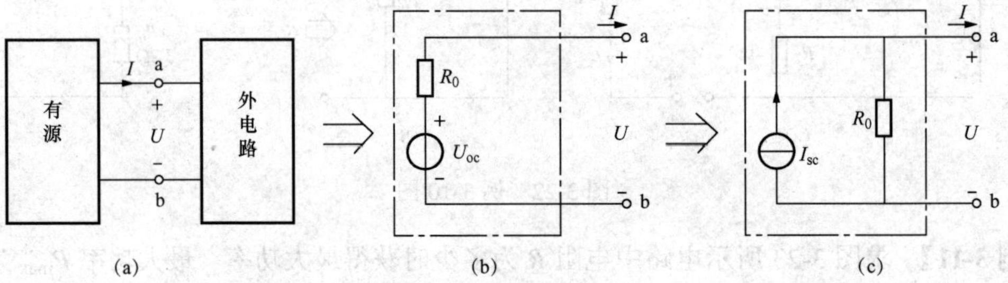

图 3-24　诺顿定理等效电路

五、例题分析（Sample Analysis）

【例 3-12】 求图 3-25（a）所示电路中的电流 I。

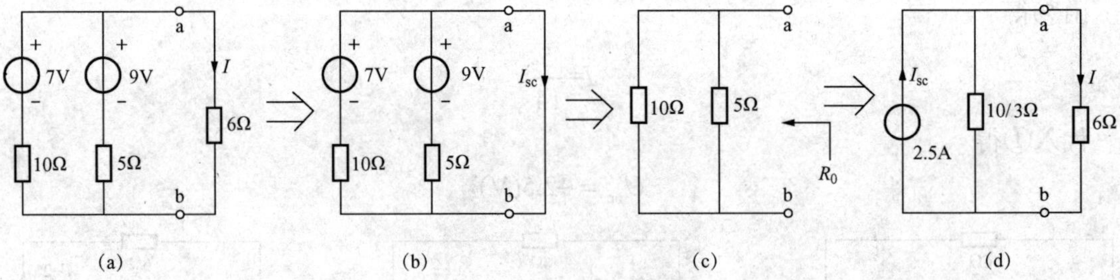

图 3-25　例 3-12 图

解　应用诺顿定理求解。

（1）断开 6Ω 电阻支路，用短路线将 a、b 连接，求短路电流 I_{sc} 及入端电阻 R_0，得

$$I_{sc}=\frac{7}{10}+\frac{9}{5}=2.5\text{（A）}, \quad R_0=\frac{10\times5}{10+5}=\frac{10}{3}\text{（Ω）}$$

（2）由 I_{sc} 和 R_0 作出有源二端网络的等效电路如图 3-25（d）所示，根据分流公式求出电流 I

$$I = 2.5 \times \frac{10/3}{10/3+6} = 0.893 \text{（A）}$$

六、戴维南定理解题要点

（1）应用戴维南定理的关键是求出二端口网络的戴维南等效电路参数 U_{oc} 和 R_0。计算开路电压 U_{oc} 时要将待求支路从所求端口断开，按照断开的电路求出有源二端口网络的开路电压 U_{oc}。

（2）U_{oc} 的求取方法有两种：方法一是将外电路去掉，由端口的网络计算开路电压 U_{oc}；方法二是用实验测量开口处的电压 U_{oc}。

（3）计算 R_0 的方法有三种（计算入端电阻 R_0 时应根据具体电路采取不同的方法）。

1）在求得端口开路电压之后，用短路电流法求出端口处的短路电流 I_{sc}，从而计算出 $U_{oc}/I_{sc}=R_0$。

2）去掉有源网络内的电源（电压源用短路线表示，电流源开路），用串并联和Y－△变换等办法计算端口看进去的等效电阻 R_0。

3）去掉有源网络内的所有电源，在端口处加电压，求出端口处的电流 I（外施电压法），则 $R_0=U/I$。

4）当电路中含有受控源时，受控源要像电阻一样看待并保留在原电路中，求戴维南等效电路的等效电阻 R_0 时用外施电压法或短路电流法求取。

5）戴维南定理和诺顿定理统称为有源二端网络定理。应用该定理一是要注意等效电压源的电压极性应与开路电压的极性一致，等效电流源的电流方向应与二端网络输出的短路电流方向一致；二是有源二端网络必须是线性的。

七、实践应用（Applications）

戴维南定理和诺顿定理的应用分析

（一）教学目标

（1）能应用戴维南定理和诺顿定理求解某一支路的电压和电流。

（2）能测量有源二端网络的等效参数（如 U_{oc}、R_0、I_{sc}）。

（二）仪器设备

（1）直流稳压电源（0～30V 可调），2 台。

（2）直流电压表（或万用表），1 只。

（3）直流电流表（0～200mA，0～2A），1 只。

（4）电阻箱或可调电阻（0～99999.9Ω），3～4 只。

（三）工作任务

1. 开路电压 U_{oc} 及等效电阻 R_0 的测量

（1）按图 3-26 接线，取 $U_{s1}=15\text{V}$，$U_{s2}=5\text{V}$，$R_1=16\Omega$，$R_2=4\Omega$，$R_L=4\Omega$，用直接测量法或补偿法测量 U_{oc}。

1）直接测量法：将二端网络端口开路，用电压表测量二端网络端口开路电压，此电压即为 U_{oc}。直接测量法适用于含源二端网络的入端等效电阻值 R_0 较小，且与电压表内阻相比较可以忽略不计时的情况。

2）补偿测量法：当含源线性二端网络的入端等效电阻 R_0 较大时，采取直接测量法的误差较大，若采取补偿测量法则较为准确。补偿测量法的测量方法如图 3-27 所示，图中虚线方框内为补偿电路，U_s为直流电源，滑线变阻器接成分压器，G 为检流计。将补偿电路的两端 c、d 与被测电路的两端 a、b 相连接，调节分压器的输出电压，使检流计的指针为零，此时电压表所测得的电压值就是该网络的开路电压 U_{oc}。由于此时被测网络相当于开路，不输出电流，网络内无电压降，所以测得的开路电压较直接测量法准确。

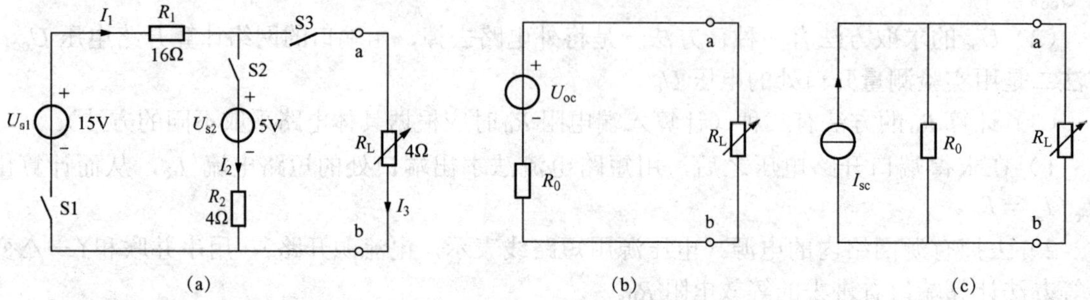

图 3-26 分析戴维南定理和诺顿定理电路

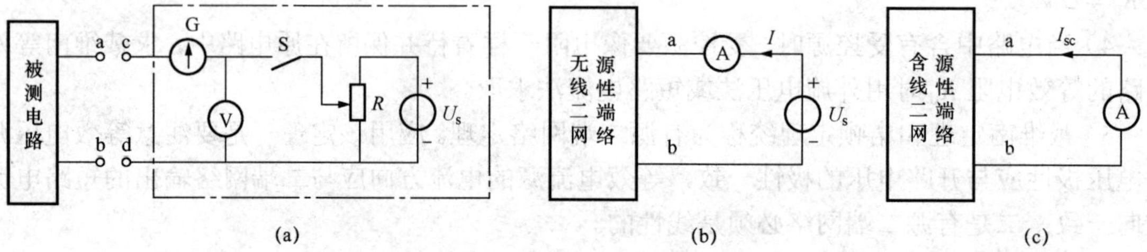

图 3-27 补偿测量法的测量电路

（2）入端等效电阻 R_0 的测量方法。

1）外加电源法：将有源二端网络内部电源除去，用一根短路线代替，再在二端网络端口外加一直流电压源，测出端口相应的电压和电流，如图 3-27（b）所示，则

$$R_0=\frac{U_{AB}}{I}$$

2）开路短路法：用电流表测量网络的短路电流 I_{sc}，再测量有源二端网络的开路电压 U_{oc}，如图 3-27（c）所示，则

$$R_0=\frac{U_{oc}}{I_{sc}}$$

（3）直接测量法。将有源二端网络内部电源除去，电压源用短路线代替，电流源开路，用欧姆表（或直流电桥）测量二端网络端口电阻值即为 R_0。

2. 负载实验——测量戴维南等效电源的外特性

（1）按图 3-26（b）接线，图中 U_{oc} 和 R_0 为图 3-26（a）中有源二端网络的开路电压和等效电阻（等效电压源和电阻分别使用直流稳压电源和电阻箱），R_L 为可变电阻；分别取表 3-7 所列各 R_L 值，测量对应的端电压 U 和电流 I。将数据记入表 3-7 中。

（2）由上述测量的 I_{sc}、R_0 值（使用直流稳压电源和电阻箱），然后在 A、B 端接上另一个可变电阻箱 R_L 作为负载电阻，组成图 3-26（c）电路，分别取表 3-7 所列各 R_L 值，测量相

应的端电压 U 和电流 I，记入表 3-7 中。

表 3-7 数 据 记 录

负载电阻 R_L（Ω）		0	50	100	150	200	250	300	开路	R_0
有源二端网络	U									
	I									
戴维南等效电源	U									
	I									
诺顿等效电源	U									
	I									

（四）注意事项

（1）测量时应注意电流表量程的更换。

（2）测量 R_0 值时，电压源置零时不可将稳压源短路（或短接），而应将稳压源退出，用导线将电路短接。

（3）用万用表直接测 R_0 时，网络内的独立源必须先置零，以防损坏万用表。另外欧姆挡必须经调零后再进行测量。

（4）改接线路时，一定要关掉电源后方可进行。

最后，对以上实测数据进行分析。

第五节 叠加定理及其应用

问题五：多个电源作用于电路中某一支路时，如何求取支路的电流、电压？

叠加定理是线性电路的一个重要定理，它是分析线性电路的重要方法。

一、叠加定理（Superposition Theorem）

1. 叠加定理

叠加定理的内容为：在有多个独立源共同作用下的线性电路中，通过电路任一元件的电流或电压，可以看成是由每一个独立源单独作用时在该元件上产生的电流或电压的代数和。

2. 叠加定理的应用

叠加定理多用于分析电路中某一电源产生的影响。

对于一个复杂电路，使用叠加定理计算电路时，要把复杂电路分解为每一个单电源电路进行计算，然后把各电源单独作用时所产生的电压或电流按规定的参考方向叠加起来。由于电压、电流和功率不呈线性关系，计算功率必须根据元件上的总电压和总电流计算，而不能按叠加定理计算（因为功率是电流或电压的二次函数）。当电路有多个电源作用时，使用叠加定理计算并不方便。

二、叠加定理的解题步骤

（1）作出复杂电路中每一个电源单独作用时的电路图，去掉不作用的独立电源，若控制量存在（受控源要保留在原电路中），标出电流或电压的参考方向。

（2）对每一个电源单独作用的电路，求出各支路电流或电压的大小和方向。

（3）将各电源作用时产生的电压或电流进行叠加（即求出各电源在各个支路中所产生的电流或电压的代数和）。

三、例题分析（Sample Analysis）

【例 3-13】 求图 3-28 所示电路中各支路电流。

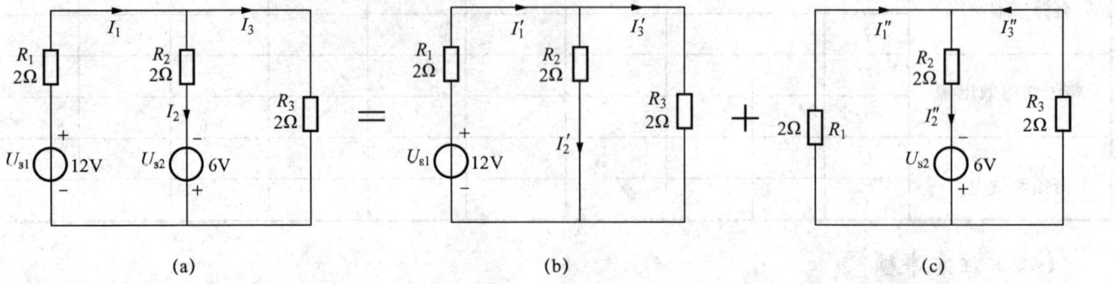

图 3-28 例 3-13 图

解 应用叠加定理求解。

（1）将电路分解为 U_{s1}、U_{s2} 单独作用的两个电路，标出电流参考方向如图 3-28（b）、（c）所示。

（2）求出 U_{s1}、U_{s2} 单独作用时各支路电流的大小和方向，即

$$I_1'=\frac{U_{s1}}{R_1+\dfrac{R_2R_3}{R_2+R_3}}=\frac{12}{2+\dfrac{2\times2}{2+2}}=4(\mathrm{A})$$

$$I_2'=\frac{R_3I_1'}{R_2+R_3}=\frac{2\times4}{2+2}=2(\mathrm{A})$$

$$I_3'=I_1'-I_2'=4-2=2(\mathrm{A})$$

$$I_2''=\frac{U_{s2}}{R_2+\dfrac{R_1R_3}{R_1+R_3}}=\frac{6}{2+\dfrac{2\times2}{2+2}}=2(\mathrm{A})$$

由分流公式得

$$I_1''=\frac{R_3I_2''}{R_1+R_3}=\frac{2\times2}{2+2}=1(\mathrm{A})$$

$$I_3''=I_2''-I_1''=2-1=1(\mathrm{A})$$

（3）将 U_{s1}、U_{s2} 作用时的各支路电流叠加得

$$I_1=I_1'+I_1''=4+1=5(\mathrm{A})$$

$$I_2=I_2'+I_2''=2+2=4(\mathrm{A})$$

$$I_3=I_3'-I_3''=2-1=1(\mathrm{A})$$

【例 3-14】 求图 3-29 所示电路中的 U_{ab} 及支路电流 I。

解 应用叠加定理求解。

（1）将电路分解为各电源单独作用的电路，标出电流参考方向，如图 3-29（b）、（c）所示。

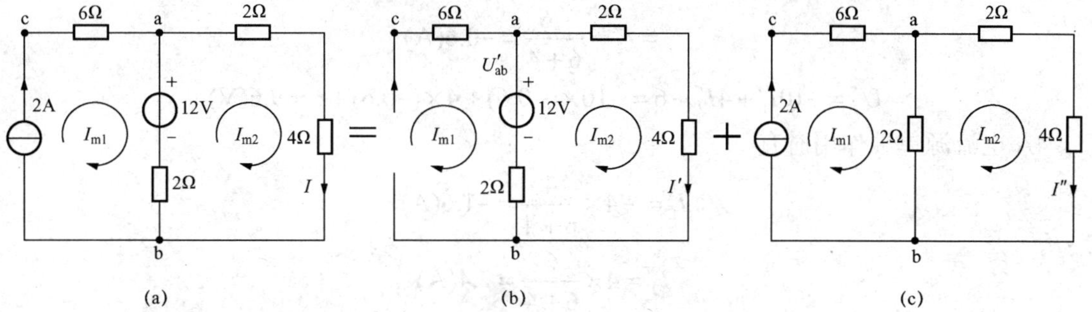

图 3-29　例 3-14 图

（2）求各电源单独作用的电压和电流。

电压源作用时有

$$I' = \frac{12}{2+2+4} = 1.5(\text{A}),\quad U'_{ab} = 6\times 1.5 = 9(\text{V})$$

电流源作用时有

$$I'' = 2\times\frac{2}{2+2+4} = 0.5(\text{A}),\ U'' = 6\times 0.5 = 3(\text{V})$$

（3）叠加合成得

$$I = I' + I'' = 1.5 + 0.5 = 2(\text{A})$$

$$U_{ab} = U'_{ab} + U''_{ab} = 9 + 3 = 12(\text{V})$$

【例 3-15】 求图 3-30 所示电路中的电压 U_3 及电流 I_1。

解　应用叠加定理求解。

（1）将电路分解为 10V、6V 电压源及 4A 电流源单独作用的电路，标出电压、电流参考方向如图 3-30（b）、（c）、（d）所示，受控电压源保留在分电路中。

（2）求各电源单独作用的电压和电流。

10V 电压源作用时有

$$I'_1 = I'_2 = \frac{10}{6+4} = 1(\text{A})$$

$$U'_3 = -10I'_1 + 4I'_2 = -10 + 4 = -6(\text{V})$$

6V 电压源作用时有

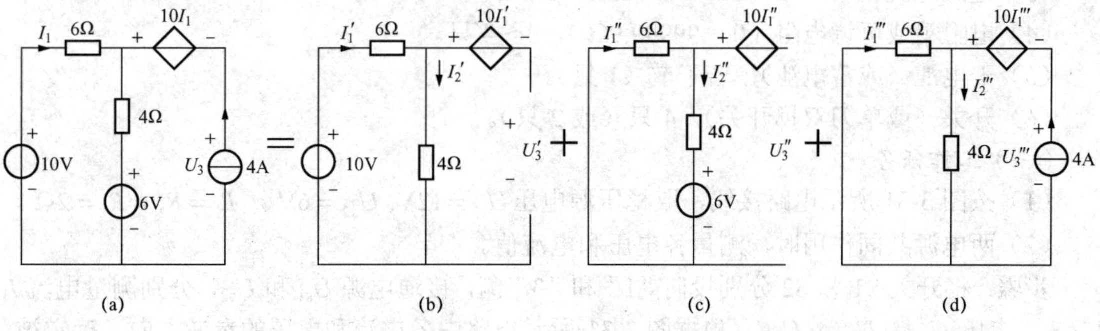

图 3-30　例 3-15 图

$$I_1''=I_2''=\frac{-6}{6+4}=-0.6(\text{A})$$

$$U_3''=-10I_1''+4I_2''+6=-10\times(-0.6)+4\times(-0.6)+6=9.6(\text{V})$$

4A 电流源单独作用时有

$$I_1'''=-4\times\frac{4}{6+4}=-1.6(\text{A})$$

$$I_2'''=4\times\frac{6}{6+4}=2.4(\text{A})$$

$$U_3'''=-10I_1'''+4I_2'''=4\times2.4-10\times(-1.6)=25.6(\text{V})$$

（3）将各电源作用的电压、电流叠加，得

$$I=I_1'+I_1''+I_1'''=1-0.6-1.6=-1.2(\text{A})$$

$$U=U_3'+U_1''+U_1'''=-6+9.6+25.6=29.2(\text{V})$$

四、叠加定理解题要点

（1）叠加定理只适用于线性电路，不适用于非线性电路。在各电源单独作用时，不作用的电流源用开路代替，不作用的电压源用短路线代替。

（2）当电路含有受控源时，受控源在每个独立电源单独作用时，都应保留在相应的电路中，即把受控源作电阻一样看待。

（3）计算功率时必须根据元件上的总电压和总电流计算，而不能按叠加定理计算，因为功率是电压、电流的二次函数。

（4）将每个电源独立作用下产生的电压或电流进行叠加时，应注意各分量的实际方向与所选定的参考方向是否一致，相一致时取正号，不一致时取负号。

五、实践应用（Applications）

叠加定理的应用分析

（一）教学目标

能运用叠加定理求解电路中某一支路的电压和电流。

（二）仪器设备

（1）直流稳压电源（0～30V 可调），2 台。

（2）直流电压表（或万用表），1 只。

（3）直流电流表（0～200mA，0～2A），3 只。

（4）电阻箱或可调电阻（0～99999.9Ω），3～4 只。

（5）干电池（或蓄电池），若干节（1 只）。

（6）开关（或单刀双掷开关），4 只（或 2 只）。

（三）工作任务

（1）按图 3-31 所示电路接线，取稳压源电压 $U_{s1}=12\text{V}$, $U_{s2}=6\text{V}$ ， $R_1=R_2=R_3=2\Omega$ 。

（2）两电源共同作用时，测量各电压和电流值。

步骤：将开关 S1 和 S2 分别投向“1”和“3”侧，接通电源 U_{s1} 和 U_{s2}，分别测量电流 I_1、I_2、I_3，电压 U_{AC}、U_{DA}、U_{AB}，根据图 3-31 所示电路中各电流和电压的参考方向，确定被测电流和电压的正负号后，将数据记入表 3-8 中。

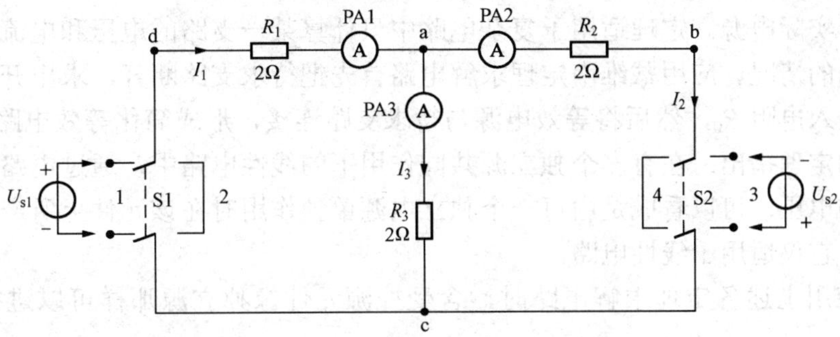

图 3-31　分析叠加定理电路

（3）电源 U_{s1} 单独作用时，测量各电压、电流值。

步骤：将开关 S1 合向“1”，接通电源 U_{s1}；开关 S2 合向“4”，电源 U_{s2} 不作用。分别测量各支路电流和电压，将数据记入表 3-8 中。

（4）电源 U_{s2} 单独作用时，测量各电压、电流值。

表 3-8　　**数 据 记 录**

测量项目	U_{s1}(V)	U_{s2}(V)	I_1(A)	I_2(A)	I_3(A)	U_{AC}(V)	U_{DA}(V)	U_{AB}(V)	备注
U_{s1}、U_{s2} 共同作用									
U_{s1} 单独作用									
U_{s2} 单独作用									

步骤：将开关 S2 合向“3”，接通电源 U_{s2}；开关 S1 合向“2”，电源 U_{s1} 不作用。分别测量各支路电流和电压，将数据记入表 3-8 中。

（四）注意事项

（1）实验电路中的电压源 U_s 不作用，是指 U_s 处用短路线代替，而不是将 U_s 本身短路。

（2）要根据图 3-31 中各电流和电压的参考方向，确定被测数值的正、负号。

（3）实验中要注意防止电源被短路。

最后，对以上实测数据进行分析。

本 章 小 结

（1）支路电流法是计算复杂电路各种方法中的一种最基本方法。它通过应用基尔霍夫电流定律和电压定律分别对节点和回路列出所需要的方程组，而后解出各未知支路电流。

（2）节点分析法是以节点电压（或电位）为未知量列出 KCL 方程后求解电路的方法。使用节点法，首先要选定参考节点，求出自电导和互电导及流入、流出节点的电流代数和，列 KCL 方程解出节点电位后，再由节点电压（电位）求出各支路电流。

（3）网孔分析法是以网孔电流为未知量列出 KVL 方程，联立解出网孔（独立回路）电流，再进一步求出各支路电流及其他变量的方法。应用网孔法首先要选定网孔电流的参考方向，求出自电阻和互电阻，对每个网孔列出网孔方程。

（4）戴维南定理和诺顿定理表明：任一线性含独立电源的单口网络，就端口特性而言，可简化为一个实际电源。定理适用于复杂电路中只计算某一支路的电压和电流及分析电路中某一参数变动的情况。应用戴维南定理求解电路首先把待求支路断开，求出开口电压 U_{oc} 及等效网络的输入电阻 R_0，然后将等效电源与待求支路连接，形成简化等效电路求出待求量。

（5）叠加定理指出：在有多个独立源共同作用下的线性电路中，通过电路任一元件的电流或其两端的电压，可以看成是由每一个独立电源单独作用时在该元件上所产生的电流或电压的代数和。它仅适用于线性电路。

（6）在应用上述各定理求解电路时，含受控源元件像独立源那样可以进行电源的等效变换。

习　题　三

1. 求如图 3-32 所示电路中的未知电流 I_4（用支路电流法）。

2. 求如图 3-33 所示电路中各支路电流值（用支路电流法）。

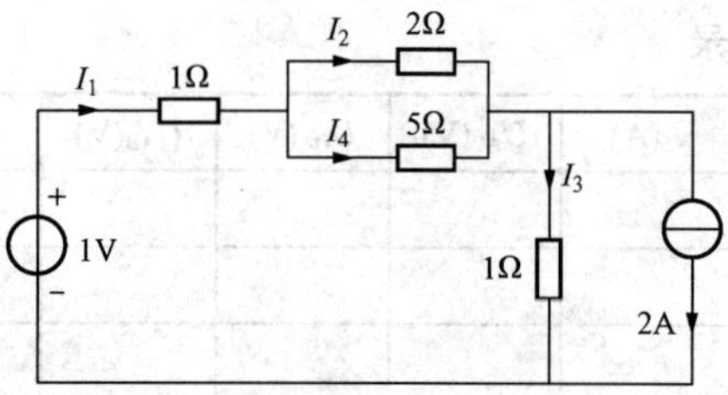

图 3-32　题 1 图

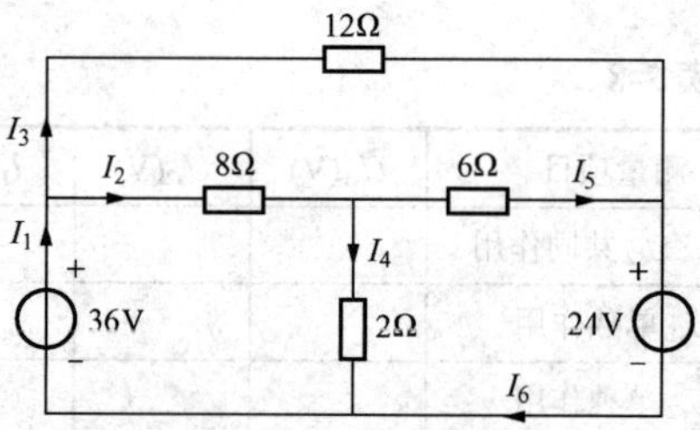

图 3-33　题 2 图

3. 求如图 3-34 所示电路中各支路电流及理想电压源的功率（用支路电流法）。

4. 在图 3-35 中，已知 $R_1=10\Omega$，$R_2=10\Omega$，$R_3=4\Omega$，$R_4=8\Omega$，$R_5=8\Omega$，$R_6=2\Omega$，$U_{s3}=20V$，$U_{s6}=40V$，用支路电流法求 I_5。

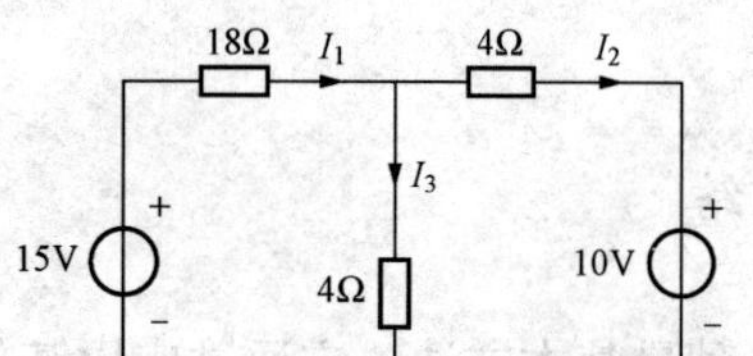

图 3-34　题 3 图

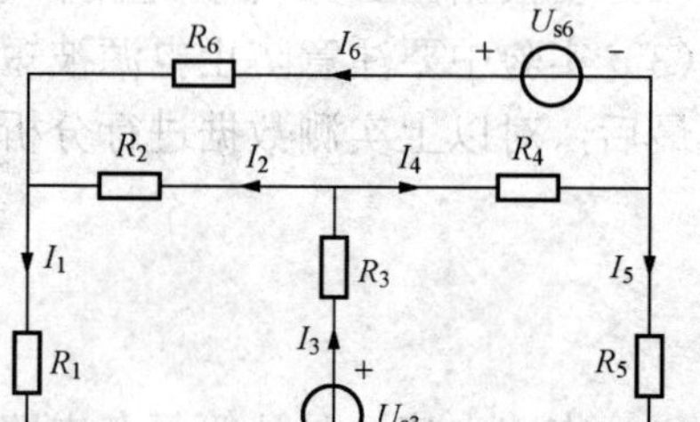

图 3-35　题 4 图

5. 求图 3-36 所示电路中各支路电流（用节点分析法）。

6. 用节点分析法求图 3-37 所示电路中的各支路电流。

7. 用弥尔曼定理求图 3-38 所示电路中的电流 I。

8. 用节点分析法求解图 3-39 所示电路中的各支路电流。

9. 用网孔法求图 3-40 所示电路中流过 8Ω 电阻的电流 I_0。

10. 用网孔法求图 3-41 所示电路中各电压源对电路提供的功率。

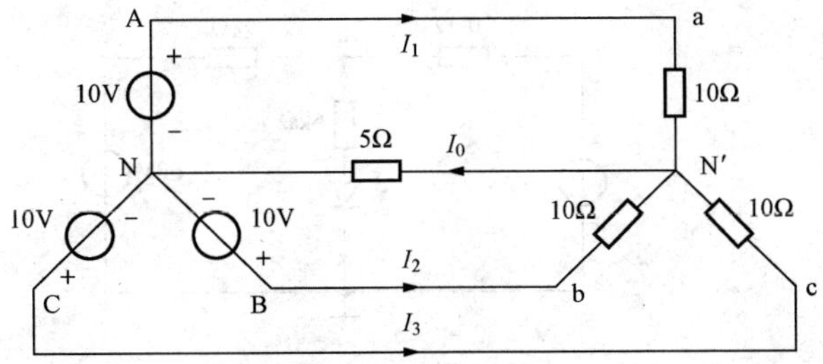

图 3-36　题 5 图

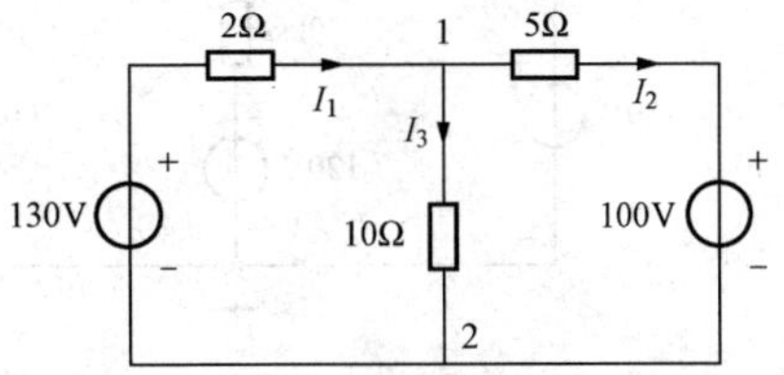

图 3-37　题 6 图

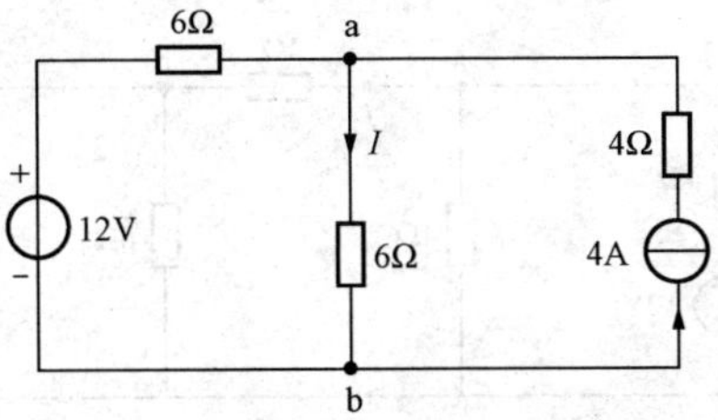

图 3-38　题 7 图

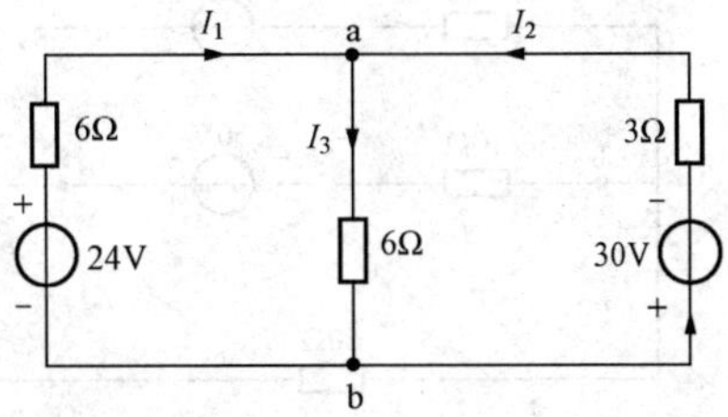

图 3-39　题 8 图

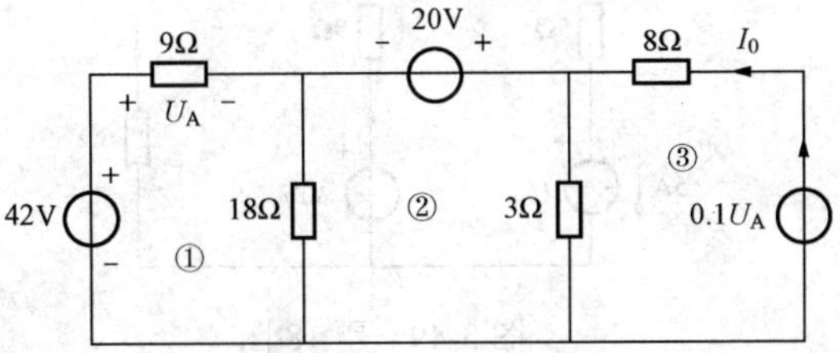

图 3-40　题 9 图

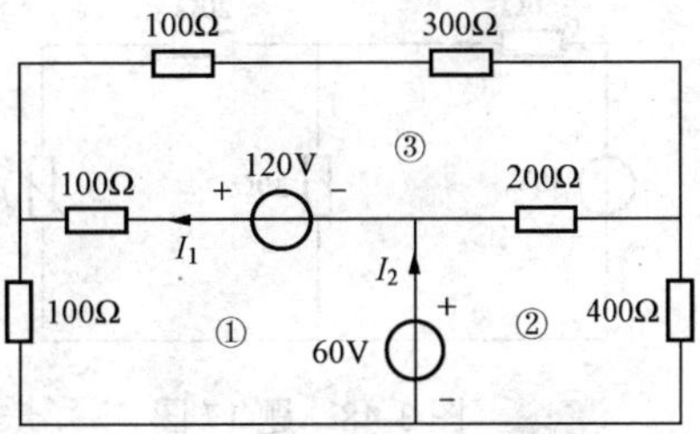

图 3-41　题 10 图

11. 用网孔法求图 3-42 所示电路中各支路电流。

12. 用网孔法求图 3-43 所示电路中 6Ω 电阻支路的支路电流。

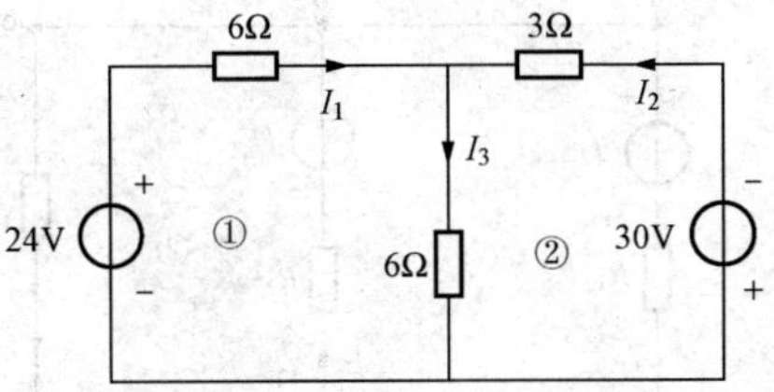

图 3-42　题 11 图

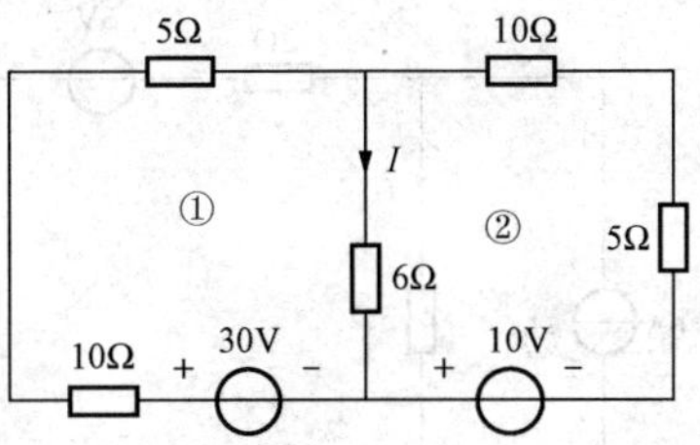

图 3-43　题 12 图

13. 用戴维南定理求图 3-44 所示电路中 20kΩ 电阻中的电流及 a 点电位。

14. 用戴维南定理求图 3-45 所示电路中的 U_a。

15. 用戴维南定理求图 3-46 所示电路中 ab 支路的电流。

16. 用戴维南定理计算图 3-47 所示电路中的电流 I。

17. 用戴维南定理计算图 3-48 所示电路中的 R_L 可获得的最大功率。

18. 试用叠加定理计算图 3-49 所示电路中的电流 I_2、I_3 及 U_{s1}。

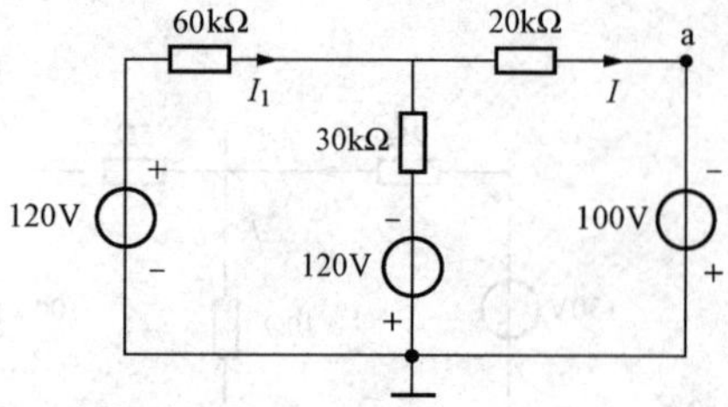

图 3-44 题 13 图

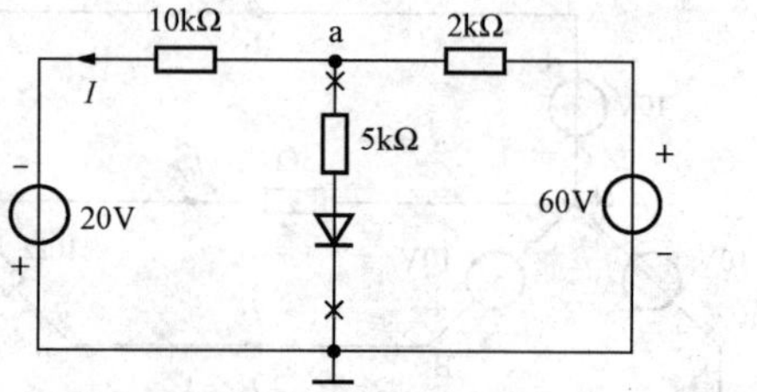

图 3-45 题 14 图

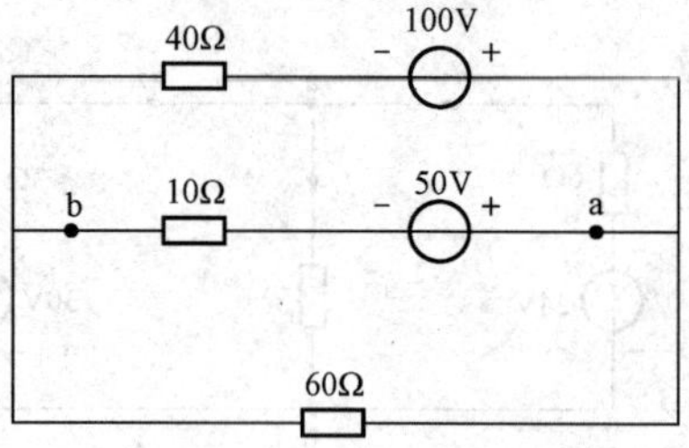

图 3-46 题 15 图

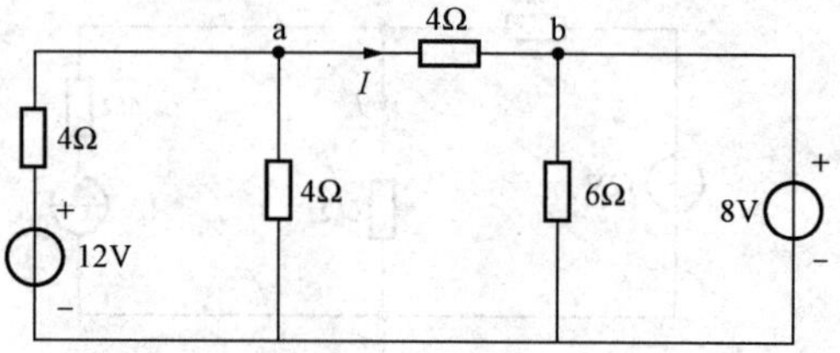

图 3-47 题 16 图

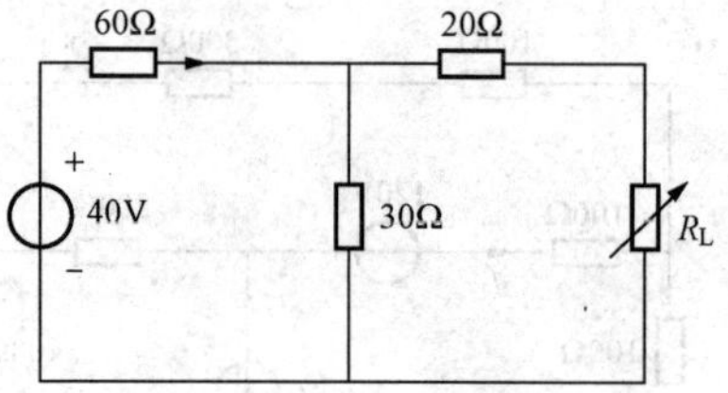

图 3-48 题 17 图

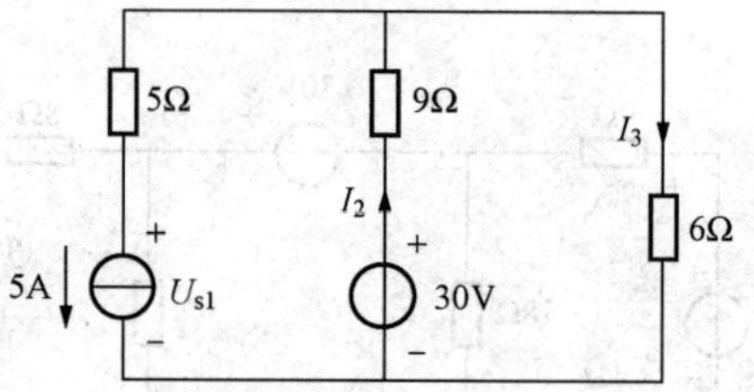

图 3-49 题 18 图

19. 试用叠加定理计算图 3-50 所示电路中的电流 I_1、I_3 和 U_1。

20. 如图 3-51 所示电路，已知 $U_{s1}=12V$，$U_{s2}=6V$，$R_1=4\Omega$，$R_1=R_3=2\Omega$，分别用支路电流法、戴维南定理、叠加定理求流过电阻 R_3 的电流 I_3。

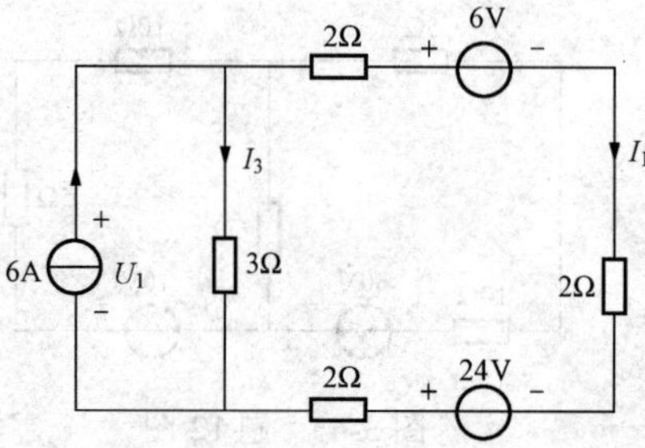

图 3-50 题 19 图

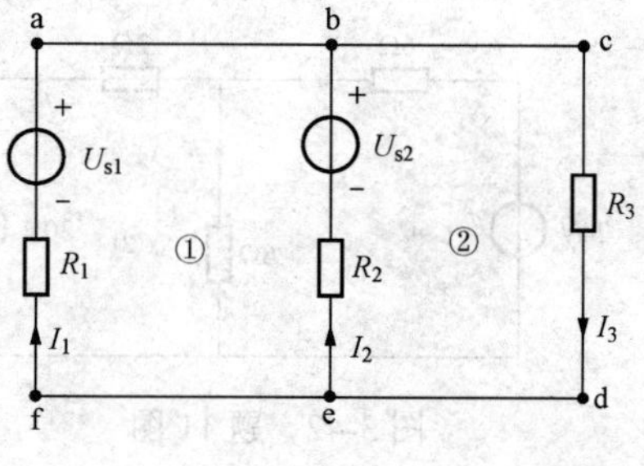

图 3-51 题 20 图

21. 简述网孔法的步骤。为什么通常将网孔的绕行方向取为顺时针方向，若遇到电流源如何处理？

22. 节点分析法的方程有几个，各项的意义如何？如何决定正负号？遇到理想电压源如何处理？在列节点方程时可否先不假定支路电流方向？

23. 在含受控源的电路中，如何用网孔法、节点法列方程。

24. 在含受控源的电路中，如何用叠加定理求解电路。

25. 什么叫等值替换？有何意义？

26. 含受控源的一端口网络（不含独立源）为什么可看成一个电阻，举例说明这个等值电阻有时为什么会是负值？

27. 电流源与电阻串联时如何简化？电压源与电阻并联如何简化？电压源与电流源串联如何简化？

教学项目五（仅供参考）

双电源电路的检测和分析

（一）能力目标（Ability Aim）

（1）能够熟练运用支路电流法、叠加原理和戴维南定理计算复杂直流电路中的电流、电压。

（2）能对双电源电路进行检测，能分析双电源电路的工作原理。

（3）能使用直流电流表、电压表，通过检测双电源电路的电压和电流验证支路电流法、节点分析法及叠加原理，并测量得出戴维南定理。

（二）知识目标（Knowledge Aim）

（1）进一步巩固复杂直流电路中节点、支路和回路的概念。

（2）进一步加深理解基尔霍夫电流定律和电压定律。

（3）熟练掌握支路电流法、节点分析法、叠加定理和戴维南定理在解决复杂直流电路中的电流、电压的计算方法和步骤。

（三）工作任务（Work Task）

（1）利用直流电流表和直流电压表分别测试图 3-52 所示电路中各支路的电流和电压，验证支路电流法的正确性和叠加定理。

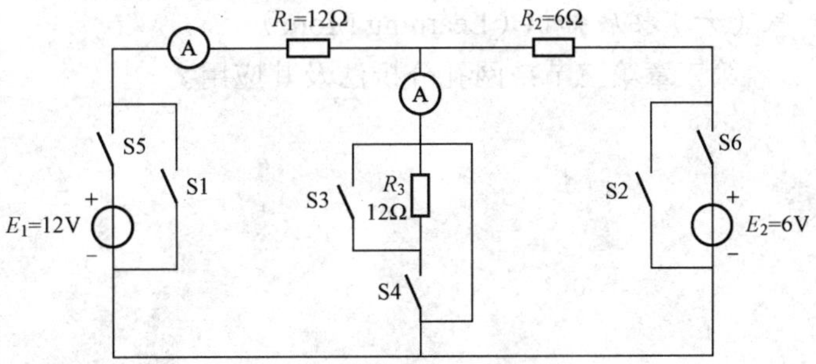

图 3-52　双电源电路图

（2）由测量得出戴维南等效电路参数。

（四）相关实践知识（Related Practice Knowledge）

（1）第九章第四节：电流、电压表的使用。

（2）第三章第四节、第五节：验证叠加定理和戴维南定理。

1）E_1 单独作用：如图 3-52 所示电路，断开 S1、S3、S6，闭合 S2、S4、S5，得图 3-53 所示电路，分别测出 I_1'、I_3' 的电流值。

2）E_2 单独作用：断开 S2、S3、S5，闭合 S1、S4、S6，得图 3-54 所示电路，分别测出 I_1''、I_3'' 的电流值。验证叠加定理，即

$$I_1 = I_1' - I_1''\text{（考虑到两次测量时电流方向相反）}$$

$$I_3 = I_3' + I_3''$$

3）验证戴维南定理：由测量得出戴维南等效电路。

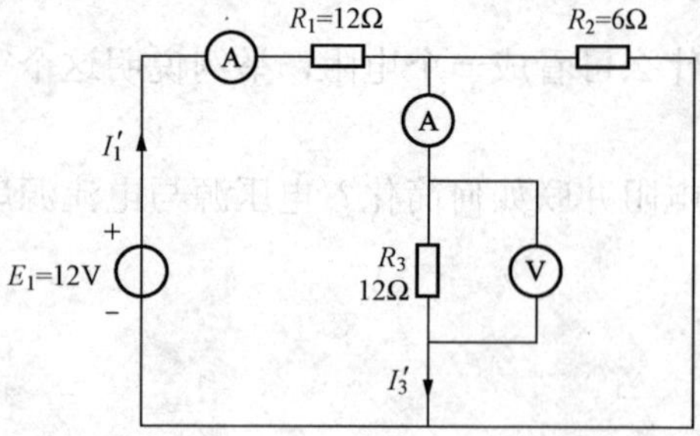

图 3-53　E_1 单独作用电路图

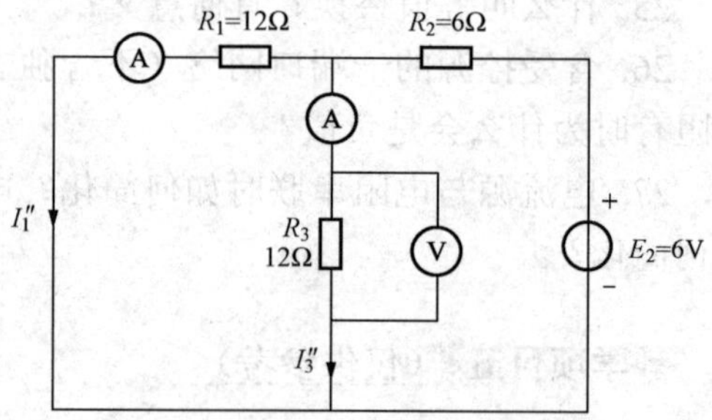

图 3-54　E_2 单独作用电路图

如图 3-52 所示，先断开 R_3 支路，即断开 S1、S2、S4，闭合 S3、S5、S6，测量得到的电压为 R_3 支路的开路电压 U_{oc}（即戴维南等效电路的独立电压源），再将 R_3 支路电阻拿去后的开路端短路，即断开 S1、S2，闭合 S3、S4、S5、S6，测出该支路的短路电流 I_{sc}，则等效电路中的内阻为：$R_0 = U_{oc} / I_{sc}$，或采用将电路中所有独立电源去掉，即断开 S4、S5、S6，闭合 S1、S2、S3，用万用表测量开关 S4 两端的电阻，得到 R_0。此即戴维南等效电路，如图 3-55 所示。

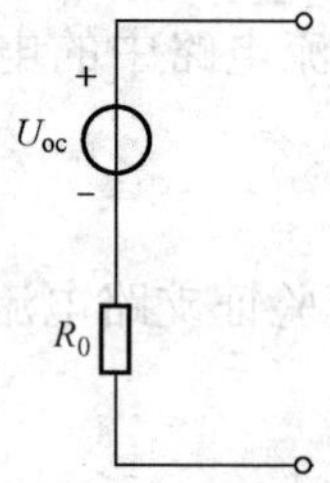

图 3-55　戴维南等效电路

（五）相关理论知识（Related Theory Knowledge）

第三章第一节：支路电流法及其应用；第二节：节点分析法及其应用；第四节：戴维南定理及其应用；第五节：叠加定理及其应用。

（六）拓展知识（Learning More）

第三章第三节：网孔分析法及其应用。

第四章　正弦交流电路的分析与应用

在电工技术中，常遇到随时间按正弦规律周期性变化的电流，这种电流称为正弦交流电流，由正弦交流电组成的电路称为正弦交流电路。本章主要介绍分析正弦稳态电路的相量法，用相量表示正弦电压和电流，导出基尔霍夫定律的相量形式；引入复阻抗和复导纳的概念；建立欧姆定律的相量形式。同时介绍相量图法和正弦交流电路中的瞬时功率、有功功率、无功功率、视在功率及提高功率因数的方法。

第一节　正 弦 量 的 概 念

问题一：如何表示一个正弦量？电压、电流有效值与最大值之间存在何种关系？
问题二：我国使用的正弦交流电频率、周期和角频率是多少？

一、正弦量的概念

正弦交流电（Sinusoidal Alternating Current）包括随时间按正弦规律变化的电压、电流、电动势、磁通、电荷等物理量，简称正弦量。正弦量可采用正弦或余弦函数来描述。本书采用正弦函数来描述正弦量。

二、正弦量的三要素

正弦量在每一瞬间的数值叫瞬时值，用小写字母 u、i、e 表示，以电流为例，对于给定的参考方向，正弦电流的一般解析函数式为

$$i(t)=I_{\mathrm{m}}\sin(\omega t+\psi) \tag{4-1}$$

式中：I_{m}、ω、ψ 称为正弦量的三要素。

图 4-1 为正弦电流波形图。

1. 振幅（Amplitude）

交流电流、电压在一周期中出现的最大瞬时值叫做交流电流、电压的振幅，亦称峰值或最大值。如 I_{m}、U_{m} 分别表示正弦电流、正弦电压的最大值。

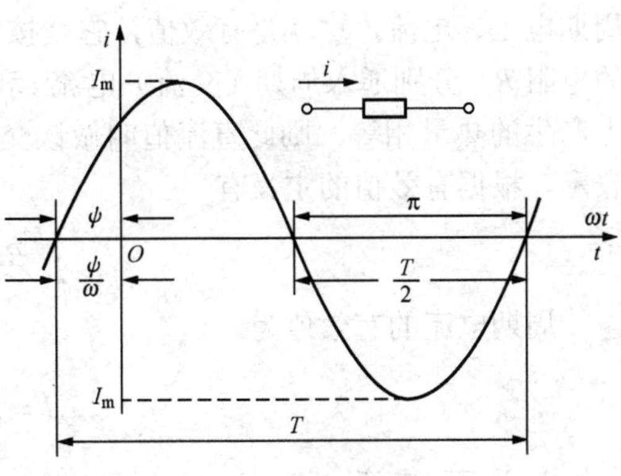

图 4-1　正弦电流波形图

2. 角频率（Angular Frequency）

交流电在单位时间内变化的角度叫做角频率（ω），单位为 rad/s（弧度/秒），角度 $\omega t+\psi$ 叫正弦量的相位角，单位为 rad，即

$$\omega=\frac{\mathrm{d}(\omega t+\psi)}{\mathrm{d}t}$$

3. 初相位 ψ（Initial Phase Angle）

正弦量在 t=0 时的相位角，称为初相角，简称初相；初相角与计时起点有关，用正弦函

数表示正弦波形时，把波形图上原点前后正负 $T/2$ 内曲线由负变正，经过零值的那一点作为正弦波的起点。初相角就是波形起点到坐标原点的角度，通常规定初相角的绝对值不大于π，即$|\psi|\leqslant\pi$。$\psi>0$，表示波形起点在原点左侧；$\psi<0$，表示波形起点在原点右侧。如图 4-2（a）、（b）、（c）、（d）所示分别表示初相为 0、$\dfrac{\pi}{2}$、$\dfrac{\pi}{6}$、$-\dfrac{\pi}{6}$。

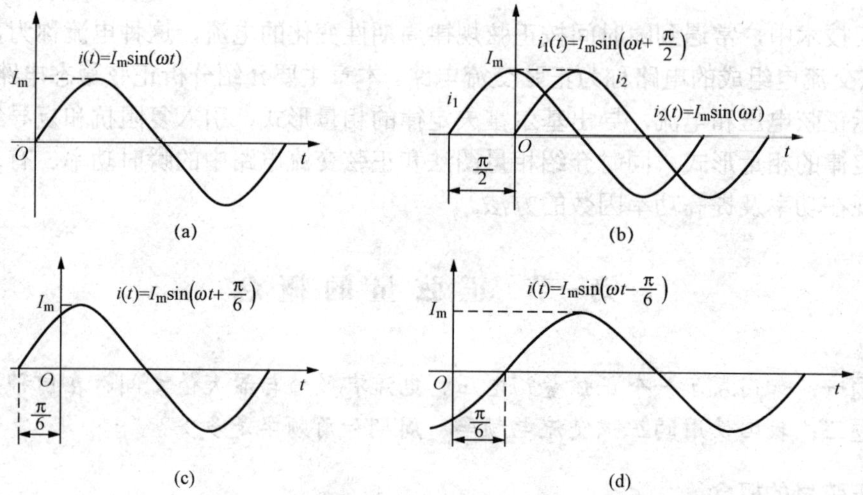

图 4-2 正弦波的初相位

正弦量每经历一个周期（Period）的时间为 T，每经历一周期相位相应增加 2π弧度，角频率ω、周期 T 和频率 f 三者之间满足下述关系式，即

$$\omega=\frac{2\pi}{T}=2\pi f \tag{4-2}$$

三、正弦量的有效值（The Effective Value of Sine）

在工程技术中用瞬时值或波形图表示周期电压、电流很不方便，需要用一个特定值表示周期电压、电流，这就是有效值，它是按能量等效的概念定义的。以电流为例：设两个相同的电阻 R，分别通入周期（交流）电流 i 和直流电流 I，如果在一个周期内，它们各自在电阻上产生的热量相等，则此直流值叫做该交变电流的有效值。电压、电流有效值用字母 U、I 表示。根据有效值的定义有

$$\int_0^T Ri^2(t)\mathrm{d}t=I^2RT$$

周期电流的有效值为

$$I=\sqrt{\frac{1}{T}\int_0^T i^2(t)\mathrm{d}t}$$

对于正弦电流，设 $i(t)=I_m\sin(\omega t+\psi_i)$ A，则电流的有效值为

$$I=\sqrt{\frac{1}{T}\int_0^T I_m^2\sin(\omega t+\psi_i)\mathrm{d}t}=\sqrt{\frac{I_m}{2T}\int_0^T[1-\cos2(\omega t+\psi_i)]\mathrm{d}t}$$

$$=\sqrt{\frac{I_m^2}{2}}=\frac{I_m}{\sqrt{2}}=0.707I_m \tag{4-3}$$

同理，电压有效值为

$$U=\frac{1}{\sqrt{2}}U_{\mathrm{m}}=0.707U_{\mathrm{m}} \tag{4-4}$$

正弦量的最大值与有效值之间具有 $\sqrt{2}$ 倍关系，即正弦电流、电压的瞬时值表达式可改写为

$$i(t)=\sqrt{2}I\sin(\omega t+\psi_i)\text{，}\quad u(t)=\sqrt{2}U\sin(\omega t+\psi_u) \tag{4-5}$$

有效值是度量正弦量大小的物理量。通常交流仪表测量指示的电流、电压读数大都是有效值。电气设备铭牌上给出的电压、电流值也是有效值。电气设备和器件的击穿电压或绝缘耐压指的是电压最大值，如电容器的额定电压是最大电压值。

四、正弦量的相位差（Sine Phase Difference）

两个同频率正弦量的初相位之差，称为相位差。它是不随计时起点而变的。比较两个正弦量的相位，有超前、滞后和同相等不同情况，设有两个同频率的正弦量

$$i_1=I_{\mathrm{m1}}\sin(\omega t+\psi_{i1})\text{，}\quad i_2=I_{\mathrm{m2}}\sin(\omega t+\psi_{i2}) \tag{4-6}$$

它们的初相分别为 ψ_{i1} 和 ψ_{i2}，则这两个电流的相位差为

$$\varphi_{12}=(\omega t+\psi_{i1})-(\omega t+\psi_{i2})=\psi_{i1}-\psi_{i2} \tag{4-7}$$

如图 4-3（a）、（b）、（c）、（d）分别表示两个正弦量同相、超前、正交、反相。

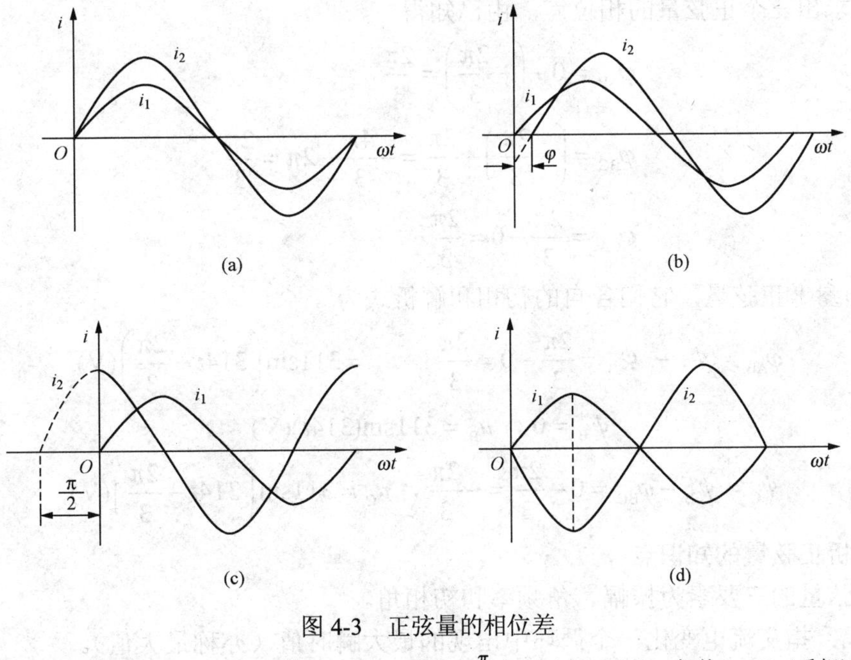

图 4-3　正弦量的相位差

（a）i_1 与 i_2 同相位；（b）i_1 超前 $i_2\varphi$角；（c）i_2 超前 $i_1\,\frac{\pi}{2}$ 角（正交）；（d）i_1 超前 $i_2$180°（反相）

五、例题分析（Sample Analysis）

【例 4-1】 已知正弦电压的最大值为 311V，周期为 0.02s，初相为 $\frac{\pi}{6}$，写出该电压的瞬时值表达式，并求 t=2ms 时的电压值。

解　角频率　$$\omega=\frac{2\pi}{T}=\frac{2\pi}{0.02}=100\pi(\text{rad/s})$$

有效值　$$U=\frac{U_{\text{m}}}{\sqrt{2}}=\frac{311}{\sqrt{2}}=220(\text{V})$$

瞬时值　$$u=220\sqrt{2}\sin\left(100\pi t+\frac{\pi}{6}\right)(\text{V})$$

当 t=2ms 时　$$u(2\text{ms})=220\sqrt{2}\sin\left(100\pi\times2\times10^{-3}+\frac{\pi}{6}\right)=284(\text{V})$$

【例 4-2】　求正弦电流 $i_1(t)=-14.1\sin(\omega t-150°)$ A，$i_2(t)=7.05\cos(\omega t-70°)$ A 的相位差φ_{12}。

解　把 i_1 和 i_2 变为正弦函数解析式，求出初相，再求相位差

$$i_1(t)=14.1\sin(\omega t-150°+180°)=14.1\sin(\omega t+30°)\ (\text{A})$$

$$i_2(t)=7.05\sin(\omega t-70°+90°)=7.05\sin(\omega t+20°)\ (\text{A})$$

则

$$\psi_1=30°，\psi_2=20°$$

相位差　$$\varphi_{12}=\psi_1-\psi_2=30°-20°=10°$$

相位差计算说明电流 i_1 超前电流 $i_2$10°。

【例 4-3】　三个正弦电压 $u_{\text{B}}(t)=311\sin(314t-2\pi/3)\text{V}$，$u_{\text{A}}(t)=311\sin 314t(\text{V})$，$u_{\text{C}}(t)=311\sin(314t+2\pi/3)(\text{V})$，若以 u_{B} 为参考正弦量，写出三个正弦电压的解析式。

解　先求出三个正弦量的相位差，由已知得

$$\varphi_{\text{AB}}=0-\left(-\frac{2\pi}{3}\right)=\frac{2\pi}{3}$$

$$\varphi_{\text{BC}}=\left(-\frac{2\pi}{3}\right)-\frac{2\pi}{3}=-\frac{4\pi}{3}+2\pi=\frac{2\pi}{3}$$

$$\varphi_{\text{CA}}=\frac{2\pi}{3}-0=\frac{2\pi}{3}$$

以 u_{B} 为参考正弦量，它们各自的初相和解析式为

$$\varphi_{\text{AB}}=\psi_{\text{A}}-\psi_{\text{B}}=\frac{2\pi}{3}-0=\frac{2\pi}{3}，\ u_{\text{A}}=311\sin\left(314t+\frac{2\pi}{3}\right)(\text{V})$$

$$\psi_{\text{B}}=0，\ u_{\text{B}}=311\sin(314t)(\text{V})$$

$$\psi_{\text{C}}=\psi_{\text{B}}-\varphi_{\text{BC}}=0-\frac{2\pi}{3}=-\frac{2\pi}{3}，\ u_{\text{C}}=311\sin\left(314t-\frac{2\pi}{3}\right)(\text{V})$$

六、分析正弦量的知识点

（1）正弦量的三要素为振幅、角频率和初相角。

1）振幅：指交流电变化一个循环中出现的最大瞬时值（亦称最大值）。

2）角频率ω：指交流电在单位时间内变化的电角度。频率f反映交流电每秒钟变化的次数；周期 T 反映交流电变化一个循环所需的时间。ω、T、f都是反映正弦量变化的快慢。其关系为

$$\omega=2\pi f，f=1/T$$

3）初相角ψ：指正弦量在 t=0 时的相位角。它反映波形起点到坐标原点的电角度。

（2）有效值（Effective Value）。有效值等于一周期内瞬时值的方均根值。正弦量的最大

值与有效值之间具有$\sqrt{2}$倍关系，即

$$I_m=\sqrt{2}I \quad \text{或} \quad U_m=\sqrt{2}U$$

（3）相位差：指两个同频率正弦量的初相角之差，如$\varphi_{12}=\psi_1-\psi_2$，主要用于判断正弦量的超前（lead）和滞后（lag）关系。

第二节　正弦量的相量表示及相量运算方法

问题三：如何用相量表示任一正弦量？复数四则运算与相量运算有何联系？

一、复数的表示和运算（Plural Representation and Operations）

1. 复数的表示形式

复数的产生来自于解代数方程，复数有四种表达形式，在复平面上可以用一相量来表示一个复数A，如图4-4所示，其横轴是实轴，用来表示复数的实部（a）；纵轴是虚轴，用来表示复数的虚部（b）。$|A|$是复数A的模，它表示有向线段的长度，φ是复数的辐角，由图4-4可知

$$|A|=\sqrt{a^2+b^2}\,,\quad a=|A|\cos\varphi\,,\quad b=|A|\sin\varphi \tag{4-8}$$

复数有代数、三角函数、指数和极坐标式四种表达形式。

（1）代数式

$$A=a+\mathrm{j}b$$

（2）三角函数式

$$A=|A|(\cos\varphi+\mathrm{j}\sin\varphi)$$

它由欧拉公式$\mathrm{e}^{\mathrm{j}\varphi}=\cos\varphi+\mathrm{j}\sin\varphi$得到。

（3）指数式

$$A=|A|\mathrm{e}^{\mathrm{j}\varphi}$$

（4）极坐标式

$$A=|A|\angle\varphi$$

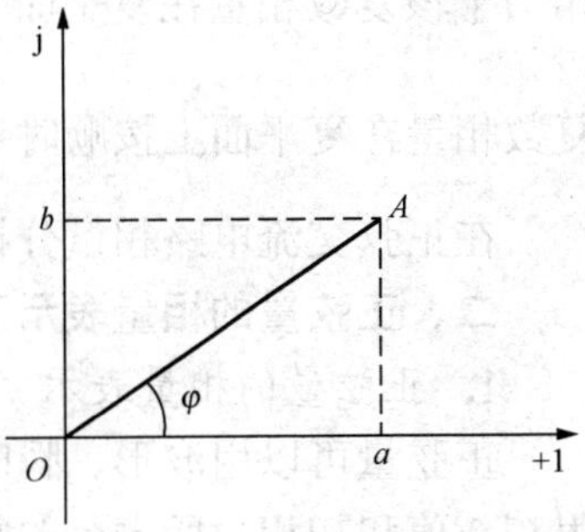

图4-4　复数的相量表示

即

$$A=a+\mathrm{j}b=|A|\cos\varphi+\mathrm{j}\sin\varphi=\mathrm{e}^{\mathrm{j}\varphi}=|A|\angle\varphi$$

在正弦量相量运算中，最常用的是代数式和极坐标式。

2. 复数的四则运算

（1）加减运算。将两个复数化为代数式，实部和实部、虚部和虚部分别相加减。

例如，$A_1=a_1+\mathrm{j}b_1$，$A_2=a_2+\mathrm{j}b_2$，则

$$A_1\pm A_2=(a_1+\mathrm{j}b_1)\pm(a_2+\mathrm{j}b_2)=(a_1\pm a_2)+\mathrm{j}(b_1\pm b_2)$$

复数的加减运算也可按平行四边形法则在复平面上用相量相加和相减求得，如图4-5所示。

（2）乘除运算。将两个复数化为极坐标形式，乘法：模相乘，辐角相加；除法：模相除，辐角相减。例如，$A=|A|\angle\varphi_A$，$B=|B|\angle\varphi_B$，则$A\times B=|A|\angle\varphi_A\times|B\angle\varphi_B|=|A||B|\angle\varphi_A+\varphi_B$

$$\frac{A}{B}=\frac{|A|\angle\varphi_A}{|B|\angle\varphi_B}=\frac{|A|}{|B|}\angle\varphi_A-\varphi_B$$

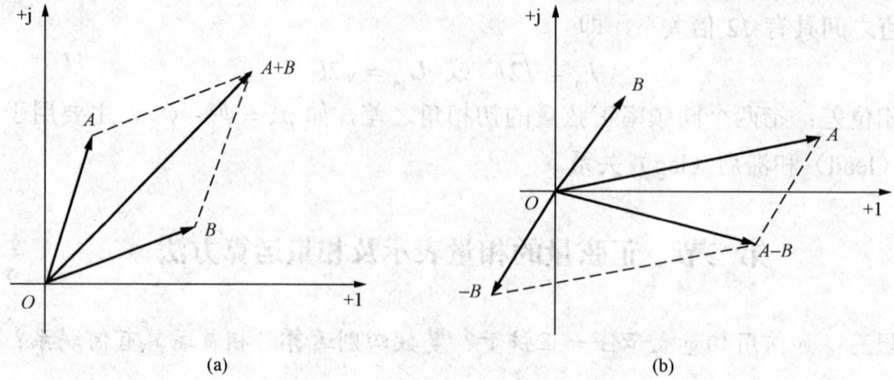

图 4-5 复数相加减图

（a）复数相加；（b）复数相减

（3）旋转因子。$e^{j\varphi}=1\angle\varphi$ 是一个模为 1，辐角为φ的复数。任何一个复数 A 乘以 $e^{j\varphi}$，就相当于把复数 A 逆时针旋转φ角，而 A 的模不变。因此，$e^{j\varphi}$ 称为旋转因子。

由欧拉公式得：$e^{\pm j\frac{\pi}{2}}=\pm j$，$e^{j\pi}=-1$，因此 ±j 和−1 都可看成旋转因子。一个复数乘以 j，相当于该复数相量在复平面上按逆时针方向旋转$\dfrac{\pi}{2}$，其模不变。一个复数除以 j，相当于该复数相量在复平面上按顺时针方向旋转$\dfrac{\pi}{2}$。

在正弦交流电路相量分析中，常常要用到 ±j 和−1 这些旋转因子。

二、正弦量的相量表示及运算

1. 正弦量的相量表示

正弦量可以用波形、瞬时值解析式、正弦曲线和相量等不同的方法表示，若一个正弦量用有效值和初相角所表示的复数来描述，则这个复数便称为正弦量的相量。当一个正弦量对应于一个相量（复数）时，该相量（复数）的模等于正弦量的有效值，辐角等于正弦量的初相角。其符号用大写字母（有效值）上加一点表示，如$\dot{U}$、$\dot{I}$等。即

$$\dot{U}=Ue^{j\psi}=U\angle\psi_u，\quad \dot{I}=Ie^{j\psi_i}=I\angle\psi_i$$

正弦量相量习惯上指有效值相量。

2. 正弦量的相量运算

当正弦量用复数表示后，正弦量的相量运算便是复数的四则运算。

（1）正弦量的代数和。

设 u_1、u_2、…为同频率的正弦量，则这些正弦量的和为

$$u=u_1+u_2+\cdots+u_n \tag{4-9}$$

$$\dot{U}=\dot{U}_1+\dot{U}_2+\cdots+\dot{U}_n \tag{4-10}$$

（2）正弦量的微分。

若某一正弦量$u=\sqrt{2}U\sin(\omega t+\psi_u)$，则

$$\frac{du}{dt}=\sqrt{2}\omega U\cos(\omega t+\psi_u)=\sqrt{2}\omega U\sin\left(\omega t+\psi_u+\frac{\pi}{2}\right)$$

其相量式为

$$U\omega\angle(\psi_u+\pi/2)=\mathrm{j}\omega\dot{U} \tag{4-11}$$

即正弦量的微分所对应的相量等于原正弦量 u 的相量 $\dot{U}$ 乘以 $\mathrm{j}\omega$。

（3）正弦量的积分。

正弦量的积分等于原正弦量 i 的相量 $\dot{I}$ 除以 $\mathrm{j}\omega$。如：某正弦量 $i=\sqrt{2}I\sin(\omega t+\psi_i)\mathrm{A}$，则

$$\int i\mathrm{d}t=-\sqrt{2}\frac{I}{\omega}\cos(\omega t+\psi_i)=\sqrt{2}\frac{I}{\omega}\sin\left(\omega t+\psi_i-\frac{\pi}{2}\right)$$

其对应的相量为

$$\frac{I}{\omega}\angle\left(\psi_i-\frac{\pi}{2}\right)=\frac{\dot{I}}{\mathrm{j}\omega} \tag{4-12}$$

三、相量图（Phasor Diagram）

相量图是指将相量画在复平面中的图。如电流相量 $\dot{I}=I\angle30°\mathrm{A}$，电压相量 $\dot{U}=U\angle60°\mathrm{V}$，它们的相量图如图 4-6 所示，在图中可以直观看出电压超前电流 30°。

四、例题分析（Sample Analysis）

【例 4-4】 已知正弦电流的解析式为 $i=50\sqrt{2}\sin(314t-30°)(\mathrm{A})$，电压解析式为 $u=220\sin(314t+60°)(\mathrm{V})$。试写出它们的相量式，作出电流、电压相量图。

解　电流、电压的相量式为

$$\dot{I}=50\angle-30°(\mathrm{A})$$

$$\dot{U}=\frac{220}{\sqrt{2}}\angle60°(\mathrm{V})$$

相量图如图 4-7 所示。

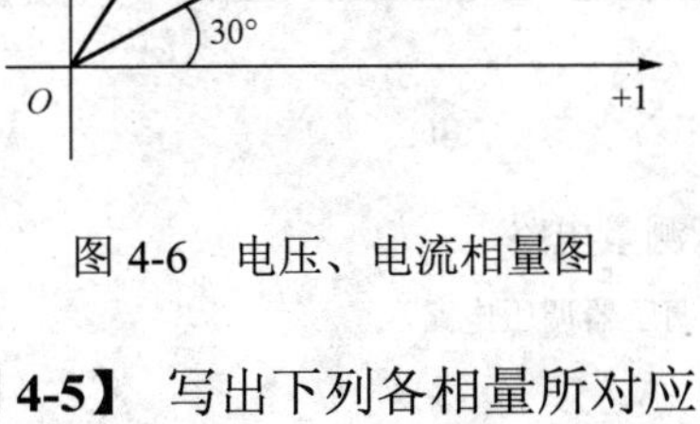

图 4-6　电压、电流相量图

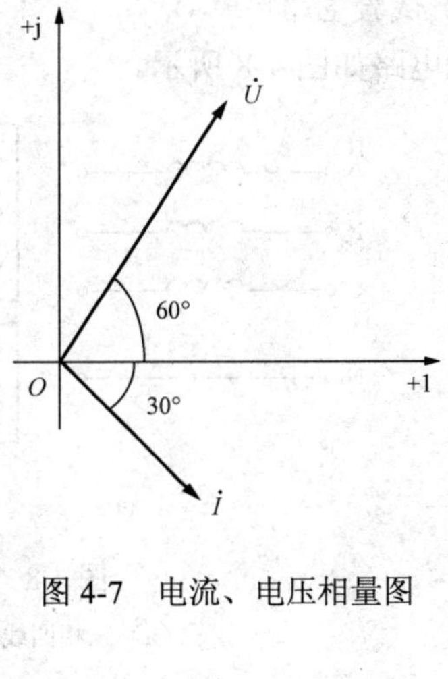

图 4-7　电流、电压相量图

【例 4-5】 写出下列各相量所对应的正弦量解析式。

（1）$\dot{U}=200\angle45°\ \mathrm{V}$，$f=50\ \mathrm{Hz}$；

（2）$\dot{I}=20\angle-60°\ \mathrm{A}$，$\omega=314\ \mathrm{rad/s}$；

（3）$\dot{I}=-15\angle-30°\ \mathrm{A}$，$\omega=100\pi\ \mathrm{rad/s}$。

解 （1）$u=200\sqrt{2}\sin(314t+45°)(\mathrm{V})$

（2）$i=20\sqrt{2}\sin(314t-60°)(\mathrm{A})$

（3）$i=15\sqrt{2}\sin(100\pi t+150°)(\mathrm{A})$

五、应用相量法分析要点

（1）一个正弦量可以用有效值和初相角所表示的复数来描述；复数可用复平面上的相量来表示，则此相量就是表示该正弦量的相量（复数）。

（2）正弦量用相量表示（复数）时。相量的模表示正弦量的有效值，相量的辐角等于正弦量的初相角。相量法是将数学中的复数概念和理论引入到正弦交流电路上的一种表示方法。

（3）相量的四则运算就是复数的四则运算。正弦量的微分所对应的相量，等于原正弦量乘以 $\mathrm{j}\omega$；正弦量的积分所对应的相量，等于原正弦量的相量除以 $\mathrm{j}\omega$。

（4）作相量图时，只有同频率的正弦量才能画在一个相量图上，不同频率的几个正弦量不能画在一个相量图上。

六、实践应用（Applications）

正弦交流电流、电压的测量

（一）教学目标

（1）能测量正弦交流电流、电压的大小。

（2）能正确使用交流电流表、交流电压表、万用表交流电压挡、单相调压器。

（3）能正确使用试电笔判断电路是否有电。

（二）仪器设备

（1）220V、380V 交流电源。

（2）单相调压器一台，交流电流表、交流电压表、万用表、试电笔、定值电阻各一只。

（三）试验电路

试验电路如图 4-8 所示。

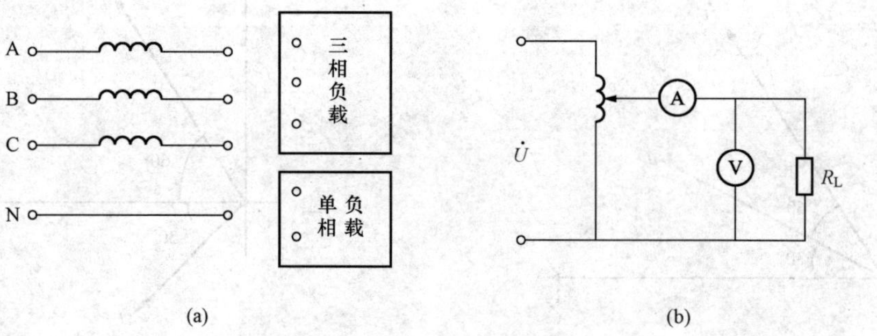

图 4-8 正弦交流电流、电压测量电路

（a）三相四线制供电电路；（b）单相调压器调压电路

（四）工作任务

（1）测量调压器输出的交流电压、交流电流值。

分清相、线电压，分别测量线电压和相电压值，测量数据记录于表 4-1 中。

（2）单相调压器构成的调压电路的应用。

单相调压器如图 4-9 所示，由它构成的调压电路如图 4-8（b）所示。调节调压器的手柄，选择 3～4 个点，观察交流电压表、交流电流表的读数，记录于表 4-2 中。

表 4-1 数据记录一

线电压			相电压		

表 4-2 数据记录二

滑动臂位置	U	I
1		
2		
3		
4		

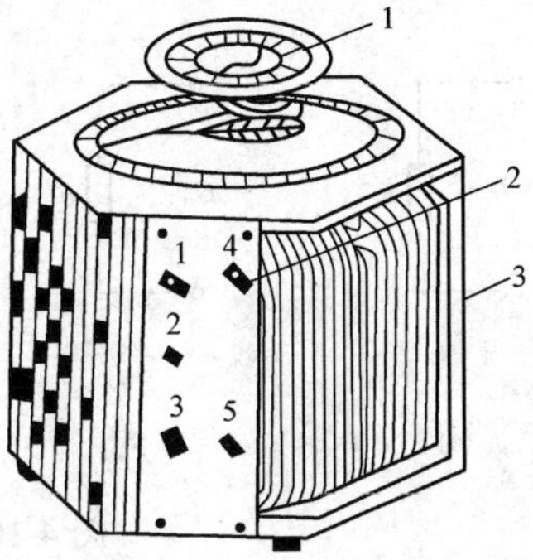

图 4-9 调压器

1—手柄；2—接线柱子；3—调压器铁芯及线圈

（3）用试电笔检查有无交流电源电压（$\dot{U}$）。

正确使用试电笔，分别测试单相电源的相线及中性线，观察试电笔氖管的发光情况。

（五）注意事项

（1）单相调压器接线时，可调侧不能接电源，相线和中性线的位置不能接错。

（2）用万用表测量交流电压时，不可触及带电部分，并选择合适的量程，更换量程必须脱离电源。

（3）验电笔在使用前先在带电体上检查能否正常工作。试电笔不宜作螺丝刀使用。

最后，对以上实测数据进行分析。

第三节 电路基本定律的相量形式及应用

问题四：如何表示电阻、电感和电容元件通过交流时的电流电压关系？

一、基尔霍夫定律的相量形式（Phasor Form of Kirchhoff's Law）

对于正弦交流电路，各电流和电压都是同频率的正弦量，基尔霍夫定律的相量形式为

KCL 定律 $$\Sigma \dot{I}=0 \tag{4-13}$$

KVL 定律 $$\Sigma \dot{U}=0 \tag{4-14}$$

二、电阻元件电压与电流的相量形式

1. 伏安关系（Current-Voltage Relationship）

照明用的白炽灯就可以用电阻性负载 R 表示，如图 4-10（a）所示，在电阻元件中通入正弦交流电流 $i_R=\sqrt{2}I\sin(\omega t+\psi_i)$(A)，则电阻两端将产生一个同频率的交流电压 $u_R=\sqrt{2}U\sin(\omega t+\psi_u)$(V)，取 i_R 与 u_R 为关联参考方向。由欧姆定律得

$$u=Ri$$

$$\sqrt{2}U_R\sin(\omega t+\psi_u)=R\sqrt{2}I_R\sin(\omega t+\psi_i)$$

相量式 $\dot{U}_R = R\dot{I}_R$

极坐标式 $U_R\angle\psi_u = RI_R\angle\psi_i$

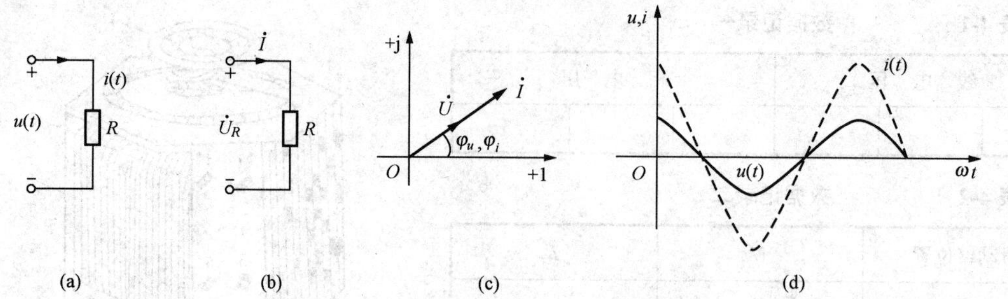

图 4-10 电阻元件中的正弦电压和电流

（a）电阻元件；（b）相量表示；（c）相量图；（d）波形图

2. 电阻元件通过交流电的特点

（1）伏安关系（Current-Voltage Relationship）

$$U_R=RI_R$$

（2）相位关系（Phase Relationship）

$$\psi_u=\psi_i \text{（即电压、电流同相位）}$$

电阻元件上的电压、电流相量形式、相量图和波形图如图 4-10（b）、（c）、（d）所示。从图 4-10 可见，电阻元件上的电流和电压是同频率、同相位的正弦量。

3. 电阻元件的功率

电阻上的功率有瞬时功率和平均功率两种。

（1）瞬时功率（Instantaneous Power）。瞬时功率指元件上电压与电流瞬时值的乘积，用小写字母 p 表示。对于电阻元件记为

$$p = u_R i_R = \sqrt{2}U_R \sin\omega t\sqrt{2}I_R \sin\omega t = U_R I_R (1-\cos 2\omega t) \tag{4-15}$$

当 $p>0$ 时，为吸收功率；$p<0$ 时，为发出功率。从上式可以看出瞬时功率总是为正。即电阻总是消耗电能，并转换为热能，散发在空间，称为消耗功率。

（2）平均功率（Average Power）。平均功率指瞬时功率在一个周期内的平均值，用大写字母 P 表示。对于电阻元件，有

$$P_R = \frac{1}{T}\int_0^T p_R \mathrm{d}t = \frac{1}{T}\int_0^T U_R I_R (1-\cos 2\omega t)\,\mathrm{d}t = U_R I_R = I_R{}^2 R = \frac{U_R{}^2}{R} \tag{4-16}$$

电阻在交流电路中消耗的平均功率称为有功功率，单位为 W。

4. 例题分析

【例 4-6】 某一电路有两个支路相并联，已知支路电流 $i_1 = 5\sqrt{2}\sin(314t-30°)\,(\text{A})$，$i_2 = 5\sqrt{2}\sin(314t-120°)\,(\text{A})$，求端口电流 i，并作出电流相量图。

解 用相量法求解

$$\dot{I}_1 = 5\angle-30° = 5\left(\frac{\sqrt{3}}{2} - \mathrm{j}\frac{1}{2}\right) = 4.33 - \mathrm{j}2.5(\text{A})$$

$$\dot{I}_2 = 5\angle -120° = 5\left(-\frac{1}{2} - \mathrm{j}\frac{\sqrt{3}}{2}\right)(\mathrm{A})$$

则

$$\begin{aligned}\dot{I} = \dot{I}_1 + \dot{I}_2 &= (4.33 - 2.5) - \mathrm{j}(2.5 + 4.33) \\ &= 1.83 - \mathrm{j}6.83 = 7.07\angle -75°(\mathrm{A})\end{aligned}$$

$$i = 7.07\sqrt{2}\sin(314t - 75°)(\mathrm{A})$$

相量图如图 4-11 所示。

【例 4-7】 一个 200Ω 的电阻元件，接入电压为 $230\sin(314t - 30°)$ V 的交流电路中，求通过电阻的电流 i 和电阻消耗的有功功率 P，作出电阻上的电压、电流相量图。

解　用相量法求解

$$\dot{U} = \frac{230}{\sqrt{2}}\angle -30° = 162.63\angle -30°(\mathrm{V})$$

则

$$\dot{I} = \frac{\dot{U}}{R} = \frac{162.63\angle -30°}{200} = 0.813\angle -30°(\mathrm{A})$$

电流瞬时值　　$i = 0.813\sqrt{2}\sin(314t - 30°)(\mathrm{A})$

有功功率　　$P = UI = 162.63 \times 0.813 = 132.2$（W）

电流、电压相量图如图 4-12 所示。

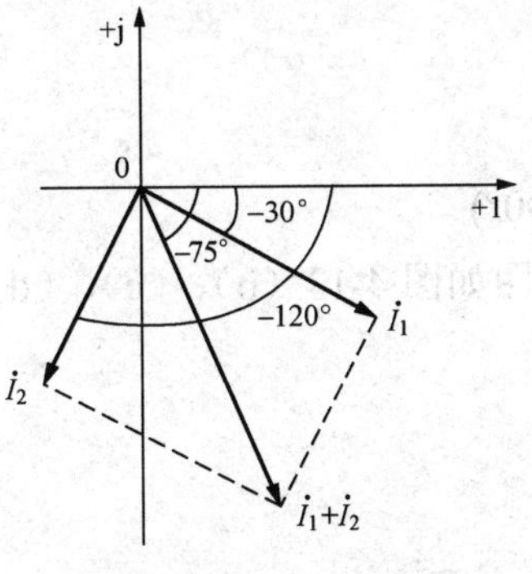

图 4-11　例 4-6 相量图

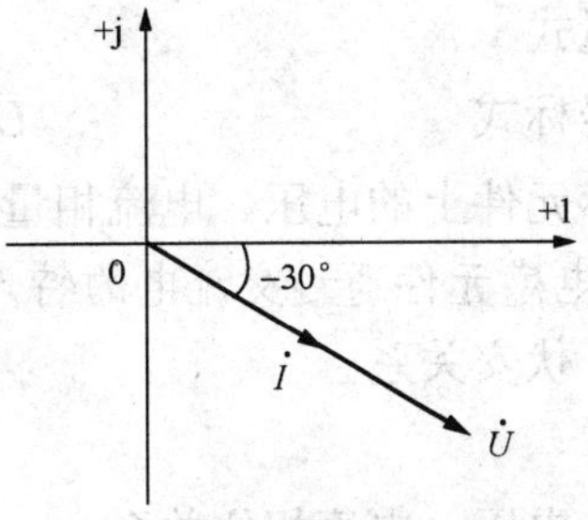

图 4-12　例 4-7 相量图

三、电感元件电压电流关系的相量形式

1. 伏安关系（Current-Voltage Relationship）

常用的日光灯中的镇流器就是一个电感器，由电阻和电感组成的负载称为电感性负载。如图 4-13（a）所示电路是一个纯电感电路，在电感元件中通入交流电流，设 $i = I_L\sqrt{2}\sin(\omega t + \varphi_i)$，在关联参考方向下，电感两端的电压为

$$u_L = \frac{\mathrm{d}\psi}{\mathrm{d}t} = L\frac{\mathrm{d}i}{\mathrm{d}t} = \sqrt{2}\omega LI_L\cos(\omega t + \varphi_i) = \omega L\sqrt{2}I_L\sin(\omega t + \psi_i + 90°)$$

相量式为

$$\dot{U}_L = \mathrm{j}\omega L\dot{I}_L \tag{4-17}$$

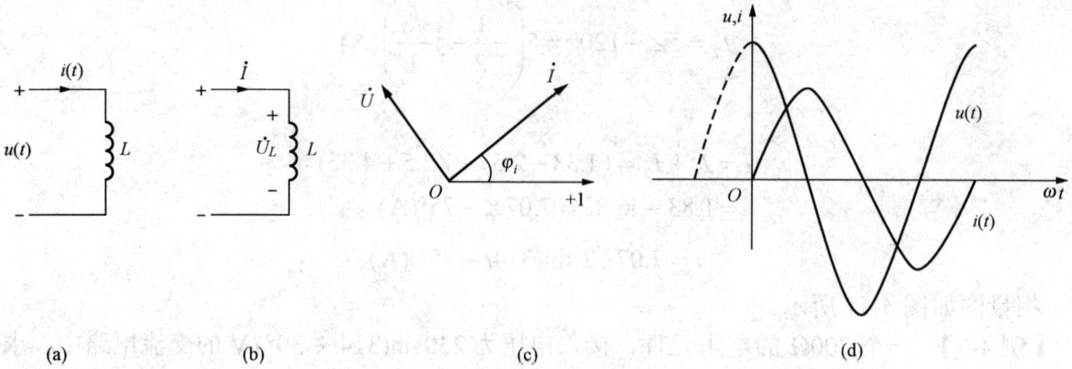

图 4-13 电感元件中的正弦电压和电流

（a）电感元件；（b）相量表示；（c）相量图；（d）波形图

2. 感抗 X_L（Inductive Reactance）

感抗是电感对交流电流阻碍作用的一个物理量，用 X_L 表示，其单位为 Ω（欧姆）。

感抗的计算式为

$$X_L = \omega L = 2\pi f L \tag{4-18}$$

感抗与频率成正比，对于直流电，$f=0$，$X_L=0$，电感元件相当于短路。当 $f\to\infty$，$X_L\to\infty$，电感元件相当于开路。所以电感元件具有“通低频，阻高频”的作用。

感抗的倒数称为感纳，单位是 S（西门子），用 B_L 表示，即

$$B_L = \frac{1}{X_L} = \frac{1}{\omega L} \tag{4-19}$$

相量式 $\dot{U}_L = \mathrm{j}X_L\dot{I}_L$

极坐标式 $U_L\angle\psi_u = X_L I_L\angle(\psi_i + 90°)$

电感元件上的电压、电流相量形式、相量图和波形图如图 4-13（b）、（c）、（d）所示。

3. 电感元件通过交流电的特点

（1）伏安关系

$$U_L = X_L I_L$$

（2）电压、电流相位关系

$$\psi_u = \psi_i + 90° \text{（即电压超前电流 90°）}$$

4. 电感元件的功率

电感上除有瞬时功率和平均功率外，还有无功功率，其无功功率是感性无功功率，单位为 var（乏）。

（1）瞬时功率（Instantaneous Power）

$$p = ui = \sqrt{2}U\sin(\omega t + 90°)\sqrt{2}I\sin\omega t \tag{4-20}$$

（2）无功功率（Reactive Power）

$$Q_L = U_L I_L = \frac{U_L^{\,2}}{X_L} = I_L^{\,2} X_L \tag{4-21}$$

电感上的平均功率为零，即电感不消耗功率，它把电能转换为磁场能储存在电感中。

5. 例题分析

【例 4-8】 某电感元件接到电压为 $u=220\sqrt{2}\sin(314t-120°)$（V）的电源上，电感量 L=0.8H，求：

（1）感抗 X_L；

（2）电流相量 $\dot{I}$ 及电流有效值 I，电流瞬时值 i；

（3）电压与电流的相位差 φ；

（4）电感元件的无功功率 Q_L；

（5）作出电压、电流相量图。

解（1）感抗　$X_L=\omega L=314\times0.8=251(\Omega)$

（2）电压相量　$\dot{U}=220\angle-120°(\text{V})$

电流相量　$$\dot{I}=\frac{\dot{U}}{\text{j}X_L}=\frac{220\angle-120°}{251\angle90°}=0.876\angle-210°=0.876\angle150°(\text{A})$$

电流有效值　$I=0.876(\text{A})$

电流瞬时值　$i=0.876\sqrt{2}\sin(314t+150°)(\text{A})$

（3）电压电流相位差　$\varphi=\psi_u-\psi_i=-120°-150°=-270°=90°$

（4）电感元件的无功功率　$Q_L=UI=220\times0.876=192.7(\text{var})$

（5）作出电压、电流相量图如图 4-14 所示。

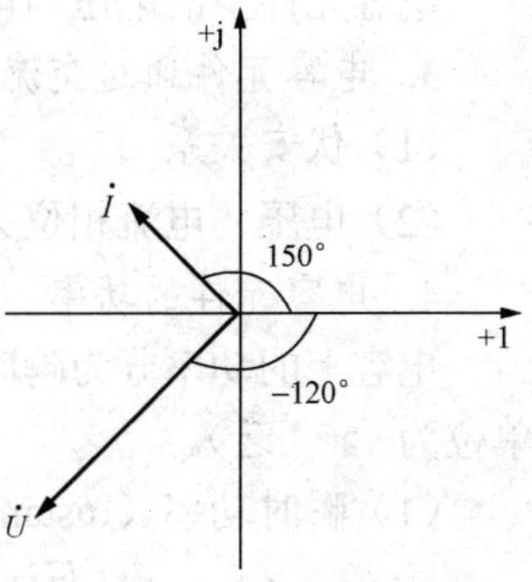

图 4-14　例 4-8 相量图

四、电容元件电压与电流关系的相量形式

1. 伏安关系（Current-Voltage Relationship）

把两块金属板用绝缘介质隔开就构成了一个简单的电容器，根据电容的定义得 $q=Cu$。其中 q 为电荷量，单位为 C（库仑）；C 为电容，单位为 F（法拉）。由电容和电阻构成的负载称为电容性负载，简称容性负载。

图 4-15（a）所示为一个纯电容电路，设加在电容两端的交流电压为 $u_C=\sqrt{2}U\sin(\omega t+\psi_u)\text{V}$，在关联参考方向下，电容元件上的电压与电流关系为

$$i_C=C\frac{\text{d}u_C}{\text{d}t}=\sqrt{2}\omega CU_C\cos(\omega t+\psi_u)=\omega C\sqrt{2}U_C\sin(\omega t+\psi_u+90°)$$

相量式为

$$\dot{I}_C=\text{j}\omega C\dot{U}_C=\frac{\dot{U}_C}{-\text{j}\dfrac{1}{\omega C}}\tag{4-22}$$

2. 容抗 X_C（Capacitive Reactance）

容抗表示电容元件对交流电的抵抗作用，单位是 Ω（欧姆）。其表达式为

$$X_C=\frac{1}{\omega C}=\frac{1}{2\pi fC}\tag{4-23}$$

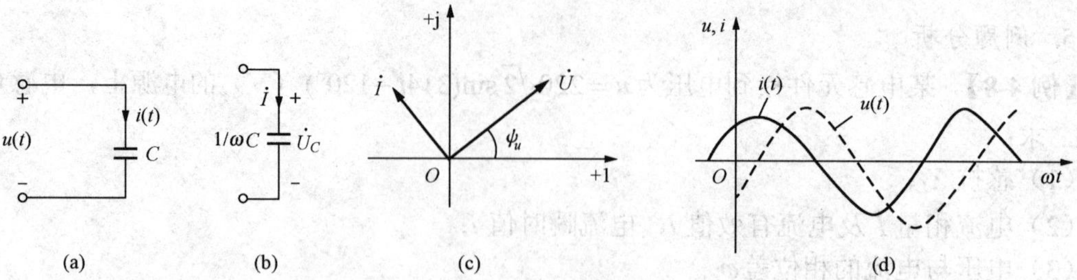

图 4-15 电容元件中的正弦电压和电流

（a）电容元件；（b）相量表示；（c）相量图；（d）波形图

容抗与频率成反比，对于直流电，$f=0$，$X_C=\dfrac{1}{\omega C}=\infty$，这时电容相当于开路。$f$ 增大，容抗 X_C 减小，所以电容元件具有“通高频，阻低频、隔直流”的作用。

容抗的倒数称为容纳，单位是 S（西门子），用 B_C 表示，即

$$B_C=\frac{1}{X_C}=\omega C \tag{4-24}$$

电容元件电压与电流关系的相量式为

$$\dot{U}_C=-\mathrm{j}X_C\dot{I}_C \tag{4-25}$$

电容元件上的电压与电流相量图和波形图如图 4-15（c）、（d）所示。

3. 电容元件通过交流电的特点

（1）伏安关系 $U_C=X_CI_C$

（2）电压、电流相位关系 $\psi_u=\psi_i-90°$（即电压滞后于电流 90°）

4. 电容元件的功率

电容上的功率分为瞬时功率、平均功率和无功功率三种，其无功功率是容性无功功率，单位为 var（乏）。

（1）瞬时功率（Instantaneous Power）

$$p(t)=ui=\sqrt{2}U\sin\omega t\sqrt{2}I\sin(\omega t+\pi/2)=2UI\sin\omega t\cos\omega t=I^2X_C\sin 2\omega t \tag{4-26}$$

（2）无功功率（Reactive Power）

$$Q_C=-U_CI_C=-\frac{{U_C}^2}{X_C}=-{I_C}^2X_C \tag{4-27}$$

电容上的平均功率为零，即电容不消耗功率，它把电能转换为电场能储存在电容器中。

5. 例题分析

【例 4-9】 某电容元件接到电压为 $u=100\sqrt{2}\sin(10^6t+60°)\mathrm{V}$ 的交流电路上。电容的电容量为 2μF，求：（1）容抗 X_C；（2）电流相量、电流瞬时值；（3）电压与电流相位差；（4）无功功率；（5）作出电压电流相量图。

解 （1）容抗 $X_C=\dfrac{1}{\omega C}=\dfrac{1}{10^6\times2\times10^{-6}}=0.5(\Omega)$

（2）电流相量 $\dot{I}=\dfrac{\dot{U}}{-\mathrm{j}X_C}=\dfrac{100\angle60°}{0.5\angle-90°}=200\angle150°(\mathrm{A})$

电流瞬时值　$i = 200\sqrt{2}\sin(10^6 t + 150°)(\mathrm{A})$

（3）相位差　$\varphi = \psi_u - \psi_i = 60° - 150° = -90°$

（4）无功功率　$Q = U_C I_C = 100 \times 200 = 20(\mathrm{k\,var})$

（5）作出的相量图如图 4-16 所示。

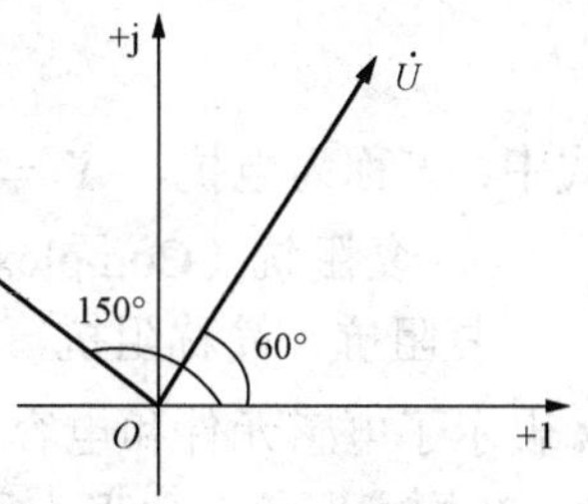

图 4-16　例 4-9

五、电阻、电感、电容元件相量法分析要点

（1）对于电阻元件：若 u_R 和 i 参考方向一致，则 $u_R = iR$，$\dot{U} = \dot{I}R$，$\psi_u = \psi_i$，电阻上电压相位与电流相位相同，平均功率为 $P_R = U_R I = I^2 R = U_R^2 / R$。

（2）对于电感元件：若 u_L 和 i 参考方向一致，则 $u_L = L\mathrm{d}i/\mathrm{d}t$，$\dot{U}_L = \mathrm{j}\omega L\dot{I}$，$\psi_u = \psi_i + 90°$，电感上电压相位超前电流相位 90°，$Q_L = U_L I_L = \dfrac{U_L^{\ 2}}{X_L} = I_L^{\ 2} X_L$。

（3）对于电容元件：取 u_C 与 i 参考方向一致，则 $i_C = C\mathrm{d}u_C/\mathrm{d}t$，$\dot{U}_C = \dot{I}/\mathrm{j}\omega C$，$\psi_i = \psi_u + 90°$，电容上电流相位超前电压相位 90°，$Q_C = U_C I_C = \dfrac{U_C^{\ 2}}{X_C} = I_C^{\ 2} X_C$。

第四节　复阻抗和复导纳的概念及应用

问题五：日常生活中的用电器就是电源的负载，那么负载有哪些种类？它们之间有什么区别？

一、RLC 串联电路

RLC 串联正弦交流电路如图 4-17（a）所示。设流过串联电路的电流为 $i = \sqrt{2}I\sin(\omega t + \psi_i)$，取 u、i 关联参考方向。其相量形式如图 4-17（b）所示。

1. 伏安关系（Current-Voltage Relationship）

对于图 4-17（a），取 u、i 关联参考方向有

$$u = u_R + u_L + u_C = Ri + L\frac{\mathrm{d}i}{\mathrm{d}t} + \frac{1}{C}\int i\mathrm{d}t$$

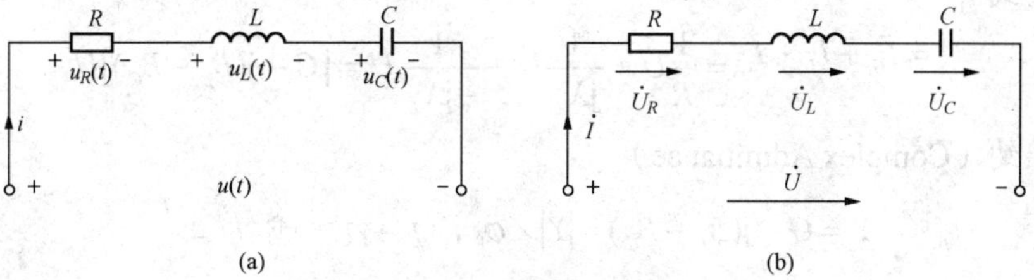

图 4-17　RLC 串联正弦交流电路

（a）电路模型；（b）相量模型

2. 相量式

$$\dot{U} = \dot{U}_R + \dot{U}_L + \dot{U}_C = R\dot{I} + \mathrm{j}X_L\dot{I} - \mathrm{j}X_C\dot{I} = [R + \mathrm{j}(X_L - X_C)]\dot{I}$$

$$\dot{U} = Z\dot{I} \quad 或 \quad \dot{I} = \frac{\dot{U}}{Z}$$

式中：X 称为电抗，$X = X_L - X_C$；Z 称为复阻抗，$Z = R + \mathrm{j}(X_L - X_C)$。

3. 复阻抗（Complex Impedance）

复阻抗，简称阻抗，用 Z 表示，单位为 Ω（欧姆），表达式为 $Z = R + \mathrm{j}(X_L - X_C)$，电抗 X 表示了电感元件和电容元件对交流电的阻碍作用。$|Z|$ 为复阻抗的大小，φ 称为阻抗角。$|Z|$、R、X 构成直角三角形，称为阻抗三角形，如图 4-18 所示。它表示了复阻抗的大小与电阻、电抗的关系。将阻抗三角形换成电压，则可表示电压三角形，总电压 $U = \sqrt{U_R{}^2 + (U_L - U_C)^2} = \sqrt{U_R^2 + U_X^2}$，有效值与各分电压有效值的关系并不是代数和。式中 $U_X = U_L - U_C$ 称为电抗电压。

阻抗角 $\varphi = \arctan\dfrac{X}{R} = \arctan\dfrac{X_L - X_C}{R}$。

二、RLC 并联电路

由电阻 R、电感 L、电容 C 组成的并联电路如图 4-19（a）所示。设并联电路的电压为 $u = \sqrt{2}U\sin(\omega t + \psi_u)\mathrm{V}$，取 u、i 关联参考方向。

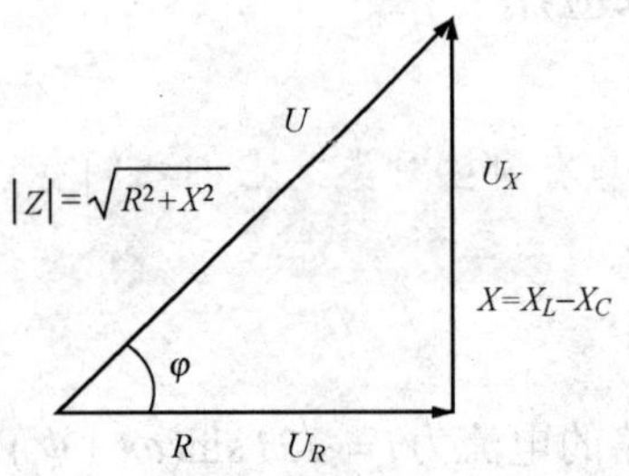

图 4-18 RLC 电路电压、阻抗三角形

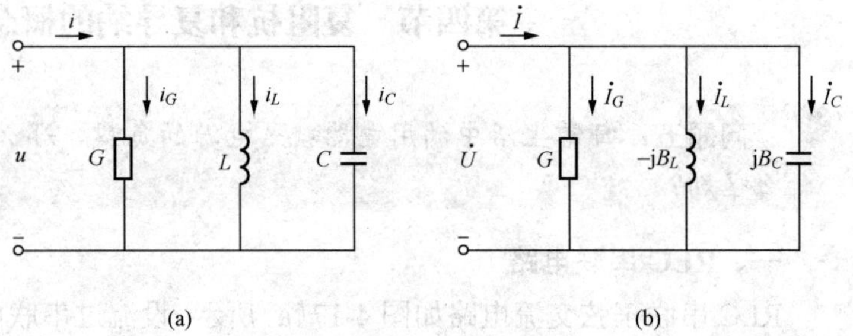

图 4-19 RLC 并联电路

（a）电路模型；（b）相量模型

1. RLC 并联电路的电流关系

$$i = i_G + i_L + i_C$$

2. 相量式

$$\dot{I} = \dot{I}_G + \dot{I}_L + \dot{I}_C = \frac{1}{R}\dot{U} + \frac{1}{\mathrm{j}X_L}\dot{U} + \frac{1}{-\mathrm{j}X_C}\dot{U} = [G - \mathrm{j}(B_L - B_C)]\dot{U}$$

3. 复导纳（Complex Admittance）

$$Y = G - \mathrm{j}(B_L - B_C) = |Y|\angle\varphi_Y, \quad \dot{I} = Y\dot{U} \quad 或 \quad \dot{U} = \frac{\dot{I}}{Y}$$

式中：Y 称为复导纳，单位是 S（西门子）。

复导纳的实部为电导 G，虚部为电纳 $B = B_L - B_C$，B_L 称为感纳，B_C 称为容纳，$|Y|$ 为复导纳的大小，φ_Y 称为导纳角。当导纳角 $\varphi_Y > 0$，总电压滞后总电流，电路为容性；当导纳角 $\varphi_Y < 0$，总电压超前总电流，电路为感性。当导纳角 $\varphi_Y = 0$，总电压与总电流同相位，电路为电阻性，此时电路产生并联谐振。

由于并联电路电流相量关系 $\dot{I} = \dot{I}_G + \dot{I}_L + \dot{I}_C$，若以 U 为参考相量，设 $\dot{U} = U\angle 0°$，可以作

出电路呈电感性、电容性、电阻性三种状态下的电流相量图如图 4-20 所示。

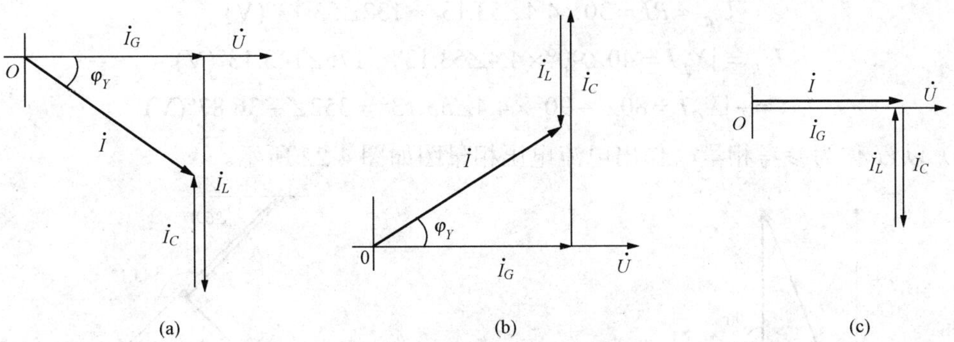

图 4-20　RLC 并联电路相量图

（a）电感性；（b）电容性；（c）电阻性

三、*Z*、*Y* 分析要点

（1）复阻抗 Z 指电压相量与电流相量的比值，即

$$Z=\dot{U}/\dot{I}=R+\mathrm{j}X=|Z|\angle\varphi$$

$$|Z|\angle\varphi=\frac{U\angle\psi_u}{I\angle\psi_i}=\frac{U}{I}\angle(\psi_u-\psi_i)$$

（2）复导纳 Y 指电流相量和电压相量的比值，即

$$Y=\dot{I}/\dot{U}=G-\mathrm{j}(B_L-B_C)=|Y|\angle\varphi_Y$$

（3）阻抗角的正负由电抗 X 决定，若 $X_L>X_C$，则 $X>0$，$\varphi>0$，电路呈感性。若 $X_L<X_C$，则 $X<0$，$\varphi<0$，电路呈容性。若 $X_L=X_C$，则 $X=0$，$\varphi=0$，电路呈电阻性。阻抗和导纳在一定的条件下可进行等效互换。对同一电路而言，复阻抗和复导纳互为倒数，即 $Z=1/Y$。

四、例题分析

【例 4-10】 已知 $\dot{I}_1=10\angle30°$ A，$\dot{I}_2=5\angle150°$ A，$\dot{I}_3=10\angle90°$ A 三个电流的相量，作出 $\dot{I}=\dot{I}_1+\dot{I}_2+\dot{I}_3$ 的相量图。

解　作相量图时，首先选参考相量，作图方法按“首尾相接”（或用平行四边形法则作图）。

作电流相量 $\dot{I}=\dot{I}_1+\dot{I}_2+\dot{I}_3$，相量图如图 4-21 所示。

【例 4-11】 某 RLC 串联电路，已知 $R=30\Omega$，$X_L=40\Omega$，$X_C=80\Omega$，接于电压 $U=220$V 的正弦交流电源上，求：(1)电路的复阻抗 Z；(2)电流相量 $\dot{I}$；(3)各元件电压相量 $\dot{U}_R$、$\dot{U}_L$、$\dot{U}_C$；(4) 作电压、电流相量图；(5) 判断电路的性质。

解　(1) 求复阻抗

$$Z=R+\mathrm{j}(X_L-X_C)=30+\mathrm{j}(40-80)=50\angle-53.13°(\Omega)$$

(2) 求电流相量 $\dot{I}$：设 $\dot{U}=220\angle0°$(V)，则有

$$\dot{I}=\frac{\dot{U}}{Z}=\frac{220\angle0°}{50\angle-53.1°}=4.4\angle53.1°(\mathrm{A})$$

（3）求电阻、电感、电容元件的电压相量，得

$$\dot{U}_R = R\dot{I} = 30\times 4.4\angle 53.13^\circ = 132\angle 53.13^\circ(\text{V})$$

$$\dot{U}_L = \text{j}X_L\dot{I} = 40\angle 90^\circ\times 4.4\angle 53.13^\circ = 176\angle 143.13^\circ(\text{V})$$

$$\dot{U}_C = -\text{j}X_C\dot{I} = 80\angle -90^\circ\times 4.4\angle 53.13^\circ = 352\angle -36.87^\circ(\text{V})$$

（4）以$\dot{U}$作为参考相量，作出电流电压相量图如图 4-22 所示。

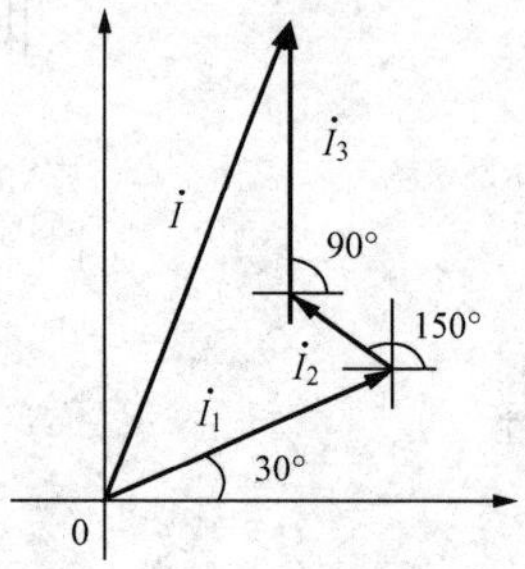

图 4-21 电流相量图

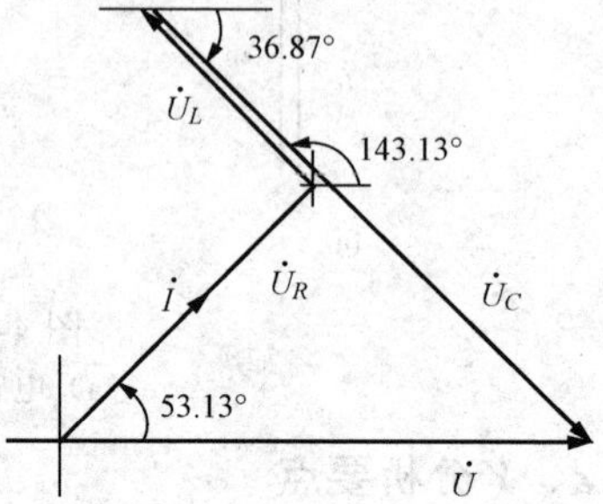

图 4-22 例 4-11 相量图

（5）电路的性质：$\varphi=\psi_u-\psi_i=0^\circ-53.1^\circ=-53.1^\circ$，电压滞后电流 53.1°，电路呈容性。

【例 4-12】 某日光灯电路，日光灯导通后，相当于一个 RL 串联电路。加到日光灯上的电源电压为 220V，日光灯电阻 $R=300\Omega$，$L=1.66H$，求：（1）电源电压与灯管电流的相位差φ；（2）通过灯管的电流 I；（3）灯管两端的电压 U_R、整流器两端的电压 U_L。

解 整流器的感抗 $X_L=\omega L=314\times 1.66=521.2(\Omega)$

日光灯电路总阻抗 $Z=R+\text{j}X_L=300+\text{j}521.2\approx 601.4\angle 60^\circ(\Omega)$

阻抗角φ=60°，即电源电压相位比灯管电流相位超前 60°。

灯管电流 $$I=\frac{U}{|Z|}=\frac{220}{601.4}=0.366(\text{A})$$

灯管电压 $U_R=RI=300\times 0.366\approx 110(\text{V})$

整流器电压 $U_L=X_LI=521.5\times 0.366\approx 191(\text{V})$

【例 4-13】 已知某 RLC 并联电路，R=25Ω，L=2mH，$C=5\mu\text{F}$，端口电流 I=0.5A，电路的角频率$\omega=5000\text{rad/s}$，求：（1）电路的复导纳 Y，判断电路的性质；（2）总电压相量$\dot{U}$和各支路电流$\dot{I}_R$、$\dot{I}_L$、$\dot{I}_C$；（3）作出电流、电压相量图。

解 （1）

$$G=\frac{1}{R}=\frac{1}{25}=0.04(\text{S})$$

$$B_L=\frac{1}{\omega L}=\frac{1}{5000\times 2\times 10^{-3}}=0.1(\text{S})$$

$$B_C=\omega C=5000\times 5\times 10^{-6}=0.025(\text{S})$$

$$B=B_L-B_C=0.1-0.025=0.075(\text{S})$$

$$Y=G-\text{j}B=0.04-\text{j}0.075=0.085\angle -61.9^\circ(\text{S})$$

由于$\varphi_Y<0$（即$\varphi>0$），则电压超前电流 61.9°，电路呈感性。

（2）设$\dot{I}=0.5\angle 0^\circ(\text{A})$，则：

总电压 $$\dot{U}=\frac{\dot{I}}{Y}=\frac{0.5\angle 0^\circ}{0.085\angle -61.9^\circ}=5.88\angle 61.9^\circ(\text{V})$$

各支路电流 $$\dot{I}_R=G\dot{U}=0.04\times 5.88\angle 61.9^\circ\approx 0.24\angle 61.9^\circ(\text{A})$$

$$\dot{I}_L=-\text{j}B_L\dot{U}=0.1\angle -90^\circ\times 5.88\angle 61.9^\circ=0.588\angle -28.1^\circ(\text{A})$$

$$\dot{I}_C=\text{j}B_C\dot{U}=0.025\angle 90^\circ\times 5.88\angle 61.9^\circ\approx 0.15\angle 151.9^\circ(\text{A})$$

（3）根据上述参数作出的电流、电压相量图如图 4-23 所示。

【例 4-14】 某一 RLC 并联电路接到工频交流电源上，如图 4-24 所示，各电流表的读数分别为 $I_R=3\text{A}$，$I_L=10\text{A}$，$I_C=6\text{A}$，且 $L=0.08\,\text{H}$，求电路的总电压 U 和总电流 I。

解 $$I=\sqrt{I_R^{\,2}+(I_L-I_C)^2}=\sqrt{3^2+(10-6)^2}=5(\text{A})$$

由于 R、C 未知，设 $\dot{I}_L=10\angle 0^\circ(\text{A})$，则

$$\dot{U}=\dot{U}_L=\text{j}\omega L\dot{I}_L=314\times 0.08\angle 90^\circ\times 10\angle 0^\circ=215.2\angle 90^\circ(\text{V})$$

电压有效值 $U=215.2(\text{V})$。

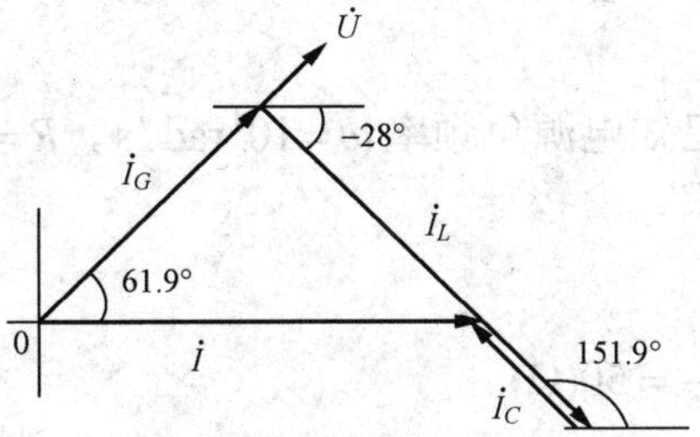

图 4-23　例 4-13 相量图

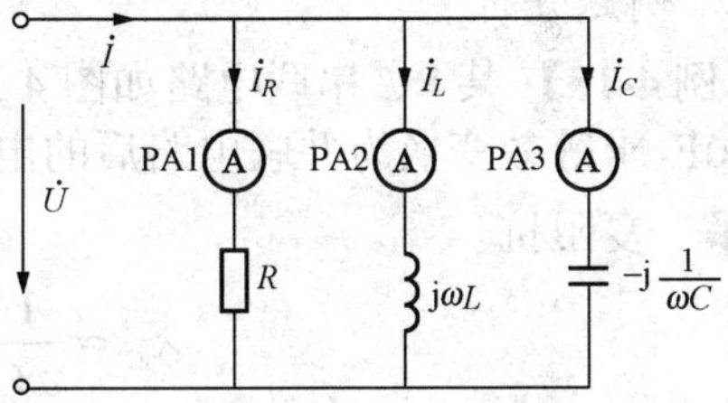

图 4-24　例 4-14 图

五、阻抗和导纳的等效互换

1. Z、Y 等效互换

如图 4-25（a）所示电路，设端口电压、电流相量为 $\dot{U}$ 和 $\dot{I}$。取关联参考方向，据欧姆定律相量式有

$$\dot{U}=Z\dot{I}\quad 或\quad \dot{I}=Y\dot{U}$$

式中：Z 和 Y 分别称为二端网络的等效复阻抗和等效复导纳。

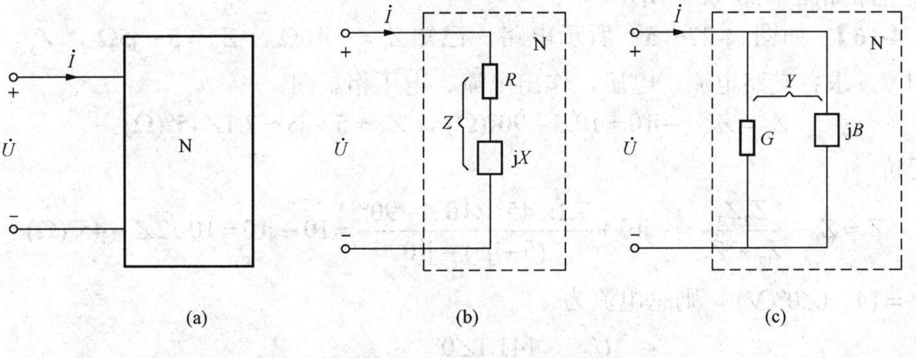

(a)　(b)　(c)

图 4-25　复阻抗与复导纳等效变换电路

一个无源二端网络 N，可用一个等效复阻抗和一个等效复导纳代替，如图 4-25（b）、（c）所示。其中

$$Z=\frac{\dot{U}}{\dot{I}}=|Z|\angle\varphi=R+\mathrm{j}X$$

$$Y=\frac{\dot{I}}{\dot{U}}=|Y|\angle\varphi_Y=G-\mathrm{j}B$$

在端口电压、电流相同的条件下，复阻抗与复导纳可以等效互换，即

$$Y=\frac{1}{R+\mathrm{j}X}=\frac{R-\mathrm{j}X}{(R+\mathrm{j}X)(R-\mathrm{j}X)}=\frac{R}{R^2+X^2}-\mathrm{j}\frac{X}{R^2+X^2}=G-\mathrm{j}B$$

$$G=\frac{R}{R^2+X^2}，\quad B=\frac{X}{R^2+X^2}$$

$$Z=\frac{1}{Y}=\frac{1}{G-\mathrm{j}B}=\frac{G+\mathrm{j}B}{(G-\mathrm{j}B)(G+\mathrm{j}B)}=\frac{G}{G^2+B^2}+\mathrm{j}\frac{B}{G^2+B^2}=R+\mathrm{j}X$$

$$R=\frac{G}{G^2+B^2}，\quad X=\frac{B}{G^2+B^2}$$

2. 例题分析

【例 4-15】 某 RC 串联电路如图 4-26（a）所示，已知电源角频率 $\omega=10^4\,\mathrm{rad/s}$，$R=20\Omega$，$C=2\mu\mathrm{F}$，求等效变换为并联电路后的电阻 R' 和电容 C'。

解 复阻抗

$$X_C=\frac{1}{\omega C}=\frac{1}{10^4\times2\times10^{-6}}=50(\Omega)$$

$$Z=R-\mathrm{j}X_C=20-\mathrm{j}50=53.85\angle-68.2°(\Omega)$$

复导纳

$$Y=\frac{1}{Z}=\frac{1}{53.85\angle-68.2°}=18.6\times10^{-3}\angle68.2°=[6.9\times10^{-3}+\mathrm{j}0.017](\mathrm{S})$$

即

$$G=6.9\times10^{-3}(\mathrm{S})，\quad B=0.017(\mathrm{S})，\quad R'=\frac{1}{G}=\frac{1}{6.9\times10^{-3}}=145(\Omega)$$

$$C'=\frac{B}{\omega}=\frac{0.017}{10^4}=1.7(\mu\mathrm{F})$$

等效电路如图 4-26（b）所示。

【例 4-16】 如图 4-27（a）所示电路，已知 $Z_1=-\mathrm{j}10\Omega$，$Z_2=5+\mathrm{j}5\Omega$，$Z_3=-\mathrm{j}10\Omega$，$U=141.1\mathrm{V}$，求各支路电流、电压，作出电流、电压相量图。

解 $Z_1=Z_3=-\mathrm{j}10=10\angle-90°(\Omega)$，$Z_2=5+\mathrm{j}5\approx7.1\angle45°(\Omega)$

总阻抗

$$Z=Z_1+\frac{Z_2Z_3}{Z_2+Z_3}=-\mathrm{j}10+\frac{7.1\angle45°\times10\angle-90°}{(5+\mathrm{j}5)-\mathrm{j}10}=10-\mathrm{j}10=10\sqrt{2}\angle-45°(\Omega)$$

设 $\dot{U}=141.1\angle0°(\mathrm{V})$，则总电流为

$$\dot{I}_1=\frac{\dot{U}}{Z}=\frac{141.1\angle0°}{10\sqrt{2}\angle-45°}=10\angle45°(\mathrm{A})$$

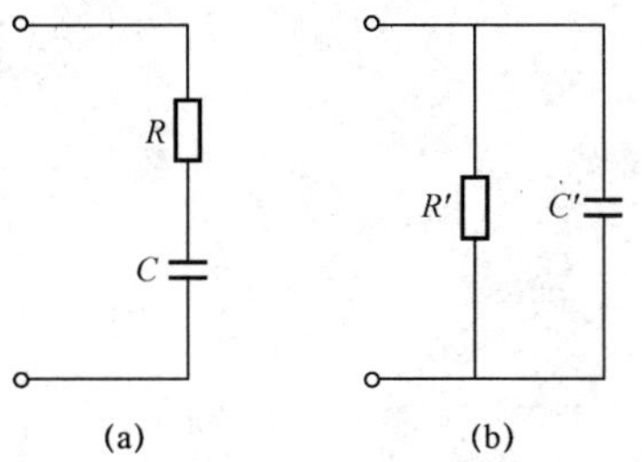

图 4-26　例 4-15 图

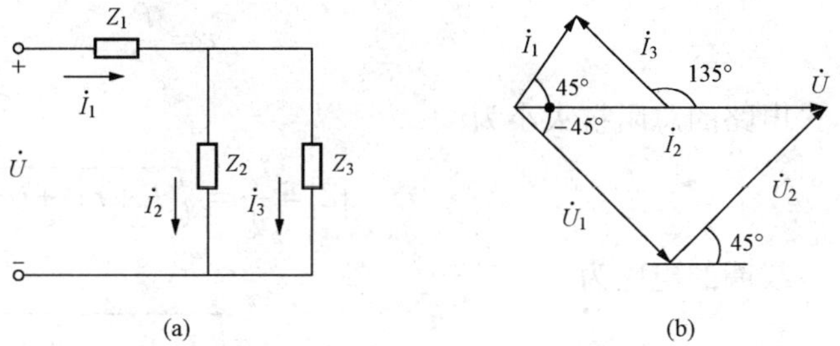

图 4-27　例 4-16 图

由分流公式得

$$\dot{I}_2 = \dot{I}\frac{Z_3}{Z_2 + Z_3} = 10\angle 45° \times \frac{10\angle 90°}{(5 + j5) - j10} = 10\sqrt{2}\angle 0°(\text{A})$$

$$\dot{I}_3 = \dot{I}\frac{Z_2}{Z_2 + Z_3} = 10\angle 45° \times \frac{7.1\angle 45°}{(5 + j5) - j10} = 10\angle 135°(\text{A})$$

各元件电压为

$$\dot{U}_1 = Z_1\dot{I}_1 = 10\angle -90° \times 10\angle 45° = 100\angle -45°(\text{V})$$

$$\dot{U}_2 = \dot{U}_3 = Z_3\dot{I}_3 = 10\angle -90° \times 10\angle 135° = 100\angle 45°(\text{V})$$

作出的电流、电压相量图如图 4-27（b）所示。

六、实践应用（Applications）

任务训练一：RL 元件交流参数的测量

（一）教学目标

（1）能正确使用万用表、功率表、单相调压器。

（2）能判断交流电路中电压电流的相量关系。

（二）仪器设备

（1）万用表、交流电流表、功率表、单相调压器各一个。

（2）空心线圈、可变电阻器各一个。

（三）工作任务

1. 用万用表测量可变电阻器的阻值 R

（1）按图 4-28 接线，检查无误后接通电源，将功率表、电压表、电流表的读数填入表 4-3 中。

（2）改变 R 的阻值，重复测量三次，将读数填入表 4-3 中。

2. 按下列公式计算线圈的内阻 r 和电感 L

由电路的有功功率 $P = I^2(R + r)$ 得线圈的内阻为

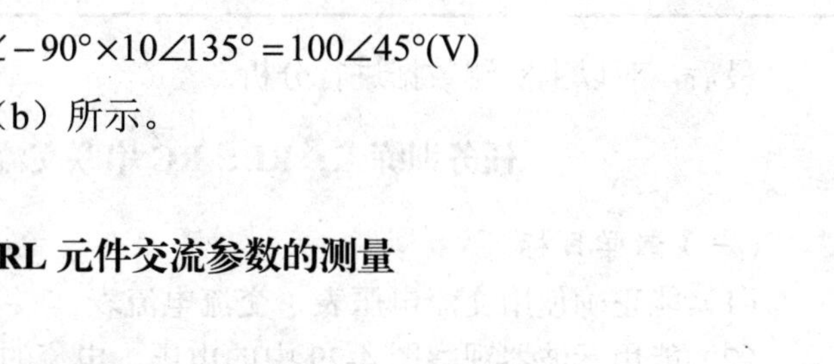

图 4-28　RL 参数测量电路

$$r=\frac{P}{I^2}-R \tag{1}$$

电路的总阻抗大小为

$$|Z|=\frac{U}{I}=\sqrt{(R+r)^2+(\omega L)^2}$$

线圈的电感为

$$L=\frac{\sqrt{\left(\frac{U}{I}\right)^2-(R+r)^2}}{\omega} \tag{2}$$

（四）数据记录

表 4-3　　数 据 记 录

测 量 数 据					计 算 值	
可变电阻		U(V)	I(A)	P(W)	r	L
1	R					
2	R					
3	R					

最后，对以上实测数据进行分析。

任务训练二：RL、RC 串联交流电路参数测试和分析

（一）教学目标

（1）能正确使用交流电压表、交流电流表。

（2）能用示波器观察图 4-29 中的电压、电流的相位差。

（3）能判断电压、电流的相量关系和有效值。

（二）仪器设备

（1）交流电压表、交流电流表、万用表各一块。

（2）双踪示波器、单相调压器各一台。

（3）可变电阻器、空心线圈、电容箱各一个。

（三）工作任务

（1）测试 RL 串联电路的电压、电流，并判断其相位关系。

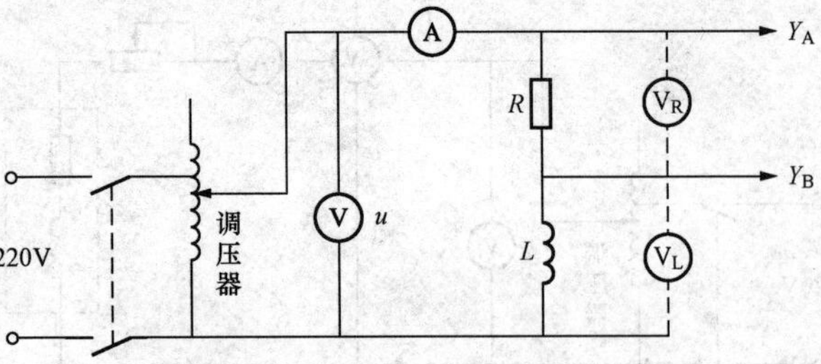

图 4-29　RL、RC 串联交流电路

（2）用万用表测量出对应的电阻 R 的阻值，记入表格 4-4 中。

（3）按图 4-29 接线，调节调压器输出合适的电压（如 220V）。

（4）用万用表分别测量电路中的 U、U_R、U_L，记入表 4-4 中。

（5）将双踪示波器输入端 Y_A、Y_B 分别接入 $\dot{U}$ 和 $\dot{U}_R$（$\dot{I}$ 与 $\dot{U}_R$ 波形相似）的信号，观察 $\dot{U}$ 与 $\dot{I}$ 之间的相位差 φ，将结果记入表 4-4 中。

不断改变电阻 R 的阻值，重复测量 U、U_R、U_L 及 φ，将结果记入表 4-4。

φ 的计算值按公式 $\varphi = \arctan\dfrac{2\pi fL}{R}$ 计算；U 的计算值按公式 $U=\sqrt{U_R^2+U_L^2}$ 计算。讨论 U 的计算值与测量值存在误差的原因。观察电阻 R 变化与相位差 φ 的关系。

（6）测量 RC 串联电路的电压、电流关系。将图 4-29 所示电路中的电感 L 改为电容 C，重复 RL 串联电路测量过程，将数据记入表 4-5 中。

（四）数据记录

表 4-4　　数 据 记 录 一

可变电阻		测　量　值				计　算　值	
		U	U_R	U_L	φ	U	φ
1	R						
2	R						
3	R						
4	R						

表 4-5　　数 据 记 录 二

可变电阻		测　量　值				计　算　值	
		U	U_R	U_C	φ	U	φ
1	R						
2	R						
3	R						
4	R						

最后，对以上实测数据进行分析。

第五节　正弦交流电路的计算

问题六：求解正弦交流电路最简捷的方法是什么？

正弦交流电路引入电压、电流相量及复阻抗和复导纳概念后，分析计算直流电阻电路的各种方法和电路定律，如星形、三角形网络的等效互换，电源的等效变换、支路法、网孔法、节点法及叠加定律、戴维南定理等，同样适用于计算交流电路中的电流、电压，计算时只需把正弦量一律用相量表示。二者的区别在于电阻电路得到的方程为代数方程，用代数运算；而正弦交流电路得到的方程为相量形式的复数方程，用复数运算。

一、KCL、KVL 的相量形式

1. 直流电路 KCL、KVL 表达式

$$\sum I=0,\quad \sum U=0,\quad U=RI,\quad I=GU \tag{4-28}$$

2. 交流电路 KCL、KVL 的相量表达式

$$\sum \dot I=0,\quad \sum \dot U=0,\quad \dot U=Z\dot I,\quad \dot I=Y\dot U \tag{4-29}$$

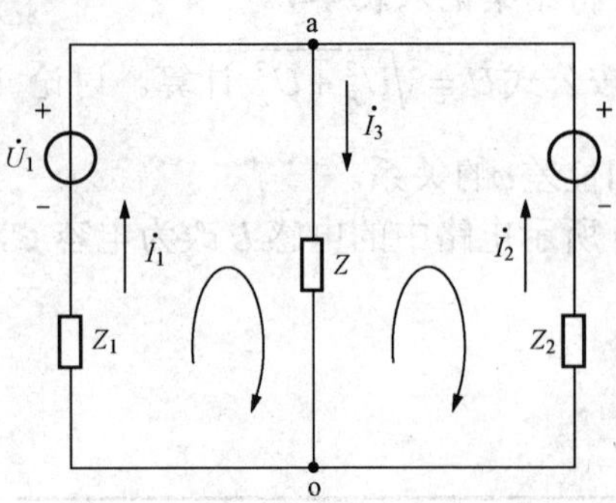

图 4-30 例 4-17 图

二、交流电路的相量求解法

（1）作出相量计算电路。

（2）列出相量形式的电路方程，运用复数运算方法求解方程。

（3）将相量形式的电压、电流变换成相应的正弦函数形式（或直接用相量形式表示）。

三、例题分析

【例 4-17】 某双网孔电路如图 4-30 所示，已知 $\dot{U}_1 = 220\angle 0°\text{V}$；$\dot{U}_2 = 220\angle -20°\text{V}$；阻抗 $Z_1 = \text{j}20\Omega$，$Z_2 = \text{j}10\Omega$，$Z = 40\Omega$，试用支路法和节点法求解各支路电流。

解 （1）用支路电流法求解。

由 KCL 得

$$\dot{I}_3 = \dot{I}_1 + \dot{I}_2$$

由 KVL 得

$$\text{j}20\dot{I}_1 + 40\dot{I}_3 = 220\angle 0°$$
$$-40\dot{I}_3 - \text{j}10\dot{I}_2 = -220\angle -20°$$

联立上述方程求解得

$$\dot{I}_1 = 4.31\angle -15.2°(\text{A})$$
$$\dot{I}_2 = 1.21\angle -50.45°(\text{A})$$
$$\dot{I}_3 = 5.35\angle -22.8°(\text{A})$$

（2）用节点法求解。选 o 点为参考节点，对节点 a 列节点方程

$$\dot{U}_\text{a}\left(\frac{1}{Z_1} + \frac{1}{Z_2} + \frac{1}{Z}\right) = \frac{\dot{U}_1}{Z_1} + \frac{\dot{U}_2}{Z_2}$$

整理得

$$\dot{U}_\text{a} = \frac{\dfrac{220\angle 0°}{\text{j}20} + \dfrac{220\angle -20°}{\text{j}10}}{\dfrac{1}{\text{j}20} + \dfrac{1}{\text{j}10} + \dfrac{1}{40}} = \frac{11\angle -90° + 22\angle -110°}{0.025 - \text{j}0.15} = 214.1\angle -22.8°(\text{V})$$

各支路电流为

$$\dot{I}_1 = \frac{\dot{U}_1 - \dot{U}_\text{a}}{Z_1} = \frac{220\angle 0° - 214.1\angle -22.8°}{\text{j}20} = \frac{220 - 197.37 + \text{j}82.97}{20\angle 90°}$$
$$= \frac{86.1\angle 74.74°}{20\angle 90^0} = 4.31\angle -15.2°(\text{A})$$

$$\dot{I}_2 = \frac{\dot{U}_2 - \dot{U}_\text{a}}{Z_2} = \frac{220\angle -20° - 214.1\angle -22.8°}{\text{j}10} = \frac{206.73 - \text{j}75.24 - 197.37 + \text{j}82.97}{\text{j}10}$$
$$= \frac{9.36 + \text{j}7.73}{10\angle 90°} = \frac{12.14\angle 39.55°}{10\angle 90°} = 1.21\angle -50.45°(\text{A})$$

$$\dot{I}_3 = \frac{\dot{U}_a}{Z} = \frac{214.1\angle -22.8^\circ}{40} = 5.35\angle -22.8^\circ(\text{A})$$

【例 4-18】 用叠加定理和戴维南定理求图 4-31（a）所示电路的电容电流 $\dot{I}_C$。

解　（1）用叠加定理求解。

1）10∠0°A 电流源单独作用时，电路如图 4-31（b）所示，则

$$\dot{I}'_C = 10\angle 0^\circ \times \frac{1}{1+1-\text{j}} = \frac{10}{2-\text{j}} = 4.472\angle 26.56^\circ = 4+\text{j}2(\text{A})$$

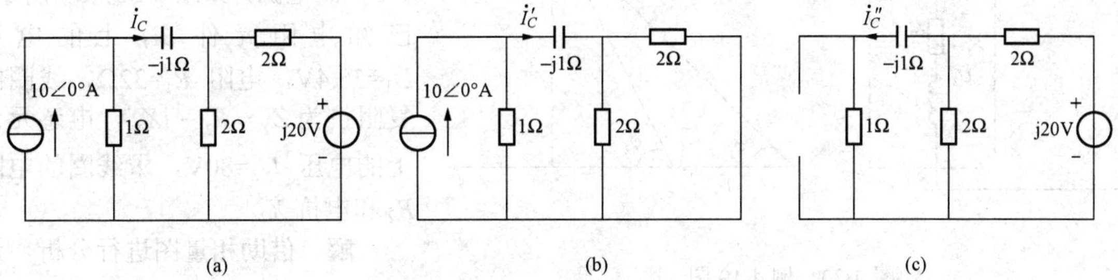

图 4-31　例 4-18 图

2）j20V 的电压源单独作用时，电路如图 4-31（c）所示，则

$$\dot{I}''_C = \text{j}20 \times \frac{1}{2+\dfrac{2\times(1-\text{j})}{2+(1-\text{j})}} \times \frac{2}{2+(1-\text{j})} = 4.473\angle 116.56^\circ = -2+\text{j}4\ (\text{A})$$

3）两个电源共同作用时，有

$$\begin{aligned}\dot{I}_C &= \dot{I}'_C + \dot{I}''_C = (4+\text{j}2)-(-2+\text{j}4)\\ &= 6-\text{j}2 = 6.32\angle -18.43^\circ(\text{A})\end{aligned}$$

（2）用戴维南定理求解。

1）断开电容支路，如图 4-32（a）所示，求开路电压 $\dot{U}_{oc}$，有

$$\dot{U}_{oc} = 10\angle 0^\circ \times 1 - \frac{1}{2}\times \text{j}20 = 14.14\angle -45^\circ = 10-\text{j}10\ (\text{V})$$

2）求等效复阻抗 Z_0。将含源二端网络中的电压源用短路线替代，电流源用开路替代，如图 4-32（b）所示，得

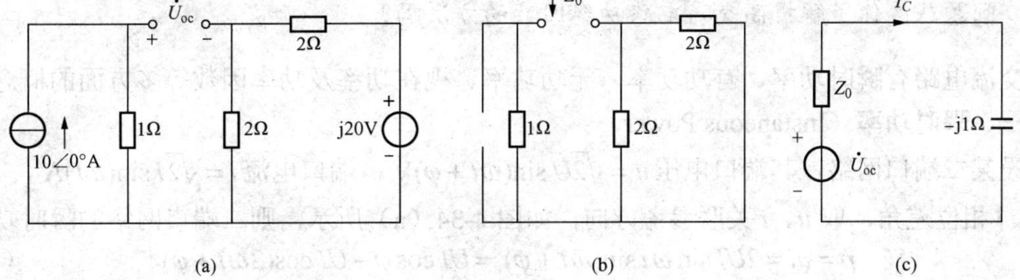

图 4-32　例 4-18 图采用戴维南定理求解过程图

$$Z_0 = 1 + \frac{2\times 2}{2+2} = 2(\Omega)$$

3）求支路电流 $\dot{I}_C$。作出戴维南等效电路如图 4-32（c）所示，得

$$\dot{I}_C = \frac{\dot{U}}{Z_0 - \mathrm{j}X_C} = \frac{10-\mathrm{j}10}{2-\mathrm{j}} = 6-\mathrm{j}2 = 6.32\angle -18.43°(\mathrm{A})$$

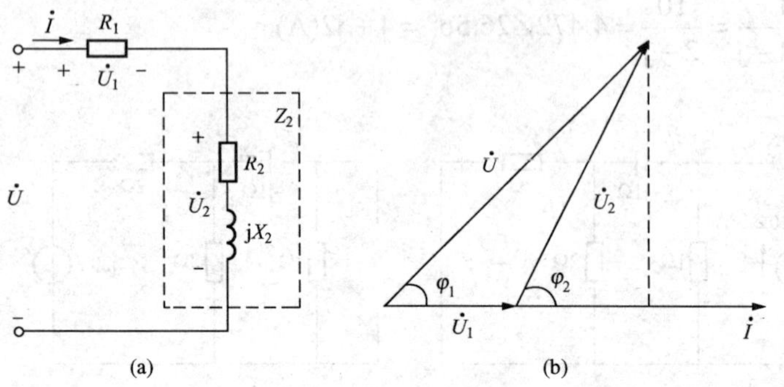

图 4-33 例 4-19 图

【例 4-19】 一个未知参数的线圈与电阻 R_1 串联后，接上电压为 115V 的电源，如图 4-33（a）所示。已知电阻元件 R_1 上的电压 U_1=55.4V，电阻 R_1=32Ω，线圈的复阻抗为 $Z_2 = R_2 + \mathrm{j}X_2$，电感元件上的电压 U_2=80V，求线圈的电阻 R_2 和电抗 X_2。

解 借助相量图进行分析，设 $\dot{I} = I\angle 0°$ A，作相量图如图 4-33（b）所示。根据相量图，利用余弦定理得

$$\cos\varphi_2 = \frac{U^2 - U_1^2 - U_2^2}{2U_1U_2} = \frac{115^2 - 55.4^2 - 80^2}{2\times 55.4\times 80} = 0.4237$$

$$\varphi_2 = \arccos 0.424 = 64.9°$$

因为

$$I = \frac{U_1}{R_1} = \frac{55.4}{32} = 1.73(\mathrm{A})$$

所以

$$Z_2 = \frac{\dot{U}_2}{\dot{I}} = \frac{80\angle 64.9°}{1.73\angle 0°} = 46.24\angle 64.9° = 19.6 + \mathrm{j}41.8(\Omega)$$

即

$$R_2 = 19.6(\Omega)，\quad X_2 = 41.8(\Omega)$$

第六节 交流电路的功率及提高功率因数的方法

问题七：日常生活中我们所使用的电能，该缴纳多少电费？如何计算？

问题八：你了解提高交流电路功率因数的方法吗？

交流电路有瞬时功率、有功功率、无功功率、视在功率及功率因数等多方面的概念。

一、瞬时功率（Instaneous Power）

设某二端口网络，其端口电压 $u = \sqrt{2}U\sin(\omega t + \varphi)$V，端口电流 $i = \sqrt{2}I\sin(\omega t)$A，其中 φ 为 u、i 相位差角，取 u、i 关联参考方向，如图 4-34（a）所示，则二端口网络的瞬时功率为

$$p = ui = 2UI\sin\omega t\sin(\omega t + \varphi) = UI\cos\varphi - UI\cos(2\omega t + \varphi) \tag{4-30}$$

其波形图如图 4-34（b）所示。式（4-30）表明瞬时功率由两部分组成，一部分是恒定分量，另一部分是两倍频的正弦量。为了便于说明网络中的有功功率和无功功率，将式（4-30）

改写为

$$p = UI\cos\varphi - UI(\cos\varphi\cos 2\omega t - \sin\varphi\sin 2\omega t)$$
$$= UI\cos\varphi(1-\cos 2\omega t) + UI\sin\varphi\sin 2\omega t \qquad (4\text{-}31)$$

工程上关心的是瞬时功率中的恒定分量 $UI\cos\varphi$，即有功功率。

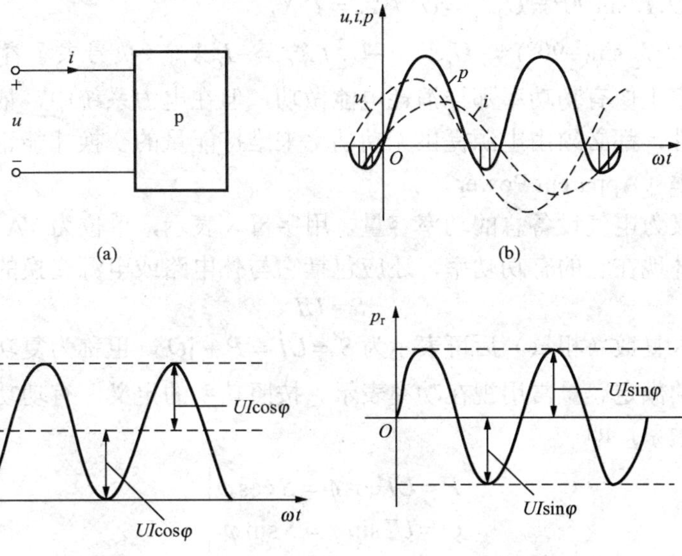

图 4-34　正弦交流电的功率

二、有功功率（Active Power）

有功功率（也称平均功率）是瞬时功率在一个周期内的平均值，即

$$P = \frac{1}{T}\int_0^T p\mathrm{d}t = \int_0^T UI[\cos\varphi - \cos(2\omega t+\varphi)]\mathrm{d}t = UI\cos\varphi \qquad (4\text{-}32)$$

有功功率是无源二端网络的实际消耗功率，由上式看出，二端网络的有功功率不仅仅是电压与电流的乘积，还与它们的相位差角φ有关。式中的 $\cos\varphi$ 称为功率因数，用λ表示，即

$$\lambda = \cos\varphi \qquad (4\text{-}33)$$

φ又称为功率因数角，它既是二端网络端口电压与端口电流的相位差，也是二端网络等效复阻抗的阻抗角。对于电路中某一元件，则有

$$P_R = U_R I_R\cos 0° = U_R I_R = I_R^2 R = U_R^2 / R$$
$$P_L = U_L I_L\cos 90° = 0$$
$$P_C = U_C I_C\cos(-90°) = 0$$

对于纯电阻电路，φ=0°，$\cos\varphi$=1；对于纯电感电路，u_L超前 i_L90°，φ=90°，$\cos\varphi$= 0；对于纯电容电路，u_C滞后 i_C90°，φ=−90°，$\cos\varphi$=0；电感和电容的有功功率分别恒为 0。

三、无功功率（Reactive Power）

无功功率是指电路中储能元件与外电路之间能量交换的最大速率，用大写字母 Q 表示，单位为 var（乏），即

$$Q = UI\sin\varphi$$

由φ的取值范围可知，无源二端网络的无功功率可正可负，当 $\sin\varphi>0$ 时，$Q>0$，此时的无功称为感性无功。当 $\sin\varphi<0$ 时，$Q<0$，此时的无功称为容性无功功率。对于电路中某一元件，则有

$$Q_R = U_R I_R \sin 0° = 0$$

$$Q_L = U_L I_L \sin 90° = U_L I_L = U_L^2 / X_L = I_L^2 X_L$$

$$Q_C = U_C I_C \sin(-90°) = -U_C I_C = -U_C^2 / X_C = -I_C^2 X_C$$（负号表示容性无功功率）

虽然无功功率不像有功功率那样消耗电能做功，但在电力系统中，依靠磁场或电场能量工作的设备和元件，都必须由电源提供无功功率来维持能量的交换才能正常工作。

四、视在功率（Apparent Power）

视在功率定义为电气设备总的功率容量，用字母 S 表示，单位为 VA（伏安）。电气设备的视在功率不仅体现在它的有功功率，还应包括它与外电路或电源交换的无功功率，即

$$S = UI$$

视在功率引入复数（相量）后可表示为 $\dot{S} = \dot{U}\dot{I} = P + \mathrm{j}Q$，也称为复功率。变压器、电机等一些电器设备的额定容量常用视在功率表示。按照功率的定义，有功功率、无功功率、视在功率存在下述关系，即

$$\left.\begin{aligned} P &= UI\cos\varphi = S\cos\varphi \\ Q &= UI\sin\varphi = S\sin\varphi \\ S &= \sqrt{P^2 + Q^2} \end{aligned}\right\} \quad (4\text{-}34)$$

$$\left.\begin{aligned} \lambda &= \cos\varphi = \frac{P}{S} \\ \tan\varphi &= \frac{Q}{P} \end{aligned}\right\} \quad (4\text{-}35)$$

由此可见，S、P、Q 构成一个直角三角形，称为功率三角形。由功率三角形可以得到电压三角形、电流三角形、阻抗三角形，在同一电路中，都是相似三角形，它是学习交流电路如阻抗、电压、电流、功率、功率因数等知识的概括，其相量图如图 4-35 所示。

五、例题分析（Sample Analysis）

【例 4-20】 如图 4-36 所示电路是某实验测量线圈电阻 R 和电感 L 参数电路。当电源的频率为 50Hz 时，各表的读数为：电压表 U=100V，电流表 I=2A，功率表 P=120W，求线圈电阻 R 和电感 L。

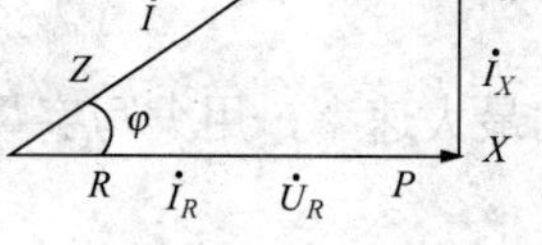

图 4-35 相量三角形

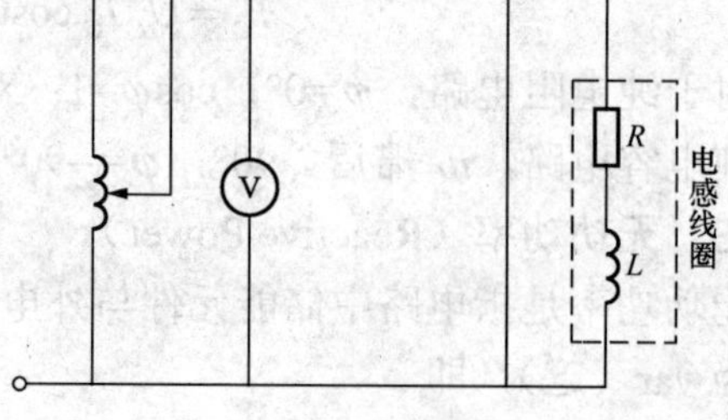

图 4-36 例 4-20 图

解　线圈的复阻抗

$$Z = |Z|\angle\varphi$$

$$|Z| = \frac{U}{I} = \frac{100}{2} = 50(\Omega)$$

由功率表的读数得

$$P = UI\cos\varphi = 100\times2\times\cos\varphi = 120(\mathrm{W})$$

功率因数
$$\cos\varphi = \frac{120}{100\times2} = 0.6$$

$\varphi = \arccos 0.6 = 53.1°$（功率因数角即阻抗角）

复阻抗
$$Z = 50\angle53.1° = 30 + \mathrm{j}40(\Omega)$$

即
$$R = 30\Omega，\ X_L = 40\Omega，\ L = \frac{X_L}{\omega} = \frac{40}{314} = 0.127(\mathrm{H})$$

【例 4-21】　已知一无源二端网络的端口电压 $u = 100\sqrt{2}\sin(314t + 60°)$ V，端口电流 $i = 5\sqrt{2}\sin(314t + 30°)$ A，取电压、电流关联参考方向。求：（1）二端网络的等效复阻抗；（2）二端网络的功率因数；（3）$\dot{S}$、P、Q、S。

解　由已知得

$$\dot{U} = 100\angle60°(\mathrm{V})\quad \dot{I} = 5\angle30°(\mathrm{A})$$

（1）复阻抗
$$Z = \frac{\dot{U}}{\dot{I}} = \frac{100\angle60°}{5\angle30°} = 20\angle30°(\Omega)$$

（2）功率因数角
$$\varphi = 30°$$

功率因数
$$\cos30° = 0.866$$

（3）复功率
$$\dot{S} = \dot{U}\overset{*}{I} = 100\angle60°\times5\angle(-30°) = 500\angle30°$$
$$= 433 + \mathrm{j}250\ (\mathrm{VA})$$

其中

$$P = 433\mathrm{W}，\ Q = 250\,\mathrm{var}，\ S = 500\mathrm{VA}$$

六、提高功率因数的意义和方法

1. 功率因数的定义

功率因数定义为有功功率与视在功率的比值，用λ表示，即

$$\lambda = \cos\varphi = P/S \tag{4-36}$$

2. 提高功率因数的意义

（1）减少电能在传输线路中的损耗，提高输电效率。

电能在传输中的损耗取决于传输线路中电流的大小，输电线路上的电流 $I = \dfrac{P}{U\cos\varphi}$。线路的损耗为 $P = I^2R$，当负载的有功功率 P 和电源电压 U 一定时，$\cos\varphi$越小，则线路中的电流越大，消耗在输电线路上的损耗就越大，因此提高功率因数，就能减少线路的损耗。

（2）可充分利用电源设备的功率容量。

电源设备的功率容量（例如发电机、变压器）是按照其额定电压和额定电流设计的。其中一部分作为有功功率提供给用电设备消耗，另一部分作为无功功率与用电设备中的储能元件进行能量交换。

例如一台容量200000kVA的发电机，若电路的功率因数$\cos\varphi=1$，则发电机输出200000kW的有功功率。当电路的功率因数为 $\cos\varphi=0.85$ 时，有$P=UI\times0.85=170000\text{kW}$，有功功率就减少了30000kW，电源的潜力没有得到充分发挥。可见提高功率因数，就可以提高电源设备的利用率。

3. 提高功率因数的方法

提高功率因数最简便的方法是在感性负载两端并联电容器。下面介绍并联电容器补偿容性无功功率的原理和方法。

图4-37（a）所示电路是由感性负载R、L串联组成的电路。设负载两端电压相量为$\dot{U}$，开关S打开时，电路为一串联电路，总电流为I_1，此时电压与电流的相量图如图4-37（b）所示，电路的有功功率和无功功率分别为

$$P=UI_1\cos\varphi_1 \tag{4-37}$$

$$Q_1=P\tan\varphi_1 \tag{4-38}$$

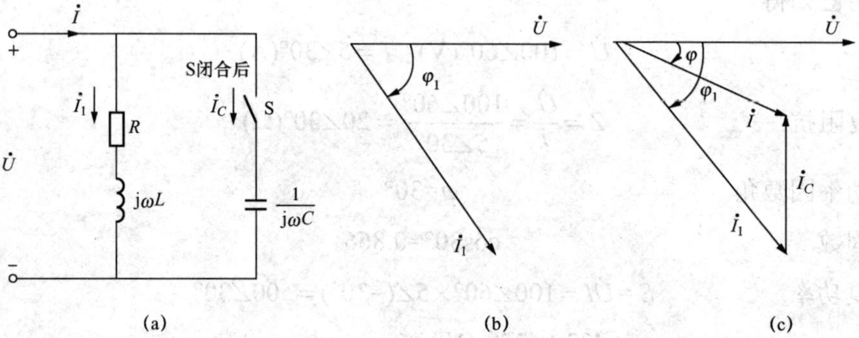

图4-37 提高功率因数电路

开关S合上后，电容器并入电路，由于电源电压与感性负载支路的参数没有改变，所以感性负载支路上的电流I_1与电路的有功功率P均未改变，而电路的总电流发生了变化。总电流与各支路电流的相量关系为

$$\dot{I}=\dot{I}_1+\dot{I}_C$$

其相量图如图4-37（c）所示，由相量图可知：$\varphi_1>\varphi$，即功率因数$\cos\varphi_1<\cos\varphi$，说明并联电容后功率因数提高了，同时输电线路的总电流减少了。并联电容器后，电路的有功功率与无功功率分别为

$$P=UI\cos\varphi \tag{4-39}$$

$$Q_2=P\tan\varphi \tag{4-40}$$

由于 $\tan\varphi_1>\tan\varphi$，则 $Q_1>Q_2$；说明并联电容器后，电源发出的无功功率减少了，减少的部分由并联的电容器补偿，故有

$$Q_C=Q_1-Q_2=P\tan\varphi_1-P\tan\varphi \tag{4-41}$$

对于电容器支路又有

$$Q_C = \frac{U^2}{X_C} = \omega C U^2$$

联立以上各式求解得到并联电容器的电容为

$$C = \frac{P}{\omega U^2}(\tan\varphi_1 - \tan\varphi) \quad (4\text{-}42)$$

4. 例题分析（Sample Analysis）

【例 4-22】 某感性负载，其有功功率 P=10kW，功率因数 $\cos\varphi_1$=0.6，接入 220V 交流电源，求：（1）当功率因数提高到 0.95 时，需要并联多大的电容器；（2）并联电容器前后线路的总电流各是多少？

解　并联电容前　　$\cos\varphi_1=0.6$，$\varphi_1=53°$，$\tan53°=1.33$

并联电容后　　$\cos\varphi=0.95$，$\varphi=18.2°$，$\tan18.2°=0.33$

并联的电容器容量为

$$C = \frac{P}{\omega U^2}(\tan\varphi_1 - \tan\varphi) = \frac{10\times10^3}{314\times220^2}(1.33-0.33) = 658(\mu\text{F})$$

并联电容前线路的电流为

$$I_1 = \frac{P}{U\cos\varphi_1} = \frac{10\times10^3}{220\times0.6} = 75.7(\text{A})$$

并联电容后线路的电流为

$$I = \frac{P}{U\cos\varphi} = \frac{10\times10^3}{220\times0.95} = 47.8(\text{A})$$

从计算结果可见，功率因数提高后，线路的电流大幅减少。

【例 4-23】 某工厂供电电压为 10kV，负载有功功率为 400kW，无功功率为 260kvar，若将该厂的功率因数提高到 0.9，求：（1）电容器补偿的无功功率；（2）并联的电容器电容量是多少？

解　并联电容器前

$$Q_1 = P\tan\varphi_1$$

$$\tan\varphi_1 = \frac{Q_1}{P} = \frac{260}{400} = 0.65$$

并联电容器后

$$\cos\varphi = 0.9 \rightarrow \varphi = \arccos 0.9 = 25.8°$$

$$\tan\varphi = \tan 25.8° = 0.484$$

并联电容器后电路的无功功率为

$$Q_2 = P\tan\varphi = 400\times10^3\times0.484 = 193.6(\text{kvar})$$

电容器补偿的无功功率　$Q_C = Q_1 - Q_2 = 260 - 193.6 = 66.4(\text{kvar})$

所需并联的电容量　$C = \dfrac{Q_C}{\omega U^2} = \dfrac{66.4\times10^3}{314\times(10\times10^3)^2} = 2.11(\mu\text{F})$

七、实践应用（Appications）

提高电路功率因数方法探讨

（一）教学目标

（1）能对日光灯电路进行并联电容器的连接。

（2）能用并联电容器的方法提高电路的功率因数。

（二）仪器设备

（1）交流电压表、交流电流表、万用表各一只。

（2）日光灯灯管、镇流器、启辉器各一个。

（3）单相调压器一台，可变电容箱一个。

（4）电流表插座板一块。

（三）工作任务

1. 进行日光灯电路的接线和参数测量

（1）按图 4-38 接线，先断开并联电容支路。缓慢增大调压器的输出电压，直到日光灯启辉点亮。将各表读数记入表 4-6 中。

（2）电源电压调到 220V，将 P、U、U_R、U_L、I 测量值记入表 4-6 中。其中，U 为电源两端电压，U_R 为灯管两端的电压，U_L 为镇流器两端的电压。

（3）计算电压 $U=\sqrt{U_R^2+U_L^2}$ 和 $\cos\varphi=\dfrac{P}{IU}=\lambda$，记入表 4-6 中，验证电压、电流相量关系。

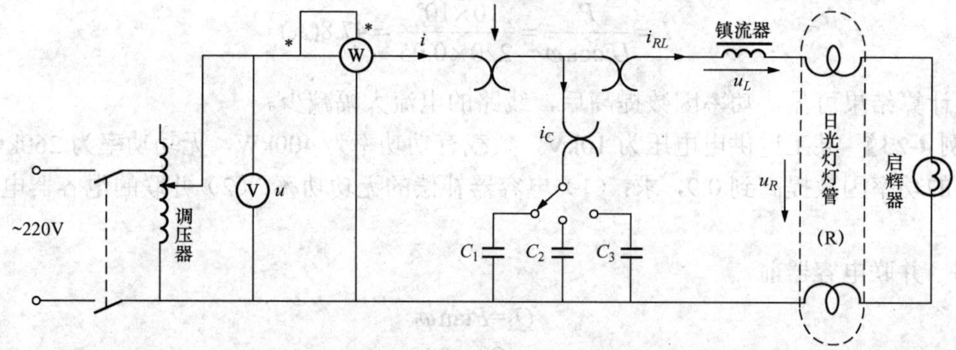

图 4-38 提高功率因数电路

2. 对某电路并联电容器，验证电路功率因数的提高方法

（1）将调压器电压调到零位，并入电容器，缓慢增大调压器的输出电压，达到 220V 为止，并保持 220V 电压不变。

（2）改变电容器的电容值，重复测量。将测量值记入表 4-7 中。

（3）按公式 $\cos\varphi=\dfrac{P}{IU}$ 计算 λ 值并记入表 4-7 中。

（4）观察随着并联电容器的逐渐增大，总电流 I 的变化规律，并判断电路性质（感性、阻性、容性）。

（四）数据记录

表 4-6 数据记录一

测　量　值							计算值	
工作状态	P(W)	$\cos\varphi$	I(A)	U(V)	U_L(V)	U_R(V)	U(V)	λ
启辉值								
正常工值								

表 4-7 数据记录二

电容值	测　量　值					计算值
C(μF)	P (W)	U(V)	I(A)	I_{RL} (A)	I_C (A)	λ
0						
1						
2						
3						
4						
5						

最后，对以上实测数据进行分析。

本　章　小　结

1. 正弦交流电路的基本概念

（1）正弦量三要素：振幅 U_{m}，角频率ω和初相角 ψ_u。

（2）正弦量有效值：$U_{\mathrm{m}}=\sqrt{2}U$，$U=U_{\mathrm{m}}/\sqrt{2}$，$I_{\mathrm{m}}=\sqrt{2}I$，$I=I_{\mathrm{m}}/\sqrt{2}$。

（3）相位差：指两个同频率的正弦量初相角之差。即$\varphi=\psi_1-\psi_2$。$\varphi>0$，表示 ψ_1 超前 ψ_2 相位角φ；$\varphi<0$ 时，表示 ψ_1 滞后 ψ_2 相位角φ。

（4）正弦量的相量表示。①极坐标形式：$\dot{U}=U\angle\varphi$；②直角坐标形式：$\dot{U}=a+\mathrm{j}b$。

（5）正弦相量运算。

1）相量加减：化成直角坐标形式，实部加（减）实部，虚部加（减）虚部，然后再化成极坐标形式。

2）相量乘除：化成极坐标形式，然后模相乘（除），幅角相加（减）。

如电流瞬时值$i=I\sqrt{2}\sin(\omega t+\psi_i)$；对应的有效值相量$\dot{I}=I\angle\psi_i$。

2. 正弦交流电路的基本性质和计算公式

（1）基尔霍夫定律的相量形式为$\sum\dot{I}=0$，$\sum\dot{U}=0$。

（2）电阻、电感、电容单一元件电路的基本性质见表 4-8。

（3）无源二端网络的等效复阻抗和等效复导纳形式，即

$$Z=\frac{\dot{U}}{\dot{I}}=|Z|\angle\varphi=R+\mathrm{j}X\text{，}\quad Y=\frac{\dot{I}}{\dot{U}}=|Y|\angle\varphi_Y=G-\mathrm{j}B$$

复阻抗与复导纳等效变换 $Z=\dfrac{1}{Y}$，即 $|Z|=\dfrac{1}{|Y|}$，$\varphi=-\varphi_Y$。

（4）RLC 串联电路与 RLC 并联电路的基本性质见表 4-9。

3. 正弦交流电路的功率

（1）有功功率 $P=UI\cos\varphi$，单位为 W。$\cos\varphi$为功率因数，φ为功率因数角，也是二端网络的阻抗角，是电压与电流的相位差角。

$$P=UI\cos\varphi=\sum_{n=1}^{k}P_n$$

表 4-8　电阻、电感、电容单一元件电路的基本性质

元　件	电阻 R	电感 L	电容 C
相量模型	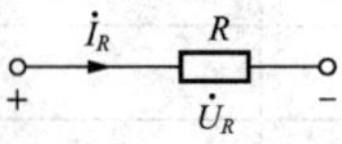	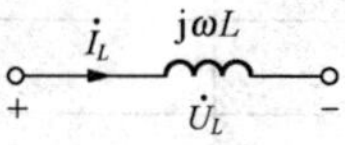	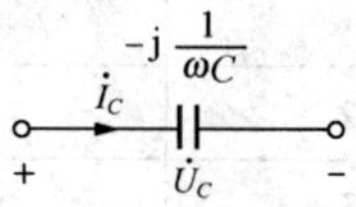
瞬时值关系	$u_R=Ri_R$	$u_L=L\dfrac{\mathrm{d}i_L}{\mathrm{d}t}$	$i_C=C\dfrac{\mathrm{d}u_C}{\mathrm{d}t}$
相量关系	$\dot{U}_R=R\dot{I}_R$	$\dot{U}_L=\mathrm{j}X_L\dot{I}_L$	$\dot{U}_C=-\mathrm{j}X_C\dot{I}_C$
有效值关系	$U_R=RI$	$U_L=\omega LI_L=X_LI_L$	$U_C=\dfrac{1}{\omega C}I_C=X_CI_C$
相位关系	$\varphi=\psi_u-\psi_i=0°$ i、u 同相位	$\varphi=\psi_u-\psi_i=90°$ u 超前于 i 90°	$\varphi=\psi_u-\psi_i=-90°$ u 滞后于 i 90°
相量图	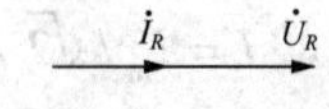	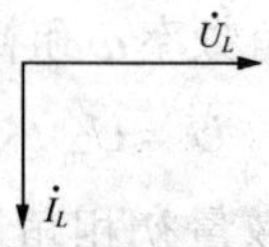	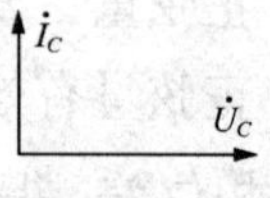

（2）无功功率 $Q=UI\sin\varphi=\sum_{n=1}^{k}Q_n$，是二端网络与外电路进行能量交换的最大速率，单位为 var。Q>0，网络吸收感性无功；Q<0，网络吸收容性无功，相当于提供感性无功。

（3）视在功率 $S=UI=\sqrt{P^2+Q^2}$，表示电气设备的容量，单位为 VA。P、Q、S 构成功率三角形。

（4）提高功率因数的主要方法：在感性负载处并联电容器，当功率因数从 $\cos\varphi_1$ 提高到 $\cos\varphi$时，电容补偿的无功功率为 $Q_C=P(\tan\varphi_1-\tan\varphi)$；所需并联的电容量为 $C=\dfrac{P}{\omega U^2}(\tan\varphi_1-\tan\varphi)$。

表 4-9　　RLC 串、并联电路的基本性质

<table>
<tr><th>电路</th><th>RLC 串联</th><th>RLC 并联</th></tr>
<tr><td>相量模型</td><td>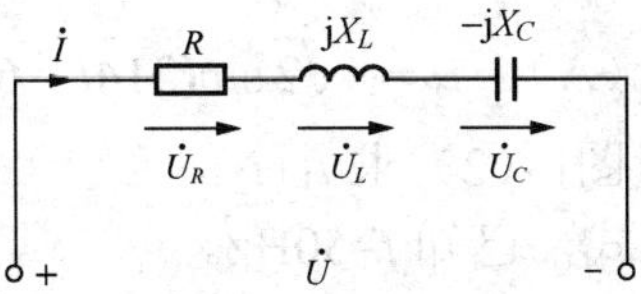</td><td>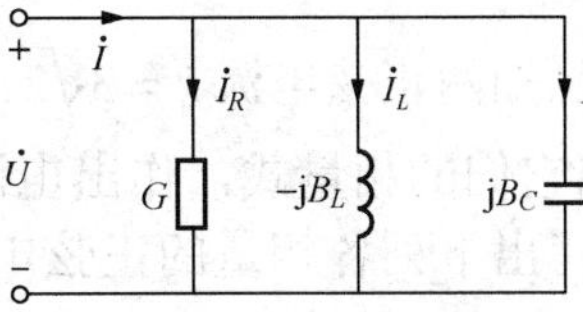</td></tr>
<tr><td>相量关系</td><td>$\dot{I}=\dfrac{\dot{U}}{Z}$，$Z=R+\mathrm{j}X$</td><td>$\dot{I}=Y\dot{U}$，$Y=G-\mathrm{j}B$</td></tr>
<tr><td>有效值关系</td><td>$I=\dfrac{U}{|Z|}$
$|Z|=\sqrt{R^2+(X_L-X_C)^2}$
$U=\sqrt{U_R^2+(U_L-U_C)^2}$
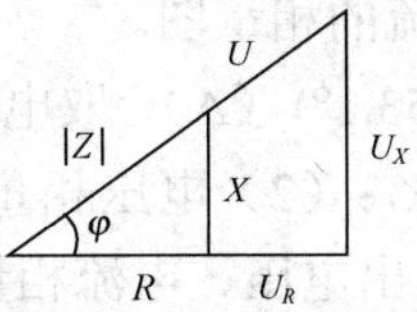</td><td>$I=|Y|U$
$|Y|=\sqrt{G^2+(B_L-B_C)^2}$
$I=\sqrt{I_R+(I_L-I_C)^2}$
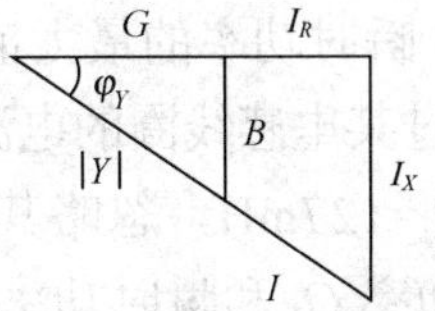</td></tr>
<tr><td>相位差与
电路性质</td><td>$\varphi=\psi_u-\psi_i$；φ=0，阻性电路；
φ> 0，感性电路；φ< 0，容性电路</td><td>$\varphi_Y=-\varphi$；$\varphi_Y=0$，阻性电路；
φ_Y >0，容性电路；φ_Y < 0，感性电路</td></tr>
</table>

4. 常用的正弦交流电路分析方法

（1）相量图法：将相量画在复平面上的方法，求和时采用“首尾相接”原则。依据已知条件，由电路基本定律作出相量图，然后再根据相量图运用几何知识和电路基本计算公式解出电路的待求量。

（2）相量法：用相量（复数）来分析计算正弦交流电路的方法。将正弦交流电路中的各电压、电流用相量表示，各电路元件用阻抗或导纳表示，则电阻电路中的所有计算方法都可推广用于正弦交流电路的分析计算中。

习　题　四

1．已知某电流瞬时值 $i=14.1\sin\left(1000t+\dfrac{\pi}{6}\right)$(A)，求：（1）电流有效值、角频率、频率、初相角；（2）该电流第一次出现最大值的时间是多少？

2．某正弦电压 $u_1=100\sqrt{2}\sin(314t+150°)$ (V)，$u_2=180\sqrt{2}\sin(314t-60°)$ (V)。求：（1）正弦量的最大值、有效值；（2）角频率、频率、周期；（3）初相角、相位差，并说明超前、滞后关系；（4）作出 u 波形图。

3．某一正弦电流，振幅 I_m=5$\sqrt{2}$ A，频率 f=50Hz，初相 $\psi_i=\dfrac{\pi}{6}$rad。试完成：（1）写出该电流的瞬时值表达式；（2）求 t=0.01s 时的电流值。

4．已知两复数 $A_1=6+\mathrm{j}8$，$A_2=4-\mathrm{j}4$，求它们的和、差、积、商。

5．两正弦电压 $u_1=-5\sin(314t+60°)$（V），$u_2=10\cos(314t+60°)$（V）。试完成：（1）写出它们的相量式，作出相量图；（2）求 u_1、u_2 的相位差 φ_{12}；（3）若将 u_1 的负号去掉，说明什么？

6．已知两正弦电流 $i_1=3\sqrt{2}\sin(314t+30°)$（A），$i_2=4\sqrt{2}\sin(314t-60°)$（A）。试完成：（1）写出它们的相量式，作出电流 i_1、i_2 的相量图；（2）求 i_1+i_2。

7．写出下列各相量的正弦电压和电流表达式，已知 f=50Hz。

（1）$\dfrac{10}{\sqrt{2}}\angle-45°$ V；（2）$100\angle60°$ V；（3）$-380\angle120°$ V；

（4）$-0.8\angle-30°$A；（5）$\dfrac{9}{\sqrt{2}}\angle-120°$A；（6）$3\angle-180°$A。

8．某一电阻电路 R=40Ω，通过正弦电流 $i=\sqrt{2}\sin(\omega t+30°)$（A），取电压与电流为关联参考方向，求：（1）电阻两端的电压相量、电压的有效值和瞬时值表达式；（2）电阻消耗的平均功率、瞬时功率的最大值；（3）作出电压、电流的相量图。

9．通过某电感线圈的电流为 $i=10\sqrt{2}\sin(314t+53.1°)$（A），取电压与电流关联参考方向，电感线圈 L=127mH，忽略其电阻，求：（1）感抗 X_L；（2）电压相量和电压瞬时值表达式；（3）无功功率 Q_L 和瞬时功率的最大值 p_{max}；（4）作出电压、电流相量图。

10．在某一电感元件两端加 U=100V 的正弦电压，测得电流为 10A，f= 50Hz，求：（1）电感元件的电感 L；（2）若在该电感元件上加频率 $f'=10^3$ Hz、U=100V 的正弦电压，再求此时的电流 I'。

11．一个电容元件，接于电压 $u=50\sqrt{2}\sin(1000t-60°)$（V）的电源上，$C=20\mu F$，电压与电流为关联参考方向，求：（1）容抗 X_C；（2）电流相量和电流瞬时值表达式；（3）无功功率 Q_C；（4）作出电压、电流相量图。

12．电路由电阻、电感、电容元件组成，元件两端电压、电流取关联参考方向，在下列情况下，判断电路中是什么元件？并求元件的参数 R、L、C。

（1）$u=220\sqrt{2}\sin(314t+45°)$ (V)，$i=5\sqrt{2}\sin(314t-45°)$ (A)；

（2）$u=-100\sqrt{2}\sin(314t+45°)$ (V)，$i=5\sqrt{2}\sin(314t-45°)$ (A)；

（3）$u=15\sqrt{2}\sin(314t+60°)$ (V)，$i=-\sqrt{2}\sin(314t-120°)$ (A)。

13．阻感性串联电路，已知 R=20Ω，L=0.127H，通过元件的电流为 $i=4\sqrt{2}\sin(314t)$ (A)，求：（1）电路两端的电压 $\dot{U}$；（2）电阻元件上的电压 $\dot{U}_R$ 和电感元件上的电压 $\dot{U}_L$；（3）作出电压相量图。

14．阻容性串联电路，接入频率为 50Hz 的正弦交流电路中，已知 $C=79.6\mu F$，测得电源两端的电压 U=100V、电容两端的电压为 80V，求：（1）电路的电流 I 和电阻 R；（2）作出电流、电压相量图。

15．如图 4-39 所示电路，若图 4-39（a）中的电压 u 和图 4-39（b）中的电流 i 的量值保持不变，当频率升高一倍时，各电压表和电流表的读数将如何变化？

16．RLC 串联电路，已知通过电路的正弦电流 $\dot{I}=2\angle30°$A，$R=40\Omega$，$X_L=80\Omega$，$X_C=50\Omega$，求：（1）电路的复阻抗；（2）$\dot{U}_R$、$\dot{U}_L$、$\dot{U}_C$、$\dot{U}$；（3）作出电路的相量图。

17．如图 4-40 所示电路，已知 $G = 0.32\text{S}$，$B_C = 0.24\text{S}$，电源电压 $U_s = 50\angle 0°\ \text{V}$，求 $\dot{I}$ 。

18．某 RLC 并联电路，接在电压为 $u = 220\sqrt{2}\sin(314t + 30°)\ (\text{V})$ 的电源上，已知 $R = 22\Omega$，$X_L = 22\Omega$，$X_C = 11\Omega$，求各支路电流 $\dot{I}_R$、$\dot{I}_L$、$\dot{I}_C$ 和 $\dot{I}$ 。

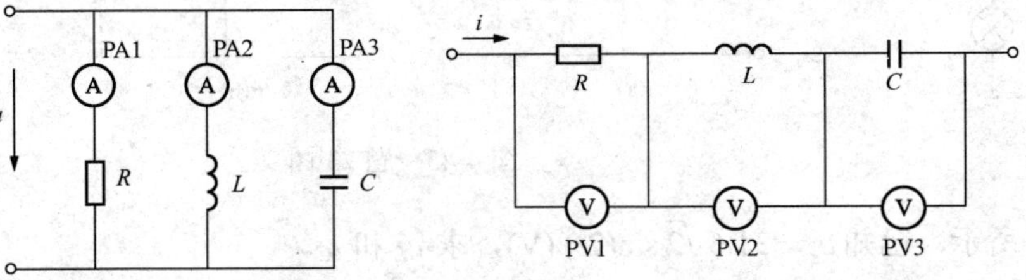

(a)　　(b)

图 4-39　题 15 图

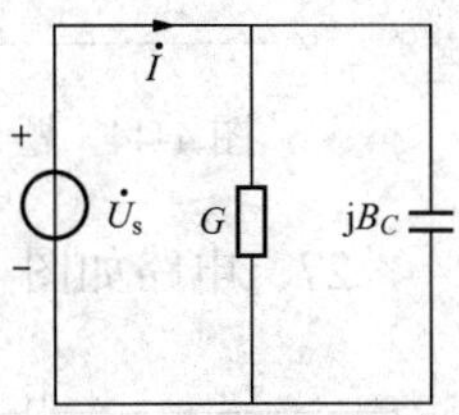

图 4-40　题 17 图

19．如图 4-41 所示电路，已知 $i_s = 5\sqrt{2}\sin 2t$（A），$R = 1\Omega$，L=2H，$C = 0.5\text{F}$，求：（1）电路的复导纳 Y，判断电路的性质；（2）电路的总电压 u 和各支路电流 i_1、i_2、i_3；（3）作出电流、电压相量图。

20．一台额定功率 1.7kW 的异步电动机，采用串联电抗器（X_1）限制起动电流起动。如图 4-42 所示。已知电源电压 $U = 220\text{V}$，$f = 50\text{Hz}$，电动机绕组电阻 $R_2 = 1.9\Omega$，电抗 $X_2 = 3.4\Omega$，欲控制起动电流不超过 20A，求串联电抗器 X_1 及电感 L_1 的大小。

21．某正弦稳态电路，如图 4-43 所示，已知 $\dot{U}_s = 200\sqrt{2}\angle 0°\text{V}$，$\omega = 10^3\ \text{rad/s}$，$L$=50mH，$R$=50Ω，$C$=20μF，求 $\dot{I}_C$ 。

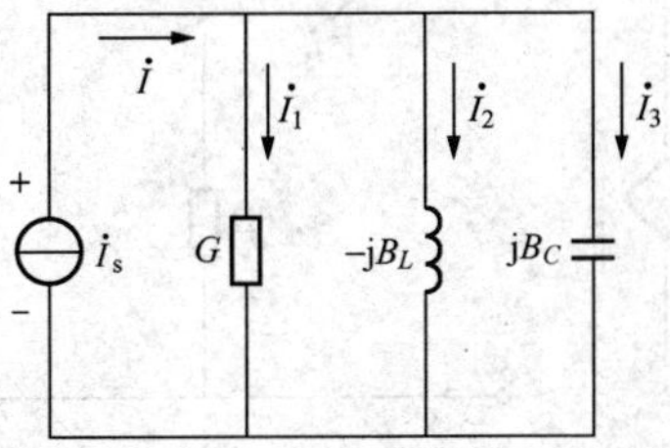

图 4-41　题 19 图

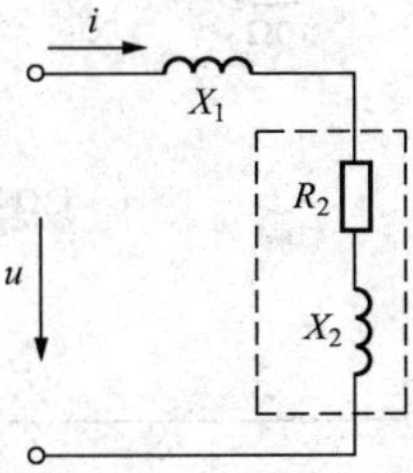

图 4-42　题 20 图

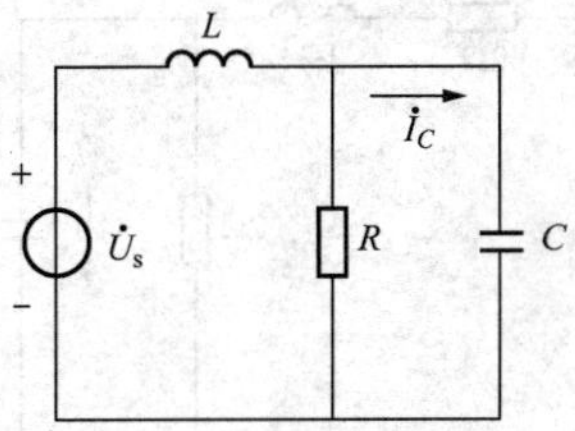

图 4-43　题 21 图

22．图 4-44 所示电路为可调灯泡亮度电路，若将灯泡功率由 60W 降到 40W，需要串联多大的电容（不计灯泡电阻的变化）?

23．求图 4-45（a）、（b）所示电路的等效阻抗 Z 和导纳 Y。

24．一无源二端网络，其端口电压 u 与 i 取关联参考方向，且 $u = 180\sqrt{2}\sin(314t - 30°)\ (\text{V})$，$i = 10\sqrt{2}\sin(314t + 30°)\ (\text{A})$。求：（1）二端网络的等效阻抗、等效导纳；（2）说明电路的性质；（3）电阻分量和电抗分量。

25．电路如图 4-46 所示，已知角频率 $\omega = 1000\text{rad/s}$，求各支路电流 $\dot{I}_1$、$\dot{I}_2$、$\dot{I}_3$。

26．电路如图 4-47 所示，已知 $U = 8\text{V}$，$Z = (1 - \text{j}0.5)\,\Omega$，$Z_1 = (1 + \text{j}1)\,\Omega$，$Z_2 = (3 - \text{j}1)\,\Omega$，求：（1）电路的输入阻抗和输入导纳；（2）各支路电流；（3）作出相量图。

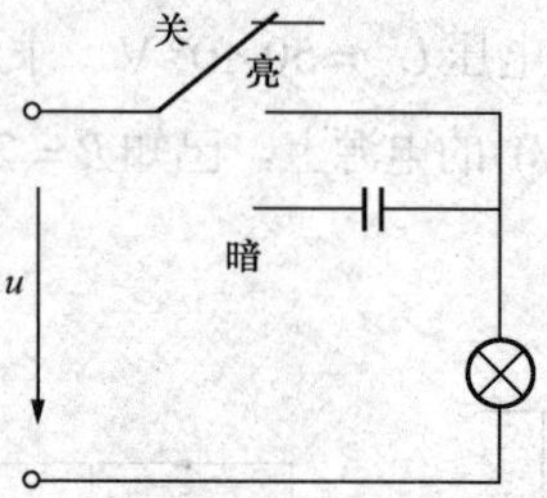

图 4-44 题 22 图

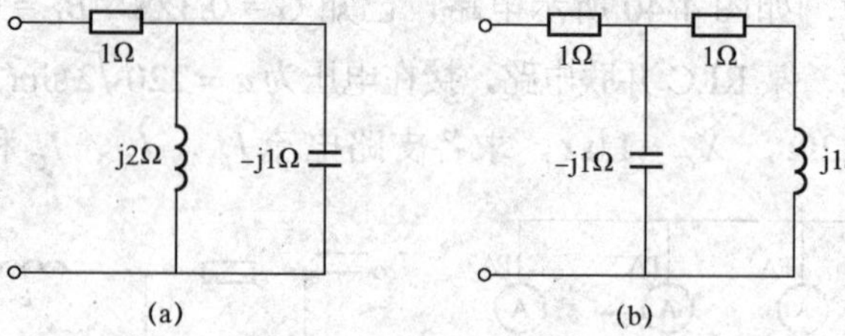

图 4-45 题 23 图

27．电路如图 4-48 所示，已知 $u_s = 31.6\sqrt{2}\sin(2t)$ (V)，求 u_L 和 i_C。

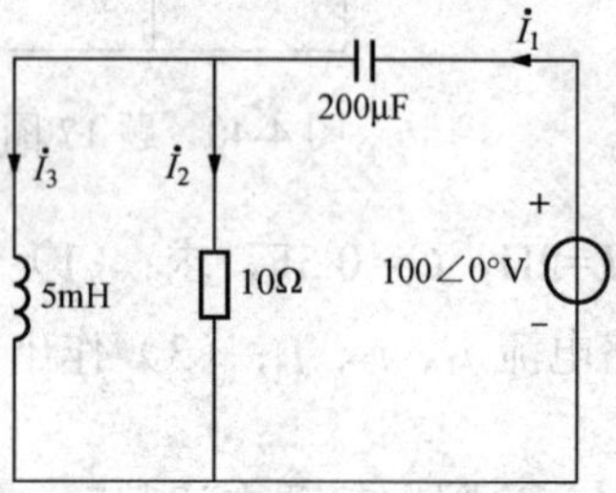

图 4-46 题 25 图

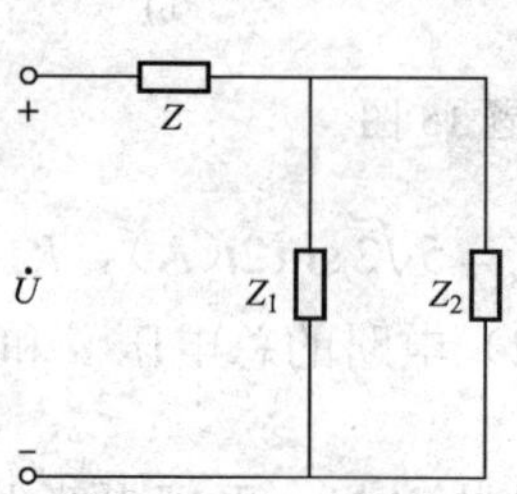

图 4-47 题 26 图

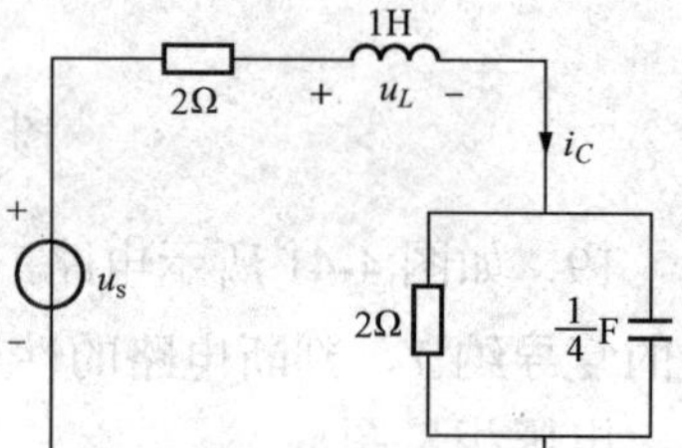

图 4-48 题 27 图

28．电路如图 4-49 所示，已知 $\dot{U}_C = 1\angle 0°$ V，求电压 $\dot{U}$。

29．电路如图 4-50（a）、（b）所示，求两个电路的端口等效阻抗 Z_{ab} 和导纳 Y_{ab}。

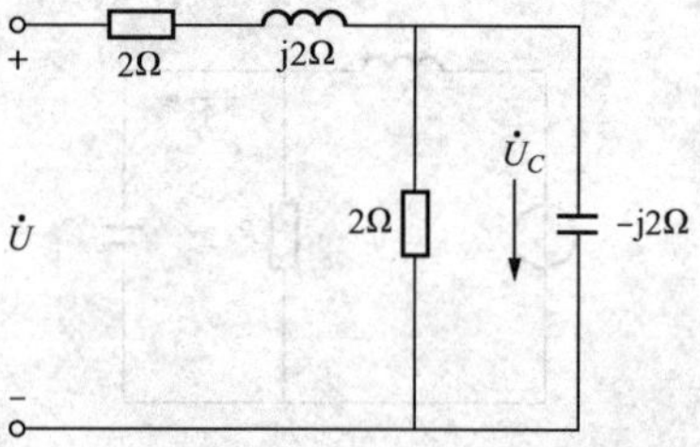

图 4-49 题 28 图

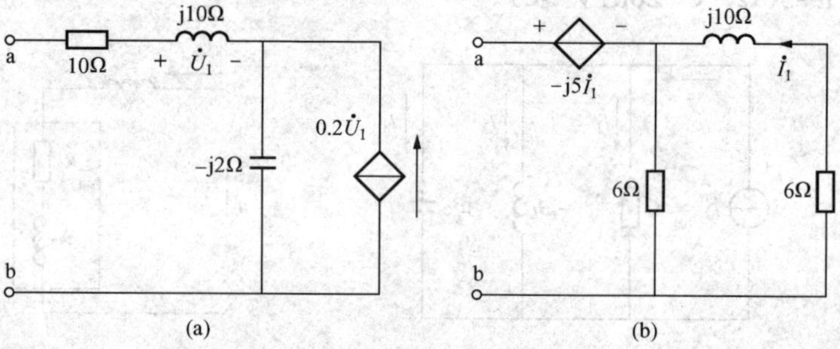

图 4-50 题 29 图

30．已知一 RC 串联电路，端电压 U=220V，C=10μF，R=100Ω，求：（1）端口电流 I；（2）有功功率、无功功率、视在功率。

31．RL 串联正弦工频电路，端电压 U=150V，电流 I=2A，有功功率 P=120W，求：

（1）电路的 R、X_L、U_L；

（2）电路的 Q、S 和 λ。

32．某电压为 220V 的线路上接有 800W 日光灯和 500W 电风扇，它们的功率因数分别为 0.5、0.65。求线路的有功功率、无功功率、视在功率、功率因数及总电流。

33．电路如图 4-51 所示，已知 I_s=10A，R_1=3Ω，R_2=5Ω，X_L=4Ω，X_C=10Ω。求：

（1）电流源发出的复功率和另外两支路的复功率；

（2）电路的功率因数。

34．电路如图 4-52 所示，已知正弦电源电压 U_s=220V，频率 f=50Hz。感性负载 $Z_L = R + jX_L$，功率因数为 0.5，有功功率 P=1.1kW。求：（1）电阻 R、电感 L 及通过负载的电流；（2）为了提高功率因数，在感性负载上并联一个电容，使功率因数提高到 0.8，需要并联多大的电容器？（3）并联电容器后电源输出的电流是多少？

35．有三个负载，它们的功率分别为：P_1=5.28kW，$\cos\varphi_1$=0.6（感性）；P_2=8.8kW，$\cos\varphi_2$=0.8（感性）；P_3=6.6kW，$\cos\varphi_3$=0.5（容性）。将它们并联后接到 220V 的交流电源上。求：（1）电源供给的总有功功率和无功功率；（2）电源提供的视在功率；（3）电源供给的总电流；（4）电路的功率因数。

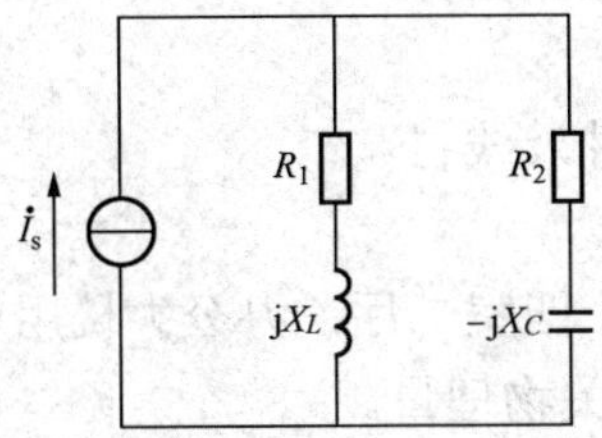

图 4-51　题 33 图

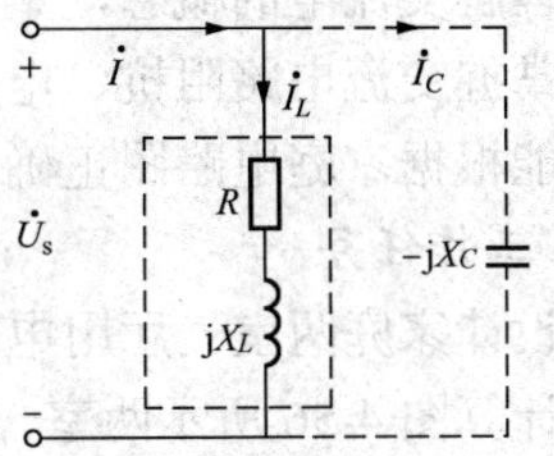

图 4-52　题 34 图

36．电路如图 4-53 所示，已知 $\dot{U}_s = 4\angle 0°$ V，$\dot{I}_s = 8\angle 0°$ A，求节点电位 $\dot{V}_1$ 和 $\dot{V}_2$。

37．电路如图 4-54 所示，已知 $\dot{U}_1 = 100\angle 0°$ V，$\dot{U}_2 = 100\angle 90°$ V，R=5Ω，X_L=5Ω，X_C=2Ω。求：（1）各支路电流；（2）各电源发出的复功率。

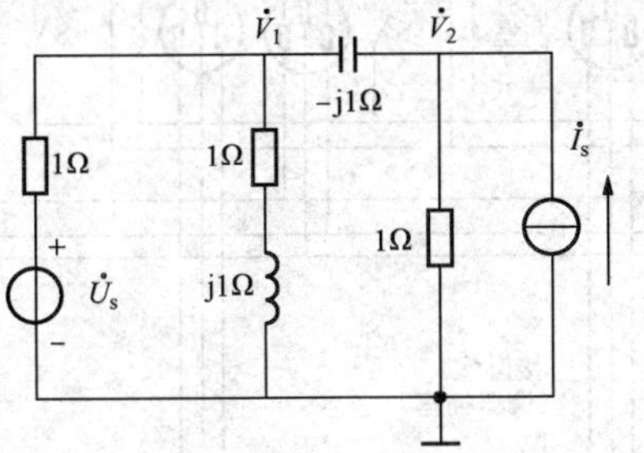

图 4-53　题 36 图

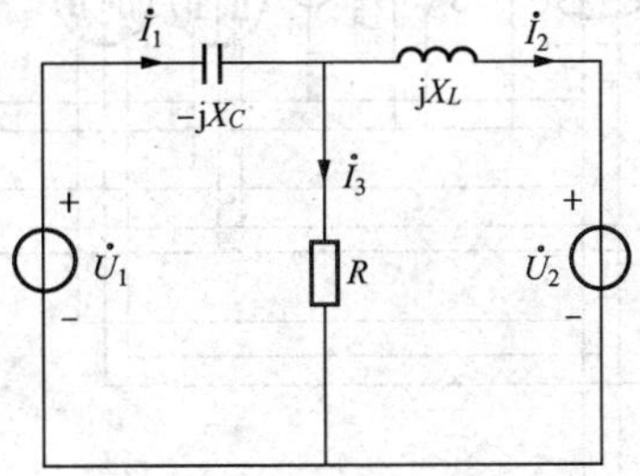

图 4-54　题 37 图

38．如图 4-55 所示电路，求正弦稳态单口网络的戴维南等效相量模型。已知图 4-55（b）所示电路中 $u_s = 2\sin(0.5 + 120°)$ (V)。

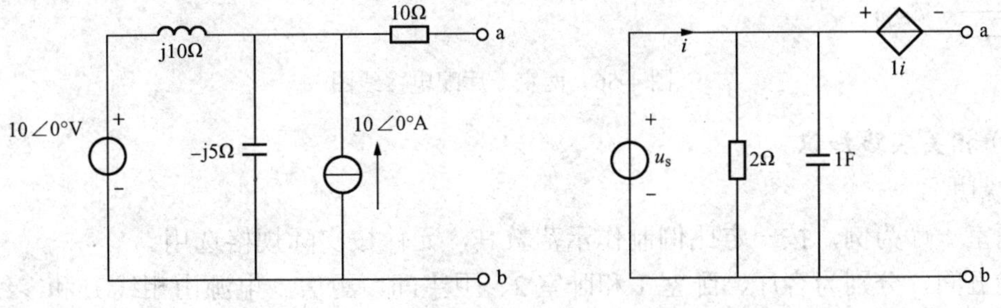

(a)　　(b)

图 4-55　题 38 图

教学项目六（仅供参考）

家庭用电电路分析

（一）能力目标

（1）能根据实际要求设计出家庭用电电路图，并对电路进行分析。

（2）能根据实际用电要求识读、计算、分析家庭用电电路图。

（二）知识目标

（1）理解交流电的概念，掌握正弦量的相量表示及相量运算。

（2）掌握交流电路阻抗、电压、电流及功率的计算。

（3）能根据家庭电路图正确地选择测试仪器、元器件及线材。

（三）工作任务

（1）设计家庭两室一厅用电电路（拓展：三室二厅，四室二厅，办公大楼用电等）。

（2）计算图 4-56 所示两室一厅家庭用电电路中的相关物理量。

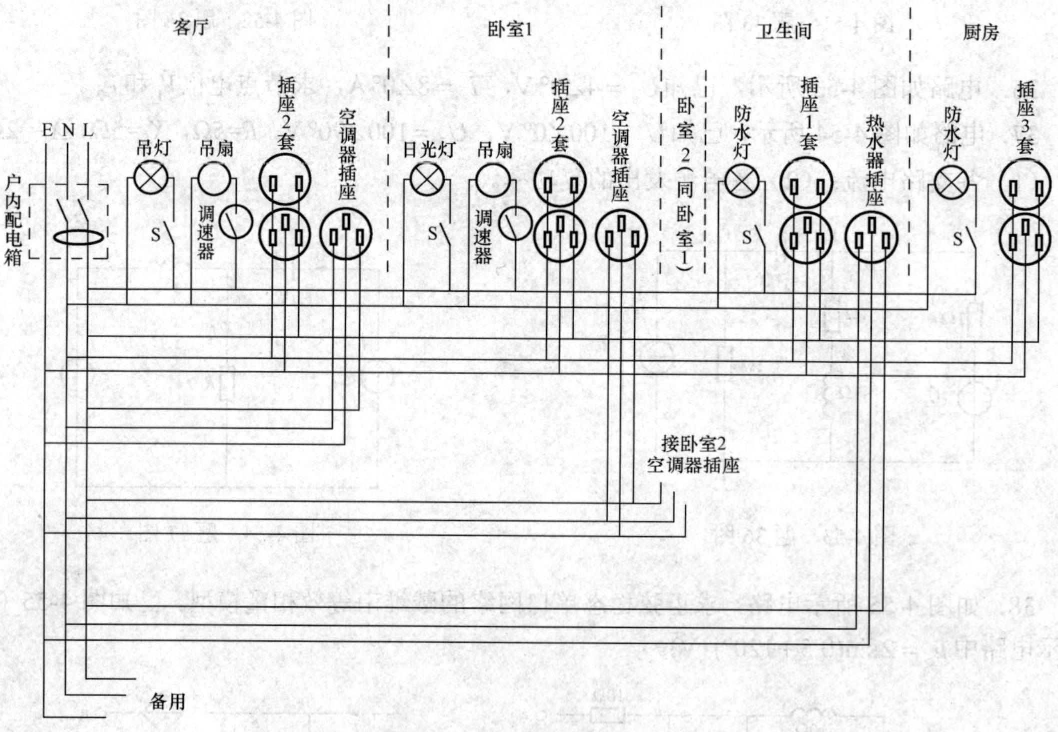

图 4-56　两室一厅配电接线图

（四）相关实践知识

1. 说明

以两室一厅为例，按一定比例制作示范教具，元件按实际规格选用。

合计五间，分别为客厅、卧室 1 和卧室 2、卫生间、厨房。电源由相线 L 和零线 N 及地线 E 引入，六路配线为照明及吊扇、插座、客厅空调、卧室空调、热水器和备用。各室内又设置了吊灯、吊扇、空调或热水器等不同的用电器。设家庭用电总功率约 10kW，各元件明细表如表 4-10 所示。

表 4-10　元件明细表

序号	名称	规格	要求
1	电能表	单相电子式电能表，DDS106 型（长寿命型）或 DDSY106 型（预付费型）	设计使用功率 11.5kW
2	漏电开关或断路器	DZ47LE C45N/1P16A	除两路空调外，其余均须有漏电保护
3	灯开关	按钮式	
4	插座	空调插座 15～20A； 厨房插座 20A； 热水器插座 10～15A； 其余插座 10A	空调插座距地面 1.8m 厨房插座距地面 1.3m 热水器插座距地面 2.2m 其余插座距地面 0.3m
5	照明灯	客厅：有 LED 变色的吊灯 卧室：荧光吸顶灯 厨房和卫生间：防水灯	照明灯功率 20～40W
6	吊扇	悬挂式吊扇	功率 25W
7	调速器	简易调速器	
8	导线	进线 BV-2×16+1×6DG32 支线 BV-3×2.5DG20	

2. 元器件知识

家用电路是由开关、断路器、灯具等元器件组成，这些元器件的结构和基本原理是怎样的？

（1）漏电开关。漏电开关作为一种有效的电气安全技术装置已经得到广泛应用。研究表明，当人体接触 50Hz 的交流电、触电电流在 30mA 及以下时，可以承受几分钟的时间。因此，在移动电器、潮湿场所的电器所在的电源支路设置漏电开关，是防止间接接触触电的有效措施。按照 GB 50096—2003《住宅设计规范》规定："除空调电源插座外，其他电源插座回路应设置漏电保护装置"。其漏电动作电流为 30mA，动作时间为 0.1s。

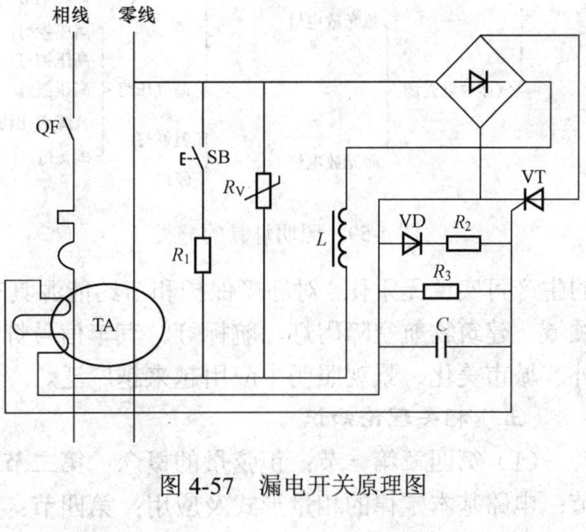

图 4-57　漏电开关原理图

漏电保护开关型号众多，但工作原理基本相同，图 4-57 所示为 DZ47LE 漏电开关原理图。

漏电开关工作过程如下。漏电开关由零序电流互感器 TA（感测部分）、运算控制器（控制部分)和电磁脱扣器（动作、执行部分）组成。在正常情况下，TA 的相线和零线中电流相量为零，TA 的二次线圈没有感应电动势输出，漏电开关的比较控制部分及执行元件不工作。当电路中发生触电和漏电故障，相线对地产生漏电电流，导致 TA 的相线和零线中电流大小不同，因而 TA 中存在一定大小的磁通，其二次线圈输出一感应电动势，加在 VT 的控制极上，当其值大于 VT 控制极触发电压时，VT 导通，电感线圈 L 中有直流电流流过，产生磁通吸引衔铁，带动脱口装置使 QF 跳闸，负载侧线路断电，达到安全保护的目的。当按下 SB 使 TA 中仅相线有电流流过而零线没有，同样使 TA 二次线圈输出感应电动势，QF 跳闸。

（2）开关与插座（Switch and Socket）。灯开关的种类繁多，按装置方式分为明装式开关、暗装式开关、悬挂式开关、附装式开关；按操作方法分为翘板式开关、倒板式开关、拉线式开关、按钮式开关、推移式开关、旋转式开关、触摸式开关等；按接通方法分为单联、双联、双控、双路等。部分样图如图 4-58 所示。

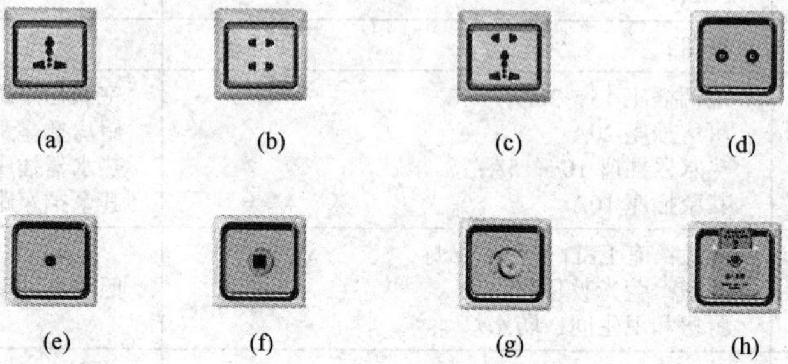

图 4-58　部分插座和开关

（a）多功能三极插座；（b）二位二极扁圆插座；（c）二极带多功能插座；（d）双联电视插座；（e）触摸延时开关；（f）声光控延时开关；（g）调光开关；（h）插卡取电节能开关

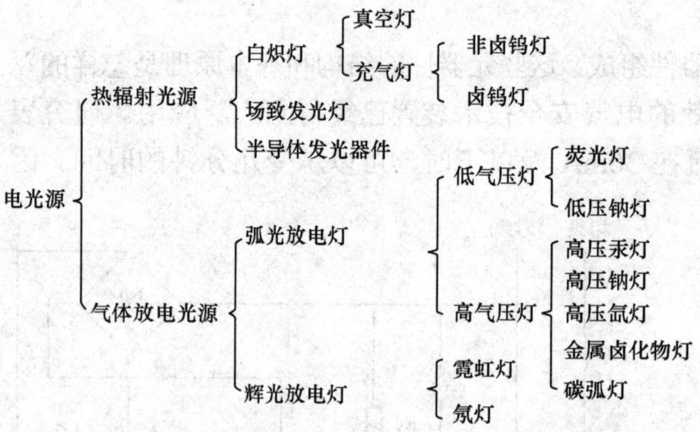

图 4-59　照明灯具的分类

（3）照明灯具。照明灯具有白炽灯、荧光灯、高压汞灯、高压钠灯和金属卤化物灯等，按其发光原理又分为热辐射光源和气体放电光源两大类，如图 4-59 所示。

LED 新型光源被誉为 21 世纪的绿色照明产品，它具有寿命长、起动时间短、结构牢固、节能、薄型灯具、灯具材料选择范围大、不需要加发射器、低压、没有紫外辐射、尤其在公共环境中使用更加安全等特点。再加上 LED 光源的生产可实现无汞化，对环境保护和节约能源具有重要意义。传统的 LED 主要用于信号显示领域、建筑物航空障碍灯、航标灯、汽车信号灯、仪表背光照明等，如今娱乐、建筑物室内外、城市美化、景观照明中应用越来越广泛。

（五）相关理论知识

（1）第四章第一节：正弦量的概念；第二节：正弦量的相量表示及相量运算方法；第三节：电路基本定律的相量形式及应用；第四节：复阻抗及复导纳的概念及应用。

（2）第九章第三节：电流、电压、功率和电能的测量。

（六）扩展知识

第四章第六节：交流电路的功率及提高功率因数的方法。

第五章　三相电路的分析与应用

三相正弦交流电是目前世界上广泛使用的交流电源。电力系统中的发电、输电、配电以及大功率用电器大多数都是三相系统。由三相电源和三相负载连接而成的电路，称为三相电路。上一章介绍的单相交流电路的基本理论、基本定律和基本分析计算方法，完全适用于三相正弦交流电路。但三相电路又有其自身的特点和规律，因此，分析三相电路时应注意区别它们的异同点。

第一节　三相电源与三相负载及其应用

问题一：你所遇到的三相电源和三相负载有哪些连接方式？如何连接？

一、对称三相交流电的概念

1. 对称三相电源（Symmetrical Three-phase Source）

由三相发电机所产生的电源称为三相交流电源，三相电源一般为对称三相电源，即由三个频率相同、振幅相同、相位各差 120°的电压源组成。如图 5-1 所示的三相电源，若取 A 相作为参考相量，则其初相为零，B 相滞后 A 相 120°，C 相滞后 B 相 120°。三相电源的首端称为相首，标以 A、B、C；末端称为相尾，标以 X、Y、Z，并规定参考正极性标在首端，负极性标在末端。

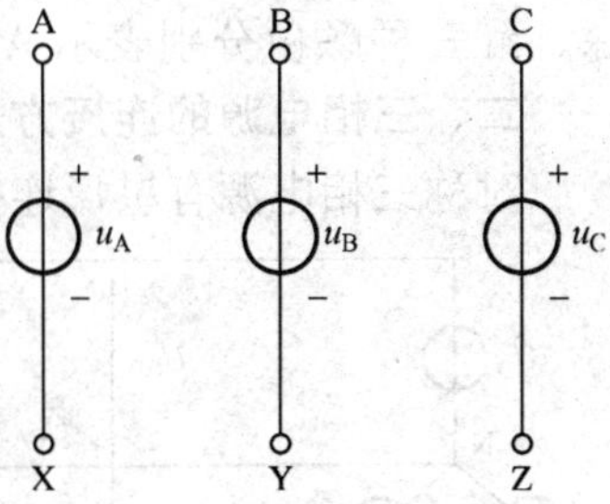

图 5-1　三相电源电路符号

2. 表达式（Expressions）

对称三相电压源可表示为

$$\left.\begin{aligned} u_A &= U_m \sin\omega t \\ u_B &= U_m \sin(\omega t - 120°) \\ u_C &= U_m \sin(\omega t + 120°) \end{aligned}\right\} \tag{5-1}$$

3. 波形（Waveform）

对称三相正弦电压波形如图 5-2（a）所示。

4. 相量式和相量图（Phase Formula and Phase diagram）

相量式为

$$\left.\begin{aligned} \dot{U}_A &= U_{ph}\angle 0° \\ \dot{U}_B &= U_{ph}\angle -120° \\ \dot{U}_C &= U_{ph}\angle 120° \end{aligned}\right\} \tag{5-2}$$

对称三相正弦电压的相量图如图 5-2（b）所示。按相量相加，有

$$\dot{U}_A + \dot{U}_B + \dot{U}_C = U\angle 0° + U\angle -120° + U\angle 120° = 0 \tag{5-3}$$

式（5-3）表明，对称三相电源电压的代数和为零，这是三相电源的一个重要特性。

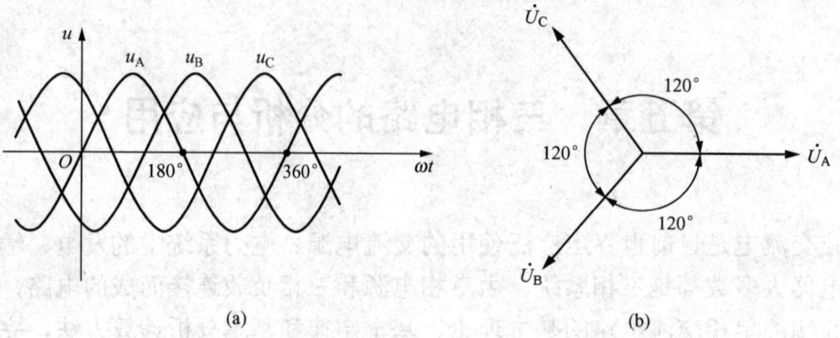

图 5-2 三相对称正弦电压波形图和相量图

5. 相序（Phase Sequence ）

三相正弦电压到达最大值或零值的先后次序称为相序，分顺相序和逆相序两种。

（1）顺相序［或称正序］(Positive Sequence)。相序为：A-B-C-A，如图 5-2（a）所示，即 $\dot{U}_A$ 超前 $\dot{U}_B$ 120°，$\dot{U}_B$ 超前 $\dot{U}_C$ 120°，$\dot{U}_C$ 超前 $\dot{U}_A$ 120°。

（2）逆相序［或称负序］(Reverse Phase)。相序为：A-C-B-A，即 $\dot{U}_A$ 超前 $\dot{U}_C$ 120°，$\dot{U}_C$ 超前 $\dot{U}_B$ 120°，$\dot{U}_B$ 超前 $\dot{U}_A$ 120°，工程上通用的相序为顺相序。三相发电机引出线或母线用黄、绿、红三种颜色分别表示 A、B、C 三相相序。

二、三相电源的连接方式（Three-phase Power Connections）

对称三相电源有星形连接（Y）和三角形连接（△）两种。

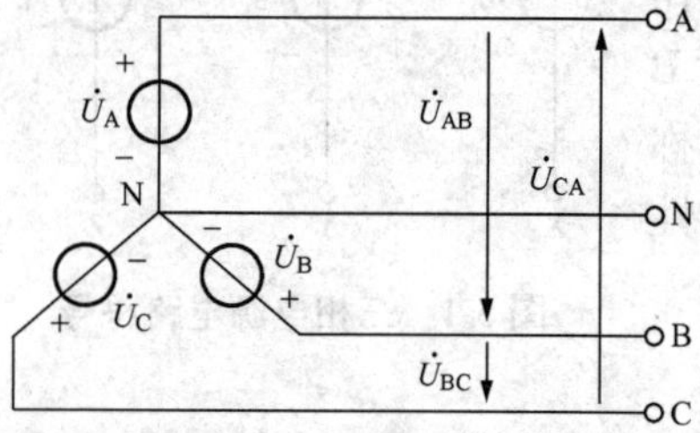

图 5-3 三相电源星形连接

1. 星形连接（Star Connection）

（1）定义（Define）。将三相绕组的负极性端连接在一起，称为中性点（也称为零线）；引出线称为中性线或零线；正极性端分别引出称为相线或火线。如图 5-3 所示，星形连接也称为Y形连接。

（2）相电压、线电压的关系。在星形连接中，每根相线与中性线之间的电压称为相电压，即

$$\dot{U}_{AN}=\dot{U}_A，\dot{U}_{BN}=\dot{U}_B，\dot{U}_{CN}=\dot{U}_C \tag{5-4}$$

对称的三个相电压的有效值通常用 U_{ph} 表示。

相线与相线之间的电压称为线电压，记为 $\dot{U}_{AB}$、$\dot{U}_{BC}$、$\dot{U}_{CA}$，其下标字母的顺序表示线电压的参考方向。对称三相线电压的有效值通常用 U_L 表示。根据图 5-3 中所示的参考方向，列 KVL 方程可以得到星接电源的线电压和相电压的关系为

$$\left.\begin{aligned}\dot{U}_{AB}&=\dot{U}_A-\dot{U}_B\\ \dot{U}_{BC}&=\dot{U}_B-\dot{U}_C\\ \dot{U}_{CA}&=\dot{U}_C-\dot{U}_A\end{aligned}\right\} \tag{5-5}$$

对于对称的三相电源，相电压与线电压满足下述关系

$$\left.\begin{aligned}\dot{U}_{AB}&=\dot{U}_A-\dot{U}_B=U_{ph}\angle 0^\circ-U_{ph}\angle -120^\circ=\sqrt{3}\dot{U}_A\angle 30^\circ\\\dot{U}_{BC}&=\dot{U}_B-\dot{U}_C=U_{ph}\angle -120^\circ-U_{ph}\angle 120^\circ=\sqrt{3}\dot{U}_B\angle 30^\circ\\\dot{U}_{CA}&=\dot{U}_C-\dot{U}_A=U_{ph}\angle 120^\circ-U_{ph}\angle 0^\circ=\sqrt{3}\dot{U}_C\angle 30^\circ\end{aligned}\right\}\quad(5\text{-}6)$$

$$U_L=\sqrt{3}U_{ph}\quad(5\text{-}7)$$

（3）线电压和相电压的相量关系。

三相星接，线电压有效值是相电压有效值的 $\sqrt{3}$ 倍，线电压超前各自对应相电压 30°，即 $U_L=\sqrt{3}U_{ph}$，相量图如图 5-4 所示。

2. 三角形连接（Delta Connection）

（1）定义（Define）。三角形连接常用△形连接（或 D 接）表示，它是将三相绕组的任一相首端与另一相的末端相连接，正极性端引出端线，即 X 与 B 连接，Y 与 C 连接，Z 与 A 连接，并从三个连接点 A、B、C 处引出三根相线，如图 5-5 所示。

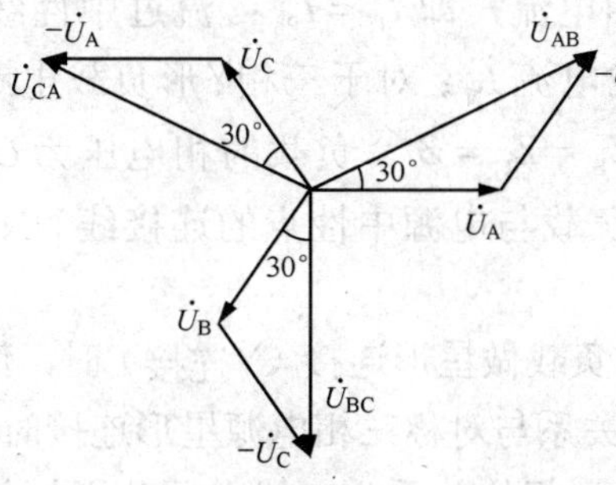

图 5-4　线电压和相电压的大小及相位关系

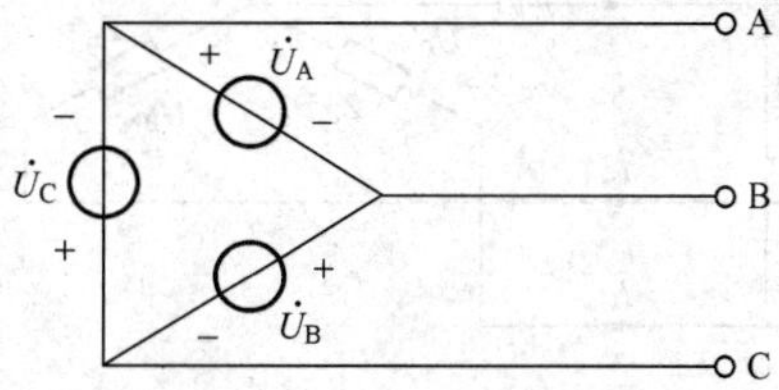

图 5-5　三相电源三角形连接

（2）相、线电压关系。三相电源△形连接时，线电压就是相电压，如图 5-5 所示，即 $U_L=U_{ph}$，所以有

$$\left.\begin{aligned}\dot{U}_{AB}&=\dot{U}_A\\\dot{U}_{BC}&=\dot{U}_B\\\dot{U}_{CA}&=\dot{U}_C\end{aligned}\right\}\quad(5\text{-}8)$$

当三相电源电压对称时，其回路电压为零，即

$$\dot{U}_A+\dot{U}_B+\dot{U}_C=0\quad(5\text{-}9)$$

在工程实际中，三相电源不可能完全对称，因此在三角形回路中将出现不平衡电压 ΔU，并形成环流。若某相接反时，三角形回路中的不平衡电压将达到相电压的 2 倍，如图 5-6 所示，它将产生很大的环流，烧坏电源绕组，造成事故。因此大容量的三相交流发电机基本上不采用三角形连接。若采用三角形连接时，接线时预留一个用电压表测量开口电压，如图 5-7 所示。如果电压表读数近似于零或很小，可以确定三相电源三角形接线正确，再闭合开口；否则要检查哪相接反了。

三、三相负载的星形连接及三角形连接

在三相电路中，负载的连接通常是三相的，如三相电动机，即使工厂和居民住房中的单相用电设备，如电炉、电灯、单相电动机等，也是按一定规律组成三相负载。根据三相电源与三相负载的连接方式分类，可分为Y-Y，Y-△，△-Y，△-△四种连接方式。

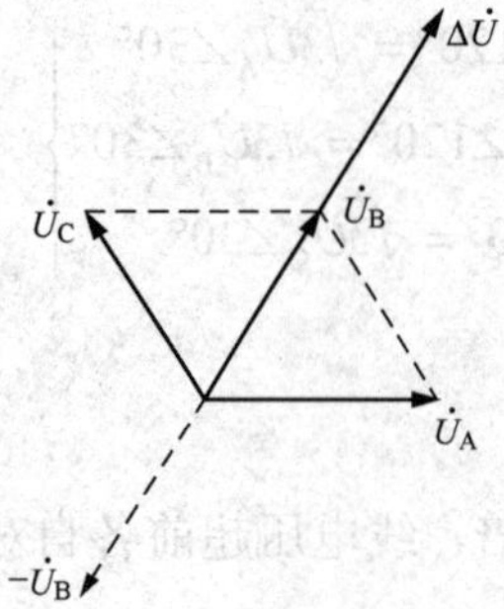

图 5-6 B 相电源接反相量图

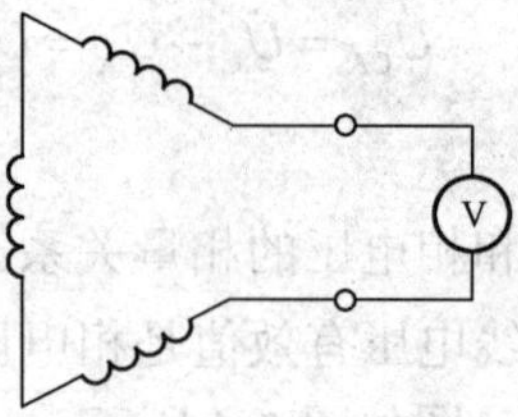

图 5-7 交流电压表闭合

1. 三相负载的星形连接（Star Connection）

（1）线电流和相电流（Line Current and Phase Current）。在三相电路中，流过端线的电流称为线电流 $\dot{I}_A$、$\dot{I}_B$、$\dot{I}_C$；从图 5-8 可以看出，线电流就是相电流，即 $I_L = I_{Ph}$；流过中性线的电流称为中性线电流 $\dot{I}_N$；对于三相Y形负载电路，负载阻抗 $Z_A = Z_B = Z_C = Z$。负载的相电压为 $\dot{U}_{AN'}$、$\dot{U}_{BN'}$、$\dot{U}_{CN'}$，负载与电源中性点的连接线 NN′ 称为中性线。

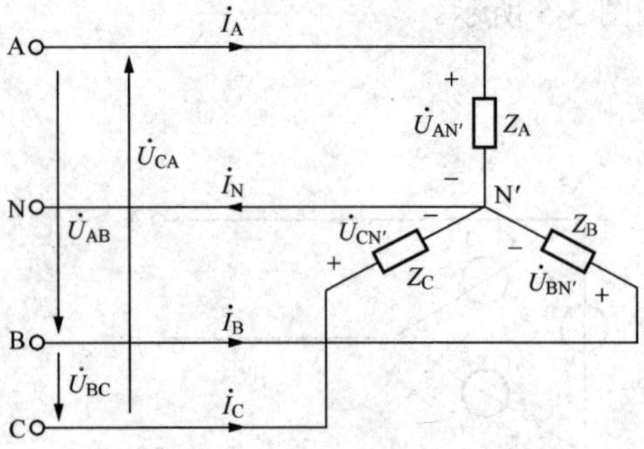

图 5-8 三相负载星形连接

对称三相负载做星形连接（Y连接）时，负载的线、相电压的关系与对称三相电源星形连接时相同，即 $U_L = \sqrt{3}U_{Ph}$；相位关系为：线电压分别超前各自对应的相电压 30°。

在星形连接的电路中，各相负载电流为

$$\left.\begin{aligned} \dot{I}_A &= \frac{\dot{U}_{AN'}}{Z_A} \\ \dot{I}_B &= \frac{\dot{U}_{BN'}}{Z_B} \\ \dot{I}_C &= \frac{\dot{U}_{CN'}}{Z_C} \end{aligned}\right\} \tag{5-10}$$

（2）中性线电流（Neutral Current）。三相星形连接时，中性线中流过的电流称为中性线电流。根据 KCL 方程，中性线电流

$$\dot{I}_N = \dot{I}_A + \dot{I}_B + \dot{I}_C \tag{5-11}$$

如果三相电流 $\dot{I}_A$、$\dot{I}_B$、$\dot{I}_C$ 对称，则中性线电流 $\dot{I}_N = 0$，此时，可以省去中性线，三根导线将三相电源和三相负载连接起来，称为三相三线制供电方式。

2. 三相负载的三角形连接（Three-phase Load Triangle Connection）

（1）线电流和相电流（Line Current and Phase Current）。三相负载的三角形连接（△连接）就是将三相负载的首、末端依次接在相线与相线（端线）之间，如图 5-9 所示。此时负载的相电压与电源线电压相等。流过相（端）线的电流 $\dot{I}_A$、$\dot{I}_B$、$\dot{I}_C$ 称为线电流，规定电流的参考方向是从电源到负载；流过每相负载的电流称为相电流，规定电流的参考方向为 $\dot{I}_{AB}$、

$\dot{I}_{BC}$、$\dot{I}_{CA}$。

线电流和相电流的关系可以由 KCL 得到，即

$$\left.\begin{aligned}\dot{I}_A &= \dot{I}_{AB} - \dot{I}_{CA}\\ \dot{I}_B &= \dot{I}_{BC} - \dot{I}_{AB}\\ \dot{I}_C &= \dot{I}_{CA} - \dot{I}_{BC}\end{aligned}\right\} \tag{5-12}$$

如果三相负载对称，且设

$$\dot{I}_{AB} = I_{ph}\angle 0°，\ \dot{I}_{BC} = I_{Ph}\angle -120°，\ \dot{I}_{CA} = I_{Ph}\angle 120° \tag{5-13}$$

将式（5-13）整理可得

$$\left.\begin{aligned}\dot{I}_A &= I_{Ph}\angle 0° - I_{Ph}\angle -120° = \sqrt{3}\dot{I}_{AB}\angle -30°\\ \dot{I}_B &= I_{Ph}\angle -120° - I_{Ph}\angle 120° = \sqrt{3}\dot{I}_{BC}\angle -30°\\ \dot{I}_C &= I_{Ph}\angle 120° - I_{Ph}\angle 0° = \sqrt{3}\dot{I}_{CA}\angle -30°\end{aligned}\right\} \tag{5-14}$$

即

$$I_L = \sqrt{3}I_{ph} \tag{5-15}$$

（2）线电流和相电流的大小及相位关系。三相负载三角形连接时，如果相电流是对称的，则线电流也是对称的，如图 5-10 所示。

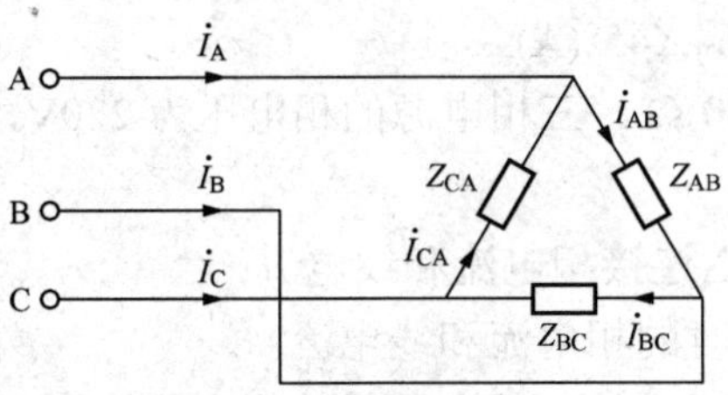

图 5-9　三相负载三角形连接

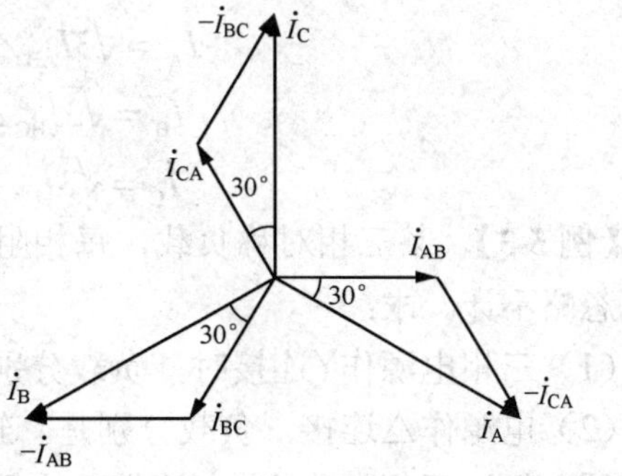

图 5-10　线电流和相电流的大小及相位关系

线电流和相电流的有效值关系为 $I_L = \sqrt{3}I_{ph}$；线电流分别滞后各自对应的相电流 30°。

四、例题分析（Sample Analysis）

【例 5-1】 三相异步电动机组成的Y连接三相电路如图 5-8 所示，每相负载阻抗 $Z = (4 + j3)\Omega$，接到线电压为 380V 的对称三相电源上，线路阻抗忽略不计，求 $\dot{I}_A$、$\dot{I}_B$、$\dot{I}_C$ 及中性线电流 $\dot{I}_N$。

解　设线电压 $\dot{U}_{AB} = 380\angle 30°(V)$，则对应的相电压为

$$\dot{U}_A = 220\angle 0°(V)，\ \dot{U}_B = 220\angle -120°(V)，\ \dot{U}_C = 220\angle 120°(V)$$

三个相电流为

$$\dot{I}_A = \frac{\dot{U}_A}{Z} = \frac{220\angle 0°}{(4 + j3)} = \frac{220\angle 0°}{5\angle 36.87°} = 44\angle -36.87°(A)$$

$$\dot{I}_B = \frac{\dot{U}_B}{Z} = \frac{220\angle -120°}{(4 + j3)} = \frac{220\angle -120°}{5\angle 36.87°} = 44\angle -156.87°(A)$$

$$\dot{I}_C=\frac{\dot{U}_C}{Z}=\frac{220\angle 120^\circ}{(4+j3)}=\frac{220\angle 120^\circ}{5\angle 36.87^\circ}=44\angle 83.13^\circ(A)$$

$$\dot{I}_N=\dot{I}_A+\dot{I}_B+\dot{I}_C=44\angle-36.87^\circ+44\angle-156.87^\circ+44\angle 83.13^\circ=0(A)$$

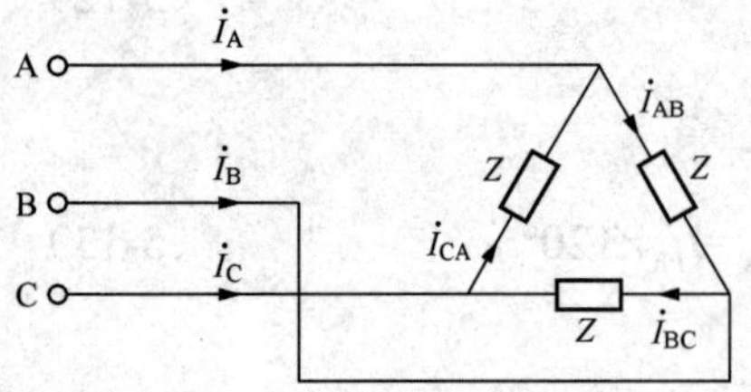

图 5-11 三相负载三角形连接

【例 5-2】三相异步电动机负载，电路如图 5-11 所示，每相负载阻抗 $Z=19\angle 45^\circ\Omega$，线路阻抗忽略不计，将负载接成三角形，接在线电压为 380V 的对称三相电源上，求负载各相电流和线电流。

解 设线电压 $\dot{U}_{AB}=380\angle 0^\circ(V)$，则

$$\dot{U}_{BC}=380\angle-120^\circ(V),\quad \dot{U}_{CA}=380\angle 120^\circ(V)$$

各相电流为

$$\dot{I}_{AB}=\frac{\dot{U}_{AB}}{Z}=\frac{380\angle 0^\circ}{19\angle 45^\circ}=20\angle-45^\circ(A)$$

$$\dot{I}_{BC}=\frac{\dot{U}_{BC}}{Z}=\frac{380\angle-120^\circ}{19\angle 45^\circ}=20\angle-165^\circ(A)$$

$$\dot{I}_{CA}=\frac{\dot{U}_{CA}}{Z}=\frac{380\angle 120^\circ}{19\angle 45^\circ}=20\angle 75^\circ(A)$$

则线电流为

$$\dot{I}_A=\sqrt{3}\dot{I}_{AB}\angle-30^\circ=34.64\angle-75^\circ(A)$$

$$\dot{I}_B=\sqrt{3}\dot{I}_{BC}\angle-30^\circ=34.64\angle 165^\circ(A)$$

$$\dot{I}_C=\sqrt{3}\dot{I}_{CA}\angle-30^\circ=34.64\angle 45^\circ(A)$$

【例 5-3】 某三相对称负载，每相阻抗为 $(80+j60)\Omega$，三相电源的相电压为 220V，线路阻抗忽略不计。求：

（1）三相电源作Y连接时，负载分别是Y连接和△连接相电流和线电流；

（2）电源作△连接，负载分别是Y连接和△连接时的相电流和线电流。

解 （1）三相电路作Y-Y连接，由于线路阻抗忽略不计，三个负载的相电压均为

$$U_{ph}=220(V)$$

每相的阻抗 $|Z|=\sqrt{(R^2+X^2)}=\sqrt{(80^2+60^2)}=100(\Omega)$

负载相、线电流 $I_L=I_{Ph}=\dfrac{U_{ph}}{|Z|}=\dfrac{220}{100}=2.2(A)$

（2）三相电路作Y-△连接，电源侧线电压为

$$U_L=\sqrt{3}\times 220=380(V)$$

负载是△连接时，负载的相电压等于线电压，即

$$U_{ph}=U_L=380(V)$$

负载相电流为

$$I_{ph}=\frac{U_L}{|Z|}=\frac{380}{100}=3.8(A)$$

负载线电流

$$I_L = \sqrt{3} I_{ph} = 6.6(A)$$

（3）三相电路作△-△连接时，电源侧线电压为

$$U_{ph} = U_L = 220(V)$$

由于负载是△连接，负载的相电压为

$$U_{ph} = U_L = 220(V)$$

负载相电流为

$$I_{ph} = \frac{U_{ph}}{|Z|} = \frac{220}{100} = 2.2(A)$$

负载线电流为

$$I_L = \sqrt{3} I_{ph} = 3.8(A)$$

（4）三相电路作△-Y连接时三相电源对称，电源侧线电压为

$$U_{ph} = U_L = 220(V)$$

由于负载是三角形连接，负载的相电压为

$$U_{ph} = \frac{U_L}{\sqrt{3}} = \frac{220}{\sqrt{3}} = 127(V)$$

负载相电流为

$$I_{ph} = \frac{U_{ph}}{Z} = \frac{127}{100} = 1.27(A)$$

负载线电流为

$$I_L = I_{Ph} = 1.27(A)$$

从例题分析可知，电源和负载采用不同的接线方式，负载获得的电压、电流是不相同的。

五、三相电路分析要点

（1）对称三相电路是由三个等幅值、同频率、初相角互差120°的正弦电源作星形（Y）或三角形（△）连接组成。三相对称电源（包括电压、电流）的相量和恒等于零。

（2）三相电源或三相负载有Y连接和△连接两种接线方式。不同连接下的相、线电压，相、线电流是不相同的。Y连接对称时，相电流就是线电流；线电压的有效值是相电压的$\sqrt{3}$倍，线电压相位超前于先行相的相电压30°。△连接时，相电压等于线电压，线电流的有效值是相电流的$\sqrt{3}$倍，线电流相位滞后于后续相的相电流30°。

六、实践应用（Applications）

三相电路相线电压、相线电流的测量和分析

（一）教学目标

（1）能将三相电路连接成星形（Y）和三角形（△）。

（2）能测量三相Y连接和△连接负载的线电压、相电压，线电流、相电流。

（3）能判断Y连接和△连接负载的线电压和相电压、线电流和相电流的大小及相位关系。

（二）仪器设备

（1）三相负载板，1块。

（2）交流电流表，1只。

（3）电流表插座板，1块。

（4）万用表，1只。

（三）工作任务

1. 将三相负载连接成星形，测量相、线电压及相、线电流值

按图5-12所示电路将三相负载连接成星形，经检查无误后合上三相电源开关QF，分别测量三相负载的线电压、相电压、线电流、相电流、中性线电流，电源与负载中性点间的电压，将测量数据填入表5-1中。

表5-1 数据记录一

三相负载Y连接	线电流			线电压			相电压			中性线电流	中性点电压
	I_A	I_B	I_C	U_{AB}	U_{BC}	U_{CA}	U_A	U_B	U_C	I_N	$U_{NN'}$
平衡有中性线											
平衡无中性线											
不平衡有中性线											
不平衡无中性线											
有中性线B相断											
无中性线C相断											

2. 将三相负载连接成三角形，测量相、线电压和相、线电流值

按图5-13所示电路将三相负载连接成三角形，经检查无误后合上三相电源开关QF，将测量数据填入表5-2中。

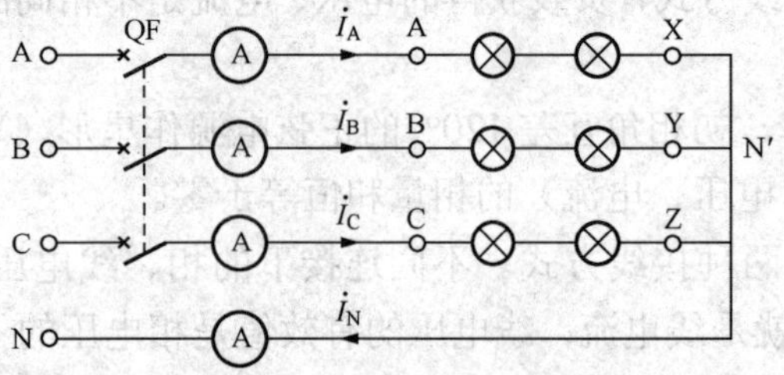

图5-12 三相负载星形连接

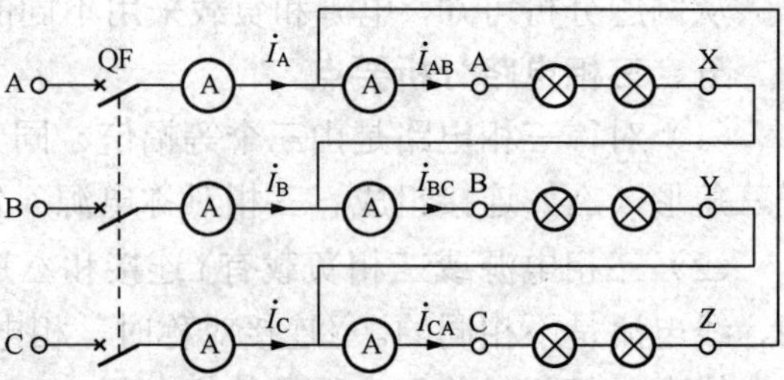

图5-13 三相负载三角形连接

表5-2 数据记录二

三相负载△连接	线电压			线电流			相电流		
	U_{AB}	U_{BC}	U_{CA}	I_A	I_B	I_C	I_{AB}	I_{BC}	I_{CA}
三相平衡									
三相不平衡									

（四）注意事项

（1）接好线后，经相互检查无误后，方可通电试验，防止出现人为短路事故。

（2）在插拔电流表插头或更换电表量程时，应先断开电源后再进行操作。

（3）用万用表测量电压时，量程应从最大挡往最小挡调节。

（4）测量时要注意人身安全，要防止人体触及带电部分。

（五）数据分析

（1）用实际测量数据分析三相电路中电压、电流的大小关系。

（2）用实际测量数据分析三相四线制供电系统中中性线的作用。

第二节　三相电路的功率及测量

问题二：你能测量三相交流电路的功率吗？使用了电能，该缴纳多少电费？如何计算？

三相电路的功率分为有功功率、无功功率和视在功率，可通过计算和测量的方法得到。

一、三相电路的功率

1. 有功功率（Active Power）

三相负载吸收的有功功率等于各相有功功率之和，即

$$P = P_A + P_B + P_C \tag{5-16}$$

根据图 5-14 所示电路有

$$P = U_{AN'} I_A \cos\varphi_A + U_{BN'} I_B \cos\varphi_B + U_{CN'} I_C \cos\varphi_C$$

其中各电压、电流分别是 A、B、C 三相电路中的相电压和相电流，φ_A、φ_B、φ_C 为 A、B、C 三相负载的阻抗角，也是各相电压和各相电流之间的相位差角。

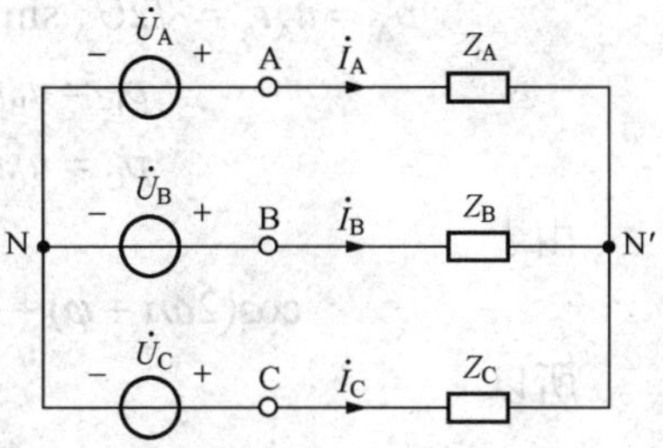

图 5-14　三相电路

若三相电路对称，则

$$P_A = P_B = P_C$$

$$P = 3P_A \text{ 或 } P = 3P_{Ph}$$

即

$$P = 3U_{Ph} I_{Ph} \cos\varphi_{Ph} = \sqrt{3} U_L I_L \cos\varphi \tag{5-17}$$

2. 无功功率（Reactive Power）

与三相有功功率相类似，三相负载的无功功率为

$$Q = Q_A + Q_B + Q_C \tag{5-18}$$

根据图 5-14 所示电路有

$$Q = U_{AN'} I_A \sin\varphi_A + U_{BN'} I_B \sin\varphi_B + U_{CN'} I_C \sin\varphi_C$$

对称三相电路中无功功率相等，即

$$Q_A = Q_B = Q_C$$

$$Q = 3Q_A \text{ 或 } Q = 3Q_{Ph}$$

即

$$Q = 3U_{Ph} I_{Ph} \sin\varphi_{Ph} \text{ 或 } Q = \sqrt{3} U_L I_L \sin\varphi \tag{5-19}$$

3. 视在功率（Apparent Power）

三相视在功率定义为三相有功和三相无功功率的相量和，即

$$S = P + jQ \tag{5-20}$$

三相视在功率的大小为

$$S=\sqrt{P^2+Q^2} \tag{5-21}$$

三相电路对称时为

$$S=3U_{\rm Ph}I_{\rm Ph}=\sqrt{3}U_{\rm L}I_{\rm L} \tag{5-22}$$

4. 功率因数（Power Factor）

功率因数是有功功率和视在功率的比值，即 $\cos\varphi=P/S$。在数值上，功率因数的大小与电路的负荷性质有关，如白炽灯泡、电阻炉等电阻负荷的功率因数为 1，一般具有电感或电容性负载的电路功率因数都小于 1。

在对称情况下，$\lambda=\cos\varphi$，即为一相负载的功率因数。

5. 瞬时功率（Instantaneous Power）

三相电路的瞬时功率等于各相负载瞬时功率之和，即

$$p=p_{\rm A}+p_{\rm B}+p_{\rm C} \tag{5-23}$$

在图 5-1 所示电路中，设 $u_{\rm A}=\sqrt{2}U_{\rm A}\sin\omega t$，$i_{\rm A}=\sqrt{2}I_{\rm A}\sin(\omega t-\varphi)$，在电路对称的情况下，三相负载的瞬时功率为

$$p_{\rm A}=u_{\rm A}i_{\rm A}=\sqrt{2}U_{\rm A}\sin\omega t\times\sqrt{2}I_{\rm A}\sin(\omega t-\varphi)=U_{\rm A}I_{\rm A}[\cos\varphi-\cos(2\omega t-\varphi)]$$

$$p_{\rm B}=u_{\rm B}i_{\rm B}=U_{\rm B}I_{\rm B}[\cos\varphi-\cos(2\omega t-\varphi+120°)]$$

$$p_{\rm C}=u_{\rm C}i_{\rm C}=U_{\rm C}I_{\rm C}[\cos\varphi-\cos(2\omega t-\varphi-120°)]$$

由于

$$\cos(2\omega t-\varphi)+\cos(2\omega t-\varphi+120°)+\cos(2\omega t-\varphi-120°)=0$$

所以

$$p=3U_{\rm Ph}I_{\rm Ph}\cos\varphi_{\rm Ph}=P=\text{常数}$$

即对称三相电路的瞬时功率等于有功功率，它是个常数，不随时间而变化。

对于三相电路的功率是否平衡，一直是困扰供电单位的主要问题之一。低压电网大多是经 10/0.4kV 变压器降压后，以三相四线制向用户供电，它是三相生产用电与单相负载混合用电的供电网络。在装接单相用户时，供电部门应该将单相负载均衡地分接在 A、B、C 三相上。只要把单相负荷用电户均衡地分配到三相上，就能实现三相平衡，同时可减少中性线电流，降低损耗，保证用户的电能质量。

二、三相功率测量

三相功率的测量通常借助于功率表，功率表内部有两个线圈，一个线圈与负载串联，用于测量电流；另一个线圈与负载并联，用于测量电压。接入电路时要求两个带“*”端头连接在一起。测量三相功率时有一表法、二表法和三表法三种测量方法。

1. 一表法

一表法适用于测量三相对称负载电路的功率，如图 5-15 所示。用功率表测量对称三相中的一相功率，则三相功率

$$P=3P_{\rm A} \tag{5-24}$$

2. 两表法

两表法适用于测量三相三线制电路的功率，如图 5-16 所示。实际上，两表法是以三相中的一相作为参考点，测量另两相相对于该相的线电压、线电流构成的功率。三相总功率等于

两个功率表所设功率之代数和，即

$$P = P_1 + P_2 \tag{5-25}$$

注意：用两表法测量三相电路的功率时，线电压和线电流之间的相位差有可能大于 90°，此时功率表指针出现反偏，表明功率为负值，应将电压线圈反接后重新测量（若功率表读数只能为正），但该功率表读数应以负值代入式（5-25）计算总功率。

3. 三表法

三表法用于测量不对称的三相四线制电路，如图 5-17 所示。用功率表分别测量每相负载功率，三相总功率等于三个功率表所测功率之和，即

$$P = P_1 + P_2 + P_3 \tag{5-26}$$

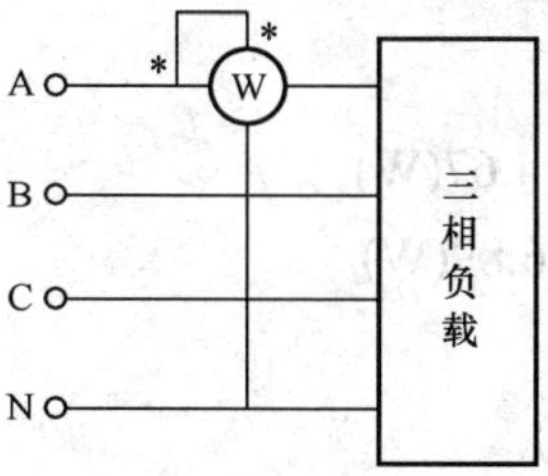

图 5-15　一表法接线

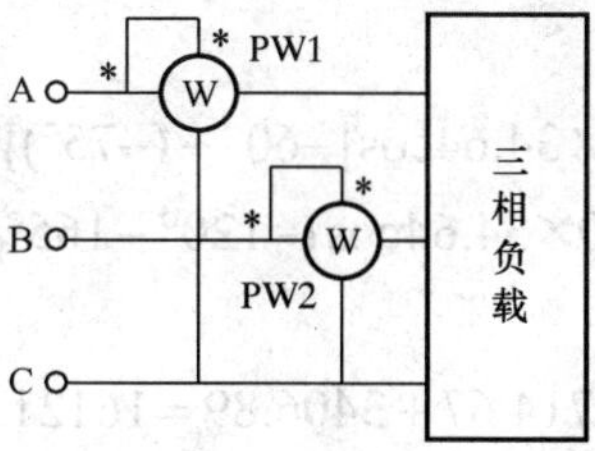

图 5-16　两表法接线

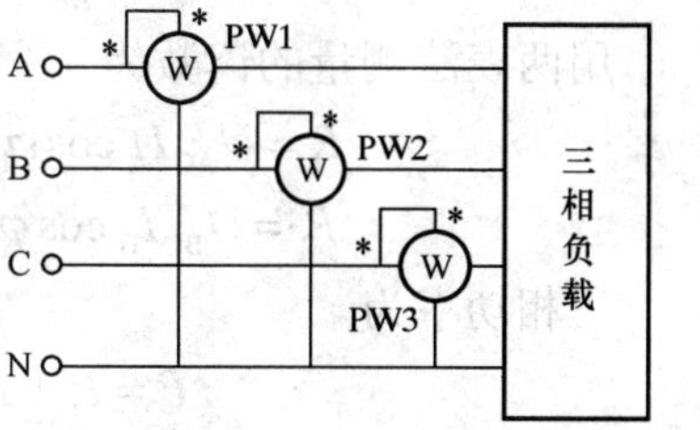

图 5-17　三表法接线

三、例题分析（Sample Analysis）

【例 5-4】 有一台三相异步电动机，每相绕组的阻抗 $Z=(8+\mathrm{j}12)\Omega$，接到线电压为 380V 的三相对称电源上，分别计算下面两种情况下电动机的有功功率，并比较计算结果。

（1）负载作三角形连接；

（2）负载作星形连接。

解　（1）电动机作三角形连接。

每相阻抗　$Z = R + \mathrm{j}X = 8 + \mathrm{j}12 = 14.42\angle 56.31°(\Omega)$

相电压　$U_{\mathrm{ph}} = U_{\mathrm{L}} = 380(\mathrm{V})$

相电流　$I_{\mathrm{ph}} = \dfrac{U_{\mathrm{ph}}}{|Z|} = \dfrac{380}{14.42} = 26.35(\mathrm{A})$

线电流　$I_{\mathrm{L}} = \sqrt{3} I_{\mathrm{ph}} = \sqrt{3} \times 26.35 = 45.64(\mathrm{A})$

功率因数　$\lambda = \cos\varphi = \cos(56.31°) = 0.5547$

有功功率　$P = 3U_{\mathrm{ph}} I_{\mathrm{ph}} \cos\varphi_{\mathrm{ph}} = 3\times 380\times 26.35\times 0.5547 = 16.66$（kW）

（2）负载作星形连接。

负载相电压　$U_{\mathrm{ph}} = \dfrac{U_{\mathrm{L}}}{\sqrt{3}} = \dfrac{380}{\sqrt{3}} = 220(\mathrm{V})$

相电流　$I_{\mathrm{ph}} = \dfrac{U_{\mathrm{ph}}}{|Z|} = \dfrac{220}{14.42} = 15.25(\mathrm{A})$

线电流　$I_{\mathrm{L}} = I_{\mathrm{ph}} = 15.256(\mathrm{A})$

功率因数　$\lambda = \cos\varphi = \cos(56.31°) = 0.5547$

有功功率　$P = 3U_{\mathrm{ph}} I_{\mathrm{ph}} \cos\varphi_{\mathrm{ph}} = 3\times 220\times 15.25\times 0.5547 = 5.58(\mathrm{kW})$

例 5-4 说明，△连接时相电压是Y连接时的$\sqrt{3}$倍，而总功率则是星形连接时的 3 倍。

【例 5-5】 用如图 5-16 所示两表法电路测量例 5-2 中对称三相电路的有功功率，并用计算方法加以验证。

解 假定“两表法”中两块单相功率表接线如图 5-16 所示，由例 5-2 的计算结果可知

$$\dot{I}_A = \sqrt{3}\dot{I}_{AB}\angle -30° = 34.64\angle -75°(A)$$

$$\dot{I}_B = \sqrt{3}\dot{I}_{BC}\angle -30° = 34.64\angle 165°(A)$$

$$\dot{I}_C = \sqrt{3}\dot{I}_{CA}\angle -30° = 34.64\angle 45°(A)$$

$$\dot{U}_{BC} = 380\angle -120°(V)，\dot{U}_{CA} = 380\angle 120°(V)$$

$$\dot{U}_{AB} = 380\angle 0°(V)，\dot{U}_{AC} = 380\angle -60°(V)$$

用两表法测量的读数为

$$P_1 = U_{AC}I_A\cos\varphi_1 = 380\times 34.64\cos[-60° - (-75°)] = 12714.67(W)$$

$$P_2 = U_{BC}I_B\cos\varphi_2 = 380\times 34.64\cos(-120° - 165°) = 3406.89(W)$$

三相功率为

$$P = P_1 + P_2 = 12714.67 + 3406.89 = 16121.56(W)$$

由三相电路功率计算公式得

$$P = \sqrt{3}U_L I_L\cos\varphi = \sqrt{3}\times 380\times 34.64\times\cos 45° = 16121.56(W)$$

计算结果和“两表法”测量结果一致。

四、三相电路功率计算要点

（1）三相电路的有功功率等于各相有功功率之和，即

$$P = P_A + P_B + P_C = 3U_{ph}I_{ph}\cos\varphi = \sqrt{3}U_L I_L\cos\varphi$$

（2）对称三相电路的瞬时功率是一个常量，其值等于平均功率，即

$$P = 3UI\cos\varphi$$

（3）三相电路的无功功率等于各相无功功率之和，即

$$Q = Q_A + Q_B + Q_C = 3U_{ph}I_{ph}\sin\varphi = \sqrt{3}U_L I_L\sin\varphi$$

（4）三相电路的视在功率 S 与有功功率 P、无功功率 Q 之间存在着功率三角形关系，即 $S = \sqrt{P^2 + Q^2} = \sqrt{3}U_L I_L$，对称三相电路的功率因数是 $\cos\varphi$，φ 是每相负载的阻抗角。

五、实践应用（Applications）

三相电路功率的测量与分析

（一）教学目标

（1）能用两只单相功率表测量三相电路的有功功率。

（2）能进行功率表的连接，能正确使用功率表测量电路的功率。

（二）仪器设备

（1）三相负载板，1 块。

（2）交流电流表，1 只。

（3）功率表，2 只。

（4）万用表，1 只。

（5）电流表插座板，1 块。

（三）工作任务

1. 用一只功率表测量三相四线制供电的三相星接负载功率

当三相的有功功率为 P_A、P_B、P_C 时，三相功率之和即为三相负载的三相有功功率。若三相负载是对称的，则只需测量一相的功率，再乘以 3 即为三相总有功功率。

2. 用两只功率表测量三相三线制供电系统中三相负载的有功功率

电路原理图如图 5-18 所示。

3. 三相负载接成星形，用两只功率表测量三相负载的总功率

按图 5-18 接线，按表 5-3 的要求进行测量与计算。

4. 三相负载接成三角形，用两只功率表测量三相负载的总功率

按图 5-19 接线，按表 5-3 要求进行测量与计算。

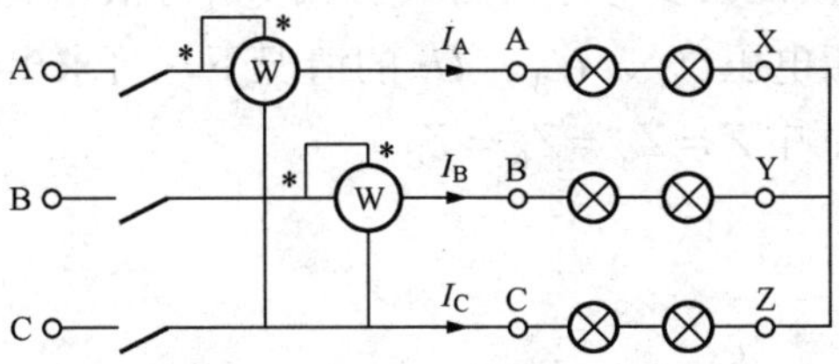

图 5-18　Y连接电路三相有功功率的测量

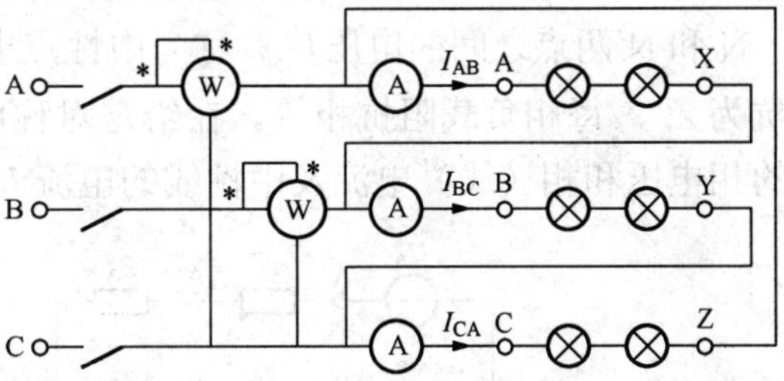

图 5-19　△连接电路三相有功功率的测量

表 5-3　　数　据　记　录

三相负载状况	测量数据								计算值				
	P_1	P_2	I_A	I_B	I_C	U_{AB}	U_{BC}	U_{CA}	P_A	P_B	P_C	P	P_1+P_2
Y连接平衡负载													
Y连接不平衡负载													
△连接平衡负载													
△连接不平衡负载													

（四）注意事项

（1）实验中电流表插头插拔时要在断电的情况下进行。

（2）仪表的量程不要超额定值。

（3）测量时人体不要触及到带电部分。

（五）数据分析

（1）根据测量数据计算出三相负载的总功率。

（2）将计算出的总功率与两表法测量的总功率比较，验证两表法测量功率的正确性。

第三节　对称三相电路的计算

问题三：什么样的元器件组成的电路称为对称三相电路？你能计算对称三相电路的电流、电压和功率吗？

一、对称三相电路（Symmetrical Three-Phase Circuit）

所谓对称三相电路，就是电路中的三相电源为频率相同、振幅相同、相位互差120°的正弦电压源，且三相上负载的阻抗完全相同，各相电流彼此独立，各相线路参数完全一致的电路。对于三相对称电路，可依据第四章中分析正弦交流电路的各种方法，利用电路的对称性，化简为单相电路进行计算。

二、Y—Y连接对称三相电路的计算

Y—Y连接的对称三相电路，如图5-20（a）所示，三相电源和三相负载对称，中性点NN′通过阻抗Z_N连接在一起，构成中性线阻抗不为零的三相四线制供电系统。

N和N′两点之间的电压$\dot{U}_{N'N}$称为中性点电压，规定其参考方向由N′指向N，每根相线的阻抗为Z_L，每相负载阻抗相等。在给定对称电源相电压$\dot{U}_A$、$\dot{U}_B$、$\dot{U}_C$的情况下，可求出负载的相电压和相（线）电流及中性线的电流I_N。（其中$Z = Z_A = Z_B = Z_C$）

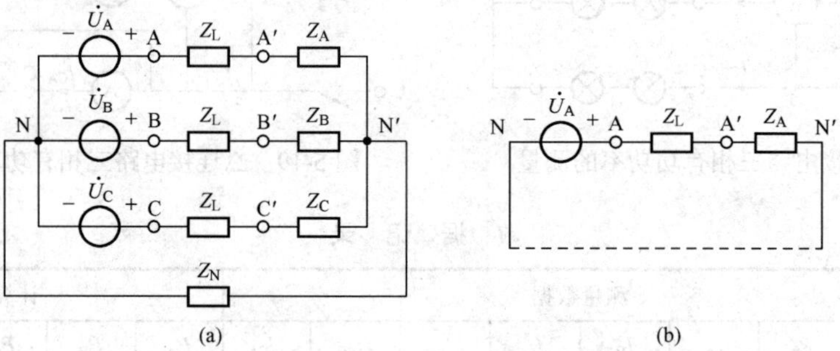

图5-20　对称三相电路的计算

设N点为参考点，根据弥尔曼定理列写N′点的节点电压方程

$$\dot{U}_{N'N} = \frac{1}{Z+Z_L}（\dot{U}_A+\dot{U}_B+\dot{U}_C）/\left(\frac{1}{Z_N}+\frac{3}{Z+Z_L}\right)$$

当$\dot{U}_A+\dot{U}_B+\dot{U}_C=0$时，有

$$\dot{U}_{N'N}=0 \tag{5-27}$$

也就是N和N′等电位，故用一根阻抗为零的导线将N和N′连接起来，得到A相的单线图如图5-20（b）所示。设单位相量算子$\alpha = 1\angle 120°$，$\alpha^2 = 1\angle 240°$。则各相（线）电流为

$$\left.\begin{aligned}
\dot{I}_A &= \frac{\dot{U}_A-\dot{U}_{NN'}}{Z+Z_L}=\frac{\dot{U}_A}{Z+Z_L}\\
\dot{I}_B &= \frac{\dot{U}_B-\dot{U}_{NN'}}{Z+Z_L}=\frac{\dot{U}_B}{Z+Z_L}=\alpha^2\dot{I}_A\\
\dot{I}_C &= \frac{\dot{U}_C-\dot{U}_{NN'}}{Z+Z_L}=\frac{\dot{U}_C}{Z+Z_L}=\alpha\dot{I}_A
\end{aligned}\right\} \tag{5-28}$$

由式（5-28）可以看出，由于$\dot{U}_{NN'}$=0，各线电流彼此独立。因此利用电路对称性的特点，只要计算出其中一相的电量，便可推知其他两相。图 5-20（b）所示为一相计算电路（A 相），注意中性线阻抗 Z_N 被短路。中性线电流

$$\dot{I}_N = \dot{I}_A + \dot{I}_B + \dot{I}_C = 0 \tag{5-29}$$

负载端相电压

$$\dot{U}_{A'N'} = Z\dot{I}_A，\quad \dot{U}_{B'N'} = Z\dot{I}_B = \alpha^2\dot{U}_{A'N'}，\quad \dot{U}_{C'N'} = Z\dot{I}_C = \alpha\dot{U}_{A'N'} \tag{5-30}$$

负载端线电压

$$\left.\begin{aligned}\dot{U}_{A'B'} &= \dot{U}_{A'N'} - \dot{U}_{B'N'} = \sqrt{3}\dot{U}_{A'N'}\angle 30^\circ\\ \dot{U}_{B'C'} &= \dot{U}_{B'N'} - \dot{U}_{C'N'} = \sqrt{3}\dot{U}_{B'N'}\angle 30^\circ\\ \dot{U}_{C'A'} &= \dot{U}_{C'N'} - \dot{U}_{A'N'} = \sqrt{3}\dot{U}_{C'N'}\angle 30^\circ\end{aligned}\right\} \tag{5-31}$$

如果 $Z_L = 0$，则式可写为

$$\left.\begin{aligned}\dot{U}_{A'N'} &= Z\dot{I}_A = \dot{U}_A\\ \dot{U}_{B'N'} &= Z\dot{I}_B = \dot{U}_B\\ \dot{U}_{C'N'} &= Z\dot{I}_C = \dot{U}_C\end{aligned}\right\} \tag{5-32}$$

三、对称三相电路的一般计算步骤

（1）对称星形连接（Y—Y连接，不论有无中性线）的三相电路在各对称电源电压（或电流）的作用下，计算时可把中性点互连，取其一相进行计算。若电路为三角形连接负载，先把三角形负载等效变换为星形连接负载（$Z_\triangle=3Z_Y$）后，再取一相电路进行计算，然后按三相对称电路的关系推知其他两相电压、电流值。

（2）对于星形连接电路，需要知道三相电源的相电压，第一相的电流 $\dot{I} = \dot{U}_A / Z_A$，三角形连接时需要给出三相电源的线电压，算法和星形连接相似。

（3）对称三相电路的功率等于每相功率的 3 倍，而功率因数仍为每相的功率因数。

四、例题分析

【例 5-6】 某变电站经线路阻抗 $Z_L = (2 + j5)\Omega$ 与电压为 $\dot{U} = 10.5\angle 0^\circ$kV 的电网连接，变电站变压器一次侧为星形连接，每相阻抗 $Z = (30 + j40)\Omega$，求变压器一次侧各相电流、相电压相量以及变压器吸收的功率和电网输出的功率。

解　（1）设电源为星形连接，如图 5-21（a）所示，则有

$$U_{Ph} = \frac{U_L}{\sqrt{3}} = \frac{10500}{\sqrt{3}} = 6062.2\,(\text{V})$$

作出一相计算电路，如图 5-21（b）所示。设 $\dot{U}_A = 6062.2\angle 0^\circ(\text{V})$，则电路的线电流为

$$\dot{I}_A = \frac{\dot{U}_A}{(Z_L + Z)} = \frac{6062.2\angle 0^\circ}{(2 + j5 + 30 + j40)} = \frac{6062.2\angle 0^\circ}{55.22\angle 54.58^\circ} = 109.79\angle -54.58^\circ(\text{A})$$

依据三相电路对称求得另两相电流

$$\dot{I}_B = 109.79\angle -174.58^\circ(\text{A})$$

$$\dot{I}_C = 109.79\angle 65.42^\circ(\text{A})$$

（2）变压器一次侧相电压

$$\dot{U}_{A'N'} = Z\dot{I}_A = 109.79\angle -54.58^\circ \times（30+j40）$$

$$=109.79\angle-54.58°\times 50\angle 53.13° = 5489\angle-1.45°(\text{V})$$

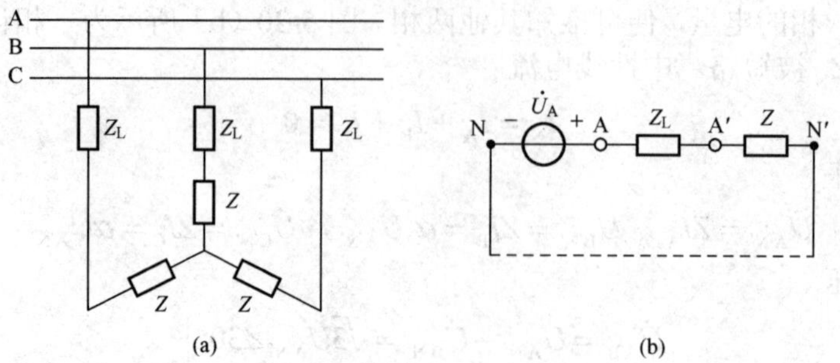

图 5-21 例 5-6 图

根据电路的对称性有

$$\dot{U}_{B'N'} = 5489\angle-121.45°(\text{V})$$
$$\dot{U}_{C'N'} = 5489\angle 118.55°(\text{V})$$

（3）变压器一次侧线电压

$$\dot{U}_{A'B'} = \sqrt{3}\dot{U}_{A'N'}\angle 30° = 9507.2\angle 28.55°(\text{V})$$

根据三相电路对称性求得另两个电压为

$$\dot{U}_{B'C'} = 9507.2\angle-91.45°(\text{V})$$
$$\dot{U}_{C'A'} = 9507.2\angle 148.55°(\text{V})$$

（4）变压器吸收的功率

$$P = \sqrt{3}U_{A'B'}I_A\cos\varphi_2 = \sqrt{3}\times 9507.2\times 109.79\cos 53.13°=1084.65\,(\text{kW})$$

（5）电网输出的功率

$$P = \sqrt{3}U_{AB}I_A\cos\varphi_1 = \sqrt{3}\times 10500\times 109.79\cos 54.58° =1157.22\,(\text{kW})$$

【例 5-7】 某电动机的三相绕组接成三角形接于线电压为 380V 的端线上，如图 5-22（a）中的实线所示，电动机从电网吸收的功率为 10kW，功率因数 $\cos\varphi_1 = 0.85$，线路阻抗 $Z_L = (1+\text{j}2)\Omega$，求电动机每相绕组的阻抗。如果再接入一组对称Y连接负载，每相阻抗为 $Z_2 = (30+\text{j}40)\Omega$，如图 5-22（a）中虚线所示。求三相电源的线电压和线电流。

解 电动机的线电流

$$I_L = \frac{P}{\sqrt{3}U_L\cos\varphi_1} = \frac{10\times 10^3}{\sqrt{3}\times 380\times 0.85} = 17.87(\text{A})$$

每相绕组的电流

$$I_{ph} = \frac{I_L}{\sqrt{3}} = \frac{17.87}{\sqrt{3}} = 10.32(\text{A})$$

各相绕组的阻抗

$$|z_1| = \frac{U_{ph}}{I_{ph}} = \frac{U_L}{I_{ph}} = \frac{380}{10.32} = 36.82(\Omega)$$
$$\varphi_1 = \arccos 0.85 = 31.79°\,(\Omega)$$
$$Z_1 = 36.82\angle 31.79°\,(\Omega)$$

将 Z_1 三相阻抗变换为星形连接阻抗 Z_1'，如图 5-22（b）所示，有

$$Z_1' = \frac{Z_1}{3} = 12.27\angle 31.79°(\Omega)$$

取 A 相计算，电路如图 5-22（c）所示，设 $\dot{U}_{A'N'} = 220\angle 0°(V)$

$$\dot{I}_A = \frac{\dot{U}_{A'N'}}{\dfrac{Z_1' Z_2}{Z_1' + Z_2}} = \frac{220\angle 0°}{\dfrac{12.27\angle 31.79° \times (30 + j40)}{12.27\angle 31.79° + 30 + j40}} = \frac{220\angle 0° \times (40.43 + j46.45)}{12.27\angle 31.79° \times 50\angle 53.13°}$$

$$= \frac{220 \times 61.58\angle 48.96°}{613.5\angle 84.92°} = 22.08\angle -35.96°(A)$$

则电源的相电压为

$$\begin{aligned}\dot{U}_A &= Z_L \dot{I}_A + \dot{U}_{A'N'} = (1 + j2) \times 22.08\angle -35.96° + 220\angle 0° \\ &= 43.85 + j22.77 + 220 \\ &= 263.85 + j22.77 \\ &= 264.83\angle 4.93°(V)\end{aligned}$$

电源线电压和线电流为

$$\dot{U}_{AB} = \sqrt{3}\dot{U}_A\angle 30° = 458.70\angle 34.93°(V)$$
$$\dot{U}_{BC} = \alpha^2 \dot{U}_{AB} = 458.70\angle -80.07°(V)$$
$$\dot{U}_{CA} = \alpha \dot{U}_{AB} = 458.70\angle 154.93°(V)$$
$$\dot{I}_A = 22.08\angle -35.96°(A)$$
$$\dot{I}_B = \alpha^2 \dot{I}_A = 22.08\angle -155.96°(A)$$
$$\dot{I}_C = \alpha \dot{I}_A = 22.08\angle 84.04°(A)$$

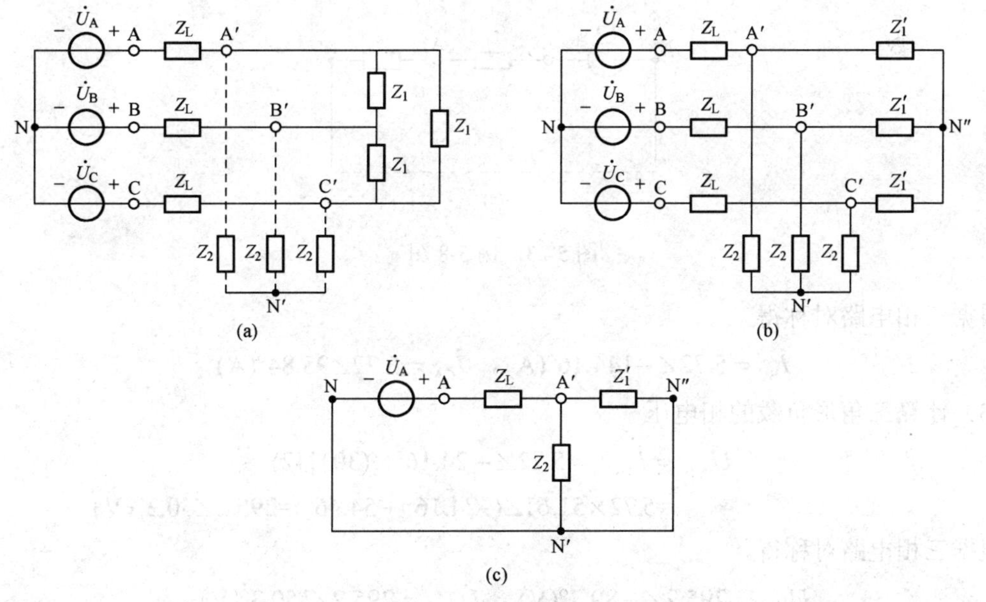

图 5-22　例 5-7 图

【例 5-8】 某电动机三相绕组接成三角形，线路阻抗为 $Z_L=(3+j4)\Omega$，电机每相绕组阻抗为 $Z=(30+j42)\Omega$，对称线电压的有效值为 380V，电路如图 5-23（a）所示，求电路的相电流、线电流及负载相电压。

解 （1）将△连接负载等效变换为Y连接负载，如图 5-23（b）所示，所以有

$$Z'=\frac{1}{3}Z=\frac{1}{3}(30+j42)=(10+j14)(\Omega)$$

（2）把电源看成星形，则 $U_{ph}=380/\sqrt{3}=220(V)$。设 $\dot{U}_A=220\angle 0°V$，作出一相计算电路，如图 5-23（c）所示，则电路的线电流为

$$\dot{I}_A=\frac{\dot{U}_A}{(Z_L+Z')}=\frac{220\angle 0°}{(3+j4+10+j14)}=\frac{220\angle 0°}{22.2\angle 54.16°}=9.909\angle -54.16°(A)$$

根据三相电路对称得

$$\dot{I}_B=9.909\angle -174.16°(A)，\quad \dot{I}_C=9.909\angle 65.85°(A)$$

负载的相电流为

$$\dot{I}_{AB}=\frac{\dot{I}_A}{\sqrt{3}}\angle 30°=5.72\angle -24.16°(A)$$

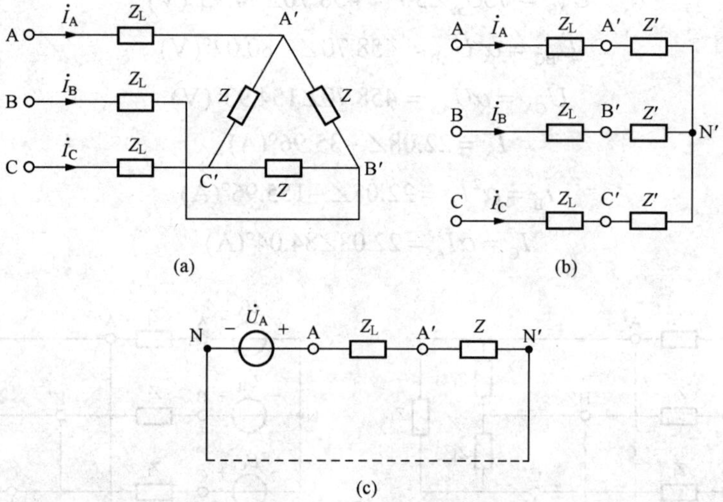

图 5-23　例 5-8 图

根据三相电路对称得

$$\dot{I}_{BC}=5.72\angle -144.16°(A)，\quad \dot{I}_{CA}=5.72\angle 95.84°(A)$$

（3）计算三角形负载的相电压

$$\dot{U}_{A'B'}=\dot{I}_{AB}Z=5.72\angle -24.16°\times(30+j42)$$
$$=5.72\times 51.61\angle(-24.16°+54.46°)=295.2\angle 30.3°(V)$$

根据三相电路对称得

$$\dot{U}_{B'C'}=295.2\angle -89.7°(V)，\quad \dot{U}_{C'A'}=295.2\angle 150.3°(V)$$

第四节　不对称三相电路的特点及分析

问题四：分析不对称三相电路最直接最有效的方法是什么？

不对称三相电路是指电源电压、负载阻抗、端线阻抗中有一部分不对称的电路。在电力系统中，除了三相电动机外，常有许多单相负载组成的三相负载，例如工厂中的单相用电设备、居民住房用电和办公用电等，这些负载接在三个单相电路上，虽然尽可能将它们平均分配在各相上，但不可能完全对称平衡，而且这些单相负载不会同时运行，这就形成了三相不对称负载。另外，如对称三相负载发生故障、断线、短路等，也属于不对称三相电路。

一、不对称三角形负载电路分析

1. 三角接负载线电流和相电流的关系（$Z_L=0$）

若电源与负载之间的线路阻抗可以忽略不计，如图 5-24 所示，则三相负载的相电压依然是对称的，它等于三相电源的线电压，各相电流为

$$\dot{I}_{AB}=\frac{\dot{U}_{AB}}{Z_{AB}},\quad \dot{I}_{BC}=\frac{\dot{U}_{BC}}{Z_{BC}},\quad \dot{I}_{CA}=\frac{\dot{U}_{CA}}{Z_{CA}} \tag{5-33}$$

各线电流和相电流的关系为

$$\dot{I}_A=\dot{I}_{AB}-\dot{I}_{CA},\quad \dot{I}_B=I_{BC}-\dot{I}_{AB},\quad \dot{I}_C=\dot{I}_{CA}-\dot{I}_{BC} \tag{5-34}$$

2. 三角接负载线电流和相电流的关系（$Z_L\neq 0$）

对于不对称三角接三相负载，若电源与负载之间的线路阻抗不能忽略，如图 5-25 所示，则三相负载的相电压无法知道，也就无法计算各相负载的相电流。解决的方法是，首先把三角形负载等效变换为星形负载，然后按不对称三相星接负载的分析方法进行计算。

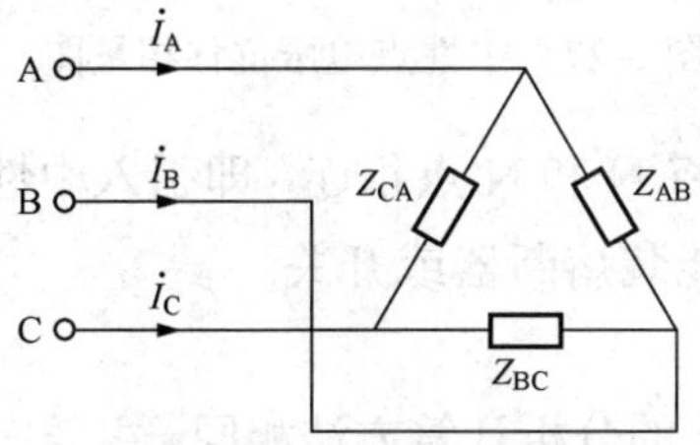

图 5-24　不对称三角形负载

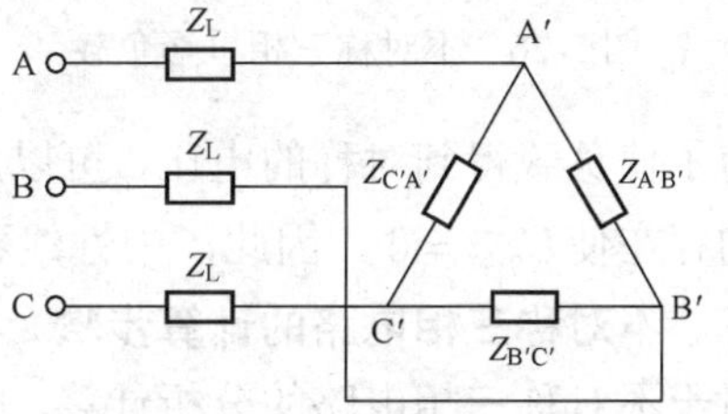

图 5-25　不对称三角形负载

二、不对称三相星形负载电路分析

如图 5-26 所示为电源对称、负载不对称的星形连接三相电路。

设电源对称时的相电压为

$$\dot{U}_A=U\angle 0°,\quad \dot{U}_B=U\angle -120°,\quad \dot{U}_C=U\angle 120°\quad (Z_A\neq Z_B\neq Z_C)$$

应用节点电压法可求得两中性点间的电压为

$$\dot{U}_{N'N}=\frac{\dfrac{\dot{U}_A}{Z_A}+\dfrac{\dot{U}_B}{Z_B}+\dfrac{\dot{U}_C}{Z_C}}{\dfrac{1}{Z_A}+\dfrac{1}{Z_B}+\dfrac{1}{Z_C}+\dfrac{1}{Z_N}} \tag{5-35}$$

由于$Z_A \neq Z_B \neq Z_C$，显然$\dot{U}_{N'N} \neq 0$，所以得

$$\left.\begin{aligned}\dot{U}_{AN'} &= \dot{U}_{AN} - \dot{U}_{N'N}\\ \dot{U}_{BN'} &= \dot{U}_{BN} - \dot{U}_{N'N}\\ \dot{U}_{CN'} &= \dot{U}_{CN} - \dot{U}_{N'N}\end{aligned}\right\} \tag{5-36}$$

各相电流为

$$\dot{I}_A = \frac{\dot{U}_{AN'}}{Z_A},\ \dot{I}_B = \frac{\dot{U}_{BN'}}{Z_B},\ \dot{I}_C = \frac{\dot{U}_{CN'}}{Z_C} \tag{5-37}$$

中性线电流为

$$\dot{I}_N = \dot{I}_A + \dot{I}_B + \dot{I}_C = \frac{\dot{U}_{N'N}}{Z_N} \tag{5-38}$$

根据电源电压可作出此电路的电压相量图如图5-27所示。从相量图可见，由于中性点电压偏移（$\dot{U}_{N'N} \neq 0$），从而导致各相负载的相电压$\dot{U}_{AN'}$、$\dot{U}_{BN'}$、$\dot{U}_{CN'}$不对称，有的高于电源相电压，可能损坏电气设备；有的低于电源相电压，造成负载不能正常工作。

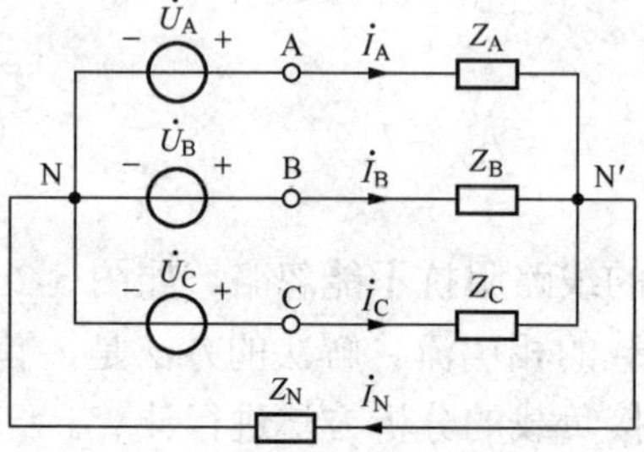

图5-26 不对称三相星形负载

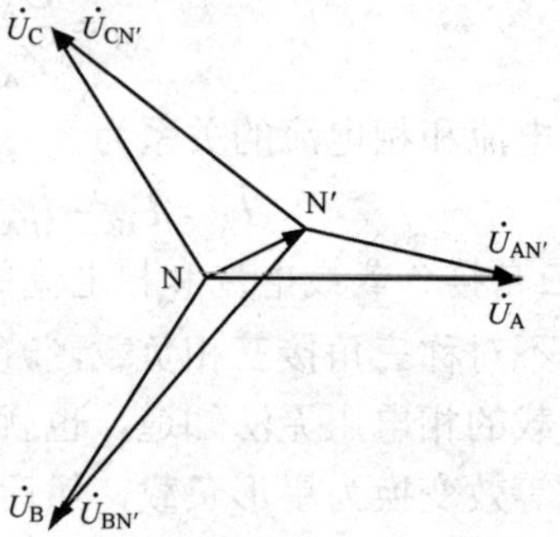

图5-27 中性点电压位移相量图

为了使负载得到对称的电压，可以用$Z_N = 0$的导线将N和N′点相连，即引入中性线，中性线的存在使$\dot{U}_{N'N} = 0$，因此，中性线不能断开，也不能装熔断器或开关。

三、不对称三相电路的计算步骤

对于不对称三相电路的分析计算，原则上与复杂电路的分析计算方法相同。主要应用节点电位法先计算出中性点N、N′之间的电压，再求其他变量（或者用对称分量法）。其步骤如下：

（1）求出电源的中性点与负载中性点之间的电压$\dot{U}_{NN'}$；

（2）计算出各相负载的相电压；

（3）根据各相中负载的电压、电流、阻抗的关系，求出负载的相电流。

四、例题分析

【例5-9】 图5-28所示为不对称星接负载接到线电压为380V的三相对称电源上，中性线阻抗为零，已知$Z_A = 10\Omega$，$Z_B = (3 + j4)\Omega$，$Z_C = 5\Omega$，求各相负载的相电流和中性线电流。

解 设电源线电压

$$\dot{U}_{AB} = 380\angle 30°(\text{V})$$

则对应的相电压为

$$\dot{U}_A = 220\angle 0°(V)，\dot{U}_B = 220\angle -120°(V)，\dot{U}_C = 220\angle 120°(V)$$

各相电流为

$$\dot{I}_A = \frac{\dot{U}_A}{Z_A} = \frac{220\angle 0°}{10} = 22\angle 0°(A)$$

$$\dot{I}_B = \frac{\dot{U}_B}{Z_B} = \frac{220\angle -120°}{(3+j4)} = \frac{220\angle -120°}{5\angle 53.13°} = 44\angle -173.13°(A)$$

$$\dot{I}_C = \frac{\dot{U}_C}{Z_C} = \frac{220\angle 120°}{5} = 44\angle 120°(A)$$

$$\dot{I}_N = \dot{I}_A + \dot{I}_B + \dot{I}_C = 22\angle 0° + 44\angle -173.13° + 44\angle 120° = 54.65\angle 143.06°(A)$$

【例 5-10】 图 5-29 所示三相三线制Y—Y连接电路，已知对称三相电源的线电压 $U_L = 380V$，三相对称负载Y连接，每相阻抗 $Z_A = Z_B = Z_C = 40\Omega$，试求当 B 相负载短路时各相负载的电压和电流。

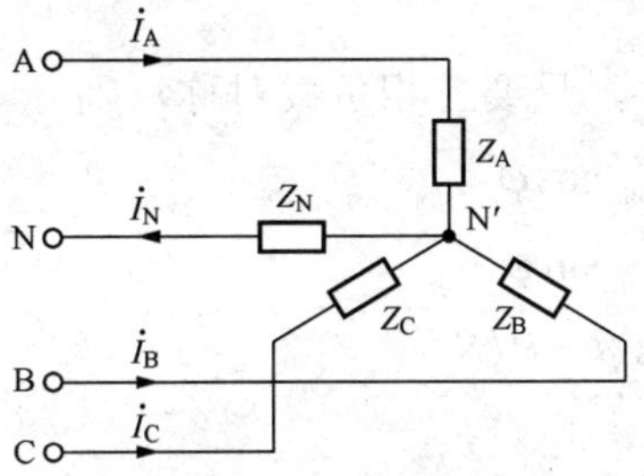

图 5-28　例 5-9 图

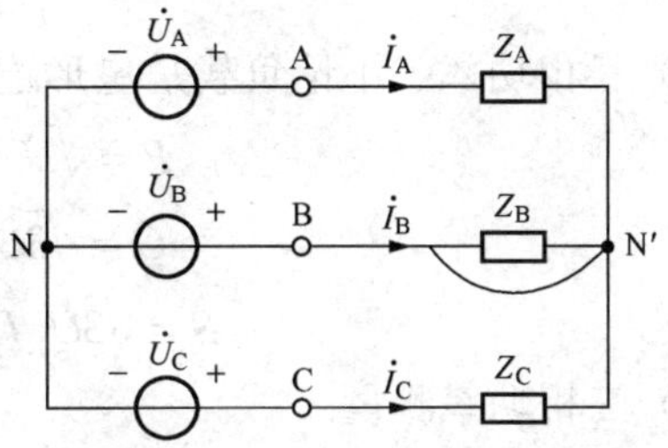

图 5-29　例 5-10 图

解　设 $\dot{U}_A = 220\angle 0°(V)$，B 相负载短路，则

$$\dot{U}_{BN'} = 0$$

$$\dot{U}_{AN'} = \dot{U}_{AB} = 380\angle 30°(V)$$

$$\dot{U}_{CN'} = \dot{U}_{CB} = -\dot{U}_{BC} = 380\angle 90°(V)$$

$$\dot{I}_A = \frac{\dot{U}_{AN'}}{Z} = \frac{380\angle 30°}{40} = 9.5\angle 30°(A)$$

$$\dot{I}_C = \frac{\dot{U}_{CN'}}{Z} = \frac{380\angle 90°}{40} = 9.5\angle 90°(A)$$

$$\dot{I}_B = -\left(\dot{I}_C + \dot{I}_A\right) = -(9.5\angle 30° + 9.5\angle 90°) = 16.454\angle -120°(A)$$

本 章 小 结

（1）对称三相电源的组成：三个等幅值、同频率、初相位依次相差 120°的电压源组成。

（2）对称三相电源的表达式和特性。

表达式为

$$u_A = U_m \sin\omega t，\ u_B = U_m \sin(\omega t - 120°)，\ u_C = U_m \sin(\omega t + 120°)$$

特性为

$$\dot{U}_A + \dot{U}_B + \dot{U}_C = 0$$

（3）相量式为

$$\dot{U}_A = U\angle 0°，\dot{U}_B = U\angle -120°，\dot{U}_C = U\angle 120°$$

（4）连接方式：Y连接和△连接。在照明线路中，负载一般不对称，采用三相四线制接线。

（5）三相正弦交流电路中性线电压和相电压、线电流和相电流的关系。

1）星形连接：相电流等于线电流；线电压是相电压的$\sqrt{3}$倍，且超前各自对应的相电压 30°。

$$\dot{U}_{AB} = \dot{U}_A - \dot{U}_B，\dot{U}_{BC} = \dot{U}_B - \dot{U}_C，\dot{U}_{CA} = \dot{U}_C - \dot{U}_A$$

$$\dot{U}_{AB} = \sqrt{3}\dot{U}_A\angle 30°，\dot{U}_{BC} = \sqrt{3}\dot{U}_B\angle 30°，\dot{U}_{CA} = \sqrt{3}\dot{U}_C\angle 30°$$

2）三角形连接：相电压就是线电压；线电流是相电流的$\sqrt{3}$倍，且滞后各自对应的相电流 30°。

3）星形连接中性线电流为

$$\dot{I}_N = \dot{I}_A + \dot{I}_B + \dot{I}_C$$

（6）三相功率：不论负载是星形连接或三角形连接，只要三相负载对称，则

$$P = \sqrt{3}U_L I_L \cos\varphi = 3U_{Ph} I_{Ph} \cos\varphi$$

$$Q = \sqrt{3}U_L I_L \sin\varphi = 3U_{Ph} I_{Ph} \sin\varphi$$

$$S = \sqrt{3}U_L I_L = 3U_{Ph} I_{Ph}，\cos\varphi = P/S$$

（7）三相功率测量：

1）一表法：适用于测量三相对称负载电路的功率，$P = 3P_1$。

2）两表法：适用于测量三相三线制（无中性线）电路的功率，$P = P_1 + P_2$（代数和）。

3）三表法：适用于测量三相不对称负载电路的功率，$P = P_1 + P_2 + P_3$。

（8）对于对称的三相电路，不管是星形连接还是三角形连接，都可以根据对称关系取单相进行计算，然后按对称关系推知另外两相。

（9）对于不对称的三相电路的分析计算按复杂交流电路进行分析计算。

习 题 五

1．某三相对称负载，Y连接，每相负载阻抗$Z = (60 + \mathrm{j}80)\Omega$，忽略线路阻抗，将它接在线电压为 380V 的三相对称电源上，求负载相电压、相电流和线电流，并作出电压和电流相量图。

2．一台三相同步发电机，空载运行时相电压为 3464V，三相绕组作Y连接时的线电压是多少？若已知$u_A = \sqrt{2}\times 3464\sin(314t - 60°)(\mathrm{V})$，求 B、C 两相的相电压及线电压相量，并作出相量图。

3．某三相异步电动机，三角形连接，每相绕组阻抗$Z = 10\angle 60°\Omega$，忽略线路阻抗，将它接到线电压为 380V 的三相对称电源上，求负载各相电流和线电流，作出电压和电流相量图。

4．某三相高压输电线路电压等级为 110kV，接到该线路的变压器三相绕组接成三角形连接时每相绕组承受的电压是多少？若将该变压器的绕组接成星形，则每相绕组承受的电压又

是多少？若考虑变压器的绕组绝缘，变压器绕组接成星形好或是三角形好？

5．一台三相异步电动机，每相绕组电阻 $R=8\Omega$，电抗 $X=12\Omega$；接在线电压为 380V 的三相对称电源上，分别计算下面两种情况下电动机从电网吸收的有功功率，并比较结果。

（1）三相绕组作△连接；

（2）三相绕组作Y连接。

6．某三相异步电动机，△连接，接到线电压为 380V 的对称三相电源上，电动机额定功率 $P_N=10\text{kW}$，效率 $\eta_N=85\%$，功率因数 $\cos\varphi_N=0.85$，求电动机的额定线电流、相电流、视在功率和无功功率。

7．某三相异步电动机 $P_N=3\text{kW}$，$U_N=380\text{V}$，$\eta_N=82\%$，$\cos\varphi=0.8$，用如图 5-30 所示电路测量电动机在额定工作状态时的功率，问这两块功率表的读数各为多少？

8．如图 5-31 所示对称三相三线制系统，电源提供的线电压为 380V，Y连接负载阻抗 $Z=10\sqrt{2}\angle45°\Omega$，线路阻抗 $Z_L=(1+\text{j}1)\Omega$，求负载端的电流和线电压。

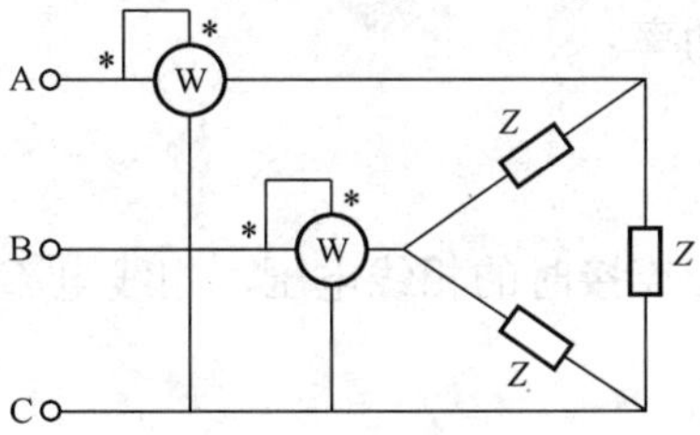

图 5-30　题 7 图

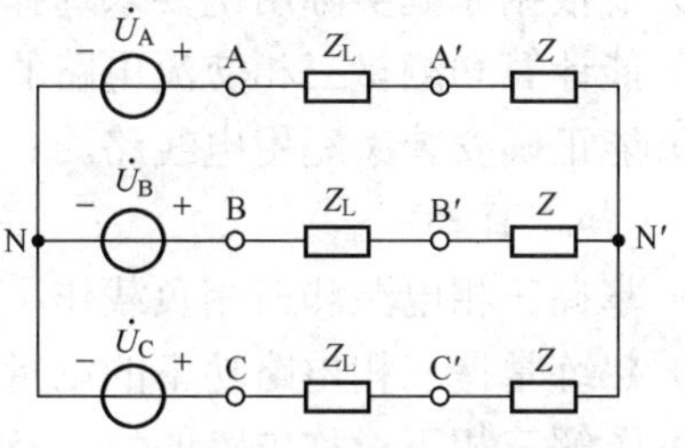

图 5-31　题 8 图

9．某三相对称负载，接成三角形如图 5-32 所示，线路阻抗为 $Z_L=(1+\text{j}2)\Omega$，每相负载阻抗 $Z=(117+\text{j}84)\Omega$，对称线电压的有效值为 380V，求相电流、线电流及负载相电压。

10．如图 5-33 所示电路，电源提供的线电压是 400V，频率 50Hz，已知对称星形连接和三角形连接负载分别为 $Z_1=(40+\text{j}50)\Omega$，$Z_2=150\sqrt{2}\angle45°\Omega$，线路阻抗 $Z_L=(1+\text{j}2)\Omega$，求负载相电压、线电压、负载电流，以及每个负载获得的功率。

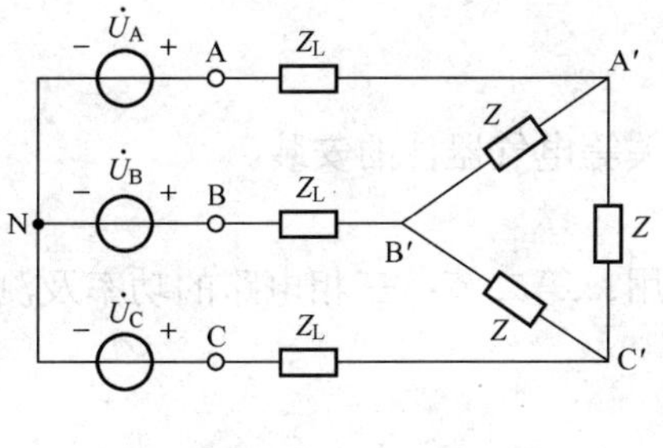

图 5-32　题 9 图

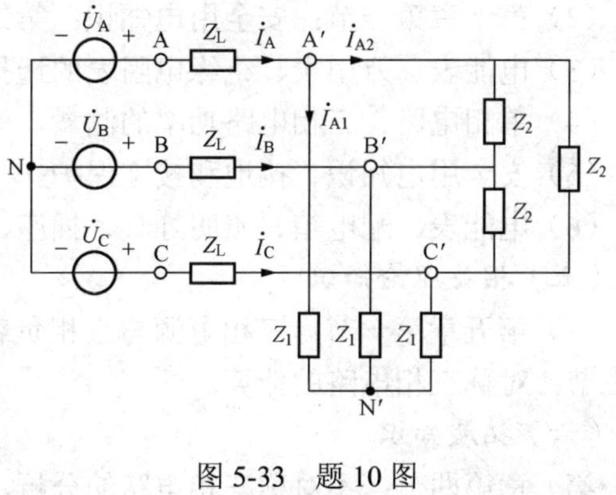

图 5-33　题 10 图

11．在三相四线制电路中，三相负载为照明设备，各相取用的功率分别为 A 相 4kW，B 相 10kW，C 相 20kW，三相电源线电压对称，为 380V，试问：若中性线断开，会有什么后果？

12．三相三线制电路，对称星形连接负载，每相负载阻抗 $Z_A = Z_B = Z_C = Z = 10\Omega$，接于线电压为 380V 的对称三相电源上，求：

（1）A 相负载短路时，各相负载的相电压和相电流；

（2）A 相负载开路时，各相负载的相电压和相电流。

教学项目七（仅供参考）

家庭用电线路的设计及安装

（接第四章教学项目六：家庭用电电路分析）

（一）能力目标

（1）能对家庭用电电路进行设计。

（2）能根据家庭实际用电要求选择电气器件。

（3）能计算和测量三相交流电路的电压、电流和功率。

（4）能正确安装家庭用电线路。

（二）知识目标

（1）掌握三相电源和三相负载作星形连接和三角形连接时的相线电压、相线电流关系。

（2）熟练掌握三相电路功率的测量和计算。

（3）了解三相不对称电路的特点及分析方法。

（4）掌握电能表、导线、开关及灯具的选择。

（5）熟悉电能表、配电箱、照明灯具、插座、漏电开关等电气器件的安装。

（三）工作任务

（1）选择第四章图 4-56 所示家庭用电电路中的相关器件。

（2）安装图 4-56 所示家庭用电线路。

（四）相关实践知识

（1）第九章第四节：电流、电压、功率和电能的测量；第五节：电阻、电感和电容的测量。

（2）第十章第一节：安全用电知识；第二节：接地和接零保护及应用。

（3）电能表、万用表、绝缘电阻表的选择及使用。

（4）单相电路、三相电路功率的测量。

（5）安全用电知识、接地和接零保护。

（6）电能表、配电箱、照明灯具、插座、漏电开关等电气器件的安装。

（五）相关理论知识

（1）第五章第一节：三相电源与三相负载及其应用；第二节：三相电路的功率及测量；第三节：对称三相电路的计算。

（六）拓展知识

第五章第四节：不对称三相电路的分析。

（七）元器件选择常识（仅供参考）

1．自动空气开关（Air Switch）

自动空气开关，又称低压断路器，是利用空气来熄灭开关过程中产生电弧的设备，是低压配电网络和电力拖动系统中非常重要的一种电器，集控制和多种保护功能于一身。除了能完成接通和分断电路外，尚能对电路或电气设备发生的短路、严重过载及欠电压等进行保护。

常用的自动空气开关有 1 路（简称 1P）、2P、3P、4P 等，电流有 3、6、10、16、20、25、32、40、50、63、100A 等，其中 DZ47 型主要用于照明，DZ10 系列塑料外壳式自动空气开关适用于不频繁操作的交流 50Hz、电压 380V 以下，作电路接通和分断之用，该自动空气开关具有过载及短路保护。其外形如图 5-34 所示。

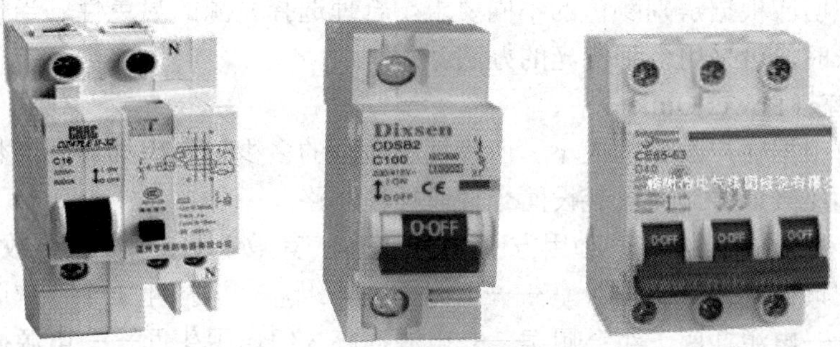

图 5-34　自动空气开关外形图

2. 导线和熔丝的选择

家庭用电中的进户线是按每户用电量及考虑未来家庭用电发展进行选择，选择时既要满足要求又留有一定的裕量。每户用电量为 4～5kW，电能表为 5(20)A，进户线为铜线 BV-3（根）×10mm^2；每户用电量 6～8kW，电能表 15(60)A，进户线为 BV-3×16mm^2；每户用电量为 10kW，电能表为 20(80)A，进户线为 BV-2×25+1×16mm^2。用户配电箱各支路导线的规格：照明电路为 BV-2×2.5，普通插座回路为 BV-3×2.5，厨房回路、空调回路均为 BV-3×4.0mm^2。铜芯线电流密度一般环境下可取 4～5A/mm^2。家庭住宅常用的铜导线截面为 1.5、2.5、4、6、10、16、25、35、50mm^2 等。

熔丝的选择应根据用电量的大小来选用，即选用的熔丝应是电能表容量的 1.2～2 倍。如使用容量为 10A 电表时，熔丝应大于 12A、小于 20A，如使用容量为 5A 电能表时，熔丝应大于 6A、小于 10A；选用的熔丝应符合规定的一根，不能以小容量的熔丝多根并用，更不能用铜丝代替熔丝使用。

3. 配线结构（Wiring Structure）

低压配电系统多为 400V/230V 配电系统，低压配线结构应接线灵活，保护可靠。馈电电缆的选择应考虑负荷、发展、裕量、电压等级、敷设方式、环境等因素，还要考虑出线开关与电缆的保护配合。

空调用电、照明与插座、厨房和卫生间的电源插座应该分别设置独立的回路。除了空调电源插座外，其他电源插座应加装漏电保护器，卫生间应作局部等电位连接。

4. 照明电路（Lighting Circuit）

一般商品房，住户内用普通灯座、吸顶式安装。客厅开关的选择，宜采用多联开关，也可用调光开关或用单联开关及电子开关来控制客厅灯。楼梯间开关用节能延时开关，其种类较多。照明用断路器一般可选 DZ12 系列塑料外壳式断路器，其体积小巧、结构新颖、性能优良可靠。

照明开关必须接在相线上，如果将照明开关装设在中性线上，虽然断开时电灯不亮，但灯头的相线仍然是接通的，会造成触电事故。

新型高效节能灯虽然寿命长，高效节能，显色指数高，但其价格昂贵，可用于长期连续照明的场所。

白炽灯，寿命短、光效低，建议用在点燃时间短、开关频繁的场所，如楼梯或洗手间。

日光灯作为显色指数高、寿命长、节能、高效的光源，可作为首选光源。

住宅电气照明应根据辨别颜色的不同要求，合理选择光源的显色性，当使用一种光源不能满足光色要求时，可采用多种混光的办法。

5. 电源插座（Power Outlet）

插座回路可根据住户面积的大小、所设插座数量的多少来考虑插座回路数。如住户面积比较大，普通插座数量多，建议装设两个普通插座回路。

住户插座的设置，应考虑住户使用方便，用电安全，其数量不宜少于下列数值：客厅——电源插座 4 组，空调插座 1 个；主卧室——电源插座 4 组，空调插座 1 个；次卧室——电源插座 3 组；餐厅——电源插座 1 组；厨房——电源插座 3 组；卫生间——电源插座 1 组。

插座的选型，应根据住宅档次、经济实力、售价等因素确定。每组插座可选择一个单相二孔和一个单相三孔组合。

6. 空调回路（Air Conditioning Loop）

夏天天气炎热，空调用电量大，工作时间较长，空调的正常起动与电源的电压变化关系密切，因此不宜与其他电器合用一路线路，要求空调插座使用一单独回路，且一个空调回路最多只能带两部空调。柜式空调独占一个回路。

7. 漏电开关（Leakage Switch）

漏电开关应根据用电线路的相数、额定电压、负载电流、漏电动作电流、预期短路电流、负载类型等选择。一般家用的漏电开关应选用漏电动作电流为 30mA 及以下快速动作的产品。如 DZL18-20 系列家用漏电开关，它适用于额定电压 220V，额定电流 20A 及以下的单相线路，作线路、设备的过载、过压保护等。

购买漏电开关应该有安全认证标志。如长城认证标志（CCEE）或 CCC 认证标志。从抗干扰角度来说，应尽量避免使用微处理器等数字集成电路的漏电开关，因为漏电开关工作环境处于强电包围之中，是典型的弱电控制强电的电子设备，很容易受到干扰而造成误动。特别注意不要以为装了漏电开关就绝对安全。

8. 电能表（Energy Meter）

（1）电能表参数选择。选购电能表时首先看产品铭牌及各项技术数据。如额定电压、额定电流、转速等参数。例如某电能表电压 220V、电流 5(20)A，表示电能表的标定电压为 220V、电流额定值 5A 和最大值 20A。这样，可以估算出电能表允许室内用电器的最大总功率约为 $P=UI=220\times20=4.4\text{kW}$ 。

（2）家庭总用电量计算。选购电能表前，需要将家中所有用电电器的功率加起来，比如，电视机 80W+电冰箱 90W+洗衣机 200W+白炽灯 5 只共 200W+电熨斗 800W+空调 2000W=3370W。选购电能表时，要使电能表允许的最大总功率大于你家中所有用电器的总功率且留有适当的裕量。上例中家庭选购 5(20)A 的电能表就比较合适，因为即使家中所有用电器同时工作，电流的最大值 $I=P/220=15.3(\text{A})$，没有超过电能表的最大电流值 20A，用电安全可靠。

（3）单相电子式电能表。电子式电能表与感应式电能表相比，具有准确度高、功耗低、起动电流小、负载范围宽、无机械磨损等诸多优点。目前市场上电子式电能表厂家繁多。电子式电能表与我们熟悉的感应式电能表(又称机械表)，既有相同的地方，也有不同的地方，感应式电能表采用电磁感应元件，表内是铁芯、线圈加机械传动装置；而电子式电能表主要采用电阻、电容加集成电路等电子元件。

（4）照明住户选配电能表计算公式。住户选配电能表应根据该户的负载电流不大于电能表额定电流的80%、不得小于电能表允许误差规定的最小负载电流的原则来选择。负载电流估算：$I=P/220$。

9. 弱电部分

一般每户配可视防盗对讲话机一部，信息插座一个，两对电话线入室；两个以上电视插座；水、电、气表远传计量系统；局域网等设施。

（1）电话线（Telephone Line）。由市话网进入小区，小区内设有电话总交接箱，每单元一层楼梯间内设有电话分线箱，由分线箱引出两对线、穿 PVC 管暗设到住户客厅和主卧室的电话插座，供接电话机和上网。

（2）电视（Television）。可采用城市有线电视网络、光纤网或同轴电缆，不管哪种方式，在每个单元入口处均设入口孔，布线为穿管暗设，每层楼梯间内设接线盒，距地 0.5～1.8m。

（八）家庭用电负荷的计算

国家规定，一般两居室住宅用电负荷为 4kW，进户铜导线截面不应小于 $10mm^2$。这满足了大多数住户的要求，对于电热设备多的住户按 6～12kW/户考虑。

家用电器容量：微波炉为 600～1500W，电饭煲为 500～1000W，电磁炉 300～2000W，电炒锅为 800～2000W，电热水器为 800～2000W，电冰箱为 70～250W，电暖器为 300～2500W，电烤箱为 800～2000W，消毒柜为 600～800W，电熨斗为 500～2000W，空调器为 500～5000W。每户的用电量应考虑到远期用电，按同时使用电器最大功率总和计算出总用电量。

（九）家庭用电线路的安装

1. 电能表的安装

首先用电笔找出电源的相线和地线，将电表放正，然后按表上的电路图接到单相电能表的 4 个接线柱上。如图 5-35 所示。进线 1 是相线、3 是中性线，出线 2 是相线、4 是中性线，并装在干燥处。为便于抄表和检修，表的安装高度为 1.8～2.1m。装好后，拧亮电灯，电能表转盘应从左向右转动。

2. 配电箱的安装

配电装置一般分体安装，电能表由供电部门统一安装在室外，统一管理，室内配电装置，主要是保护器（熔丝盒）和控制器（总开关）。用电器的保护和控制分路控制，有照明控制、插座控制、空调控制等，如图 5-36 所示。

配电箱的安装要布局整齐、对称、整洁、美观，导线横平、竖直，弯曲成直角。

3. 照明灯具的安装

安装灯具时，灯泡距地面的高度一般不低于 2m，如低于 2m 应采取防护措施。经常碰撞的场所应采用金属网罩防护，湿度大的场所应有防止水滴措施；大功率的灯泡，如 100W 以上的白炽灯、卤钨灯的灯管附近导线应采用非燃材料（瓷管、石棉、玻璃丝）制成的护套保护，不能用普通导线，以免高温破坏绝缘，引起短路。灯的下方不能堆放可燃物品；日光灯镇流器安装时应注意通风散热，不可将镇流器直接固定在可燃天花板或板壁上。镇流器与灯管的电压和容量必须相同，配套使用。

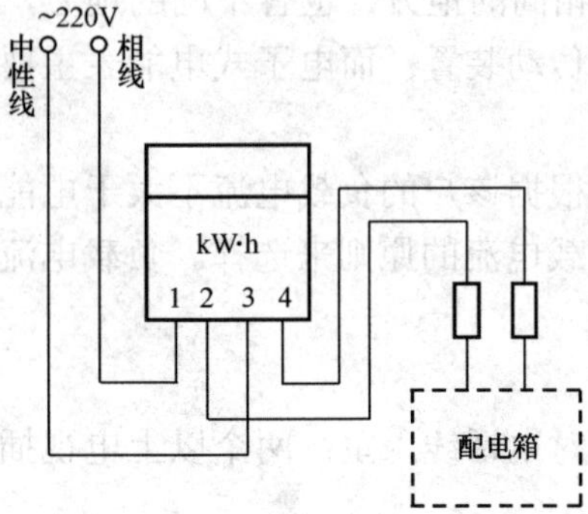

图 5-35 电能表的接线

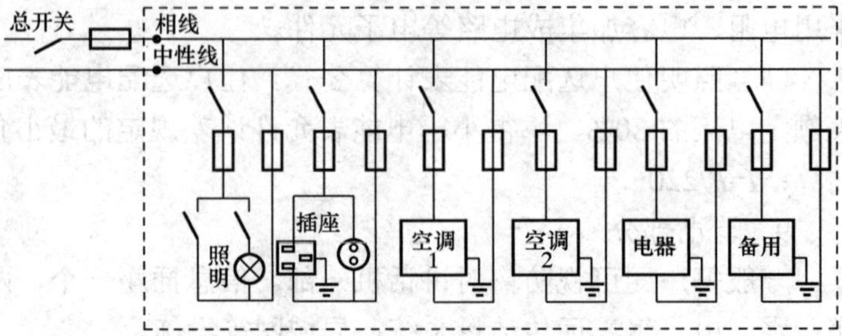

图 5-36 配电箱的接线

在低压照明电路，要选择足够的导线截面，防止导线发热量过大而引起危险。有大量可燃粉尘的地方，如粮食加工厂、棉花工厂等要采用防尘灯具。爆炸场所应安装相应的防爆照明灯具。

4. 插座的安装

插座的安装高度，应结合人们的生活习惯、当地的实际、装修特点来确定。如客厅电源插座，安装高度在有插座的那面墙外侧放置长度为 2m 多的电视机柜，柜高 0.5～0.55m，这时，电源插座距地 0.3m 就不合适，应改为 0.6m 以上。电饭煲、微波炉、洗衣机用单相三孔带开关的插座比较方便。客厅内空调插座为单相三孔带开关（有保护门）的产品，卧室中的空调插座安装高度距地 1.8～2.0m，采用单相三孔插座。

一般插座暗设于墙内，距地 0.3m 以上，安装高度在 1.8m 以下的插座采用带安全门的防护型产品。电源插座之间的距离控制在 2.5m 左右，卫生间的插座应采用防溅式，安装高度为 1.5～1.6m，不能设在淋浴器的侧墙上，抽油烟机电源插座距地高度为 1.6～1.8m。排气扇插座距地高度 1.8～2.2m；厨房插座距地高度为 1.5～1.6m。

单相三孔插座的正确安装：单相用电设备，特别是移动式用电设备，应使用三芯插头和与之配套的三孔插座。接线时专用接地插孔应与专用的保护接地线相连，采用接零保护时，接零线应从电源端专门引入，不应就近利用引入插座的零线，否则会导致触电。

5. 漏电开关的安装

漏电开关的安装接线按产品使用说明书的要求进行。漏电开关只能使用在电源中性线接地的系统中，对变压器中性线与地绝缘的系统不起保护作用。产品接线端子上标有电源侧和负载侧，必须按规定接线，不能反接。漏电开关接线时，不能将输出端的中性线重复接地，否则漏电开关将发生误动作。

单极两线和三极四线（四极）的漏电开关产品上标有 N 极和 L 极，接线时相线接在 L 极，中性线接 N 极。

漏电开关第一次通电时，应操作开关上的“试验按钮”，检查能否正常动作，确认动作正常后，方可投入使用。以后在使用过程中，应定期每月操作“试验按钮”1 次，检查漏电开关的保护功能是否正常。

第六章　谐振、互感电路及磁路的分析与应用

第四章中提到的RLC串联或并联电路，它们的电压和电流相位关系有三种情况，其中一种情况是感抗与容抗相等，此时电压与电流同相位，电路呈电阻性状态，这种状态称为电路谐振。本章将进一步研究谐振、互感电路及其特点。

第一节　谐振电路的特点及应用

问题一：串联及并联谐振的条件是什么？谐振时电路有哪些特点？

一、电路谐振（Circuit Resonance）

谐振即物理的简谐振动。在含有RLC元件的电路中，谐振指端口上出现电压与电流同相位的现象。谐振的类型有串联谐振和并联谐振。

二、串联谐振（Series Resonance）

1. 串联谐振的条件

在电阻R、电感L和电容C元件所组成的交流电路中，如图6-1所示，这时电路两端电压与电流的相位一般是不相同的，如果调节电路元件（L或C）的参数或电源频率，使它们的相位相同，则整个电路将呈现出纯电阻性，电路的这种现象称为串联谐振现象。

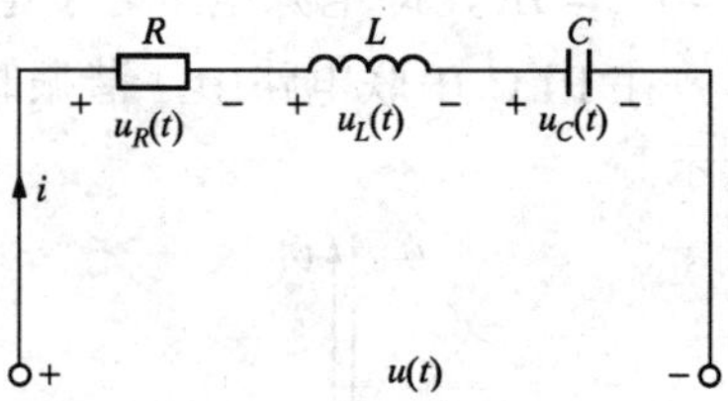

图6-1　RLC串联电路

根据图6-1所示电路有

$$Z = \dot{U}/\dot{I} = R + \mathrm{j}(\omega L - 1/\omega C) = R + \mathrm{j}(X_L - X_C)$$

当$X_L - X_C = 0$时，电路发生谐振。即RLC串联电路发生谐振的条件为

$$X_L = X_C \tag{6-1}$$

串联谐振也指由电容器和电感线圈串联形成的线性无源二端网络对某一频率的正弦激励（达到稳态时）所呈现的端口电压和端口电流同相的现象。

2. RLC串联谐振的特点

（1）阻抗（Impedance）最小。谐振时电路的电抗$X=0$，所以此时复阻抗为$Z = Z_0 = R + \mathrm{j}X = R$，因此，谐振时阻抗最小，且为纯电阻。

（2）谐振频率（Resonance Frequency）。因谐振时$\omega_0 L - \dfrac{1}{\omega_0 C} = 0$，故$\omega_0 = \dfrac{1}{\sqrt{LC}}$，$f_0 = \dfrac{1}{2\pi\sqrt{LC}}$。$f_0$称为电路固有频率。

（3）特性阻抗ρ和品质因数Q。

1）特性阻抗（Characteristic Impedance）。电路发生谐振时的感抗或容抗称为特性阻抗ρ。$\rho = \omega_0 L = \dfrac{1}{\omega_0 C} = \sqrt{\dfrac{L}{C}}$，$\rho$仅与电路参数有关。

2）品质因数（Figure of Merit）。电路特性阻抗ρ和电阻R的比值称为品质因数。

电路的品质因数Q是一项反映电路选择性能好坏的指标，它仅与电路参数有关。在实际电路中，Q的取值范围从几十到几百，其表达式为

$$Q=\frac{\rho}{R}=\frac{\omega_0 L}{R}=\frac{1}{\omega_0 CR}=\frac{1}{R}\sqrt{\frac{L}{C}}$$

（4）谐振时电路电流最大，即

$$\dot{I}=I_0=\frac{\dot{U}}{R}=I_{\max}\quad（\dot{I}与\dot{U}同相位）$$

同理可推导得：电路的有功功率$P_0=P_{\max}$，即谐振时电路的有功功率最大。

（5）RLC 串联电路各元件的电压及相量图。谐振时，电感元件和电容元件上的电压为

$$\dot{U}_{L0}=\dot{I}_0\mathrm{j}\omega_0 L=\frac{\dot{U}}{R}\mathrm{j}\omega_0 L=\mathrm{j}\frac{\omega_0 L}{R}\dot{U}=\mathrm{j}Q\dot{U}$$

$$\dot{U}_{C0}=\dot{I}_0\frac{1}{\mathrm{j}\omega_0 C}=\frac{\dot{U}}{R}\times\frac{1}{\mathrm{j}\omega_0 C}=-\mathrm{j}\frac{1}{\omega_0 CR}\dot{U}=-\mathrm{j}Q\dot{U}$$

所以$U_{L0}=U_{C0}=QU$，$\dot{U}_{X0}=0$，即电容和电感的电压大小相等，相位相反。而总电压$\dot{U}=\dot{U}_R=\dot{I}R$，即电源电压等于电阻上的电压。各电压相量图如图 6-2 所示。

在 RLC 串联电路中，谐振时 LC 串联部分对外电路而言，可以用短路线表示，如图 6-3 所示。

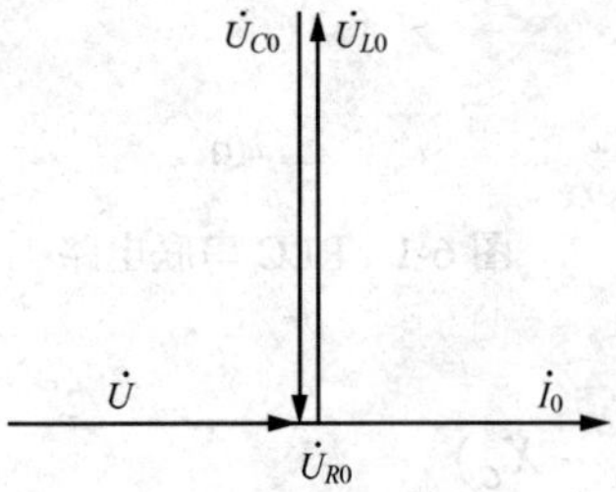

图 6-2 串联谐振相量图

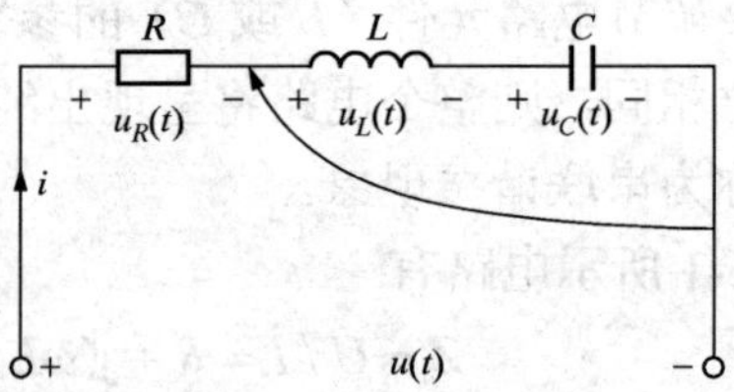

图 6-3 RLC 串联电路谐振时 LC 串联部分相当于被短接

由以上分析可见，谐振时由于$Q>>1$，$U_{L0}=U_{C0}=QU>>U$，即出现电感和电容电压大于总电压的现象。故串联谐振也称“电压谐振”（Voltage Resonance）。

2. RLC 串联电路的频率特性

（1）频率特性（Frequency Characteristic），是指 RLC 串联电路中的Z、i、u、φ各量随频率ω变化的关系。

当频率变化时，RLC 串联电路的阻抗、导纳等都将随频率的变化而变化，相应的电路电流、电压也将随频率的变化而变化，这种随频率的变化而变化的关系称为频率特性。

（2）阻抗的频率特性。

1）幅频特性（Amplitude-frequency Characteristics）：表示电阻、容抗、感抗和阻抗的大小与频率之间的关系。其变化曲线如图 6-4 所示，关系表达式为

$$|Z(\mathrm{j}\omega)|=\sqrt{R^2+\left(\omega L-\frac{1}{\omega C}\right)^2}$$

2）相频特性（Phase-frequency Characteristics）：表示相位大小与频率之间的关系。变化

曲线如图 6-5 所示。

电路中的相位角为$\varphi(\omega)=\arctan\dfrac{\omega L-\dfrac{1}{\omega C}}{R}$，由此可得：$\omega=0$ 时，$\varphi(\omega)=-\dfrac{\pi}{2}$；$\omega=\omega_0$ 时，$\varphi(\omega)=0$；$\omega\to+\infty$ 时，$\varphi(\omega)=\dfrac{\pi}{2}$。

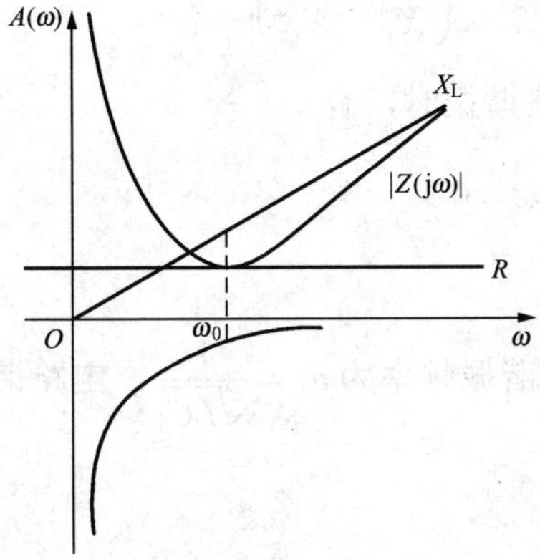

图 6-4　RLC 串联电路的幅频特性

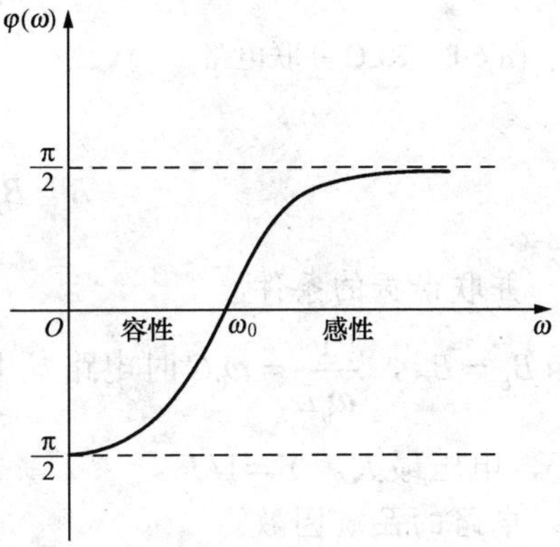

图 6-5　RLC 串联电路的相频特性

（3）电流的幅频特性：指电流大小与频率之间的关系，如图 6-6 所示。其中电流与频率的关系式为

$$I=\frac{U}{\sqrt{R^2+\left(\omega L-\dfrac{1}{\omega C}\right)^2}} \tag{6-2}$$

（4）电压的幅频特性：表示电压大小与频率之间的关系，如图 6-7 所示。其中

$$U_L(\omega)=\frac{\omega LU}{\sqrt{R^2+\left(\omega L-\dfrac{1}{\omega C}\right)^2}}=\frac{\omega_0 L\omega U}{\omega_0 R\sqrt{1+Q^2\left(\eta-\dfrac{1}{\eta}\right)^2}}=\frac{QU}{\sqrt{\dfrac{1}{\eta^2}+Q^2\left(1-\dfrac{1}{\eta^2}\right)^2}} \tag{6-3}$$

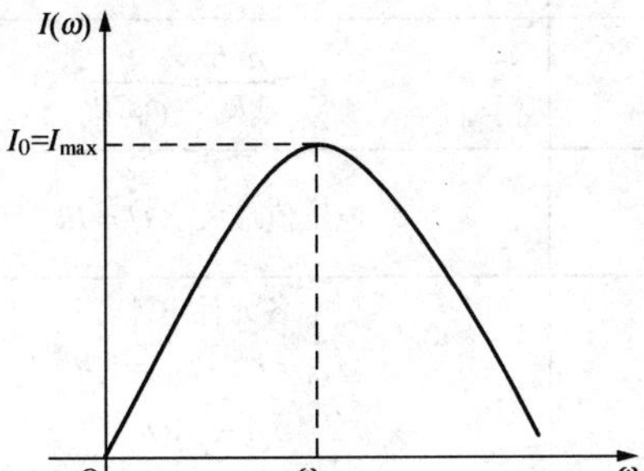

图 6-6　电流幅频特性

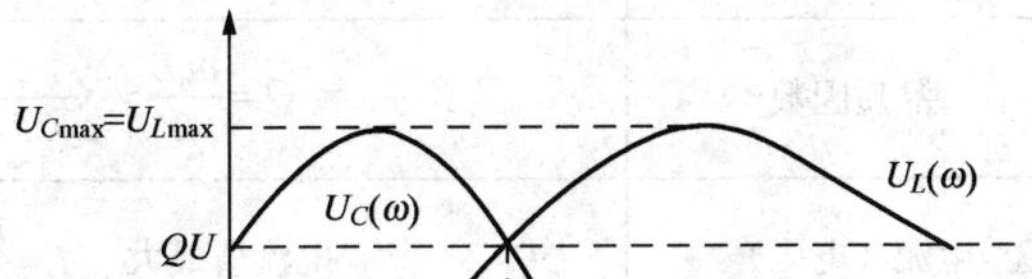

图 6-7　电压幅频特性

$$U_C(\omega)=\frac{QU}{\sqrt{\eta^2+Q^2(\eta^2-1)^2}}，\quad \eta=\frac{\omega}{\omega_0} \tag{6-4}$$

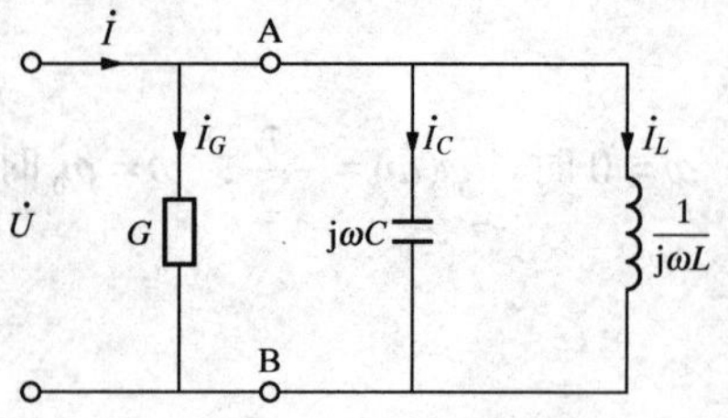

图 6-8 RLC 并联电路

三、并联谐振（Parallel Resonance）

在电感和电容并联的电路中，当端口电压 $\dot{U}$ 与端口电流 $\dot{I}$ 同相位时的电路工作状态称为并联谐振。

如图 6-8 所示电路为 RLC 并联电路，其导纳大小为

$$|Y|=\sqrt{\frac{1}{R^2}+\left(\frac{1}{X_L}-\frac{1}{X_C}\right)^2} \tag{6-5}$$

RLC 并联电路谐振时，有

$$B=B_L-B_C=\frac{1}{\omega L}-\omega C=0$$

1. 并联谐振的条件

当 $B_L=B_C$，$\frac{1}{\omega_0 L}=\omega_0 C$ 时电路发生并联谐振。其谐振频率为 $\omega_0=\frac{1}{\sqrt{LC}}$，电路谐振时导纳最小，电压最大。$Y=1/R$。

2. 电路的品质因数

$$Q=\frac{\omega_0 L}{R}=\frac{1}{\omega_0 CR}=\frac{1}{R}\sqrt{\frac{L}{C}} \tag{6-6}$$

3. 谐振电流 $\dot{I}=G\dot{U}$

谐振电感电流 $\dot{I}_L=\mathrm{j}\frac{1}{\omega_0 L}\dot{U}$，谐振电容电流 $\dot{I}_C=\mathrm{j}\omega_0 C\dot{U}$，二者大小相等、相位相反。

四、RLC 串、并联谐振电路的特点（见表 6-1）

表 6-1　　RLC 串、并联谐振电路的特点

电　路	RLC 串联电路谐振	RLC 并联电路谐振
阻抗（导纳）	阻抗值最小　$\lvert Z\rvert=R$	导纳值最小，$Y=\frac{1}{R}$ 即阻抗值最大
谐振频率	$\omega_0=\frac{1}{\sqrt{LC}}$	$\omega_0=\frac{1}{\sqrt{LC}}$
品质因数	$Q=\frac{\omega_0 L}{R}=\frac{1}{\omega_0 CR}$	$Q=\frac{\omega_0 L}{R}=\frac{1}{\omega_0 CR}$
电流（电压）	电流值最大　$\dot{I}=\frac{\dot{U}}{R}$	电压值最大　$\dot{U}=\dot{I}R$
各元件电压（电流）	各元件电压 $\dot{U}_{R0}=\dot{U}$，$\dot{U}_{L0}=\mathrm{j}Q\dot{U}$ $\dot{U}_{C0}=-\mathrm{j}Q\dot{U}$，$\dot{U}_{X0}=0$ LC 串联部分相当于短路，属电压谐振	各元件电流 $\dot{I}_{R0}=\dot{I}$，$\dot{I}_{L0}=\mathrm{j}Q\dot{I}$ $\dot{I}_{C0}=-\mathrm{j}Q\dot{I}$ $\dot{I}_{X0}=0$ LC 相当于断路，属电流谐振

五、电感线圈与电容并联谐振

谐振时，端电压与总电流同相，且电路阻抗为纯电阻。电路如图 6-9 所示。

回路阻抗　$$Z=\frac{(R+\mathrm{j}\omega L)\dfrac{1}{\mathrm{j}\omega C}}{R+\mathrm{j}\omega L+\dfrac{1}{\mathrm{j}\omega C}}=\frac{(R+\mathrm{j}\omega L)\dfrac{1}{\mathrm{j}\omega C}}{R+\mathrm{j}(\omega L-\dfrac{1}{\omega C})}$$

电路谐振时的电压、电流相量图如图 6-10 所示，从相量图可知，谐振时电感支路电流与电容支路电流近似相等并为总电流的 Q 倍，即

$$\omega_0 C=\frac{\omega_0 L}{R^2+(\omega_0 L)^2},\qquad \omega_0=\sqrt{\frac{1}{LC}-\frac{R^2}{L}}\approx\frac{1}{\sqrt{LC}} \tag{6-7}$$

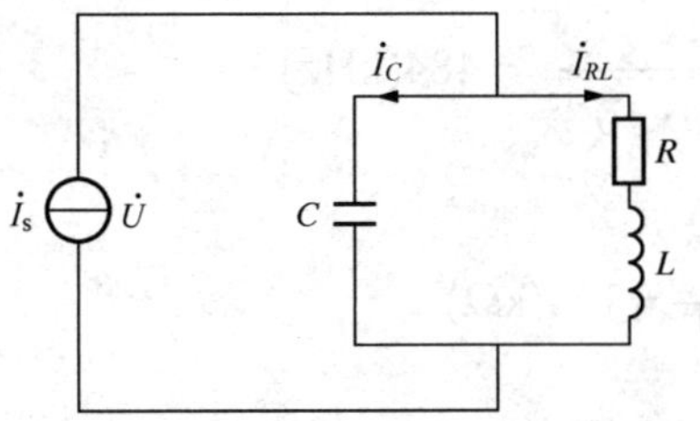

图 6-9　一般电路的谐振

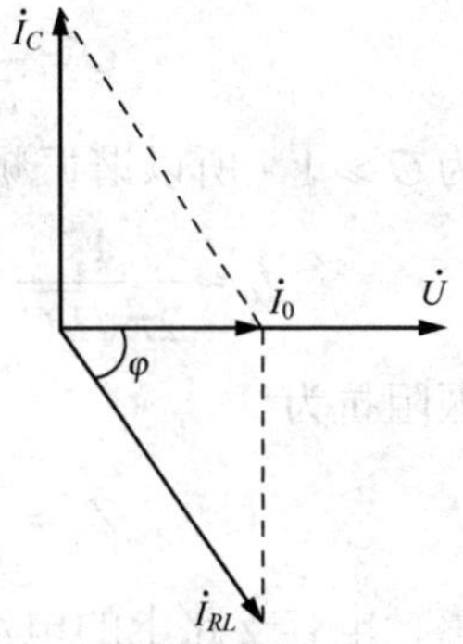

图 6-10　相量图

$$\dot{I}_{C0}=\mathrm{j}\omega C\dot{U}=\mathrm{j}Q\dot{I}_s,\quad \dot{I}_{RL0}=\dot{U}/(R+\mathrm{j}\omega_0 L)\approx\dot{U}/\mathrm{j}\omega_0 L=-\mathrm{j}Q\dot{I}_s$$

谐振时的角频率 ω_0 为

$$\omega_0=\frac{1}{\sqrt{LC}}$$

六、例题分析

【例 6-1】 已知某 RLC 串联电路，R=10Ω，L=500μH，C=100pF，U_s=100μV，若电路发生谐振，试求谐振频率 f_0、特性阻抗 ρ、品质因数 Q、电路电流 I_0 及 U_{R0}、U_{L0}、U_{C0}。

解　（1）谐振频率

$$f_0\approx\frac{1}{2\pi\sqrt{LC}}=\frac{1}{2\pi\sqrt{500\times10^{-6}\times100\times10^{-12}}}=712(\mathrm{kHz})$$

（2）特性阻抗

$$\rho=\sqrt{\frac{L}{C}}=\sqrt{\frac{500\times10^{-6}}{100\times10^{-12}}}=2.24(\mathrm{k\Omega})$$

（3）品质因数

$$Q=\frac{\rho}{R}=\frac{2.24\times10^3}{10}=224$$

（4）电路电流

$$I_s=\frac{U_s}{R}=\frac{100\times10^{-6}}{10}=10(\mu\mathrm{A})$$

（5）电阻元件上的电压

$$U_{R0}=U_s=100\mu V$$

（6）电感、电容元件上的电压

$$U_{L0}=U_{C0}=QU_s=224\times100\times10^{-6}=22.4(mV)$$

【例 6-2】电路如图 6-9 所示，已知电容与电感线圈并联，R=16.5Ω，L=540μH，C=200pF，谐振时电流源电流 $I_s=0.1mA$，求谐振频率 f_0、品质因数 Q、谐振阻抗 Z_0、电容支路电流 I_{C0}、电感支路电流 I_{RL0}、谐振回路端电压 U_0 和谐振时电路有功功率 P_0。

解 （1）品质因数

$$Q=\frac{1}{R}\sqrt{\frac{L}{C}}=\frac{1}{16.5}\times\sqrt{\frac{540\times10^{-6}}{200\times10^{-12}}}=99.6$$

（2）因为 $Q\gg1$，所以谐振频率为

$$f_0\approx\frac{1}{2\pi\sqrt{LC}}=\frac{1}{2\pi\sqrt{540\times10^{-6}\times200\times10^{-12}}}=484(kHz)$$

（3）谐振阻抗为

$$Z_0\approx\frac{L}{RC}=\frac{540\times10^{-6}}{16.5\times200\times10^{-12}}=164(k\Omega)$$

（4）电感、电容支路上的电流为

$$I_{RL0}\approx I_{C0}=QI_s=99.6\times0.1=9.96(mA)$$

（5）谐振回路端电压

$$U_0=I_sZ_0=0.1\times10^{-3}\times164\times10^3=16.4(V)$$

（6）谐振时电路有功功率

$$P_0=I_s^2Z_0=(0.1\times10^{-3})^2\times164\times10^3=1.64(mW)$$

七、实践应用（Applications）

串联谐振的判断

（一）教学目标

（1）能判断 RLC 串联电路发生谐振的条件。

（2）能了解品质因数 Q 值对谐振曲线的影响。

（二）谐振原理

在 RLC 串联电路中，当外加正弦交流电压的频率可变时，电路中的感抗、容抗和电抗都随着外加电源频率的改变而变化，因而电路中的电流也随着频率而变化。将这些物理量随频率而变化的特性绘成曲线，便是它们的频率特性曲线。由于

$$Z=R+j\omega X=R+j\left(\omega L-\frac{1}{\omega C}\right)$$

$$\varphi=\arctan\left(\frac{\omega L-\frac{1}{\omega C}}{R}\right)$$

当 $X_L=X_C$ 时的角频率 ω 叫做串联谐振角频率 ω_0，这时电路呈谐振状态，谐振角频率和

谐振频率分别为

$$\omega_0 = \frac{1}{\sqrt{LC}}(\text{rad/s}) \quad 或 \quad f_0 = \frac{1}{2\pi\sqrt{LC}}(\text{Hz})$$

可见谐振频率决定于电路参数 L 及 C 的值，随着频率的变化，电路的性质可发生如下变化：当 $\omega<\omega_0$ 时电路呈容性，$\omega>\omega_0$ 时电路呈感性，$\omega=\omega_0$ 时，即在谐振点电路出现纯电阻性。

如维持外加电压为 $\dot{U}_s$，则谐振时的电流为

$$\dot{I} = \dot{I}_0 = \dot{U}_s / R$$

品质因数

$$Q = \frac{\omega_0 L}{R}$$

改变外加电压的频率，可作出图 6-11 所示的电流谐振曲线，它的表达式为

$$\frac{I}{I_0} = \frac{1}{\sqrt{1+Q^2\left(\frac{\omega}{\omega_0}-\frac{\omega_0}{\omega}\right)^2}}$$

（三）仪器设备

（1）信号发生器一台。

（2）白炽灯［灯泡（R）］、电感器（L）、电容器（C）、开关各一只。

（3）导线若干。

（四）工作任务

（1）按图 6-12 连接电路。设置 R、L、C 的值使电路发生谐振，分析发生谐振的条件。

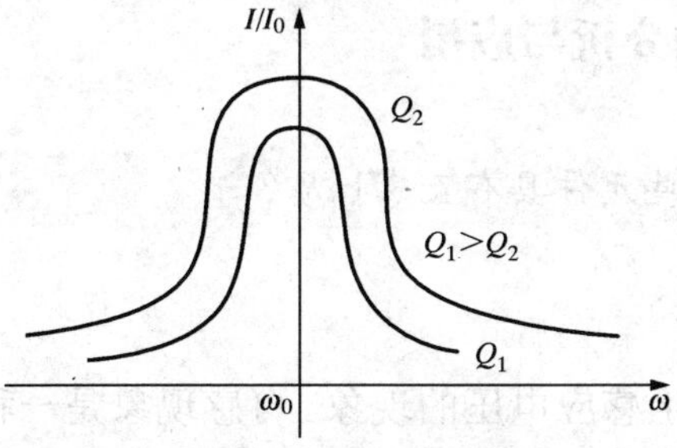

图 6-11 电流谐振曲线

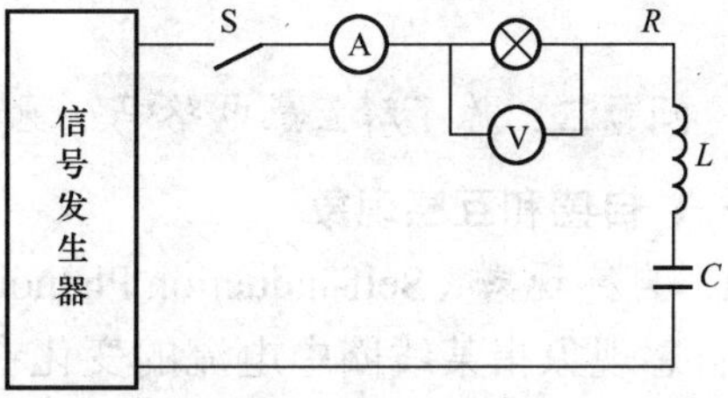

图 6-12 试验电路图

1）灯泡的功率 $P=5\text{W}$，$U=10\text{V}$，则 R=_________。

2）$L=10\text{mH}$。

3）C=100μF。

（2）保持信号源输出电压 U=10V，调节信号发生器使信号频率由 1Hz 连续变化到 500Hz，观察电流表、电压表的变化，将数据记入表 6-2 中。同时记下灯泡最亮时的频率。

（3）保持谐振频率 f_0 不变，更改 Q 值，再次试验。

1）改变 R 值。将灯泡功率变为 10W，其他值均不变，此时 R=______。重复上述试验。将数据记录于表 6-3 中。

2）保持 L、C 的乘积不变，改变 L、C 的值，如 L=100mH，C=10μF。

重复上面的试验，将数据记录于表 6-4 中。

表 6-2　　数 据 记 录 一

频率 f										
电流值										
电压值										

表 6-3　　数 据 记 录 二

频率 f											
电流值											
电压值											

表 6-4　　数 据 记 录 三

频率 f										
电流值										
电压值										

（五）数据分析

（1）通过表 6-2 得出电路谐振的条件，求出谐振频率。

（2）通过表 6-3、表 6-4 绘制谐振曲线得到品质因数对谐振现象的影响。

（3）总结串联谐振电路的特点。

（4）分析品质因数 Q 值对谐振曲线的影响。

第二节　互感电路的分析与应用

问题二：你了解互感电路吗？现实生活中哪些元件具有互感性质？

一、自感和互感现象

1. 自感现象（Self-induction Phenomenon）

自感现象指某线圈中电流的变化在其自身产生感应电压的现象。自感现象是一种特殊的电磁感应现象，它是由于线圈本身电流变化而引起。感应电压由法拉第电磁感应定律 $u=\dfrac{\mathrm{d}\psi}{\mathrm{d}t}=N\dfrac{\mathrm{d}\Phi}{\mathrm{d}t}=L\dfrac{\mathrm{d}i}{\mathrm{d}t}$ 确定。

自感现象在各种电器设备和无线电技术中应用广泛。日光灯的镇流器就是利用线圈的一种自感现象。

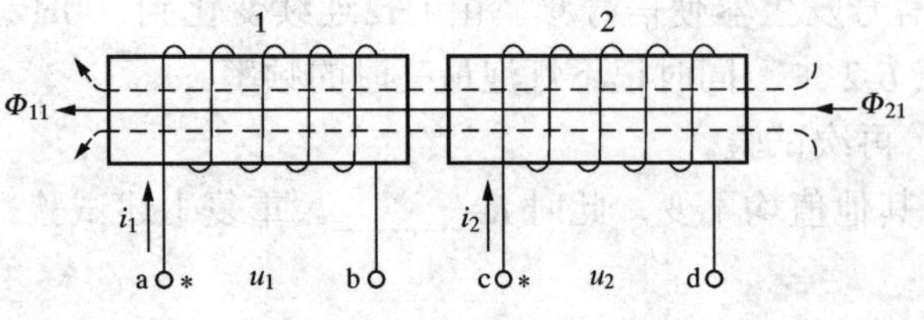

图 6-13　互感现象示意图

2. 互感现象（Mutual Induction Phenomenon）

互感现象指在两个相耦合的线圈中，由于一个线圈中的电流发生变化而使其他线圈产生感应电压的现象叫互感现象，如图 6-13 所示。变压器是一种常见的互感耦合元器件。

二、互感系数和互感电压、同名端

1. 自感系数（Coefficient of Self-Induction）

自感系数表示线圈产生自感能力的物理量，常用 L 来表示。一个闭合电路所交链的全部磁通除以所通过的电流，即 $L=\Psi/i$，比例系数 L 叫做线圈的自感系数，简称自感或电感，单位为 H（亨利）。自感系数的大小仅与线圈的几何形状、匝数和周围介质的性质有关，线圈面积越大、线圈越长、单位长度匝数越密，它的自感系数就越大。另外，有铁芯的线圈的自感系数比没有铁芯的大。

2. 互感系数（Coefficient of Mutual Inductance）

互感系数表示两线圈之间产生互感能力的物理量，简称互感，单位是 H（亨利）。

互感系数：穿越第二个线圈的互磁链与激发该互磁链的第一个线圈中电流之比，称为线圈 1 对线圈 2 的互感系数，即

$$M_{21}=\psi_{21}/i_1=M_{12}=\psi_{12}/i_2=M$$

3. 互感电压

如图 6-13 所示电路，当线圈 1 通过电流 i_1 时，由于电磁感应作用在线圈 1 中要产生自感电压 u_{11}，同时还在线圈 2 中产生互感电压 u_{21}。同理，当线圈 2 通过电流 i_2 时，由于电磁感应作用在线圈 2 中要产生自感电压 u_{22}，同时还在线圈 1 中产生互感电压 u_{12}。

线圈 2 中的互感电压：$u_{21}=M\dfrac{\mathrm{d}i_1}{\mathrm{d}t}$；线圈 1 中的互感电压：$u_{12}=M\dfrac{\mathrm{d}i_2}{\mathrm{d}t}$。

4. 耦合系数（Coefficient of Coupling）

两个线圈的耦合程度可由耦合系数 k 来表示，它的定义为

$$k=\frac{M}{\sqrt{L_1L_2}} \tag{6-8}$$

k 的取值在 $0\leqslant k\leqslant 1$ 之间，当 $k=1$ 时，称为全耦合；$k>0.5$ 时，称为紧耦合；$k<0.5$ 时，称为松耦合；当 $k=0$ 时，称为无耦合。

5. 同名端（Corresponding Terminals）

在同一磁通作用下，感应电动势极性相同的点（或瞬时极性相同的点），叫同名端，用“*”或“・”表示。反之为异名端。

6. 同名端的判定

（1）方法一：直流法（DC-method）。

在图 6-14 所示电路中，当 S 合上瞬间，电压表 PV 的指针可能会发生两种偏转。

1）正偏转。电表两端电压上正下负，1 与 2 为同名端。

2）反偏转。电表两端电压下正上负，1 与 2′为同名端。

（2）方法二：交流法（AC-method）。

用交流电压表测量图 6-15 所示电路中的 U_1、U_2、U_3 的值。

当 $U_3=U_1-U_2$，则 1 与 2 为同名端，这是因为 $\dot{U}_3=\dot{U}_1-\dot{U}_2$。

当 $U_3=U_1+U_2$，则 1 与 2′为同名端，这是因为 $\dot{U}_3=\dot{U}_1-\dot{U}_2$。

7. 互感电压和电流的关系

当 i_1、i_2 按正弦量变化时，下述两种情况下的互感电压分别为：

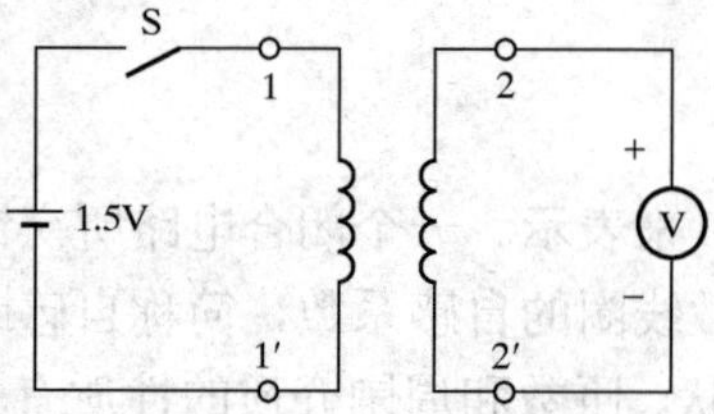

图 6-14 同名端的判断方法一

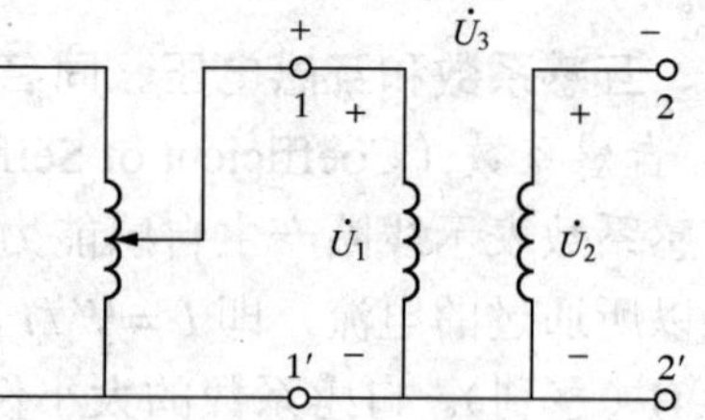

图 6-15 同名端的判断方法二

（1）当电流从同名端流入 $\begin{cases} u_1 = L_1 \dfrac{\mathrm{d}i_1}{\mathrm{d}t} + M \dfrac{\mathrm{d}i_2}{\mathrm{d}t} \\ u_2 = L_2 \dfrac{\mathrm{d}i_2}{\mathrm{d}t} + M \dfrac{\mathrm{d}i_1}{\mathrm{d}t} \end{cases}$

（2）当电流从异名端流入 $\begin{cases} u_1 = L_1 \dfrac{\mathrm{d}i_1}{\mathrm{d}t} - M \dfrac{\mathrm{d}i_2}{\mathrm{d}t} \\ u_2 = L_2 \dfrac{\mathrm{d}i_2}{\mathrm{d}t} - M \dfrac{\mathrm{d}i_1}{\mathrm{d}t} \end{cases}$

用相量表示为

$$\left.\begin{aligned} u_1 \to \dot{U}_1 = \mathrm{j}\omega L_1 \dot{I}_1 \pm \mathrm{j}\omega M \dot{I}_2 \\ u_2 \to \dot{U}_2 = \mathrm{j}\omega L_2 \dot{I}_2 \pm \mathrm{j}\omega M \dot{I}_1 \end{aligned}\right\}$$

其中当电流从同名端流入时取“+”号，反之取“−”号。

三、互感电路分析要点

（1）互感的定义。互感是单位电流的磁链。

$$M = u_{21} / (\mathrm{d}i_1 / \mathrm{d}t) \tag{6-9}$$

（2）互感电压。当线圈 1 通过电流 i_1 时，由于电磁感应的作用在线圈 1 中要产生自感电压 u_{11}，同时还在线圈 2 中产生互感电压 u_{21}。同理，当线圈 2 通过电流 i_2 时，由于电磁感应作用在线圈 2 中要产生自感电压 u_{22}，同时还在线圈 1 中产生互感电压 u_{12}。互感电压的表达式为

$$u_{21} = \pm M\mathrm{d}i_1 / \mathrm{d}t\text{，}\ u_{12} = \pm M\mathrm{d}i_2 / \mathrm{d}t$$

当电流从同名端流入时 M 前取“+”号，当电流从异名端流入时 M 前取“−”号。

（3）同名端。指在同一磁通作用下，感应电压极性相同的点。

四、实践应用（Application）

互感线圈同名端判断方法分析

（一）教学目标

能应用直流法和交流法判断两互感线圈的同名端。

（二）仪器设备

（1）直流稳压电源、单相变压器，各 1 台。

（2）单刀开关，1 个。

（3）直流电流表、空心互感线圈、交流电压表，各 1 只。

（4）导线若干。

（三）工作任务

1. 用直流通断法判断两互感线圈的同名端

按图 6-16 所示电路连接，注意直流电源正、负极所接线圈 L_1 的端子和电流表正、负端所接线圈 L_2 的端子。当开关接通和闭合的瞬间，观察电流表指针的偏转方向和相应的电流的流向，可确定耦合线圈的同名端，数据记录于表 6-5 中。

2. 交流法（AC-method）

按图 6-17 所示电路连接，L_1、L_2 的连接为顺向串联或反向串联。在线圈 L_1 的 1、2 端上加单相可调交流电压（注意流过线圈的电流不能过大），用交流电压表测量电压 U_{12}、U_{13} 和 U_{34}，比较 U_{12}、U_{13} 和 U_{34} 的关系可确定耦合线圈的同名端，记录测量电压 U_{12} 和 U_{13} 于表 6-6 中。

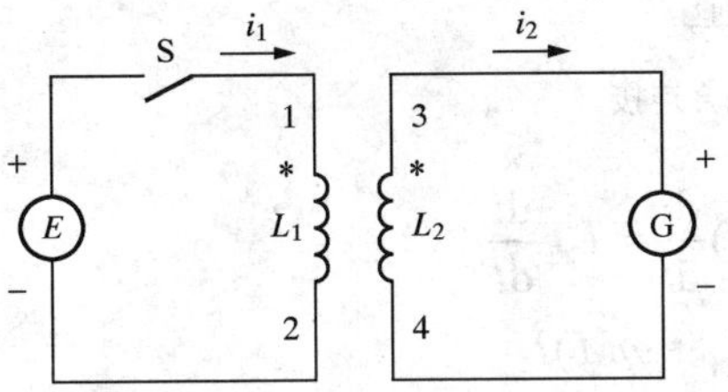

图 6-16　直流法判断同名端

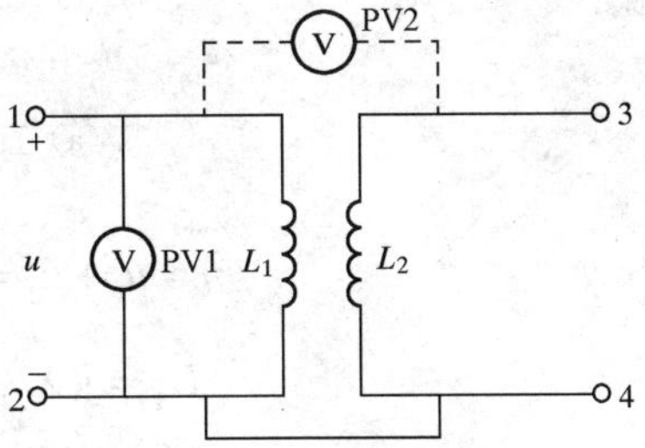

图 6-17　交流法判断同名端

表 6-5　　数 据 记 录 一

开关 S 的状态	电流表偏转方向与电流流向	同名端
闭合		
断开		

表 6-6　　数 据 记 录 二

	交流电压表数值	U_{13} 与 $U_{12}+U_{34}$ 关系	同名端
1-2 端电压 U_{12}			
3-4 端电压 U_{34}			
1-3 端电压 U_{13}			

最后，对以上实测数据进行分析。

第三节　含互感的正弦交流电路分析

问题三：如何对含有互感的线圈进行去耦等效？

含有互感电路的计算，原则上和一般正弦交流电路相同，可以运用前面讲过的各种分析方法和网络定理。

一、直接连接法和去耦合连接法

互感线圈实体的连接称为直接连接。这时两线圈之间有耦合（互感）。如果将两线圈之间的耦合电感用等效的电感来代替接入电路，这时电路中的互感线圈之间就没有互感了，这种连接称为去耦合连接。用等效电路来等效原来的实体连接称为去耦等效法。

二、互感线圈的串联

1．同名端顺向串联（顺接）

两个互感线圈顺向串联的连接电路如图 6-18 所示。据图 6-18 有

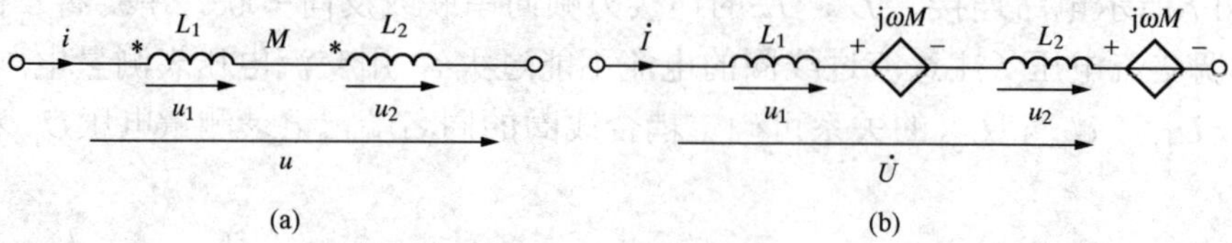

图 6-18 电感的顺接

（a）直接连接；（b）去耦合连接

$$u = u_1 + u_2 = (L_1 + L_2 + 2M)\frac{\mathrm{d}i}{\mathrm{d}t} = L_{顺}\frac{\mathrm{d}i}{\mathrm{d}t}$$

$$\dot{U}_1 = \mathrm{j}(X_{L1} + X_M)\dot{I} = \mathrm{j}(\omega L_1 + \omega M)\dot{I}$$

$$\dot{U}_2 = \mathrm{j}(X_{L2} + X_M)\dot{I} = \mathrm{j}(\omega L_2 + \omega M)\dot{I}$$

$$\dot{U} = \dot{U}_1 + \dot{U}_2 = \mathrm{j}\omega(L_1 + L_2 + 2M)\dot{I} = \mathrm{j}(X_{L1} + X_{L2} + 2X_M)\dot{I}$$

等效电感为

$$L_{顺} = L_1 + L_2 + 2M$$

2．两同名端反向串联（逆接）

两个互感线圈反向串联连接电路如图 6-19 所示。据图 6-19 有

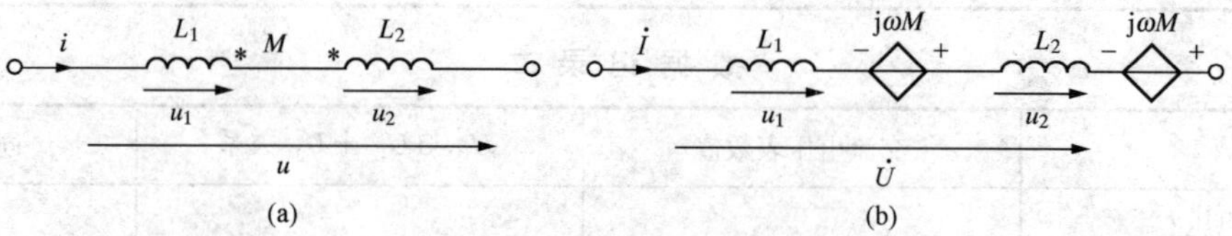

图 6-19 电感的逆接

（a）直接连接；（b）去耦合连接

$$\dot{U} = \dot{U}_1 + \dot{U}_2 = \mathrm{j}\omega(L_1 + L_2 - 2M)\dot{I} = \mathrm{j}(X_{L1} + X_{L2} - 2X_M)\dot{I}$$

$$u = u_1 + u_2 = (L_1 + L_2 - 2M)\frac{\mathrm{d}i}{\mathrm{d}t} = L_{反}\frac{\mathrm{d}i}{\mathrm{d}t}$$

等效电感为

$$L_{反} = L_1 + L_2 - 2M \tag{6-10}$$

还可以利用互感线圈的两种串联连接方式来测量互感系数，即

$$M = \frac{L_{顺} - L_{反}}{4} \tag{6-11}$$

三、互感线圈的并联

1. 同名端同侧并联

互感线圈同名端同侧并联电路如图 6-20 所示，这时有以下方程

$$\begin{cases}\dot{U} = \mathrm{j}\omega L_1\dot{I}_1 + \mathrm{j}\omega M\dot{I}_2 \\ \dot{U} = \mathrm{j}\omega L_2\dot{I}_2 + \mathrm{j}\omega M\dot{I}_1 \\ \dot{I} = \dot{I}_1 + \dot{I}_2\end{cases} \tag{6-12}$$

等效阻抗

$$Z = \frac{\dot{U}}{\dot{I}} = \mathrm{j}\omega\frac{L_1L_2 - M^2}{L_1 + L_2 - 2M} \tag{6-13}$$

等效电感

$$L = \frac{L_1L_2 - M^2}{L_1 + L_2 - 2M} \tag{6-14}$$

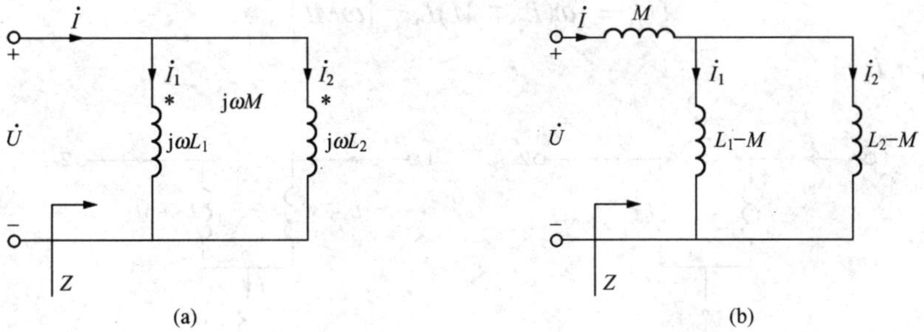

图 6-20　电感的同侧并联

（a）直接连接；（b）去耦合连接

2. 同名端异侧并联

互感线圈同名端异侧并联电路如图 6-21 所示，这时有以下方程

$$\begin{cases}\dot{U} = \mathrm{j}\omega L_1\dot{I}_1 - \mathrm{j}\omega M\dot{I}_2 \\ \dot{U} = \mathrm{j}\omega L_2\dot{I}_2 - \mathrm{j}\omega M\dot{I}_1 \\ \dot{I} = \dot{I}_1 + \dot{I}_2\end{cases} \tag{6-15}$$

等效阻抗

$$Z = \frac{\dot{U}}{\dot{I}} = \mathrm{j}\omega\frac{L_1L_2 - M^2}{L_1 + L_2 + 2M} \tag{6-16}$$

等效电感

$$L = \frac{L_1L_2 - M^2}{L_1 + L_2 + 2M} \tag{6-17}$$

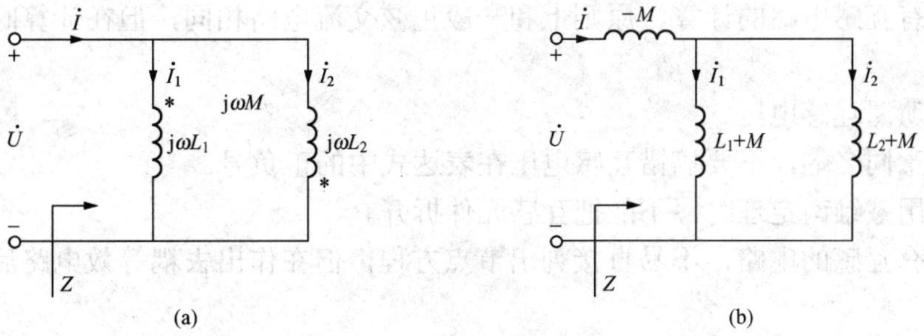

图 6-21　电感的异侧并联

（a）直接连接；（b）去耦合连接

由以上分析可见，当两互感线圈并联时，等效电感 $L=\dfrac{L_1L_2-M^2}{L_1+L_2\mp 2M}$（同侧取“−”，异侧取“+”）。

3. 互感线圈的一端相连

互感线圈的一端相连的电路如图 6-22 所示，这种连接方式与两端并联的情况有相似的结果。由图 6-22（a）可得

$$\left.\begin{aligned}\dot U_{13}&=\mathrm{j}\omega L_1\dot I_1\pm \mathrm{j}\omega M\dot I_2\\ \dot U_{23}&=\mathrm{j}\omega L_2\dot I_2\pm \mathrm{j}\omega M\dot I_1\end{aligned}\right\}$$

由图 6-22（b）可得

$$\left.\begin{aligned}\dot U_{13}&=\mathrm{j}\omega(L_1\mp M)\dot I_1\pm \mathrm{j}\omega M\dot I\\ \dot U_{23}&=\mathrm{j}\omega(L_2\mp M)\dot I_2\pm \mathrm{j}\omega M\dot I\end{aligned}\right\}$$

注意 $\dot I=\dot I_1+\dot I_2$

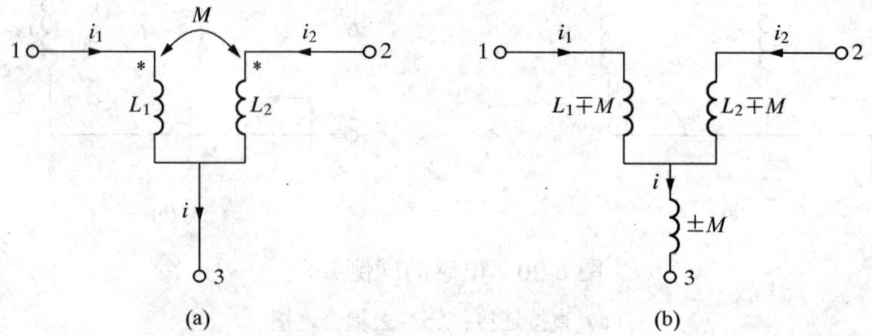

图 6-22　互感线圈一端相连

（a）直接连接；（b）去耦合连接

上式中，当两线圈的同名端连接时公式中取正值，异名端连接时取负值来计算。这种情况的等效电感为

$$Z=\frac{\dot U}{\dot I}=\frac{\mathrm{j}\omega(L_1L_2-M^2)}{L_1+L_2\mp 2M}=\mathrm{j}\omega L \tag{6-18}$$

$$L=\frac{L_1L_2-M^2}{L_1+L_2\mp 2M} \tag{6-19}$$

式中当两线圈的同名端连接时取“+”值计算，异名端连接时取“−”值计算。

结论：含有互感电路的计算，原则上和一般正弦交流电路相同，但在计算时需注意以下几点。

（1）不能遗漏互感电压。

（2）要注意同名端，不要搞错互感电压在表达式中的正负号。

（3）在应用戴维南定理时，不能把互感元件拆开。

（4）对含有互感的电路，不易直接列出节点方程，但在作出去耦等效电路后，可应用节点电压法。

四、例题分析

【例 6-3】互感电路如图 6-23 所示，已知 $\dot U=10\angle 0°\mathrm{V}$，$X_C=4\Omega$，$X_{L1}=21\Omega$，$X_{L2}=30\Omega$，

$R_1=3\Omega$，$R_2=6\Omega$，$\omega M=5\Omega$，求电流 $\dot{I}$。

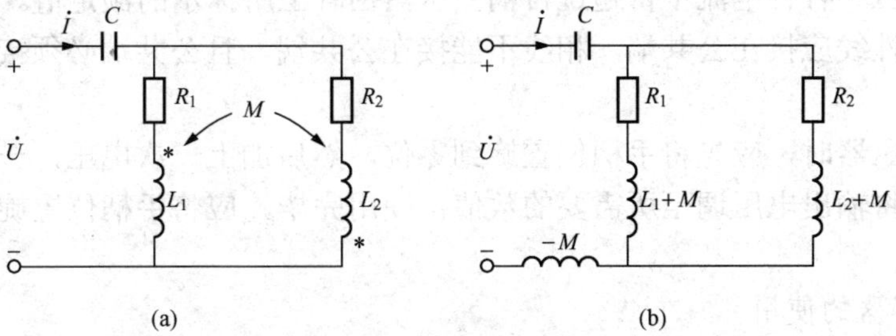

图 6-23　例 6-3 图

解　将图 6-23（a）按互感线圈同名端异侧相连去耦等效如图 6-23（b）所示，则可得

$$Z=-\mathrm{j}X_C+[R_1+\mathrm{j}\omega(L_1+M)]//[R_2+\mathrm{j}\omega(L_2+M)]-\mathrm{j}\omega M$$

$$=-\mathrm{j}4+[3+\mathrm{j}(21+5)]//[6+\mathrm{j}(30+5)]-\mathrm{j}5=6.28\angle 70.7(\Omega)$$

$$\dot{I}=\frac{\dot{U}}{Z}=\frac{10\angle 0°}{6.28\angle 70.7°}=1.59\angle-70.7°(\mathrm{A})$$

五、实践应用（Applications）

仪用互感器及钳形电流表的使用

（一）教学目标

（1）能正确使用电压互感器和电流互感器等常用电工仪器、仪表。

（2）能正确使用钳形电流表及自耦变压器。

（二）仪器设备

（1）单相自耦变压器（调压器）、电压互感器、电流互感器各 1 台。

（2）钳形电流表、交流电压表、交流电流表各 1 只。

（3）负载电阻若干，单刀开关 2 个，导线若干。

（三）工作任务

1. 进一步熟悉自耦变压器的接线和使用

自耦变压器又称调压器，是用来调节交流电压输出的电气设备。单相自耦变压器外形如图 6-24（a）所示，原理图如图 6-24（b）所示。使用时，输入电源（220V）接入自耦变压器一次侧 A、X 端，输出电压从滑动端 a 和与输入端 x 相连的引线引出。改变滑动手柄的位置，二次侧输出电压也随之改变，其值可在 0～250V 范围内连续调节。

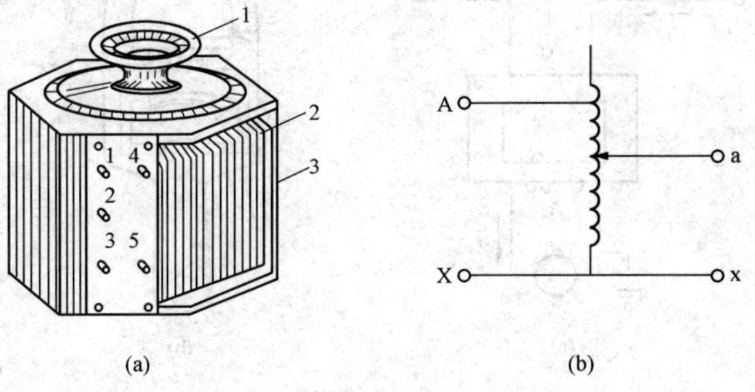

图 6-24　自耦变压器

（a）单相自耦变压器；（b）单项自耦变压器电路图

1—滑动手柄；2—接触臂；3—绕组

由于自耦变压器一、二次侧共用一个绕组，使用时应注意以下几点。

（1）不要把一、二次侧接错，即不能将电源接在二次滑动触头侧，若接错可能把调压器烧坏。

（2）电源电压和各种电流不得超过自耦变压器铭牌上所标示的额定值。

（3）电源中性线应接在公共端，相线不能接在公共端，且公共端必须接地，否则易发生触电事故。

（4）使用调压器时，应先将手柄位置旋到零位，然后加上一次电压，一次电源接通后，逐渐转动手柄，将输出电压调至所需要的数值；使用完毕，应将手柄位置旋回到零位，然后断开电源。

2. 仪用互感器的使用

电压互感器和电流互感器是一种用于测量的变压器，又称为仪用变压器。它的作用是将高电压降为低电压，将大电流降为小电流，以保证测量人员的安全。

（1）电流互感器（Current Transformer）。电流互感器的主要特点是一次绕组匝数少（一般只有一匝到几匝），二次绕组匝数多。电流互感器是一台小型升压变压器，使用时，一次侧与被测电流串联，二次侧与电流表相接，其原理接线如图 6-25（a）所示。

根据变压器的电流比公式有

$$I_1N_1 = I_2N_2 \tag{6-20}$$

$$I_1 = \frac{N_2}{N_1}I_2 = k_iI_2 \tag{6-21}$$

式（6-20）中 $k_i = N_2/N_1$，称为电流比。式（6-20）表明，电流互感器的一次绕组电流等于二次绕组电流乘以电流比。二次侧的额定电流一般为 5A，例如 100A/5A，3000A/5A 等。

使用电流互感器时注意：二次绕组不允许开路，否则会产生高压，击穿线圈，而且 N_1I_1 不变，会产生很大的磁通，使铁芯升温，严重时烧毁互感器。同时，考虑安全因素，要求二次绕组一端与铁芯共同接地。

（2）钳形电流表（Clamp on Amperemeter）。钳形电流表简称钳表，是一种用于测量正在运行的电气线路电流大小的仪表，可在不断电的情况下测量电流。钳表由一只电流互感器、钳形扳手和一只整流式磁电系仪表所组成，如图 6-25（b）所示。

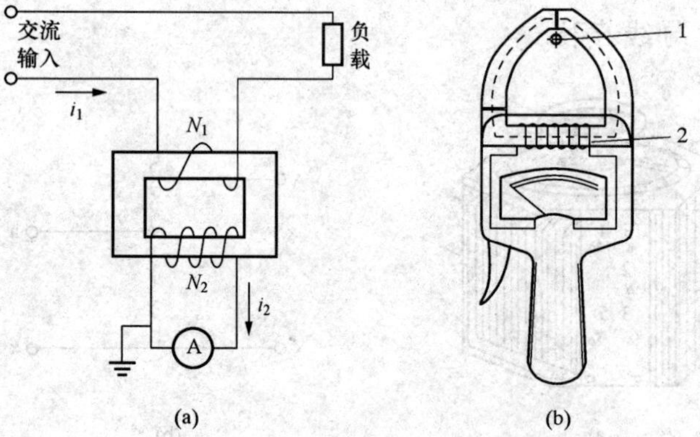

图 6-25 电流互感器与钳形电流表

（a）电流互感器原理图；（b）钳形电流表原理图

1—被测电流的导线；2—二次绕组

使用方法如下。

1）测量前要机械调零。

2）选择合适的量程，先选大，后选小量程或看铭牌值估算。

3）当使用最小量程测量，读数不明显时，可将被测导线多绕几匝，匝数以钳口中央的匝数为准，则读数=指示值×量程/（满偏×匝数）。

4）测量时，应使被测导线处在钳口的中央，并使钳口闭合紧密，以减小误差。

5）测量完毕，要将转换开关放在最高量程处。

注意事项：

1）被测线路的电压要低于钳表的额定电压；

2）测高压线路的电流时，要戴绝缘手套，穿绝缘鞋，站在绝缘垫上；

3）钳口要闭合紧密，不能带电换量程。

（3）电压互感器（Voltage Transformer）。

电压互感器是发电厂、变电站等输电和供电系统不可缺少的一种电器。精密电压互感器是电气测量中用来扩大量限，测量电压、功率和电能的一种仪器。电压互感器是一个带铁芯的变压器，它主要由一、二次线圈、铁芯和绝缘组成。电压互感器一次侧与被测电压并联，二次侧与电压表相接，电路如图 6-26 所示。

根据变压器的电压比公式有

$$\frac{U_1}{U_2}=\frac{N_1}{N_2} \tag{6-22}$$

$$U_1=\frac{N_1}{N_2}U_2=k_uU_2 \tag{6-23}$$

式（6-23）中 k_u 称为电压互感器的变压比。由电压表读出 U_2 再乘以电压比，得到高压侧的电压值。电压互感器的二次侧额定电压一般为 100V，例如额定电压等级有 6kV/100V，10kV/100V。

使用电压互感器注意事项：

1）为保证人身安全，高压电路与仪表之间应有良好的绝缘材料分隔开；

2）铁芯和二次侧的一端应安全可靠接地；

3）运行时二次侧绕组不允许短路，否则会产生很大的短路电流，烧毁绕组。

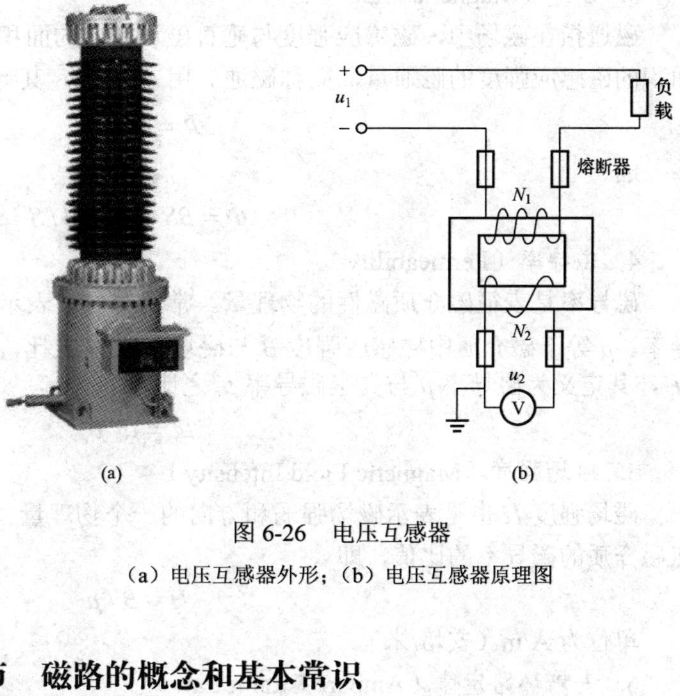

(a)　(b)

图 6-26　电压互感器

（a）电压互感器外形；（b）电压互感器原理图

第四节　磁路的概念和基本常识

问题四：你了解磁路的性质吗？磁路有哪些物理量？

磁路是指用强磁材料构成在其中产生一定强度的磁场的闭合回路。磁路由通电产生磁场的线圈、软磁材料制成的铁芯，以及适当大小的空气隙构成。磁路分析的主要目的是要确定励磁磁通势和它所产生的磁通的关系。磁路中有关的物理量有磁通、磁通势、磁场、磁阻等。

一、磁场、磁感应强度、磁通

1. 磁场（Mangnetic Field）

磁场是磁体（如磁铁）或电流周围存在的一种特殊物质。磁场是看不见的。但磁铁能隔

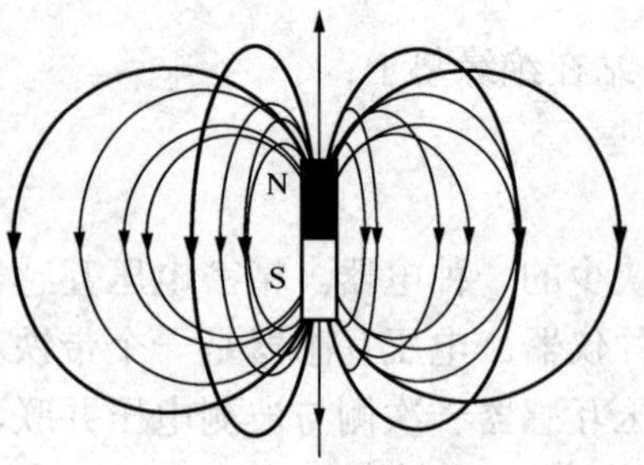

图 6-27 条形磁铁的磁力线

着物体吸引铁钉，这说明磁场的客观存在。如图 6-27 所示，磁体的磁场方向是从 N 极指向 S 极；线圈中磁场的方向符合右手螺旋定则。当磁场穿过空间时，为了形象描述磁场可以用磁力线来描述。磁力线穿过空间时，随意一面内穿过的磁力线的条数称为该面的磁通量，用 Φ 表示，单位为 Wb（韦伯）。

2. 磁感应强度（Magnetic Induction Density）

磁感应强度是表示磁场内某点磁场强弱和方向的物理量。它是一个矢量，符号是 B，单位是 T（特［斯拉］)。其表达式为

$$B=\frac{F}{IL} \tag{6-24}$$

式（6-24）说明磁场中某导线 L，通过电流 I，受到磁场力 F 时的磁感应强度。

3. 磁通（Magnetic Flux）

磁通指在磁场中，磁感应强度与垂直磁场方向的面积的乘积，称为沿法线正方向穿过该面积的磁感应强度的磁通量，简称磁通。用 Φ 表示，其计算式为

$$\Phi=\int_S B_n \mathrm{d}S \tag{6-25}$$

即

$$\Phi=BS\text{，}\quad B=\phi/S \tag{6-26}$$

4. 磁导率（Permeability）

磁导率是表征磁介质磁性的物理量。常用符号 μ 表示，μ 为介质的磁导率，或称绝对磁导率。μ 等于磁介质中磁感应强度 B 与磁场强度 H 之比，通常使用的是磁介质的相对磁导率 μ_{r}，其定义为磁导率 μ 与真空磁导率 μ_0 之比，即

$$\mu_{\mathrm{r}}=\mu/\mu_0 \tag{6-27}$$

5. 磁场强度（Magnetic Field Intensity）

磁场强度 H 也是表示磁场强弱和方向的一个物理量。H 指磁场中某点的磁感应强度与该点磁介质的磁导率的比值，即

$$H=B/\mu \tag{6-28}$$

单位为 A/m（安培/米）。

6. 安培环路定律（Ampere Circuit Law）

安培环路定律又称为全电流定律，它描述磁场强度与电流之间的关系，是磁场的一个基本定律，即

$$\oint_l H\mathrm{d}l=\sum I \tag{6-29}$$

式（6-29）中，$\oint_l H\mathrm{d}l$ 是磁场强度 H 沿任意闭合路径 l 的线积分；$\sum I$ 是穿过该闭合路径所围面积的电流代数和。若电流方向与线积分绕行方向符合右手定则，则取正号，反之取负号。

二、磁性材料的性能

1. 磁化（Magnetization）

磁化指磁介质在磁场的作用下所发生的变化，称为磁介质的磁化，其结果是产生了附加

磁场。

2. 磁性材料的性能

（1）高导磁性。外磁场的磁力线穿过磁性物质时，因物质被磁化而使磁场大大增强，磁力线集中于磁性物质中穿过，如电流穿过导体一样，即磁性物质亦能导磁，具有很高的导磁性，有强烈被磁化的特性，这就是磁性材料的高导磁性。

（2）磁饱和性。把非磁性材料和磁性材料分别放入磁场强度为 H 的磁场，磁场通常由绕在材料上的通电线圈产生，磁化过程中 B 和 H 的关系曲线称为磁化曲线。

磁化曲线（Magnetization Curve）是表征物质磁化强度或磁感应强度与磁场强度的依赖关系的曲线。图 6-28 所示为铁磁材料的磁化现象。

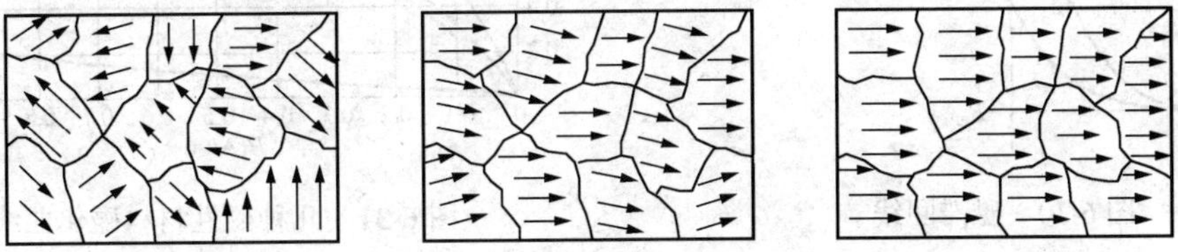

图 6-28 铁磁材料的磁化现象

图 6-29 中所示磁化曲线各线的含义如下：

① 为非磁性物质的磁化曲线，是一条直线；

② 为磁性物质的磁化曲线是曲线；

③ 为附加磁场 B_J 曲线；

④ 为磁导率 μ 的变化曲线。

由图 6-29 所示曲线②可见，过拐点 a 以后，B 随 H 增长很少，这是由于几乎所有磁畴区的方向均已偏转到与外加磁场方向一致了，附加磁场不再增长所致。这种现象称为磁饱和。一般电机、变压器中均将 B 值选在 a 点附近，以便在较小的磁化电流下获得足够大的磁感应强度。根据 $\Phi = BS$，$I = \dfrac{Hl}{N}$，有时可将 B-H 曲线转化为 Φ-I 曲线，以便分析磁通与电流的关系，电机和变压器中常用。

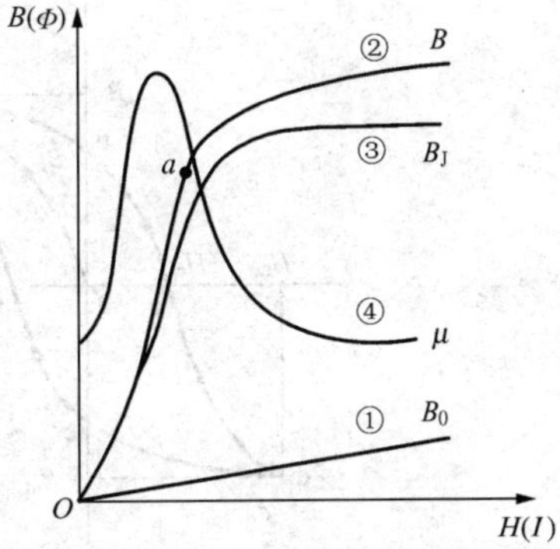

图 6-29 磁化曲线示意图

（3）磁滞性。

1）磁滞（Hysteresis）。铁磁性物质磁感应强度随磁场强度变化时的特有现象称为磁滞。铁磁体在反复磁化的过程中，它的磁感应强度的变化总是滞后于它的磁场强度，这种现象叫磁滞。

2）磁滞回线。当线圈中通入交流电时，对于磁性材料的铁芯被交变磁场反复磁化，在一个周期内 B-H 曲线形成闭合回线，称为磁滞回线，如图 6-30 所示。当 H=0 时，$B = B_r \neq 0$，称为剩余磁感应强度，简称剩磁。剩磁大的材料可做永久磁铁；但剩磁有时是有害的，如平面磨床加工完工件需去除剩磁才能把工件从电磁吸盘取下，若要使 $B = 0$，必须加反向外磁场 H_C，称为矫顽磁力。工程上所用的磁化曲线称为平均磁化曲线，它是由不同大小的交变电流形成的磁滞回线的顶点（B_m,H_m）所连成的曲线。图 6-31 中示出了几种磁性材料的磁化曲线。

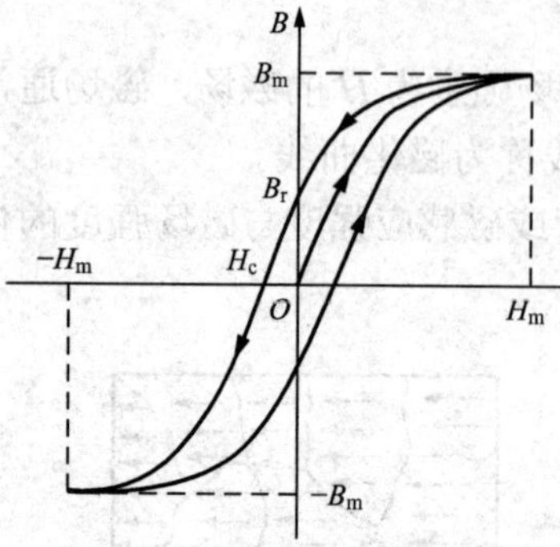

图 6-30 磁滞回线

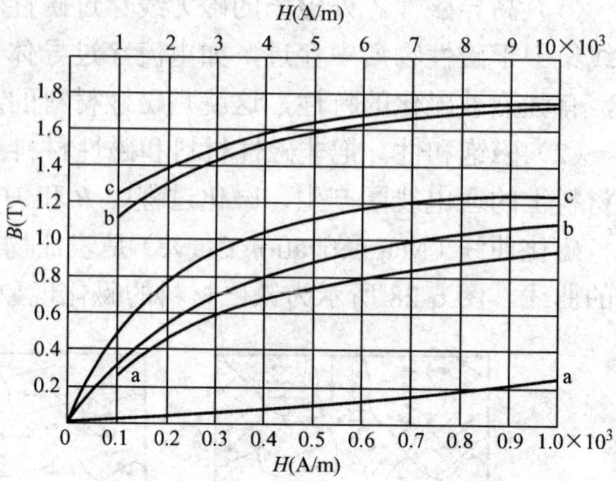

图 6-31 几种磁性材料磁化曲线

a—铸铁；b—铸钢；c—硅钢片

如果不断地改变磁场的磁场强度 H，就可以描出很长的磁化曲线，如图 6-32 所示。

根据磁滞特性，磁性材料又分为软磁材料（B_r、H_C 小，回线面积小，用于交流电机和变压器等）、硬磁材料（B_r、H_C 大，回线面积也大，用作永久磁铁）、矩磁材料（B_r 大，H_C 小，回线面积小，用作计算机和控制系统中的记忆元件、开关元件等）。

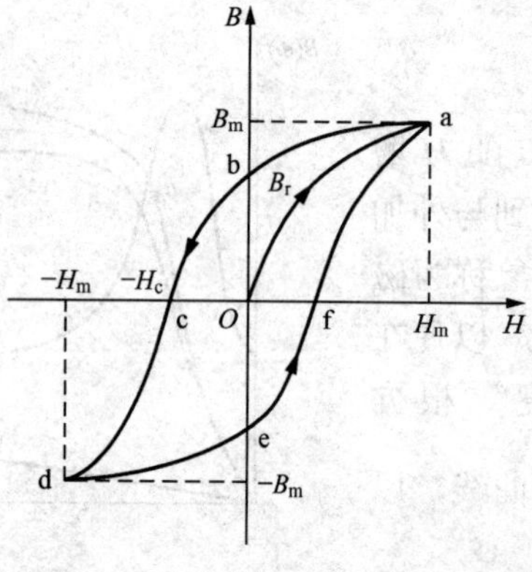

(a)

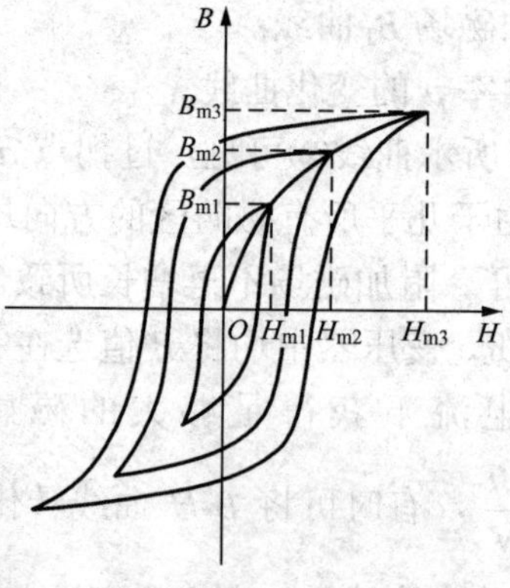

(b)

图 6-32 磁滞回线形状

由于磁性物质具有高导磁性，因此磁场的磁力线基本全部集中在磁性物质内，可用来构成磁力线的集中通路，称为磁路。如图 6-33 所示磁路：l 为磁路平均长度，S 为磁路截面积；$\varPhi$ 为磁路的主磁通；$\varPhi_\sigma$ 为磁路的漏磁通（可忽略不计）；I 为线圈电流。磁场的磁路遵守以下定律。

3. 磁路欧姆定律

根据安培环路定律 $\oint H\mathrm{d}l = \sum I$ 可得

$$\Phi = \frac{NI}{\dfrac{l}{\mu S}} = \frac{F}{R_m}$$（磁路欧姆定律）

式中：R_m 为磁阻，$R_m = \dfrac{l}{\mu S}$；F 为磁通势，$F = IN$。

4. 基尔霍夫磁通定律

根据磁通连续性原理，对于磁场中的任一封闭曲面，进入该封闭曲面的磁通等于穿出该封闭曲面的磁通。设磁通穿出为正，进入为负，则有$\sum \Phi = 0$。该定律类似于电路中的基尔霍夫电流定律，如图 6-34 所示。

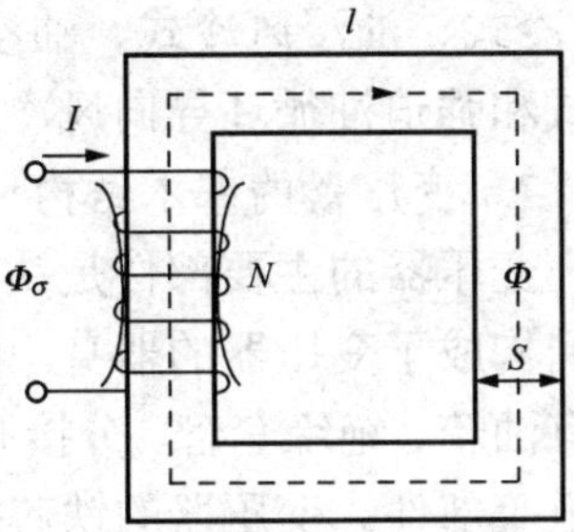

图 6-33　磁路欧姆定律

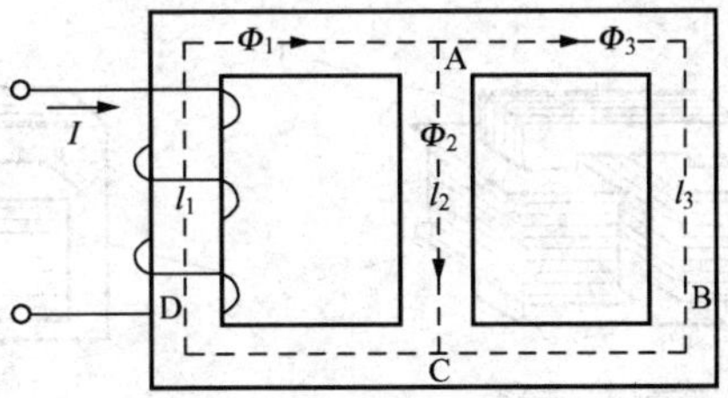

图 6-34　磁通连续性

5. 基尔霍夫磁位差定律

磁路往往由多种材料组成，不同材料的磁导率是不同的，因而磁路中各段的磁场强度 H 也会有所不同，$\oint_l H\mathrm{d}l$ 可由每段不同材料的磁路分段积分求和，即

$$\oint_l H\mathrm{d}l = \oint_{l1} H_1\mathrm{d}l + \oint_{l2} H_2\mathrm{d}l + \cdots + \oint_{ln} H_n\mathrm{d}l = \sum Hl$$

另外，$\sum I$ 通常由通以同一电流的 N 匝线圈构成，因此，安培环路定律可演变为

$$\sum NI = \sum Hl$$

6. 磁路和电路的比较

电路与磁路有如下区别。

（1）电路中有电流就有功率损耗。磁路中恒定磁通下没有功率损耗。

（2）电流全部在导体中流动，而在磁路中没有绝对的磁绝缘体，除有铁芯的磁通外，空气中也有漏磁通。

（3）对于线性电路可应用叠加定理，而当磁路饱和时为非线性，不能应用叠加定理。

综上所述，磁路与电路仅是数学形式上的类似，而本质是不同的。

第五节　变压器的结构原理及其应用

问题五：你了解变压器吗？变压器的主要结构部件有哪些？它是如何变换电压的？

变压器是一种变换交流电压的电气设备，变压器的主要功能是变换交流电压；变压器在变压的同时实现了变流和阻抗变换。变压器的种类繁多，但它们的基本构造和工作原理相似。

一、变压器的基本知识

1. 变压器的分类

变压器一般按用途、相数、绕组数目、铁芯结构、调压方式和冷却方式划分类别。

（1）按用途分，有电力变压器、仪用互感器、调压变压器、试验用变压器、特殊变压器。

（2）按每相绕组数目分，有双绕组变压器、三绕组变压器、多绕组变压器、自耦变压器。

（3）按相数分，有单相和三相变压器等。

（4）按冷却方式和绝缘介质分，有用空气或环氧树脂为冷却介质的干式变压器和用 SF_6 气体为介质的充气式变压器、油浸式变压器（包括油浸自冷式、油浸风冷式、油浸强迫油循环式和强迫油循环导向风冷式）等。

2. 变压器的基本结构

变压器的主要部件是铁芯和绕组，它们构成了变压器的器身。除此之外，还有油箱、绝缘套管、分接开关、安全气道等部件。变压器的铁芯既是磁路，也是套装绕组的骨架。为了减小铁芯损耗，通常采用含硅量较高、厚度为0.35mm，表面涂有绝缘漆的硅钢片叠装而成，如图 6-35 所示。

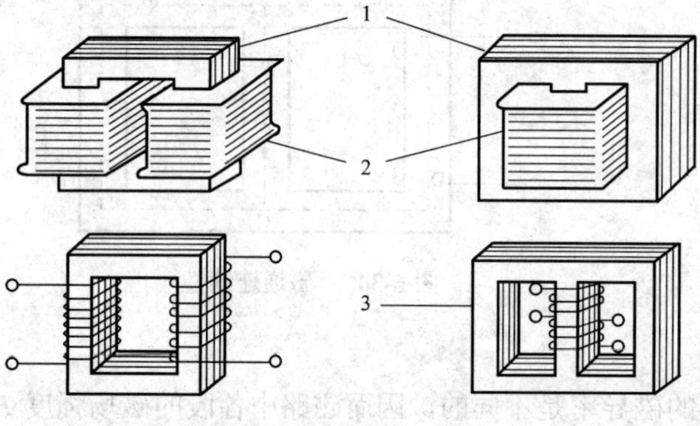

图 6-35 变压器的铁芯结构

1—铁芯；2—绕组；3—三相铁芯

二、变压器的电压、阻抗变换及工作原理

1. 变压器的电压变换

如图 6-36 所示电路，当变压器一次绕组接电源 u_1，二次绕组开路时，称为变压器的空载运行。空载时，依据法拉第电磁感应定律可得

$$e_1 = -N_1 \frac{\mathrm{d}\Phi}{\mathrm{d}t}$$

$$e_2 = -N_2 \frac{\mathrm{d}\Phi}{\mathrm{d}t}$$

假设 Φ 是按正弦规律变化且最大值是 Φ_m，代入方程可得

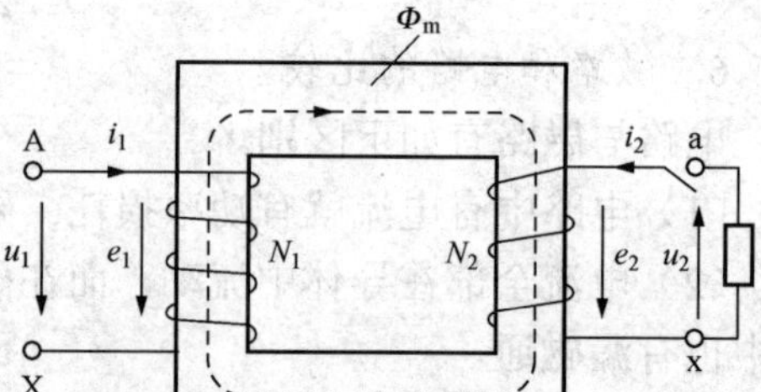

图 6-36 变压器工作原理示意图

$$E_1 = \frac{\Phi_m \omega N_1}{\sqrt{2}} = \sqrt{2}\pi f_1 \Phi_m N_1 = 4.44 f_1 \Phi_m N_1$$

$$E_2 = \frac{\Phi_m \omega N_1}{\sqrt{2}} = \sqrt{2}\pi f_1 \Phi_m N_2 = 4.44 f_1 \Phi_m N_2$$

变比 k 为

$$\frac{U_1}{U_2} \approx \frac{E_1}{E_2} = \frac{N_1}{N_2} = k$$

2. 变压器的工作原理

变压器是依据电磁感应原理工作的，当改变一、二次绕组的匝数 N_1、N_2 时，便可实现变压。变压器由于不能变换功率，因 $S_N = U_{1N}I_{1N} = U_{2N}I_{2N}$，所以在变压的同时，实现了电流的变换。

3. 变压器的阻抗变换

变压器除了变换电压和变换电流外，还可以进行阻抗变换，为了提高信号的输出功率和效率，常用变压器将负载阻抗变为适当的数值。这时，变压器起到变换负载阻抗以实现“匹配”的作用。

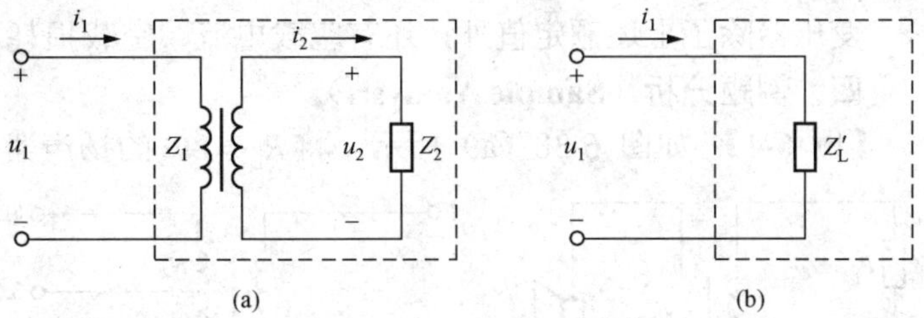

图 6-37　变压器阻抗变换

图 6-37 所示为变压器阻抗变换原理图。负载 Z_2 接在变压器二次侧，即图中的虚线框部分可以用一个阻抗 Z_L' 来等效代替。通过设置合适的变比 k，可把实际负载阻抗变换为所需数值，即

$$Z_L' = \frac{U_1}{I} = \frac{kU_2}{I_2/k} = k^2\frac{U_2}{I_2} = k^2 Z_2$$

三、变压器的铭牌数据

变压器的铭牌主要标示变压器的额定值，额定值是制造厂对变压器在指定工作条件下运行时所规定的一些量值。在额定状态下运行时，可以保证变压器长期可靠地工作，并具有优良的性能。额定值亦是产品设计和试验的依据。额定值通常标在变压器的铭牌上，亦称为铭牌值，分述如下。

1. 额定容量（Rated Capacity）

变压器的额定容量 S_N 是指额定状态下变压器输出视在功率的保证值。单位为 VA（伏安）或 kVA（千伏安）等。对于三相变压器，S_N 是三相容量之和。因变压器不能变换功率，所以，双绕组变压器的一、二次侧额定容量相等。

（1）单相双绕组变压器的额定容量

$$S_N = U_{1N}I_{1N} = U_{2N}I_{2N}$$

（2）三相变压器的额定容量

$$S_N = \sqrt{3}U_{1N}I_{1N} = \sqrt{3}U_{2N}I_{2N}$$

2. 额定电压 U_N（Rated Voltage）

额定电压是指铭牌规定的各个绕组在空载、指定分接开关位置下的端电压，单位为 V 或 kV。对三相变压器，U_N 指额定线电压。

3. 额定电流 I_N（Rated Current）

额定电流是指变压器按规定的工作时间（长时连续工作或短时工作或间歇断续工作）运行时一、二次侧绕组允许通过的最大电流，单位为 A 或 kA。对于三相变压器，I_N 指额定线电流。

对单相变压器，一次和二次额定电流分别为

$$I_{1N} = S_N / U_{2N}，\quad I_{2N} = S_N / U_{2N}$$

对三相变压器，一次和二次额定电流分别为

$$I_{1N} = S_N / \sqrt{3}U_{1N}，\quad I_{2N} = S_N / \sqrt{3}U_{2N}$$

4. 连接组别

表示一、二次侧绕组的连接方式及线电压之间的相位差称为连接组别，通常用时钟法表示。

5. 额定温升

变压器的额定温升是以环境温度+40℃作参考，规定在运行中允许变压器的温度超出参考环境的最大温升。

变压器除了上述额定值外，还有空载电流、空载损耗、短路电压、短路损耗等参数。

四、例题分析（Sample Analysis）

【例 6-4】 如图 6-38（a）所示，将 $R_L=8\Omega$ 的扬声器接在输出变压器的二次侧，已知变压器的匝数分别是 $N_1=300$，$N_2=100$，信号源电动势 $U_s=8V$，内阻 $R_0=50\Omega$，试求信号源输出的功率。

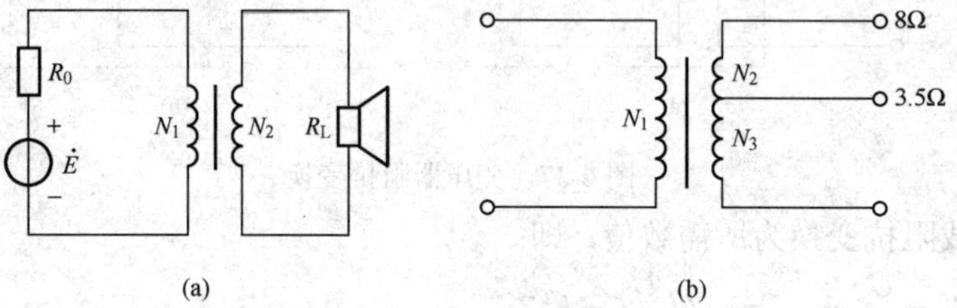

图 6-38 例 6-4 图

解 根据阻抗变换原理，变压器一次侧等效负载阻抗为

$$R_L'=\left(\frac{N_1}{N_2}\right)^2 R_L=\left(\frac{300}{100}\right)^2\times 8=72(\Omega)$$

则信号源输出功率为

$$P=\left(\frac{U_s}{R_0+R_L'}\right)^2\times R_L'=\left(\frac{8}{50+72}\right)^2\times 72=309.6(\text{mW})$$

如果直接接入负载 R_L，则信号源输出功率为

$$P=\left(\frac{E}{R_0+R_L'}\right)^2 R_L=\left(\frac{8}{50+72}\right)^2\times 8=34.4(\text{mW})$$

这时负载得到的功率很小，未达到预期结果。

【例 6-5】 在图 6-38（b）中，变压器的二次绕组有中间抽头，以便接 8Ω或 3.5Ω的扬声器，两者都能达到阻抗匹配。试求二次绕组两部分匝数之比 $\frac{N_2}{N_3}$。

解

$$Z_1=\left(\frac{N_1}{N_2+N_3}\right)^2\times 8=\left(\frac{N_1}{N_3}\right)^2\times 3.5$$

$$8N_3^2=(N_2+N_3)^2\times 3.5$$

$$\frac{N_2}{N_3}=\sqrt{\frac{8}{3.5}}-1\approx 0.5$$

五、实践应用（Applications）

变压器高、低压绕组及同名端的判断

（一）教学目标

（1）能判断变压器的高、低压绕组及同名端。

（2）能通过测量判断变压器的变压比、变流比。

（二）仪器设备

（1）单相变压器、单相调压器，各 1 台。

（2）万用表、交流电压表，各 1 只。

（3）导线若干。

（三）工作任务

1. 判别单相变压器的高、低压绕组

（1）由变压器原理可知，单相变压器高压绕组电压高、电流小，故匝数多、线径细，所以对应的电阻值大。判别方法是：变压器不接电源，用万用表电阻挡分别测量一、二次绕组的电阻值，电阻值大的为高压绕组，电阻值小的为低压绕组，将测量电阻值记录于表 6-7 中。

（2）按图 6-39 所示电路连接，将单相变压器任一绕组接上交流电源（注：此交流电源输出电压应低于变压器低压绕组的额定电压），用电压表测量各绕组两端的电压值并记录于表 6-7 中。

2. 通过测量判断单相变压器的变压比、变流比

按图 6-40 所示电路连接（注：交流电源电压应低于变压器低压绕组的额定电压），分别测量变压器一、二次绕组的电压 U_{12} 和 U_{34} 并记录于表 6-8 中。

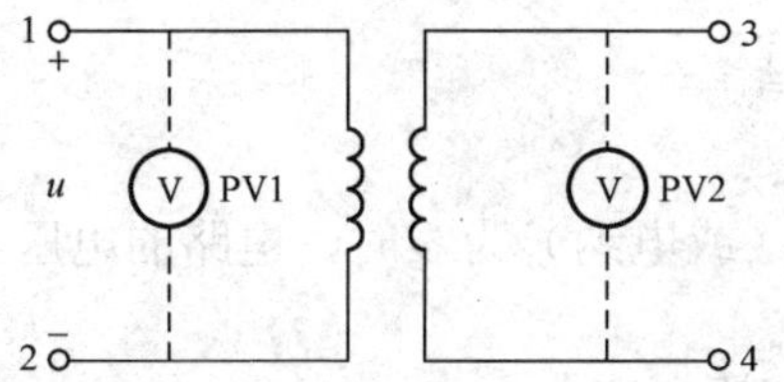

图 6-39　判别变压器高、低压绕组电路

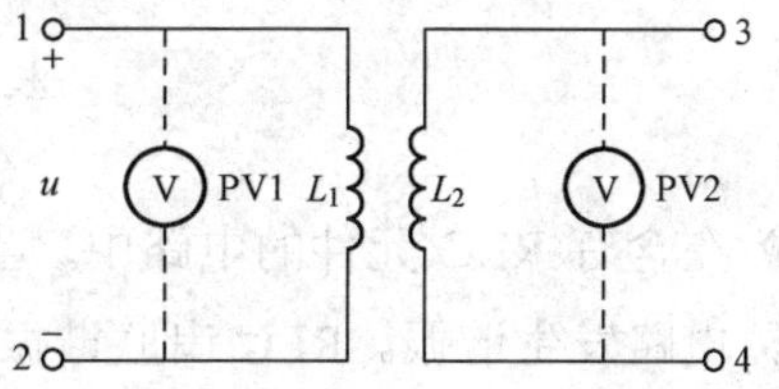

图 6-40　测量变压器变比电路

3. 判断变压器同名端

按图 6-41 所示电路连接，单相变压器一、二次绕组 L_1、L_2 的连接为顺向串联或反向串联。在一次绕组 L_1 的 1、2 端上加单相可调交流电压（注：交流电压应低于变压器高压绕组的额定电压），用交流电压表测量电压 U_{12}、U_{34} 和 U_{13}，比较 U_{12}、U_{34} 和 U_{13} 的关系可以确定单相变压器一、二次绕组的同名端，记录电压 U_{12}、U_{34} 和 U_{13} 于表 6-9 中。

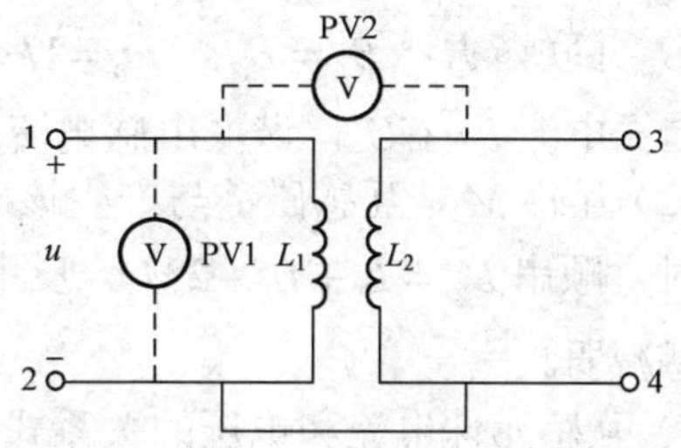

图 6-41　变压器一、二次绕组同名端的判断

（四）数据记录

表 6-7　　数据记录一

	测量值	
	电阻值	电压值
1、2 绕组		
1、2 绕组为		

续表

	测 量 值	
	电 阻 值	电 压 值
3、4 绕组		
1、2 绕组为		

表 6-8　　数 据 记 录 二

电 压 测 量 值		变比计算值
U_{12}	U_{34}	$k=U_{12}/U_{34}$

表 6-9　　数 据 记 录 三

电 压 测 量 值			U_{13} 与 $U_{12}+U_{34}$ 关系	同名端判断
U_{12}	U_{34}	U_{13}		

最后，对以上实测数据进行分析。

本 章 小 结

（1）在含有 RLC 元件的电路中，当 $X_L-X_C=0$（或电纳）为零时，电路的电压与电流同相位，电路发生谐振。RLC 串联谐振时有以下特点。

1）串联谐振：$X_L=X_C$，$\omega_0=1/\sqrt{LC}$，$Z=R+\mathrm{j}(\omega L-1/\omega C)=R$，电路呈电阻性；特性阻抗为 $\rho=\omega_0 L=1/\omega_0 C=\sqrt{L/C}$；品质因数 $Q=\rho/R=\omega_0 L/R=1/\omega_0 CR$。

2）并联谐振：$B_L=B_C$，$\omega_0=1/\sqrt{LC}$；导纳 $Y=G-\mathrm{j}(1/\omega_0 L-\omega_0 C)=G$，电路也呈电阻性。谐振电流 $\dot{I}=G\dot{U}$，谐振电感电流与电容电流大小相等、相位相反。

（2）互感 M 是互感磁链与产生该磁链的电流的比值，即 $M=\psi_{12}/i_2=\psi_{21}/i_1$，两互感线圈串联时，顺串 $L_{顺}=L_1+L_2+2M$，反串 $L_{反}=L_1+L_2-2M$。并联时，同侧并电感增强，异侧并电感减弱。

1）互感元件电流和电压的关系式为：

微分式　　$u_1=L_1\mathrm{d}i_1/\mathrm{d}t\pm M\mathrm{d}i_2/\mathrm{d}t$，$u_2=L_2\mathrm{d}i_2/\mathrm{d}t\pm M\mathrm{d}i_1/\mathrm{d}t$

相量式　　$\dot{U}_1=\mathrm{j}\omega L_1\dot{I}_1\pm\mathrm{j}\omega M\dot{I}_2$，$\dot{U}_2=\mathrm{j}\omega L_2\pm\mathrm{j}\omega M\dot{I}_1$

i 从同名端流入取“+”，从异名端流入取“−”。

2）含互感电路的计算方法有两种：一是直列方程法。它是列写独立回路 KVL 方程组联立求解的方法。列写方程时，要注意互感电压项“+”或“−”的选取。二是去耦等效法。当有互感的两线圈具有一个公共节点时，将含互感电路等效变换为无互感电路，然后再求解。

（3）变压器是一种依据电磁感应原理工作的设备，具有变换电压、电流及阻抗的功能。

习　题　六

一、计算题

1. 某 RLC 串联谐振电路，已知电感 $L=3\text{mH}$，$R=30\Omega$，$C=0.33\mu\text{F}$，电源电压为 $3\angle 0°\text{V}$，试求电路的谐振频率 f_0、电流相量及各元件上的电压相量。

2. 某 RLC 串联谐振电路，已知信号源电压 $U_s=1\text{V}$，频率 $f=1\text{MHz}$，现调节电容器使回路发生谐振，这时回路中电流 $I_0=100\text{mA}$，电容器两端电压 $U_{C0}=100\text{V}$。试求：

（1）回路的品质因数 Q；

（2）电路参数 R、L、C。

3. 在某 RLC 串联谐振电路中，已知 $L=1\text{H}$，$R=10\Omega$，$C=1\mu\text{F}$，求谐振电路的谐振频率 f_0 和品质因数 Q 各是多少。

4. 已知某理想变压器一次绕组电压为 220V，二次绕组电压为 110V，一次绕组匝数为 2200 匝，如果二次绕组两端接入一个 10Ω的阻抗，求变压器的变压比、二次绕组的匝数，一、二次绕组中的电流。

5. 某单相变压器的额定容量为 2kVA，一、二次绕组的额定电压为 220V/110V，试求一、二次绕组中的电流各是多少。

6. 某单相变压器的额定容量为 50kVA，一、二次绕组的额定电压为 10kV/110V，要求变压器在额定状态下运行，试求变压器能接入额定电压为 220V，额定功率为 40W 的电灯多少个。

7. 一对磁耦合线圈串联，$L_1=10\text{H}$，$L_2=4\text{H}$，$M=3\text{H}$，线圈顺向串联和反向串联时的等效电感各是多少？

8. 在图 6-42 所示的电路中，已知电阻 $R=100\Omega$，电感 $L_1=0.1\text{H}$，电感 $L_2=0.4\text{H}$，$M=0.2\text{H}$，谐振时的角频率 $\omega_0=10^6\text{rad/s}$，求谐振时的电容。

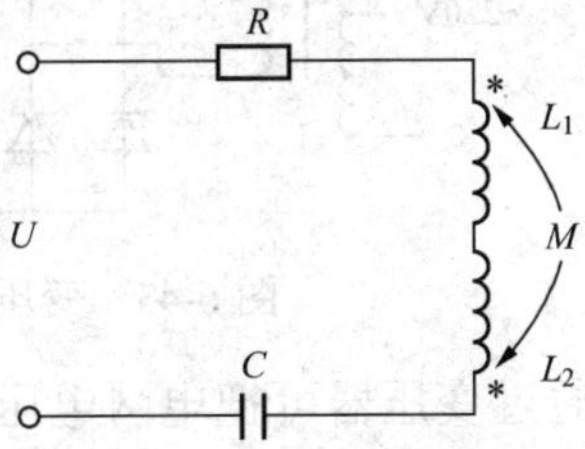

图 6-42　题 8 图

9. 在第 8 题中，如果加在电路的电压为 $30\angle 0°\text{V}$，求电路的电流相量及各元件的电压相量。

二、判断题（将判断结果填入括号中，正确的填“√”，错误的填“×”。）

1. 串联谐振电路的阻抗最小，并联谐振电路的阻抗最大。（　）

2. 电路发生串联谐振时，电感元件、电容元件两端电压高出电源电压很多倍，所以串联谐振也称为电压谐振。（　）

3. 谐振电路的谐振频率取决于电源频率。（　）

4. 电路发生并联谐振时，电感元件、电容元件所在支路电流高出电路总电流很多倍，所以并联谐振也称为电流谐振。（　）

5. 谐振电路具有选频特性，即具有选择所需频率信号的能力。（　）

6. 在一对具有互感的线圈中，同名端的极性始终相同。（　）

7. 对外电路而言，互感线圈的顺向串联与反向串联互为等效。（　）

8. 变压器具有变电压、变电流和变换阻抗的作用。（　）

9. 直流电路中，变压器一、二次侧的电压比等于匝数比。（　）

10. 利用变压器变换阻抗的作用可实现阻抗匹配。　　(　　)

教学项目八（仅供参考）

变压器的应用分析

（一）能力目标

（1）能说明变压器的基本结构，能列出变压器的主要参数。

（2）能够根据要求正确使用变压器，能分析变压器的基本工作原理。

（二）知识目标

（1）理解变压器的铭牌数据。

（2）掌握变压器的主要参数。

（3）掌握变压器的基本结构及基本工作原理。

（三）工作任务

（1）读懂电路图6-43～图6-45，电路中标明的是哪一类的变压器？它们各起什么作用？

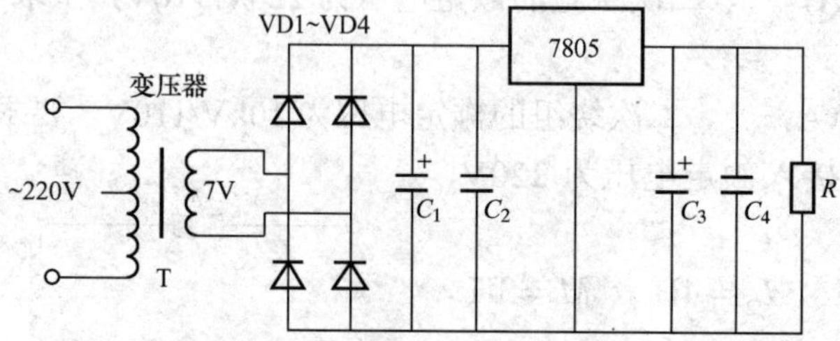

图6-43　变压器电压变换电路图

（2）能根据电路的要求，确定变压器的主要参数；能根据参数正确选用变压器。

（3）分析变压器是如何实现电压变换、电流变换和阻抗变换的。

变压器的主要作用是实现电压变换、电流变换和阻抗变换。

（1）电压变换：如图6-43所示，通过变压器可把电网电压变换为所需的低电压。

（2）电流变换：如图6-44所示，应用电流互感器可把大电流变为小电流，方便测量。

（3）阻抗变换：如图6-45所示，通过变压器实现扬声器阻抗与电源内阻的匹配，获得最大功率。

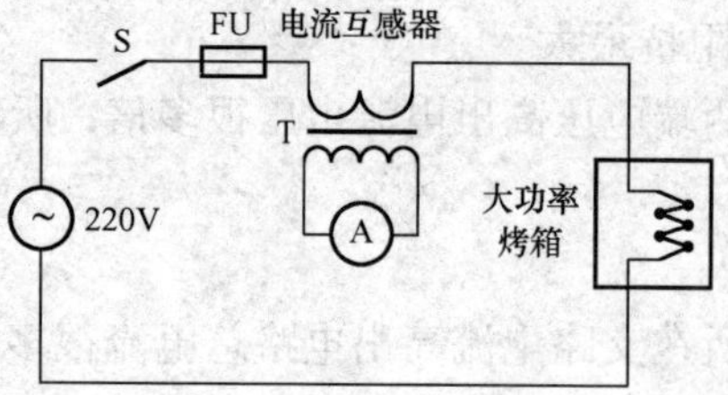

图6-44　变压器电流变换电路

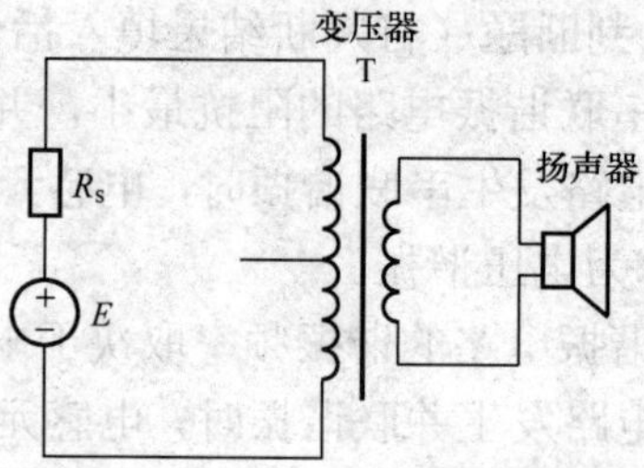

图6-45　变压器阻抗变换电路

（四）相关实践知识

第六章第五节：变压器的结构，变压器的种类，变压器的铭牌参数。

（五）相关理论知识

（1）磁路的概念和基本常识。

（2）第六章第五节：变压器的高、低压绕组及同名端的判断；变压器的工作原理；变压器的电压、电流和阻抗变换。

（六）拓展知识

第六章第二节：互感电路的分析与应用；第三节：含互感的正弦交流电路分析。

教学项目九（仅供参考）

小型电源变压器的设计与制作

（一）能力目标

（1）能进行小型电源变压器的设计。

（2）能进行小型电源变压器的分析计算。

（3）能选用小型电源变压器的绝缘材料，并进行绕组的绕制。

（二）知识目标

（1）理解小型电源变压器的铁芯结构及铁芯叠装方法。

（2）掌握小型电源变压器的绕组结构及绕组绕制方法。

（3）掌握小型电源变压器的绝缘材料选用。

（4）正确理解变压器的简单制作工序。

（三）工作任务

设计、制作一个小型单相电源变压器，规格要求如图 6-46 所示，其中变压器$\eta=78\%$。

（四）相关实践知识

实际应用中，经常要用到各类小功率电源变压器，购买市场销售的产品往往参数满足不了要求，这就需要根据实际情况，自己动手设计绕制小型变压器。

1. 小型变压器的设计方法

（1）确定并计算小型变压器的额定功率。

（2）确定变压器铁芯截面、选用型号及规定尺寸。

（3）确定变压器绕组匝数。

（4）确定变压器绕组导线的规格。

（5）选用合适的变压器绝缘材料。

2. 小型变压器额定功率的确定

输出功率：变压器输出功率为二次侧各绕组输出功率之和。对于图 6-46 所示变压器绕组有

$$P_2=U_2I_2+U_3I_3=9\times0.5+6\times1=10.5(\mathrm{W})$$

输入功率为

$$P_1=P_2/\eta=10.5/0.78=13.46(\mathrm{W})$$

输入电流为

$$I_1=\alpha P_1/U_1=1.1\times13.46/220=0.0673(\mathrm{A})$$

式中：$\alpha=1.1$（经验系数），一般取$\alpha=1.1\sim1.2$；η为变压器效率，容量在 100W 以下，取$\eta=0.7\sim0.8$；容量在 100～1000W 的变压器取$\eta=0.8\sim0.9$。

3. 变压器铁芯规格的确定

（1）确定铁芯截面积 S

$$S = K\sqrt{P_2} = 1.25\times\sqrt{13.46} = 4.58(\text{cm}^2)$$

式中：$K = 1.25$ 为经验系数。K 的取值与变压器的输出功率有关，输出功率 100W 以下的变压器取 $K = 1.2 \sim 1.3$；输出功率 100～500W 的变压器取 $K = 1.1 \sim 1.2$；输出功率 500～1000W 的变压器取 $K = 1 \sim 1.1$；功率大者取小值。变压器的铁芯如图 6-47 所示。

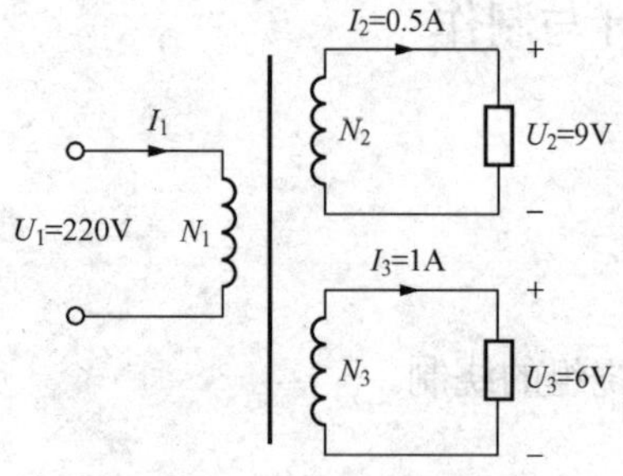

图 6-46　电源变压器示意图

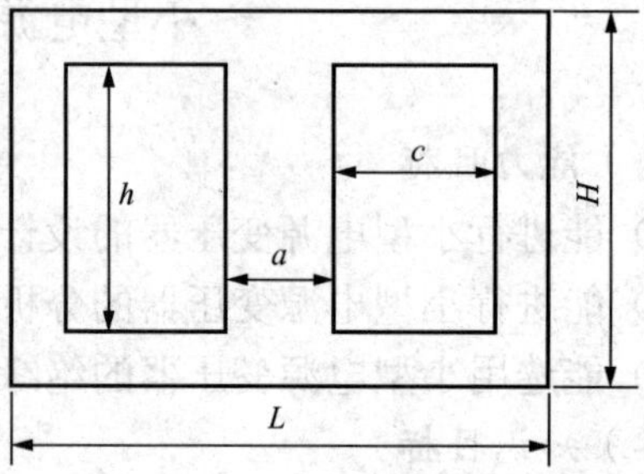

图 6-47　变压器的铁芯示意图

（2）确定铁芯规格。可查表 6-10 中 GEI 型铁芯数据，选用 GEI-16 铁芯：$a\times b = 16\times 32$，其中，a 为铁芯舌宽，b 为铁芯叠厚；一般舌宽 a 和叠厚 b 之比为 1:1～1:2。

4. 变压器绕组匝数的确定

各绕组的匝数 N_i =各绕组所需电压×每伏匝数

（1）绕组每伏匝数 N_0 的确定。根据 $U \approx E = 4.44 fN\Phi_m$，已知铁芯截面积 S 和磁通密度 B，可求得线圈的每伏匝数。

其中：$N = U/(4.44 f\Phi_m)$，$N_0 = N/U = 1/(4.44 f\Phi_m) = 1/(4.44 fB_m S)$，$B_m$ 的单位为 T（特斯拉），S 的单位为 m^2。

一般取 $N_0 = 450000/B_m S$，即

$$N_0 = 450000/B_m S = 450000/(10000\times 4.61) \approx 10 \text{（匝/伏）}$$

（2）一、二次绕组匝数的计算。

一次绕组匝数　　$N_1 = N_0 U_1 = 10\times 220 = 2200$ (匝)

二次绕组匝数　　$N = 1.05 N_0 U_2 = 1.05\times 10\times 9 = 95$ (匝)

二次绕组匝数　　$N = 1.05 N_0 U_3 = 1.05\times 10\times 6 = 63$ (匝)

表 6-10　　常用小功率硅钢片型号（铁芯片厚 0.35mm）

硅钢片型号	尺寸（mm）				铁芯规格	中间舌片净截面积（cm^2）
	C	H	h	L	$a\times b$（舌宽×厚度）	
GEI-12	8	38	22	44	12×15	1.62
					12×18	1.95
					12×21	2.27
					12×24	2.60

续表

硅钢片型号	尺寸（mm）				铁芯规格	中间舌片净截面积（cm^2）
	C	H	h	L	$a\times b$（舌宽×厚度）	
GEI-14	9	43	25	50	14×18 14×21 14×24 14×28	2.27 2.65 3.03 3.53
GEI-16	10	48	28	56	16×20 16×24 16×28 16×32	2.88 3.46 4.04 4.61

5. 变压器绕组导线规格的确定

根据各绕组输出电流的大小和选定的电流密度，可以得到各绕组的导线直径为

$$d=1.13\sqrt{I/J}$$

一般电源变压器的电流密度可以选用 $J=(2\sim3)\text{A}/\text{mm}^2$。最后根据导线直径及变压器的绝缘等级选择合适的漆包线。取 $J=3\text{A}/\text{mm}^2$。

一次绕组导线直径　$d_1=1.13\sqrt{I_1/J}=1.13\sqrt{0.0673/3}=0.169(\text{mm})$

二次绕组导线直径　$d_2=1.13\sqrt{I_2/J}=1.13\sqrt{0.5/3}=0.461(\text{mm})$

二次绕组导线直径　$d_3=1.13\sqrt{I_3/J}=1.13\sqrt{1.0/3}=0.652(\text{mm})$

查《电工手册》漆包线规格表，可选用导线直径为 0.17mm、0.47mm、0.67mm 的 Q_2 型漆包线。

6. 选用合适的变压器绝缘材料

绝缘材料的绝缘性能与温度有关。温度越高，绝缘材料的绝缘性能越差。为保证绝缘强度，每种绝缘材料都有一个适当的最高允许工作温度，在此温度以下，可以长期安全地使用，超过这个温度就会迅速老化。按照耐热程度，把绝缘材料分为 Y、A、E、B、F、H、C 等级别，各耐热等级对应的温度见表 6-11。

表 6-11　绝缘等级与最高工作温度的关系

绝缘等级	Y	A	E	B	F	H	C
最高温度（℃）	90	105	120	130	155	180	200

对于一般小型电源变压器，其工作环境、温升情况无特殊要求，工作电压为 220V，其层间绝缘可用牛皮纸，其厚度为 0.05mm。线圈间的绝缘可采用 2～3 层牛皮纸或 0.12mm 的青壳纸，采用 16×32 线圈框架。

在绕制变压器时，线圈框架层间的隔离、绕组间的隔离，均要使用绝缘材料，一般的变压器框架材料可用酚醛纸板制作，层间可用聚酯薄膜或电话纸作隔离，绕组间可用黄蜡布作隔离。

变压器绕制好后，还要浸渍绝缘漆，以增强变压器的机械强度、提高绝缘性能、延长使用寿命，一般情况下，可采用甲酚清漆作为浸渍材料。

7. 变压器线圈的绕制

（1）绕线前的准备工作。

材料准备：除了根据设计要求选取变压器铁芯、漆包线外，还需准备好一些绝缘材料，主要有绝缘纸（0.05～0.07mm 厚）、青壳纸（0.12～0.25mm）及绝缘套管等。另外还必须准备制作骨架用的胶木或树脂板（1～1.5mm 厚）。

工具准备：小型绕线机、电烙铁、剪刀等。

（2）木芯的制作。

木芯是套在绕线机转轴上，支撑绕组骨架，进行绕线时的临时工具，通常用杨木或杉木制作，按铁芯尺寸稍加大些制成。

（3）骨架的制作。

一般用 1.0mm 胶木板或树脂板制成相应的形状，然后拼装组合而成。

（4）绕线。

绕组层次按一次侧、静电屏蔽层、二次侧高压绕组、二次侧低压绕组依次叠绕；做好层间、绕组间及绕组与静电屏蔽层的绝缘；当绕组线径大于 0.2mm 时，绕组的引出线可利用原线，当绕组线径小于 0.2mm 时，应采用软线焊接后输出，引出线应用绝缘套管绝缘。

1）将木芯及骨架套在绕线机上并固定好，且安排好漆包线放线架，使它能顺利放线。

2）导线要求绕得紧密而整齐，绕制时应向绕组前进的相反方向微拉约 5°左右，绕制过程有一定的速度和力度，并尽量保持均匀。

3）一次侧由于导线较细，可不加层间绝缘，但一次绕组与二次绕组之间需加青壳纸进行绝缘，二次绕组层间加绝缘纸绝缘，对电子仪器中使用的变压器，一、二次绕组之间还需加静电屏蔽层。

（5）装配铁芯及半成品测试。

1）装配铁芯。铁芯叠片要求平整且紧而牢，如铁芯太松，容易发热或产生振动噪声。插片时需一片一片交叉对插，要防止碰坏绕组绝缘。

2）半成品测试。分空载测试和加载测试及绝缘电阻测试。

空载电压的测试：一次侧加额定电压，二次侧不接负载，正常时，二次侧电压应比设计电压输出值高，如发现异常，应立即停电，查明原因。

空载电流的测试：一次侧加额定电压时，其空载电流应小于 10%～20%的额定电流。绝缘电阻测试：用绝缘电阻表测试各绕组之间及各绕组对铁芯及地的绝缘电阻。

（6）浸漆与烘干。

1）绕组或变压器预烘干：去潮作用，温度不能超过变压器材料的耐温。

2）浸漆：对绕组或变压器浸漆。

3）烘干：浸漆滴干后的绕组或变压器，再次送入烘箱内干燥，烘到漆膜完全干燥、固化不粘手为止。

（7）成品测试。

1）耐压及绝缘测试：用高压仪、绝缘电阻表测试各绕组之间及各绕组对铁芯（地）的耐压及绝缘电阻。

2）空载电压、电流测试（同上）。

3）加载测试：变压器二次侧接入 100Ω/1A 滑线变阻器，调变阻器阻值，使负载电流达额定值，二次侧额定电压应接近额定值而不能下降太多且变压器不能太烫手，加载时略有发热属正常。

第七章　非正弦交流电路的分析

交流信号除正弦波外，还存在有各种非正弦波；非正弦波有周期性和非周期性波两种，本章主要分析非正弦周期性交流电路的电流、电压。

例如，在电力工程中，交流发电机发出的电压波形并非理想的正弦波，实际上是一种近似正弦波，如图 7-1（a）所示；图 7-1（b）所示的锯齿波是电视接收机和示波器扫描电路产生的扫描信号波；在稳压电源中正弦周期信号经全波整流电路整流后得到的输出信号也是非正弦波，如图 7-1（c）所示；在电子、通信、计算机和自动控制等技术领域内大量应用的周期性脉冲信号波（矩形波）等都是非正弦周期信号，如图 7-1（d）所示。

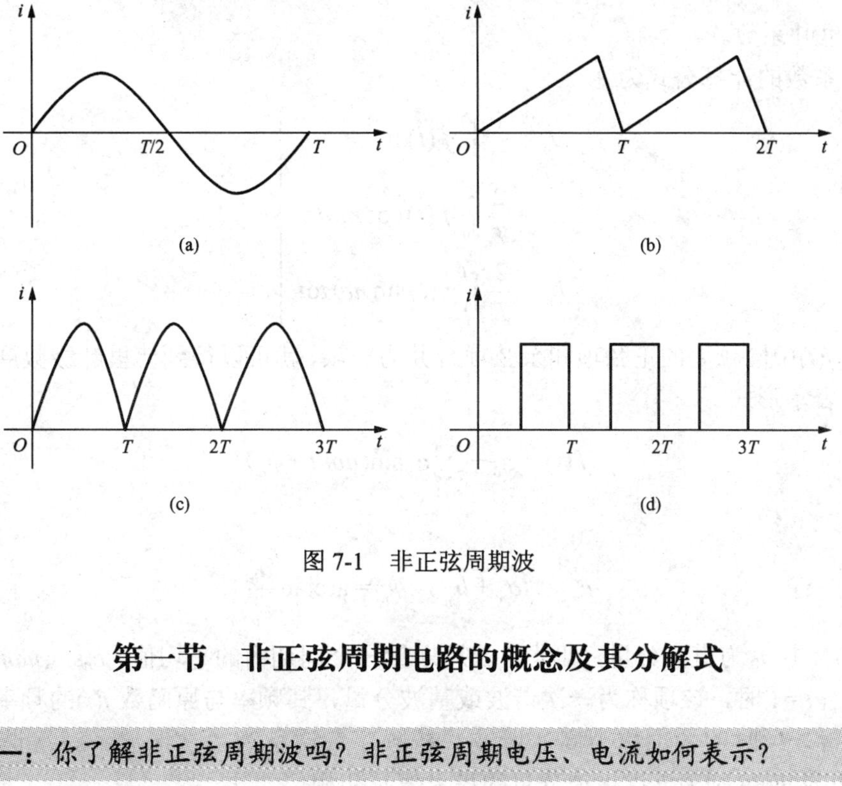

图 7-1　非正弦周期波

第一节　非正弦周期电路的概念及其分解式

问题一：你了解非正弦周期波吗？非正弦周期电压、电流如何表示？

一、非正弦周期信号产生的原因

（1）电源电压为非正弦波。交流发电机发出的波形并不是纯正弦波，通常有一些畸变，这些畸变的正弦波作用于线性电路，响应也一定是非正弦波。

（2）几个不同频率的正弦波共同作用于线性电路，叠加后是一个非正弦波。第四章分析的是同频率的正弦电流、电压，叠加后仍是同频率的正弦电流、电压。但若是不同频率的电流、电压叠加，合成的将是非正弦电流、电压波。

（3）电路存在非线性元件。在实际电路中，有许多非线性元件，例如电力系统非线性负载，电子电路中的半导体元件、铁芯线圈、PN 结电容等均为非线性元件。当正弦电流、电压作用于这些非线性元件时，就会产生非线性的电流、电压。

二、傅里叶级数和谐波

几个不同频率的正弦波能合成一个非正弦周期波，反过来，一个非正弦波也可分解为几个不同频率的正弦波。因此，任何非正弦周期量都可以分解成许多不同频率的正弦交流量。

根据数学分析可知，若函数 $f(t)=f(t+nT)$（n 为任一整数)，则 $f(t)$是一个周期性函数，其周期为 T，非正弦周期量正是这样的周期性函数。如果周期性函数满足狄里赫利条件，则该周期性函数可以展开成一个傅里叶级数。实际电路中所遇到的非正弦周期量，通常都满足狄里赫利条件，都可以按傅里叶级数进行展开。

$f(t)$的傅里叶级数展开式为

$$f(t)=a_0+\sum_{n=1}^{\infty}(a_n\cos n\omega t+b_n\sin n\omega t)\quad n=1, 2, 3, \cdots \tag{7-1}$$

式中：ω 为 $f(t)$的角频率；a_0 为 $f(t)$的直流分量；　$a_n\cos n\omega t$ 为余弦项，$b_n\sin n\omega t$ 为正弦项；a_0、a_n、b_n 为傅里叶系数。

傅里叶系数的计算公式为

$$\left.\begin{aligned} a_0&=\frac{1}{T}\int_0^T f(t)\mathrm{d}t \\ a_n&=\frac{2}{T}\int_0^T f(t)\cos n\omega t\mathrm{d}t \\ b_n&=\frac{2}{T}\int_0^T f(t)\sin n\omega t\mathrm{d}t \end{aligned}\right\} \tag{7-2}$$

如果把 $f(t)$中同频率的正弦项和余弦项合并为一项，就可以得到傅里叶级数展开式的另一种更常用的表示形式

$$f(t)=a_0+\sum_{n=1}^{\infty}c_n\sin(n\omega t+\psi_n) \tag{7-3}$$

其中

$$c_n=\sqrt{a_n+b_n}\text{，}\quad \psi_n=\arctan\frac{a_n}{b_n}$$

式（7-3）中 a_0 为直流分量，即非正弦周期量一个周期内的平均值。$c_n\sin(n\omega t+\psi_n)$称为第 n 次谐波；当 n=1 时，该项称为一次谐波或基波分量，其频率与原函数 $f(t)$的频率相同，称为基波频率；$n>1$ 时的各项称为高次谐波（按顺序依次称为二次谐波、三次谐波、四次谐波……）。a_n 及 ψ_n 分别为 n 次谐波分量的最大值及初相位。

通常，由于傅里叶级数收敛很快，所以在实际应用中对非正弦周期信号进行谐波分析时，只取式（7-3）中的前几项就能满足准确度的要求；项数的取值取决于实际波形的情况和工程计算所需要的精确度。

三、常用的傅里叶级数展开式

将一个非正弦周期信号 $f(t)$分解为直流分量和无穷多个频率不同的谐波分量之和的方法称为谐波分析法。由于计算较为繁琐，为方便读者查阅，下面列出在电工电子技术中常见的几种典型对称非正弦周期信号的傅里叶级数展开式。

（1）单相半波整流波形。波形如图 7-2（a）所示，表达式为

$$f(t)=\frac{2}{\pi}A_{\mathrm{m}}\left(\frac{1}{2}+\frac{\pi}{4}\cos\omega t+\frac{1}{1\times3}\cos2\omega t-\frac{1}{3\times5}\cos4\omega t+\frac{1}{5\times7}\cos6\omega t-\cdots\right)\tag{7-4}$$

（2）单相全波整流波形。波形如图 7-2（b）所示，表达式为

$$f(t)=\frac{4}{\pi}A_{\mathrm{m}}\left(\frac{1}{2}+\frac{1}{1\times3}\cos2\omega t-\frac{1}{3\times5}\cos4\omega t+\frac{1}{5\times7}\cos6\omega t-\cdots\right)\tag{7-5}$$

（3）方波。波形如图 7-2（c）所示，表达式为

$$f(t)=\frac{4}{\pi}A_{\mathrm{m}}\left(\sin\omega t+\frac{1}{3}\sin3\omega t+\frac{1}{5}\sin5\omega t+\frac{1}{7}\sin7\omega t+\cdots\right)\tag{7-6}$$

（4）锯齿波。波形如图 7-2（d）所示，表达式为

$$f(t)=A_{\mathrm{m}}\left[\frac{1}{2}-\frac{1}{\pi}\left(\sin\omega t+\frac{1}{2}\sin2\omega t+\frac{1}{3}\sin3\omega t+\frac{1}{4}\sin4\omega t+\cdots\right)\right]\tag{7-7}$$

（5）三角波。波形如图 7-2（e）所示，表达式为

$$f(t)=\frac{8}{\pi^2}A_{\mathrm{m}}\left[\sin\omega t-\frac{1}{9}\sin3\omega t+\frac{1}{25}\sin5\omega t+\cdots+\frac{(-1)^{\frac{k-1}{2}}}{k^2}\sin k\omega t+\cdots\right]\quad(k\text{ 为奇数})\tag{7-8}$$

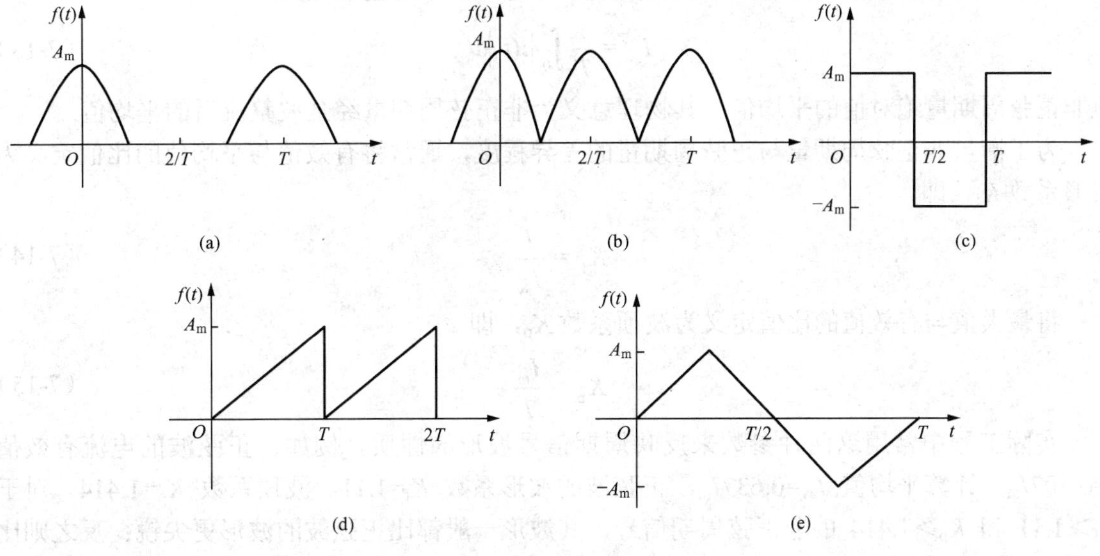

图 7-2　常用信号的波形

第二节　非正弦周期电路有效值、平均值和平均功率的计算

问题二：你能计算非正弦周期电路中的电流、电压有效值、平均值和平均功率吗？

一、有效值（Effective Value）

设非正弦周期电流 $i(t)$的傅里叶级数展开式为

$$\begin{aligned} i &= I_0 + I_{1m}\cos(\omega_1 t+\psi_1) + I_{2m}\cos(2\omega_1 t+\psi_2)+\cdots \\ &= I_0 + \sum_{k=1}^{\infty} I_{km}\cos(k\omega_1 t+\psi_k) \end{aligned} \tag{7-9}$$

把 i 代入周期函数有效值的定义式，可得 i 的有效值为

$$I=\sqrt{\frac{1}{T}\int_0^T i^2 \mathrm{d}t}=\sqrt{\frac{1}{T}\int_0^T\left[I_0+\sum_{k=1}^{\infty}I_{km}\cos(k\omega_1 t+\psi_k)\right]^2\mathrm{d}t} \tag{7-10}$$

根据数学推导可得

$$I=\sqrt{I_0^2+\sum_{k=1}^{\infty}I_k^2}=\sqrt{I_0^2+I_1^2+I_2^2+I_3^2+\cdots} \tag{7-11}$$

同理，非正弦周期电压的有效值为

$$U=\sqrt{U_0^2+U_1^2+U_2^2+U_3^2+\cdots} \tag{7-12}$$

可见，非正弦周期电流或电压的有效值，等于直流分量的平方与各次谐波有效值平方之和的平方根。

二、平均值（Average Value）

在实际工程中，为适应电工电子测量和分析的需要，除要用到有效值的概念外，还要用到平均值的概念。以电流为例，非正弦周期信号电流的平均值定义为

$$I_{\mathrm{av}}=\frac{1}{T}\int_0^T|i(t)|\mathrm{d}t \tag{7-13}$$

即非正弦周期量绝对值的平均值，其物理意义为非正弦周期量经全波整流后的平均值。

为了衡量非正弦周期量与正弦周期量的差异程度，通常将有效值与平均值的比值定义为波形系数 K_{f}，即

$$K_{\mathrm{f}}=\frac{I}{I_{\mathrm{av}}} \tag{7-14}$$

将最大值与有效值的比值定义为波顶系数 K_{p}，即

$$K_{\mathrm{p}}=\frac{I_{\mathrm{m}}}{I} \tag{7-15}$$

实际工程中常用这两种参数来反映周期信号波形的性质。例如，正弦波的电流有效值 I=0.707I_{m}，计算平均值 I_{av}=0.637I_{m}，正弦波的波形系数 K_{f}=1.11，波顶系数 K_{p}=1.414。对于 K_{f}＞1.11 和 K_{p}＞1.414 的非正弦周期信号，其波形一般都比正弦波的波形更尖锐；反之则比正弦波的波形更平坦。

三、平均功率（Average Power）

非正弦周期电流电路中的平均功率（即有功功率）仍然定义为一个周期内瞬时功率的平均值。如果电压和电流都用傅里叶级数表示，则瞬时功率为

$$\begin{aligned} p(t) &= u(t)i(t) \\ &= \left[U_0+\sum_{k=1}^{\infty}U_{km}\cos\left(k\omega_1 t+\psi_{ku}\right)\right]\times\left[I_0+\sum_{k=1}^{\infty}I_{km}\cos\left(k\omega_1 t+\psi_{ki}\right)\right] \end{aligned} \tag{7-16}$$

根据数学推导可得平均功率

$$P=\frac{1}{T}\int_0^T p(t)\mathrm{d}t=U_0I_0+\sum_{k=1}^{\infty}U_kI_k\cos\varphi_k$$
$$=P_0+P_1+P_2+\cdots+P_k\cdots \tag{7-17}$$

式中：φ_1、φ_2、…、φ_k分别为基波、二次谐波、…、k次谐波的电压与电流的相位差。可见，非正弦周期电流电路的平均功率，等于恒定分量构成的功率与各次谐波平均功率的总和。注意，不同频率的电压和电流只产生瞬时功率，而不产生平均功率。

四、例题分析（Sample Analysis）

【例 7-1】 某二端网络端口电压 u 和电流 i 为

$$u(t)=100+80\sqrt{2}\cos(10t+30°)+60\sqrt{2}\cos(30t+15°)+40\sqrt{2}\cos(50t+20°)(\mathrm{V})$$
$$i(t)=70+50\sqrt{2}\cos(10t-40°)+30\sqrt{2}\cos(20t+50°)+10\sqrt{2}\cos(30t-60°)(\mathrm{A})$$

求电压、电流的有效值及网络的平均功率。

解 根据电压、电流的有效值计算公式得

$$I=\sqrt{I_0^2+I_1^2+I_2^2+I_3^2}=\sqrt{70^2+50^2+30^2+10^2}=91.65(\mathrm{A})$$
$$U=\sqrt{U_0^2+U_1^2+U_3^2+U_5^2}=\sqrt{100^2+80^2+60^2+40^2}=146.97(\mathrm{V})$$

由于电压的二次、四次谐波为零，电流的四次、五次谐波为零，所以该网络的二次谐波、四次谐波及五次谐波的平均功率为零，因而网络的平均功率为

$$P=U_0I_0+U_1I_1\cos\varphi_1+U_3I_3\cos\varphi_3$$
$$=100\times70+80\times50\cos[30°-(-40°)]+60\times10\cos[15°-(-60°)]=8523.4(\mathrm{W})$$

第三节　非正弦周期电路的分析与应用

问题三：如何求解非正弦周期电路的电压、电流和功率？

一、非正弦周期电路的计算方法

我们所遇到的非正弦周期电压和电流一般都可以按傅里叶级数分解为直流分量和一系列谐波分量。如果非正弦周期电压施加于网络，则可以看成是一个直流电压源和许多不同频率的正弦电压源相串联后共同作用于电路。而对于非正弦周期电流激励，则可以看成是一个直流电流源和许多不同频率的正弦电流源相并联后共同作用于电路。网络对各个不同频率的正弦电流源或正弦电压源的激励都会产生相应的响应。根据线性网络的叠加原理，这些响应的代数和，就是非正弦电压或电流对网络作用所产生的总响应。

二、非正弦周期电路的解题步骤

（1）将已给定的非正弦周期电流电压分解为直流分量和各次谐波分量。其项数可视计算精度需要选取。

（2）分别计算直流分量和各次谐波分量单独作用时的稳态响应。

1）直流分量单独作用时，电容相当于开路，电感相当于短路。

2）谐波分量作用时，应根据其频率，先计算出感抗和容抗，$X_{Lk}=k\omega L$，$X_{Ck}=1/(k\omega C)$。特别需要注意的是，各次谐波的频率不同，感抗、容抗也不同。

3）各次谐波单独作用时，可用正弦相量法分别计算。

（3）应用叠加定理叠加同一支路上直流分量和各次谐波分量单独作用时的电流、电压值。但必须注意，不同频率的正弦量的相量相加没有意义。

三、例题分析

【例 7-2】 如图 7-3（a）所示电路，已知电源电压

$$u_s = 60 + 100\cos 100\pi t + 60\cos(200\pi t + 30°)(\text{V})$$

试求 $i(t)$和电源发出的平均功率。

解 （1）直流分量单独作用，电感相当于短路，电容相当于开路。

U_s 的直流分量 $U_{s(0)} = 60\text{V}$，电路等效为图 7-3（b）所示电路，于是有

$$I_{(0)} = \frac{U_{s(0)}}{R + R_1} = \frac{60}{10 + 50} = 1(\text{A})$$

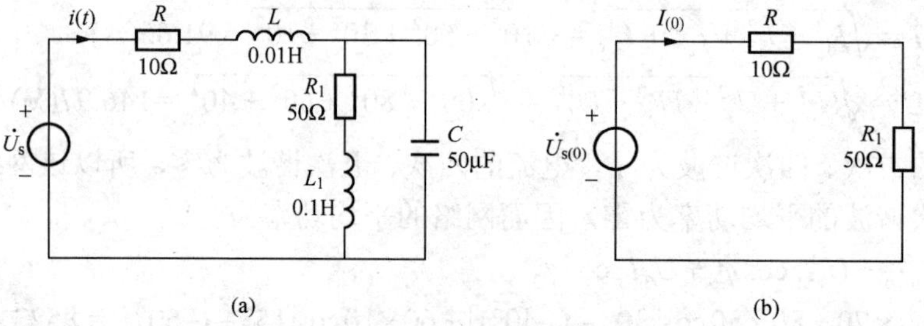

图 7-3　例 7-2 图

（2）基波分量单独作用：u_s 的基波分量 $u_{s(1)} = 100\cos 100\pi t(\text{V})$,其等效电路与原电路相似，只需将 u_s 改为 $\dot{U}_{s(1)} = \frac{100}{\sqrt{2}}\angle 0°\text{V}, i(t)$ 改为 $\dot{I}_{(1)}$。对于 ω_1=100πrad/s，电路的总阻抗

$$\begin{aligned} Z_{(1)} &= R + \text{j}\omega_1 L + \frac{1}{(R_1 + \text{j}\omega_1 L_1)^{-1} + \text{j}\omega_1 C} \\ &= 10 + \text{j}100\pi \times 0.01 + \frac{1}{(50 + \text{j}100\pi \times 0.1)^{-1} + \text{j}100\pi \times 50 \times 10^{-6}} \\ &= 71.3\angle -19.33°(\Omega) \end{aligned}$$

$$\dot{I}_{(1)} = \frac{\dot{U}_{s(1)}}{Z_{(1)}} = \frac{\frac{100}{\sqrt{2}}\angle 0°}{71.3\angle -19.33°} = 0.99\angle 19.33°(\text{A})$$

相应的瞬时值

$$i_{(1)} = 0.99\sqrt{2}\cos(100\pi t + 19.33°)(\text{A})$$

（3）二次谐波分量单独作用：u_s 的二次谐波分量 $u_{s(2)} = 60\cos(200\pi t + 30°)(\text{V})$，它对于电路产生的响应 $\dot{I}_{(2)}$ 的计算方法与（2）相似，但是由于频率变成了 $2\omega_1$=200πrad/s，因而对于 $2\omega_1$，

电路的总阻抗变为

$$Z_{(2)}=R+\text{j}2\omega_1 L+\frac{1}{(R_1+\text{j}2\omega_1 L_1)^{-1}+\text{j}2\omega_1 C}$$
$$=10+\text{j}200\pi\times0.01+\frac{1}{(50+\text{j}200\pi\times0.1)^{-1}+\text{j}200\pi\times50\times10^{-6}}$$
$$=32.97\angle41.68°(\Omega)$$

则有

$$\dot{I}_{(2)}=\frac{\dot{U}_{s(2)}}{Z_{(2)}}=\frac{\frac{60}{\sqrt{2}}\angle30°}{32.97\angle41.68°}=1.29\angle-11.68°(\text{A})$$

相应的瞬时值

$$i_{(2)}=1.29\sqrt{2}\cos(200\pi t-11.68°)(\text{A})$$

（4）叠加

$$i_{(t)}=I_{(0)}+i_{(1)}+i_{(2)}$$
$$=1+0.99\sqrt{2}\cos(100\pi\, t+19.33°)+1.29\sqrt{2}\cos(200\pi\, t-11.68°)(\text{A})$$

电源发出的平均功率

$$P=U_0I_0+U_1I_1\cos\varphi_1+U_2I_2\cos\varphi_2$$
$$=60\times1+\frac{100}{\sqrt{2}}\times0.99\times\cos(-19.33°)+\frac{60}{\sqrt{2}}\times1.29\times\cos[30°-(-11.68°)]=207.8(\text{W})$$

本 章 小 结

（1）一个非正弦周期波按傅里叶级数展开可分解为无数个不同频率的正弦形，即

$$f(t)=a_0+\sum_{k=1}^{\infty}(a_k\cos k\omega\, t+b_k\sin k\omega\, t)=A_0+\sum_{k=1}^{\infty}A_k\cos(k\omega\, t+\varphi_k)$$

（2）非正弦周期量的有效值等于直流分量的平方与各次谐波有效值的平方之和的平方根，即

$$I=\sqrt{I_0{}^2+I_1{}^2+I_2{}^2+\cdots},\quad U=\sqrt{U_0{}^2+U_1{}^2+U_2{}^2+\cdots}$$

（3）非正弦周期电路的平均功率等于各次谐波（含直流分量）平均功率之和，即

$$P=U_0I_0+U_1I_1\cos\varphi_1+U_2I_2\cos\varphi_2+\cdots=P_0+P_1+P_2+\cdots$$

φ_1、φ_2、φ_3为各次谐波电流、电压的相位差

（4）非正弦周期电路可应用叠加定理计算出直流分量及各次谐波分量单独作用下的各电流及电压分量，然后按瞬时值叠加。

习 题 七

1．某非正弦周期量$i=[22\sqrt{2}\sin314t+60\sqrt{2}\sin(942t+10°)+14.14\sin(1570t-5°)](\text{A})$，求

电流的有效值。

2．已知非正弦电压$u=[50+63.7\sin\omega t+21.2\sin 3\omega t+12.7\sin 5\omega t]$（V），求电压的有效值。

3．已知某二端网络端口电压 $u(t)$和流入电流 $i(t)$的参考方向为关联方向，$u(t)$和 $i(t)$分别为

$$u(t)=80+60\cos(\omega t+15°)+50\cos(2\omega t+30°)+30\cos(3\omega t-20°)(\text{V})$$

$$i(t)=40+30\cos(\omega t-30°)+20\cos(3\omega t+40°)+10\cos(4\omega t-50°)(\text{A})$$

试求端电压 $u(t)$和流入电流 $i(t)$的有效值及网络消耗的平均功率。

4．星形连接的对称三相负载，每相电阻 R=10Ω，接到相电压有效值 U=115V 的星形连接对称三相电源上（含基波、三次谐波），无中性线，测得中性点电压$U_{\text{N'N}}=30\text{V}$，试求线电流、负载相电压的有效值及三相有功功率。

5．在图 7-4 所示电路中，已知

$$u(t)=\left[10+80\cos\left(\omega t+\frac{\pi}{6}\right)+18\cos 3\omega t\right](\text{V})$$

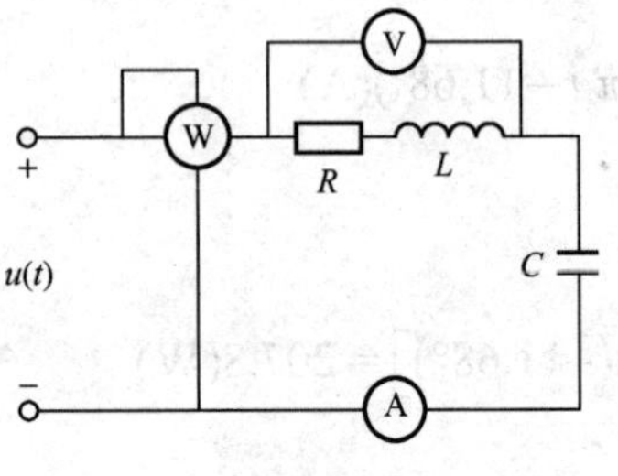

图 7-4　题 5 图

R=6Ω，ωL=2Ω，$\dfrac{1}{\omega C}=18\Omega$

试求电流表、电压表及功率表的读数。

6．三相发电机每相的基波电压有效值 U_1=125V，三次谐波电压有效值 U_3=51V，每相绕组的电阻 R=1.3Ω，对基波的感抗 X_{L1}=28Ω。若发电机作三角形连接时，求：（1）发电机空载运行时通过绕组的电流有效值；（2）若一相绕组接反，电流变为多少？

7．流过 R=10Ω 元件的电流为$i=(5+14.14\cos\omega t+7.07\cos 2\omega t)(\text{A})$，求：（1）电阻两端的电压 u 及 U；（2）电阻上的功率。

8．流过 C=1000μF 电容元件的电流为$i=(14.14\sin 100t+7.07\sin 200t)(\text{A})$，求：（1）电容两端的电压 u 及 U；（2）电路的平均功率。

教学项目十（仅供参考）

正弦波、非正弦波的观察和分析

（一）能力目标

（1）能用示波器测试正弦波、三角波、矩形波的波形。

（2）能观察正弦波、三角波、矩形波的波形特点。

（3）能进行半波整流、全波整流电路的连接和测量。

（4）能进行非正弦周期电路的有效值、平均值和平均功率的计算。

（二）知识目标

（1）熟悉正弦波、三角波、矩形波的波形特点。

（2）熟悉非正弦周期电路有效值、平均值和平均功率的计算。

（三）工作任务

（1）用函数信号发生器及双踪示波器观察正弦波、三角波、矩形波的波形，在示波器上读出波形的幅度和频率。

（2）用示波器测量半波整流、全波整流输入、输出波形并绘出波形图。

（四）相关实践知识

（1）仪器设备。

1）仪器：函数信号发生器 1 台；双踪示波器 1 台。

2）元件：变压器（双路输出 4.5V）1 台；二极管（1N4001）2 只；电阻（10kΩ）1 只。

3）导线若干。

（2）用函数信号发生器及双踪示波器观察正弦波、三角波、矩形波的波形，在示波器上读出波形的幅度和频率。

1）将示波器的探头接在函数信号发生器的输出端。

2）调整函数信号发生器的输出幅度和频率，并改变产生的波形（正弦波、三角波、矩形波），在示波器上读出波形的幅度和频率。

3）将数据记录在表 7-1 内。

表 7-1　数　据　记　录

波形	参数	幅度	频率	幅度	频率	幅度	频率	幅度	频率
正弦波	信号参数	0.01V	50Hz	0.1V	1kHz	1V	10kHz	10V	1MHz
	测量参数								
	误差								
三角波	信号参数								
	测量参数								
	误差								
矩形波	信号参数								
	测量参数								
	误差								

（3）用示波器测量半波整流、全波整流输入、输出波形并绘出波形图。

1）按图 7-5 所示电路连接好半波整流电路（半波整流电路变压器可选择双路输出中的一组）。

2）用示波器测量输入、输出波形，并绘出半波整流电路波形图。

3）按图 7-6 所示电路接好全波整流电路。

4）用示波器测量输入、输出波形，并绘出全波整流电路的波形图。

（五）相关理论知识

第七章第一节：非正弦周期电路的概念及其分解式；第二节：非正弦周期电路有效值、平均值和平均功率的计算。

（六）拓展知识

第七章第三节：非正弦周期电路的分析与应用。

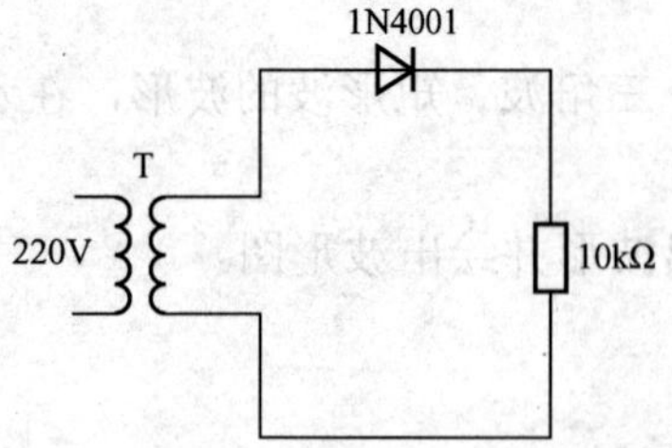

图 7-5　半波整流电路

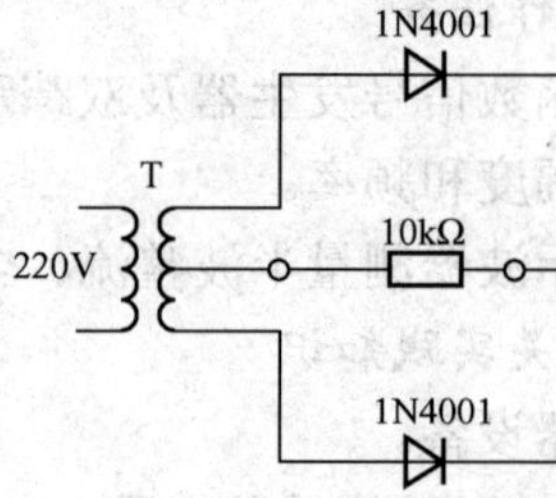

图 7-6　全波整流电路

第八章　动态电路的分析与应用

动态电路（Dynamic Circuit）是指含有储能元件 L、C 的电路。动态电路在开关动作或参数变化时，会经历一个由稳定状态过渡到另一个稳定状态的过程。过渡过程是自然界中普遍存在的现象，例如汽车的起动和制动，需要有个过程，这个过程称为暂态，最后达到稳速或停止运行，称为稳态。在电路中，电感、电容的充放电也存在上述物理现象。

动态电路的分析计算首先要确定电路的初始值，然后计算 RC、RL 串联电路的零输入和零状态响应，最后掌握动态电路全响应的计算。“三要素”法是分析计算动态电路（一阶电路）的基本方法。

第一节　换路定律和初始值的计算

问题一：什么样的电路称为动态电路？动态电路中的电压、电流初始值如何计算？

一、过渡过程的产生

仅含电阻元件的电路是一个静态的、无记忆的电路，描述电路的方程为代数方程。含有电感、电容元件的电路称为动态电路。动态电路中的电感、电容元件由于所储存的能量不能突变而产生过渡过程，描述电路过渡过程的方程为微分方程。

1. 过渡过程（Transient）

电路从一种稳定状态（稳态）变化到另一种稳定状态的中间过程称为电路的过渡过程（暂态）。

2. 引起电路过渡过程的原因

（1）外因：电路换路。换路指电路的接通、关断，电源的变化，电路参数的变化，电路结构改变等。

（2）内因：电路中含有储能元件——电感和电容。

二、换路定律（Switching Law）

动态电路中由于开关的接通或断开，导致电路工作状态发生变化的现象称为换路。

当电路换路时，即电路从一个状态变化到另一个状态时，这种变换往往要经历一个过程，在工程上称为动态过程。动态过程的根本原因是电路中含有电感、电容这样的储能元件，其能量的变化是需要时间的。

对于电容元件，$i_C=\mathrm{d}q/\mathrm{d}t=C\mathrm{d}u_C/\mathrm{d}t$；对于电感元件，$u_L=\mathrm{d}\Psi/\mathrm{d}t=L\mathrm{d}i_L/\mathrm{d}t$。换路过程中电容上的电压（或电荷）及电感电流（或磁链）均不能跃变，而只能连续地变化，否则，电容电流 i_C 及电感电压 u_L 将为无限大，这在实际电路中是不可能的。

换路定律：指换路后一瞬间电感元件两端的电流应等于换路前一瞬间电感元件两端的电流；而换路后一瞬间电容元件两端的电压应等于换路前一瞬间电容元件两端的电压。

其表达式为

$$i_L(0_+) = i_L(0-) \tag{8-1}$$

$$U_C(0_+) = U_C(0_-) \tag{8-2}$$

说明：通常把换路的瞬间作为计时起点，记作 t=0，并把换路前的最后一瞬，记为 t=0₋，而将换路后的最初一瞬，记作 t=0₊，在 t=0₋和 t=0 之间 ，以及在 t=0 和 t=0₊之间的时间间隔均趋近于零。因而初始条件泛指在换路后的最初一瞬，即 t=0₊时刻。

三、电流、电压初始值的计算

（1）由换路前的稳态电路求出 $u_C(0_-)$ 和 $i_L(0_-)$ 的值。若电路较复杂，可先作出 t=0₋时刻的等效电路，再利用基尔霍夫定律（KCL、KVL）求解。

（2）由换路定律确定 $u_C(0_+)$ 和 $i_L(0_+)$ 的值，即 $U_C(0_+) = U_C(0_-)$， $i_L(0_+) = i_L(0-)$ 。

（3）作出 t=0₊时的等效电路。

（4）根据 KCL、KVL 及欧姆定律求解电路中其他各量的初始值。

四、例题分析

【例 8-1】 如图 8-1（a）所示电路，已知 U_s=3.6V，R_1=4Ω，R_2=6Ω，L=5mH，开关在 t=0 时刻闭合，S 闭合前电路已处于稳态。求：

（1）S 闭合瞬间电阻 R_2 上的电压和电感电流的初始值。

（2）电感元件两端电压的初始值。

解 （1）由换路前的稳态电路求出 $i_L(0_-)$ 的值。S 闭合前电路已处于稳态，电感相当于短路，作出 t=0₋时的等效电路如图 8-1（b）所示，则

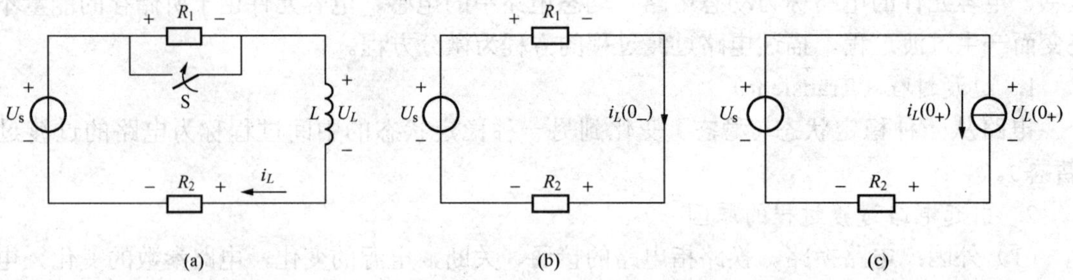

图 8-1 例 8-1 图

（a）原电路；（b）t=0₋电路；（c）t=0₊电路

$$i_L = (0_-) = \frac{U_s}{R_1 + R_2} = \frac{3.6}{4+6} = 0.36(\text{A})$$

（2）由换路定律确定 $i_L(0_+)$ 的值，即

$$i_L(0_+) = i_L(0_-) = 0.36(\text{A})$$

（3）作出 t=0₊时的等效电路，求相关初始值 $u_{R2}(0_+)$， $u_L(0_+)$ 得

$$u_{R2}(0_+) = i_L(0_+)R_2 = 6\times 0.36 = 2.16(\text{V})$$

$$u_L(0_+) = u_s - u_{R2}(0_+) = 3.6 - 2.16 = 1.44(\text{V})$$

【例 8-2】 求图 8-2（a）所示电路中各支路电流的初始值。

解 （1）由换路前的稳态电路求出 $u_C(0_-)$ 和 $i_L(0_-)$ 的值。

S 闭合前电路处于稳态，L_1、L_2 相当于短路，电容 C 处于开路，如图 8-2（b）所示。

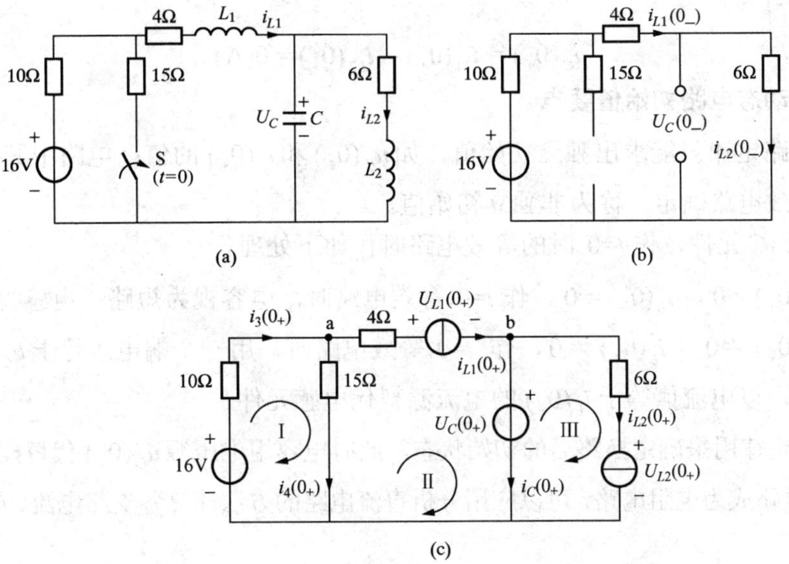

图 8-2　例 8-2 图

（a）原电路；（b）$t=0_-$电路；（c）$t=0_+$电路

$$i_{L1}(0_-)=i_{L2}(0_-)=16/(10+4+6)=0.8(\text{A})$$
$$u_C(0_-)=6\,i_{L2}(0_-)=6\times0.8=4.8(\text{V})$$

（2）由换路定律确定 $i_{L1}(0_+)$、$i_{L2}(0_+)$、$u_C(0_+)$ 的初始值。

$$i_{L1}(0_+)=i_{L1}(0_-)=0.8(\text{A})$$
$$i_{L2}(0_+)=i_{L2}(0_-)=0.8(\text{A})$$
$$u_C(0_+)=u_C(0_-)=4.8(\text{V})$$

（3）作出 $t=0_+$时的等效电路如图 8-2（c）所示，求相关初始值。

由 $t=0_+$电路列 KCL、KVL 方程

节点 a　$i_3(0_+)=i_4(0_+)+i_{L1}(0_+)=i_4(0_+)+0.8$　①

回路 I　$15\,i_4(0_+)+10i_3(0_+)=16$　②

回路II　$4\,i_{L1}(0_+)+u_{L1}(0_+)+4.8-15\,i_4(0_+)=0$　③

回路III　$6\,i_{L2}(0_+)+u_{L2}(0_+)=4.8$　④

整理方程得

$$15\,i_4(0_+)+10\,i_3(0_+)=16 \quad ⑤$$
$$u_{L1}(0_+)=15\,i_4(0_+)-4.8-4i_{L1}(0_+)=15\,i_4(0_+)-8 \quad ⑥$$
$$i_4(0_+)=i_3(0_+)-0.8 \quad ⑦$$

解得

$$i_3(0_+)=1.12(\text{A}),\qquad i_4(0_+)=i_3(0_+)-0.8=0.32(\text{A})$$
$$u_{L1}(0_+)=15i_4(0_+)-8=-3.2(\text{V})$$

$$u_{L2}(0_+)=u_C(0_+)-6i_{L2}(0_+)=4.8-6\times 0.8=0(\text{V})$$

由节点 b 得

$$i_C(0_+)=i_{L1}(0_+)-i_{L2}(0_+)=0(\text{A})$$

五、求解动态电路初始值要点

（1）用换路定律只能求出独立初始值。如 $u_C(0_+)$ 和 $i_L(0_+)$ 的值；电路中其他量的初始值由 $t=0_+$时的等效电路确定，称为非独立初始值。

（2）对 L、C 元件，作 $t=0_+$时的等效电路时作如下处理。

1）若 $u_C(0_+)=0$、$i_L(0_+)=0$，作 $t=0_+$等效电路时，电容视为短路，电感视为开路。

2）若 $u_C(0_+)\neq 0$、$i_L(0_+)\neq 0$，作 $t=0_+$等效电路时，用一个端电压等于 $u_C(0_+)$ 的电压源替代电容元件，以电流值等于 $i_L(0_+)$ 的电流源替代电感元件。

（3）换路定律用来确定换路后的初始状态，此时电容用电压源 $u_C(0_+)$ 代替，电感用电流源 $i_L(0_+)$ 代替，电路成为电阻电路，可以应用分析直流电路的方法计算各支路电流、电压的初始值。

第二节　一阶电路的零输入响应

问题二：求解一阶电路零输入响应最简捷的方法是什么？

一、零输入响应（Zero-Input Response）

零输入响应是指无外部信号输入作用而由电路初始时刻储能所产生的响应。

一阶电路是指电路中仅含一个动态元件的电路，分为 RC 电路和 RL 电路。

一阶动态电路若在换路时具有初始储能，电路中即使没有外加电源的存在，仅由电容“放电”的初始电压或电感的初始电流也会引起电路其他元件电压或电流的变化。

响应通常指经电路传输而输出的电压或电流。

二、一般形式

电路的零输入响应是在无外部信号输入作用下由储能元件的能量作用所引起的电压、电流的变化。描述零输入响应的微分方程为一阶常系数线性齐次方程，方程解的一般形式为

$$f(t)=f(0)\mathrm{e}^{-\frac{t}{\tau}}\quad t\geqslant 0 \tag{8-3}$$

三、RC 电路零输入响应

对于 RC 串联电路的零输入响应，实质上为 RC 电路的放电过程，电路如图 8-3 所示，即 $u_C+i_CR=0$，若 $i_C=C\dfrac{\mathrm{d}u_C}{\mathrm{d}t}$，则 $u_C+i_CR=RC\dfrac{\mathrm{d}u_C}{\mathrm{d}t}+u_C=0$，其通解为

$$u_C(t)=A\mathrm{e}^{-\frac{t}{\tau}}=u_C(0_+)\mathrm{e}^{-\frac{t}{\tau}} \tag{8-4}$$

式中：A 为初始值，由换路定律和初始状态决定；R 为就电容而言的戴维南等效电阻；τ 为电路的时间常数，$\tau=RC$。

四、RL 电路的零输入响应

对于 RL 串联电路的零输入响应，实质上为 RL 电路的放电过程，其求解通用公式为

$$i_L(t)=A\mathrm{e}^{-\frac{t}{\tau}}=i_L(0_+)\mathrm{e}^{-\frac{t}{\tau}} \tag{8-5}$$

式中：A 为初始值，由换路定律和初始状态决定；R 为就电感而言的戴维南等效电阻；τ 为电路的时间常数，$\tau=L/R$。

五、例题分析

【例 8-3】 在图 8-3 所示电路中，已知 R=10kΩ，C=3μF，开关未闭合前，电容已充过电，$U_C(0_-)$=10V，求开关闭合后 90ms 及 150ms 时，电容上的电压。

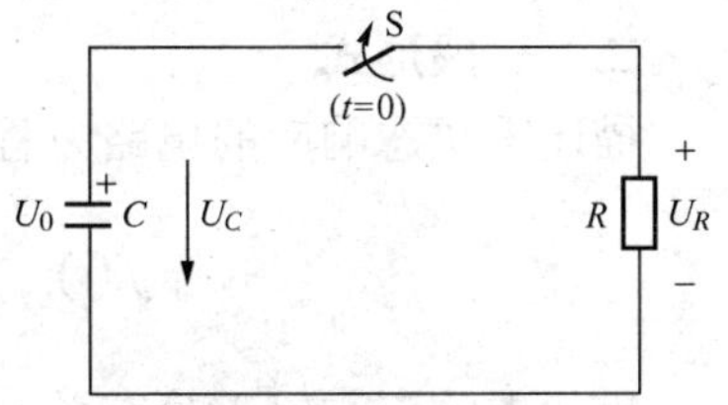

图 8-3　例 8-3 图

解　根据换路定律

$$u_C(0_+)=u_C(0_-)=10(\mathrm{V})$$

由已知条件得

$$\tau=RC=10\times10^3\times3\times10^{-6}=30(\mathrm{ms})$$

$$u_C(t)=u_C(0_+)\mathrm{e}^{-\frac{t}{\tau}}=10\mathrm{e}^{-100t/3}(\mathrm{V})$$

当 t=90ms 时，t=3τ，所以有

$$u_C(t)=u_C(0_+)\mathrm{e}^{-\frac{t}{\tau}}=10\mathrm{e}^{-90/30}=10\mathrm{e}^{-3}=0.5(\mathrm{V})$$

当 t=150ms 时，t=5τ，所以有

$$u'_C(t)=u_C(0_+)\mathrm{e}^{-\frac{t}{\tau}}=10\mathrm{e}^{-150/30}=10\mathrm{e}^{-5}=0.067(\mathrm{V})$$

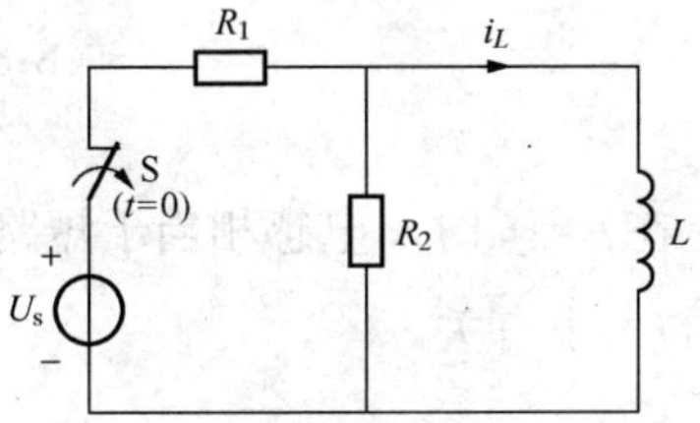

图 8-4　例 8-4 图

【例 8-4】 在图 8-4 所示电路中，已知 R_1=2kΩ，R_2=4kΩ，L=200mH，U_s=10V，求开关在 t=0 换路后的 $i_L(t)$，电路换路前已处于稳态。

解　根据换路定律

$$i_L(0_+)=i_L(0_-)=U_s/R_1=10/2000=5(\mathrm{mA})$$

$$\tau=L/R_2=200\times10^{-3}/(4\times10^3)=50\times10^{-6}(\mathrm{s})$$

$$i_L(t)=i_L(0_+)\mathrm{e}^{-\frac{t}{\tau}}=5\mathrm{e}^{-\frac{t}{50\times10^{-6}}}=5\mathrm{e}^{-20000t}(\mathrm{mA})$$

六、零输入响应解题要点

（1）求解一阶电路的零输入响应，首先要计算出电路中的电容电压 $U_C(t)$或电感电流 $i_L(t)$后，再计算其余支路的电压、电流值。

（2）在含有电阻元件的一阶电路中，零输入响应是依靠初始时刻的电场能量或磁场能量来维持的，储存的能量最终被电阻逐渐消耗掉，因而零输入响应具有按指数规律衰减到零的特点。

（3）时间常数 τ 是一个重要的参数。它反映初始值衰减到零的速率。当 t=τ 时，电压或电流下降到初始值的 36.8%。τ 越小，说明衰减越快；反之，则越慢。当 t=4τ 时，可近似地认为已衰减到零。时间常数中的电阻 R 为就动态元件电容或电感而言的戴维南等效电阻。

第三节　一阶电路的零状态响应及其应用

问题三：求解一阶电路零状态响应最简捷的方法是什么？

一、零状态响应（Zero State Response）

零状态响应指电路初始时刻无储能，而由外电路的输入所引起的响应。

如果电路在发生换路时，储能元件上没有初始储能，即 $u_C(0_+)=u_C(0_-)=0$ 或 $i_L(0_+)=i_L(0_-)=0$，称这种状态为零初始状态，一个零初始状态的电路在换路后只受电源（激励）的作用而产生的电流或电压（响应）叫零状态响应。

二、一般形式

描述零状态响应的电路方程为一阶线性常系数非齐次微分方程，其解的一般形式为

$$f(t)=A\left(1-\mathrm{e}^{-\frac{t}{\tau}}\right)=f(\infty)\left(1-\mathrm{e}^{-\frac{t}{\tau}}\right)\quad t\geqslant 0 \tag{8-6}$$

零状态响应与输入量有关，在恒定输入（即直流电源）作用下，电路内的物理过程实质上是动态元件储能从无到有的增长过程。因此，对 RC 电路来说，随着电容储能的增长，电容电压 $U_C(t)$也按指数规律增长，即

$$u_C(t)=u(\infty)\left[1-\mathrm{e}^{-\frac{t}{\tau}}\right]\quad t\geqslant 0 \tag{8-7}$$

式中：$u_C(\infty)$为电容电压的稳态值（$t=\infty$ 时的数值），$\tau=RC$。在 $t=\infty$ 时，电容相当于开路，可由 $t=\infty$ 时的电路计算出 $u_C(\infty)$ 值。$u_C(\infty)$ 的大小与输入电源有关。

对 RL 电路来说，随着电感储能的增长，电感电流 $i_L(t)$按指数规律增长，即

$$i_L(t)=i_L(\infty)\left[1-\mathrm{e}^{-\frac{t}{\tau}}\right]\quad t\geqslant 0 \tag{8-8}$$

式中：$i_L(\infty)$为电感电流的稳态值（$t=\infty$ 时的数值），$\tau=L/R$。在 $t=\infty$ 时，电感相当于短路，可由 $t=\infty$ 时的电路计算出 $i_L(\infty)$ 值。$i_L(\infty)$ 的大小与输入电源的大小有关。

三、零状态响应的解题步骤

（1）求出 $t=\infty$时动态电路电容电压的稳态值 $u_C(\infty)$或电感电流的稳态值 $i_L(\infty)$。

（2）求出电路的时间常数 τ。对电容电路 $\tau=RC$，R 为就电容元件两端看进去的戴维南等效电阻；对电感元件 $\tau=L/R$，R 为就电感元件两端看进去的戴维南等效电阻。

（3）根据式（8-6）求出电容电压 $u_C(t)$及电感电流 $i_L(t)$。求得 $u_C(t)$及 $i_L(t)$后，再求其他支路的电压、电流。

四、例题分析

【例 8-5】 在图 8-5（a）所示电路中，已知 $U_s=4\text{V}$，$R_1=R_2=200\Omega$，$R_3=100\Omega$，$C=5\mu\text{F}$，电容 C 未被充电 $u_C(0_-)=0$，开关 S 在 $t=0$ 时闭合，试问 $t=1\text{ms}$ 时 U_C 为多少？

解 由于换路前电路无储能，换路后电路的响应属零状态响应，$u_C(0_+)=u_C(0_-)$。

（1）求 $u_C(\infty)$值。

$t=\infty$时，电容已充电完毕，因此得

$$u_C(\infty)=U_{R2}=\frac{U_s}{R_1+R_2}R_2=\frac{4}{200+200}\times 200=2(\text{V})$$

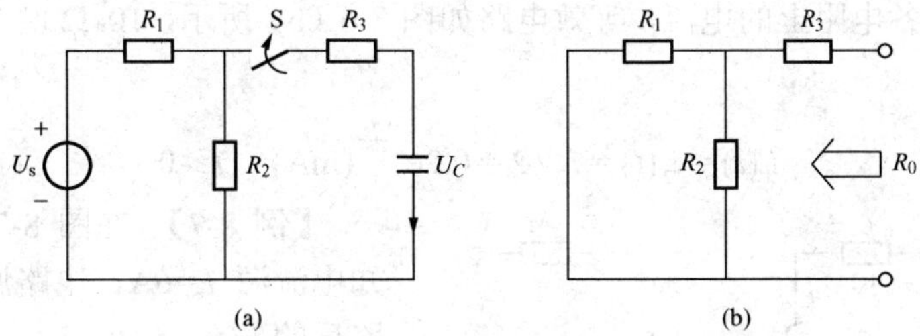

图 8-5　例 8-5 图

（2）求等效电阻 R_0 的电路如图 8-5（b）所示，则得

$$R_0 = 100 + 200 \times 200/(200+200) = 200(\Omega)$$

$$\tau = R_0 C = 200 \times 5 \times 10^{-6} = 1 \times 10^{-3}(\text{s})$$

（3）求电容电压 $U_C(t)$

$$u_C(t) = u(\infty)(1-\mathrm{e}^{-\frac{t}{\tau}}) = 2(1-\mathrm{e}^{-10^3 t})(\text{V})$$

（4）t=1ms 时的 u_C

$$u_C(0.001) = 2 \times (1-\mathrm{e}^{-10^3 \times 0.001}) = 2 \times (1-0.37) = 1.26(\text{V})$$

【例 8-6】 如图 8-6（a）所示电路，开关在 t=0 时闭合，开关闭合前电容无储能。试求 $t \geqslant 0$ 时，电容电压 $u_C(t)$以及各电流。

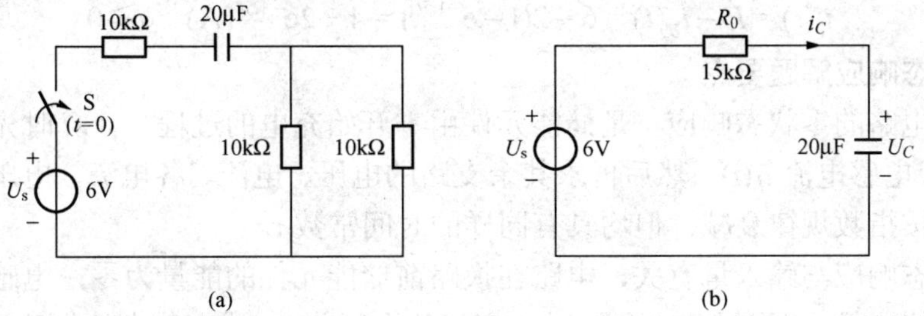

图 8-6　例 8-6 图

解　（1）求 $u_C(\infty)$值。

$t=\infty$ 时，电容已充电完毕，有

$$u_C(\infty) = U_s = 6(\text{V})$$

（2）求时间常数 τ

$$R_0 = 10 + 10 \times 10/(10+10) = 15(\text{k}\Omega)$$

$$\tau = R_0 C = 15 \times 10^3 \times 20 \times 10^{-6} = 0.3(\text{s})$$

（3）求电容电压 $u_C(t)$

$$u_C(t) = u(\infty)(1-\mathrm{e}^{-\frac{t}{\tau}}) = 6(1-\mathrm{e}^{-\frac{t}{0.3}})(\text{V}) \quad t \geqslant 0$$

（4）求各支路电流

$$i_C(t) = C\frac{\mathrm{d}u_C}{\mathrm{d}t} = C\frac{\mathrm{d}[6(1-\mathrm{e}^{-\frac{t}{0.3}})]}{\mathrm{d}t} = 20 \times 10^{-6} \times 6 \times \frac{1}{0.3} \times \mathrm{e}^{-\frac{t}{0.3}} = 0.4\mathrm{e}^{-\frac{t}{0.3}}(\text{mA}) \quad t \geqslant 0$$

由原电路图求各电阻上的电流，等效电路如图 8-6（b）所示，10kΩ 两个并联电阻上的电流为

$$i_1(t)=i_2(t)=i_C/2=0.2\mathrm{e}^{-\frac{t}{0.3}}(\mathrm{mA})\quad t\geqslant 0$$

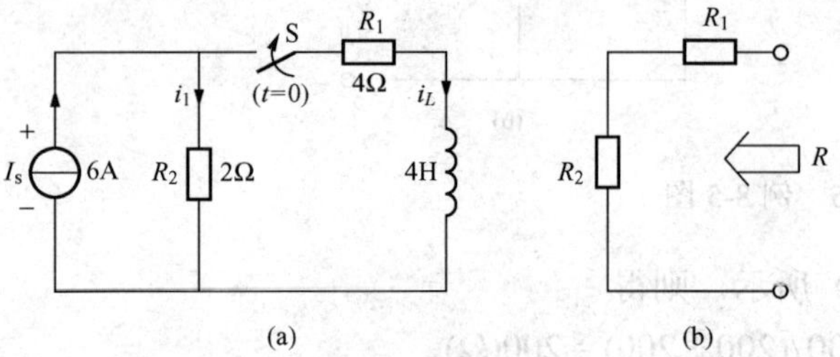

图 8-7 例 8-7 图

【例 8-7】 在图 8-7 所示电路中，已知电流源 I_s=6A，电路原已稳态，试求换路后的 $i_1(t)$、$i_L(t)$。

解 换路前电路无储能，$i_L(0_-)=0$，换路后，电路的响应为零状态响应。稳态后，电感相当于短路。

（1）求稳态值 $i_L(\infty)$

$$i_L(\infty)=I_s\frac{R_2}{R_1+R_2}=6\times\frac{2}{4+2}=2(\mathrm{A})$$

（2）求时间常数 τ

$$R=R_1+R_2=4+2=6(\Omega)$$

$$\tau=L/R=4/6=2/3(\mathrm{s})$$

（3）求电感电流 $i_L(t)$

$$i_L(t)=i_L(\infty)(1-\mathrm{e}^{-\frac{t}{\tau}})=2(1-\mathrm{e}^{-\frac{3t}{2}})=2(1-\mathrm{e}^{-1.5t})(\mathrm{A})\quad t\geqslant 0$$

$$i_1(t)=I_s-i_L(t)=6-2(1-\mathrm{e}^{-1.5t})=4+2\mathrm{e}^{-1.5t}(\mathrm{A})\quad t\geqslant 0$$

五、零状态响应解题要点

（1）一阶电路的零状态响应，是储能元件由零开始充电的过程。计算时先求电路中的电容电压 $U_C(t)$或电感电流 $i_L(t)$，然后再求其余支路的电压、电流。各电流、电压或是按指数规律增长，或是按指数规律衰减，但均具有同样的时间常数 τ。

（2）零状态响应与输入量有关，电路在换路前储能元件的能量为零，电感或电容元件的储能按指数规律增长。求取零状态响应时电容上的电压 $U_C(t)$或电感上的电流 $i_L(t)$的关键是求得常数 A 及时间常数 τ。

（3）常数 A 是当 $t=\infty$ 时，电容上的电压值 $u_C(\infty)$或电感上的电流值 $i_L(\infty)$。$t=\infty$ 时，电容上的电压等于开路时的电压，电感相当于短路。此时，含有电容 C 或电感 L 的动态电路变成了只有电阻性元件的静态电路，可运用电阻性电路的分析方法求取 $u_C(\infty)$和 $i_L(\infty)$。

（4）时间常数 τ 反映由零值（初始值）向稳态值增长的速率。当 $t=\tau$ 时，电压或电流增长至稳态值的 1−36.8%=63.2%处。当 $t=4\tau$ 时，可近似地认为已达稳态值。τ 越小，说明增长越快；反之，则越慢。

第四节 一阶电路的完全响应及分析方法

问题四：一阶电路的完全响应与零输入、零状态响应有何异同？

零输入响应和零状态响应是一阶电路在两种特殊情况下的动态响应。实际情况常为既非单纯的零输入响应又非单纯的零状态响应，而是零输入响应和零状态响应共同的作用。

一、全响应（Complete Response）

当电路既存在外加激励的作用，又存在非零初始值时的响应称为全响应。全响应为零输入响应和零状态响应共同作用的结果。

二、全响应的两种分解

根据全响应的定义和叠加定理，全响应应为零输入响应和零状态响应的叠加，即

$$\text{全响应}=\text{零输入响应}+\text{零状态响应} \tag{8-9}$$

在图 8-8（a）所示电路中，若电容的初始电压为 U_0，在 $t=0$ 时将开关 S 闭合接通直流电源 U_s，可应用叠加定理将线性电路的全响应分解为如图 8-8（b）所示电路的零状态响应和如图 8-8（c）所示的零输入响应。

根据叠加定理，电容两端电压 $u_C(t)$ 的全响应表示为

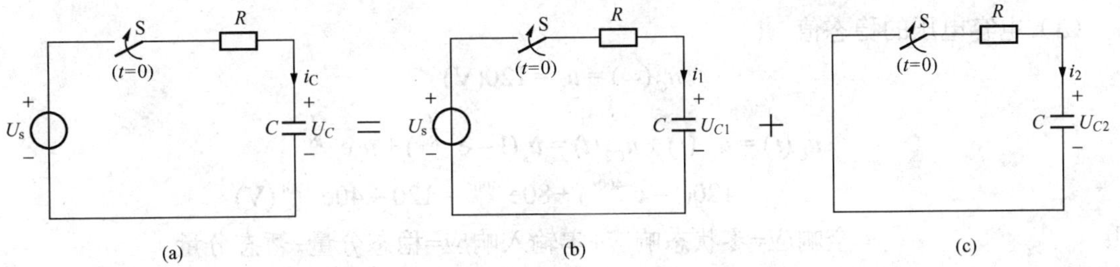

图 8-8　一阶电路的全响应

（a）原电路；（b）$u_C(0_-)=0$；（c）$u_C(0_-)=U_0$

$$u_C(t)=u_{C1}(t)+u_{C2}(t)=u_s(1-e^{-\frac{t}{RC}})+u_0e^{-\frac{t}{RC}} \tag{8-10}$$

式（8-10）中第一项为初始状态为零时的响应，即零状态响应；第二项为电源为零时的响应，即零输入响应。将式（8-10）改写成另一形式为

$$u_C(t)=u_s+(u_0-u_s)e^{-\frac{t}{RC}} \tag{8-11}$$

则

$$\text{全响应}=\text{稳态分量（强制分量）}+\text{暂态分量（自由分量）} \tag{8-12}$$

因此，全响应又可分为稳态响应和暂态响应。暂态又称为过渡过程，暂态分量衰减越慢，过渡过程持续的时间就越长。从物理实质看，换路前的电路处于一种能量状态，换路后稳态处于另一种能量状态，过渡过程就是电路从一种能量状态向另一种能量状态的转换过程。除非能量状态的转变能够瞬时完成，否则，换路时必将出现过渡过程。

三、例题分析（Sample Analysis）

【例 8-8】 如图 8-9 所示电路，已知 U_s=120V，R_1=250Ω，R_2=500Ω，C=10μF，电路在换路后原已稳定，开关 S 在 $t=0$ 时断开，求电容电压 $U_C(t)$及电流 $i_C(t)$。

解　开关动作后，R_2与电路断开，这是一个阻容串联电路的全响应问题。

（1）$u_C(t)$初始值

$$u_C(0_+)=u_C(0_-)=u_s\frac{R_2}{R_1+R_2}=120\times\frac{500}{250+500}=80(\text{V})$$

（2）电路的时间常数

$$\tau = R_1 C = 250\times 10\times 10^{-6} = 2.5\times 10^{-3}(\text{s})$$

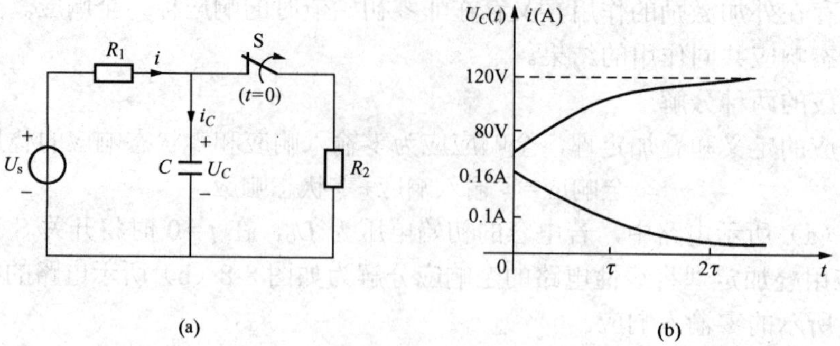

图 8-9 例 8-8 图

（3）电容电压的稳态值

$$u_C(\infty) = u_s = 120(\text{V})$$

$$u_C(t) = u_{C1}(t) + u_{C2}(t) = u_s(1-\mathrm{e}^{-\frac{t}{RC}}) + u_0\mathrm{e}^{-\frac{t}{RC}}$$
$$= 120(1-\mathrm{e}^{-400t}) + 80\mathrm{e}^{-400t} = 120 - 40\mathrm{e}^{-400t}(\text{V})$$

即 全响应=零状态响应+零输入响应=稳态分量+暂态分量

稳态分量 $u'_C = u_s = 120(\text{V})$

暂态分量 $u''_C = -40\mathrm{e}^{-400t}(\text{V})$

（4）电容电流 $i_C(t)$为

$$i_C(t) = C\frac{\mathrm{d}u_C}{\mathrm{d}t} = 10\times 10^{-6}\frac{\mathrm{d}}{\mathrm{d}t}(120 - 40\mathrm{e}^{-400t}) = 0.16\mathrm{e}^{-400t}(\text{A})$$

$u_C(t)$和 $i_C(t)$的变化曲线如图 8-9（b）所示。

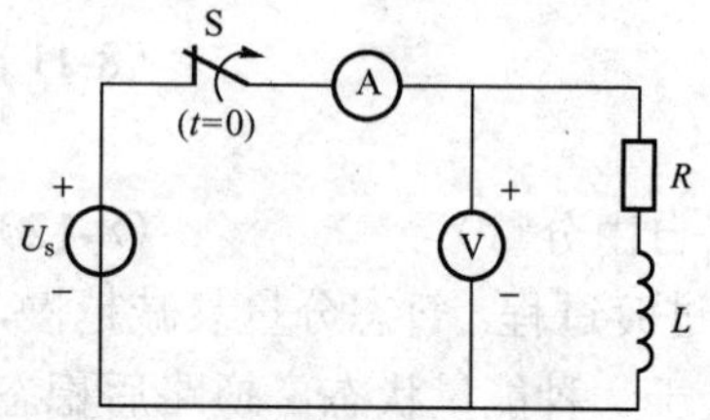

图 8-10 例 8-9 图

【例 8-9】测量发电机励磁绕组直流电阻的电路如图 8-10 所示，已知电压表的读数为 100V，内阻 R_V=5kΩ，电流表的读数为 200A，内阻 R_A=0，励磁绕组的电感 L=0.4H。

求（1）若测量完毕后直接断开开关 S，问在 S 断开瞬间电压表所承受的电压为多少伏？（2）换路后 RL 回路的时间常数为多少？

解 （1）由电压表、电流表的读数得到励磁绕组电阻为

$$R = 100/200 = 0.5(\Omega)$$

电感电流的初始值 $i(0_+) = i(0_-) = 200(\text{A})$

开关断开瞬间电压表承受的电压为

$$U_V(0_+) = -R_V i(0_+) = -5000\times 200 = -1000(\text{kV})$$

（2）时间常数

$$\tau = \frac{L}{R+R_V} = \frac{0.4}{0.5+5000} \approx 0.08(\text{ms})$$

由例 8-9 的分析计算结果可知，在开关断开瞬间，电压表承受很高的电压，可能损坏电压

表。为保证电压表的安全，测量结束后，应先断开电压表，并联一个低阻值电阻，再切断电源。

四、动态电路全响应分析要点

（1）线性动态电路的全响应可以分解为稳态响应和暂态响应之和或强制分量与自由分量之和，即

$$\text{全响应}=\begin{cases}\text{稳态分量}+\text{暂态分量}\\ \text{强制分量}+\text{自由分量}\end{cases}$$

强制分量的形式取决于外施激励（U_S或I_S），自由分量的形式与外施激励无关。强制分量又叫稳态分量或稳态响应，随外加激励长期存在；自由分量又叫暂态分量或暂态响应，自由分量总是衰减而最终为零，只是暂时存在的。当自由分量消失时，电路就进入新的稳态，强制分量就是新的稳态响应。

（2）线性动态电路的全响应又可分解为零输入响应和零状态响应之和，即

全响应=零输入响应+零状态响应

其一般形式为

$$f(t)=f(0)e^{-\frac{t}{\tau}}+f(\infty)(1-e^{-\frac{t}{\tau}})\quad t\geqslant 0 \tag{8-13}$$

对于 RC 电路

$$u_C(t)=u_C(0_+)e^{-\frac{t}{\tau}}+u(\infty)[1-e^{-\frac{t}{\tau}}]\quad(\tau=RC) \tag{8-14}$$

对于 RL 电路

$$i_L(t)=i_L(0_+)e^{-\frac{t}{\tau}}+i_L(\infty)[1-e^{-\frac{t}{\tau}}]\quad(\tau=L/R) \tag{8-15}$$

求解全响应，即求解电路的零输入响应和零状态响应之和。

（3）零输入响应具有线性性质，与电路初始条件成正比。零状态响应也具有线性性质，它与外施激励成正比，而全响应为初始条件和外施激励的线性组合。把全响应分解为零输入响应和零状态响应便于分析计算全响应。

第五节　一阶电路的三要素法及其应用

问题五：三要素法求解一阶电路的步骤有哪些？如何应用三要素法求解一阶电路？

一、三要素法的一般形式

一阶动态电路的全响应由稳态分量和暂态分量组成。即从初始值向新的稳态值按指数规律过渡，过渡的快慢取决于时间常数τ。因此，若求得初始值（用$f(0_+)$表示）、新的稳态值（用$f(\infty)$表示）和时间常数τ，就可以直接写出一阶电路全响应的表达式。这就是一阶电路的三要素法（Three-Factor Method），写成一般形式为

$$f(t)=f(0_+)e^{-\frac{t}{\tau}}+f(\infty)(1-e^{-\frac{t}{\tau}})=f(\infty)+[f(0_+)-f(\infty)]e^{-\frac{t}{\tau}} \tag{8-16}$$

三要素法指一阶动态电路中$f(\infty)$、$f(0_+)$、τ的求解方法。

二、应用三要素法的具体方法

1. 求初始值$f(0_+)$

（1）作出$t=0_+$时的等效电路。

（2）根据作出的 t=0₊等效电路，按直流电阻性电路的分析方法求出所需的初始值 $f(0_+)$。

2. 求稳态值 $f(\infty)$

（1）作出 $t=\infty$ 时的等效电路。稳态时电容 C 作开路处理，电感 L 作短路处置。

（2）根据作出的等效电路，按直流电阻性电路的分析方法求出所需的稳态值 $f(\infty)$。

3. 求时间常数 τ

（1）等效电阻 R 为动态元件 L 或 C 两端看进去的戴维南等效电阻。作图时电压源用短路线代替，电流源用开路代替。根据等效电路图，按直流电阻性电路的分析方法求出等效电阻 R。

（2）对于 RC 电路，$\tau=RC$。

（3）对于 RL 电路，$\tau=L/R$。

4．求得 $f(\infty)$ 及 $f(0_+)$ 后，即可比较它们的大小，确定其变化规律是按指数律增长还是按指数律减小。

若 $f(\infty)>f(0_+)$，按指数律增长，其函数表达式为

$$f(t)=f(0_+)+[f(\infty)-f(0_+)](1-e^{-\frac{t}{\tau}}) \tag{8-17}$$

若 $f(\infty)<f(0_+)$，按指数律减小，其函数表达式为

$$f(t)=f(\infty)+[f(0_+)-f(\infty)]e^{-\frac{t}{\tau}} \tag{8-18}$$

对于 RC 电路 $$u_C(t)=u_C(\infty)+[u_C(0_+)-u_C(\infty)]e^{-\frac{t}{\tau}}$$

对于 RL 电路 $$i_L(t)=i_L(\infty)+[i_L(0_+)-i_L(\infty)]e^{-\frac{t}{\tau}}$$

三、例题分析

【例 8-10】 在图 8-11 所示电路中，换路前电路已建立稳态，t=0 时开关闭合，试求开关 S 闭合后的全响应 $u_C(t)$。图中 $R_1=R_2=10\text{k}\Omega$，$R_3=20\text{k}\Omega$，$C=10\mu\text{F}$，$I_s=1\text{mA}$，$U_s=10\text{V}$。

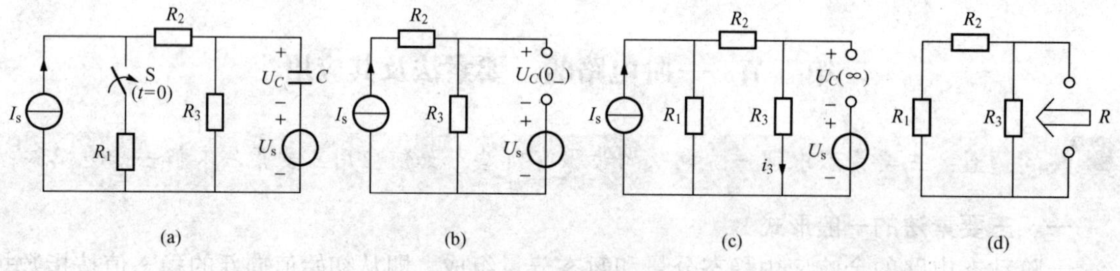

图 8-11 例 8-10 图

（a）原电路；（b）t=0₋等效电路；（c）$t=\infty$ 等效电路；（d）求等效电阻电路

解 应用三要素求解。

（1）求初始值 $u_C(0_+)$，作 t=0₋时的等效电路如图 8-11（b）所示。

$$u_C(0_-)=R_3I_s-U_s=20\times10^3\times1\times10^{-3}-10=10(\text{V})$$
$$u_C(0_+)=u_C(0_-)=10(\text{V})$$

（2）求电容电压的稳态值 $u_C(\infty)$。

作 $t=\infty$ 时的等效电路，稳态时电容 C 作开路处理，如图 8-11（c）所示。

$$i_3(\infty)=\frac{R_1I_s}{R_1+R_2+R_3}=\frac{10\times10^3\times1\times10^{-3}}{1000+1000+2000}=2.5\times10^{-4}(\text{A})$$

$$u_C(\infty)=R_3i_3(\infty)-u_s=20\times10^3\times2.5\times10^{-4}-10=-5(\text{V})$$

（3）求时间常数 τ。

作出求等效电阻 R 电路如图 8-11（d）所示，R 为从电容 C 两端看进去的戴维南等效电阻，则

$$R=\frac{(R_1+R_2)R_3}{R_1+R_2+R_3}=\frac{(10+10)\times10^3\times20\times10^3}{(10+10+20)\times10^3}=10(\text{k}\Omega)$$

$$\tau=RC=10\times10^3\times10\times10^{-6}=0.1(\text{s})$$

（4）利用三要素求出 $u_C(t)$。

$$u_C(t)=u_C(\infty)+[u_C(0_+)-u_C(\infty)]\text{e}^{-\frac{t}{\tau}}$$
$$=-5+(10+5)\text{e}^{-t/0.1}=-5+15\text{e}^{-10t}(\text{V})\quad t\geqslant0$$

【例 8-11】 电路如图 8-12 所示，已知 U_s=40V，R_1=100Ω，R_2=100Ω，L=1H，试用三要素法求电路换路后的电流 $i_L(t)$。

解　（1）求初始值 $i_L(0_+)$，作出 t=0₋时的等效电路如图 8-12（b）所示。

换路前电路已处于稳态，电感相当于短路

$$i_L(0_+)=i_L(0_-)=40/100=0.4(\text{A})$$

（2）计算电感电流的稳态值。作出 $t=\infty$ 时的等效电路。稳态时电感 L 作短路处理，如图 8-12（c）所示。

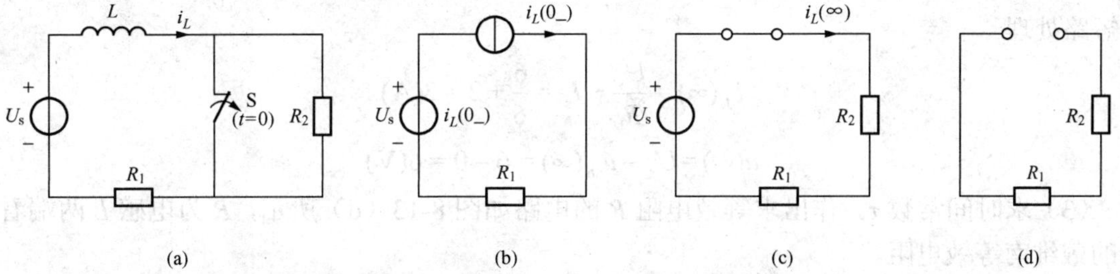

图 8-12　例 8-11 图

（a）原电路；（b）t=0₋等效电路；（c）$t=\infty$ 等效电路；（d）求等效电阻电路

$$i_L(\infty)=\frac{U_s}{R_1+R_2}=\frac{40}{100+100}=0.2(\text{A})$$

（3）求时间常数 τ。作出求等效电阻 R 的电路如图 8-12（d）所示，R 为电感 L 两端看进去的戴维南等效电阻。

$$R=R_1+R_2=100+100=200(\Omega)$$
$$\tau=L/R=1/200(\text{s})$$

（4）利用三要素求出 $i_L(t)$。

$$i_L(t)=i_L(\infty)+[i_L(0_+)-i_L(\infty)]\text{e}^{-\frac{t}{\tau}}$$

$$=0.2+(0.4-0.2)e^{-200t}=0.2+0.2e^{-200t}(A)$$

【例 8-12】 已知图 8-13 所示电路中的直流电压源 U_s=6V，R_1=6Ω，L=0.2H，直流电流源电流 I_s=2A，R_2=3Ω。开关闭合前电路已处于稳定，试用三要素法求换路后的 $i_L(t)$和 $U(t)$。

解 （1）求初始值 $i_L(0_+)$。作出 t=0_+时的等效电路如图 8-13（b）所示。换路前电路已处于稳态，电感 L 相当于短路。

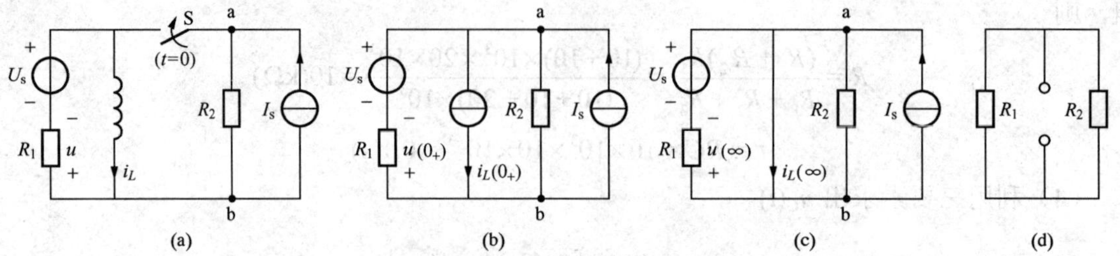

图 8-13 例 8-12 图

（a）原电路；（b）t=0_+等效电路；（c）t=∞等效电路；（d）求等效电阻电路

$$i_L(0_+)=i_L(0_-)=\frac{U_s}{R_1}=6/6=1(A)$$

作 t=0_+时刻的等效电路如图 8-13（b）所示，由节点法求 $u_{ab}(0_+)$及 $u(0_+)$。

$$u_{ab}(0_+)=\frac{U_s/R_1-i_L(0_+)+I_s}{1/R_1+1/R_2}=\frac{6/6-1+2}{1/6+1/3}=4(V)$$

$$u(0_+)=U_s-u_{ab}(0_+)=6-4=2(V)$$

（2）计算电感电流的稳态值。作出 t=∞时的等效电路如图 8-13（c）所示，稳态时电感 L 作短路处理。

$$i_L(\infty)=\frac{U_s}{R_1}+I_s=\frac{6}{6}+2=3(A)$$

$$u(\infty)=U_s-u_{ab}(\infty)=6-0=6(V)$$

（3）求时间常数 τ。作出求等效电阻 R 的电路如图 8-13（d）所示，R 为电感 L 两端看进去的戴维南等效电阻。

$$R=R_1R_2/(R_1+R_2)=6\times3/(6+3)=2(\Omega)$$

$$\tau=L/R=0.2/2=0.1(s)$$

（4）利用三要素法求出 $i_L(t)$。

$$i_L(t)=i_L(\infty)+[i_L(0_+)-i_L(\infty)]e^{-\frac{t}{\tau}}=3+(1-3)e^{\frac{t}{0.1}}=3-2e^{-10t}(A)\quad t\geqslant0_+$$

$$u(t)=u(\infty)+[u(0_+)-u(\infty)]e^{-\frac{t}{\tau}}=6+(2-6)e^{-10t}=6-4e^{-10t}(V)\quad t\geqslant0_+$$

【例 8-13】 已知图 8-14 所示电路中的 R_1=15Ω，R_2=10Ω，C=333.36μF，U_s=25V。电流控制电压源的电压为 7.5i，求开关在 t=0 时闭合后的电容电压 $U_C(t)$。

解 （1）求初始值 $u_C(0_+)$，作出 t=0_+时的等效电路如图 8-14（b）所示。

开关闭合前电容无储能，根据换路定律有

$$u_C(0_+)=u_C(0_-)=0(V)$$

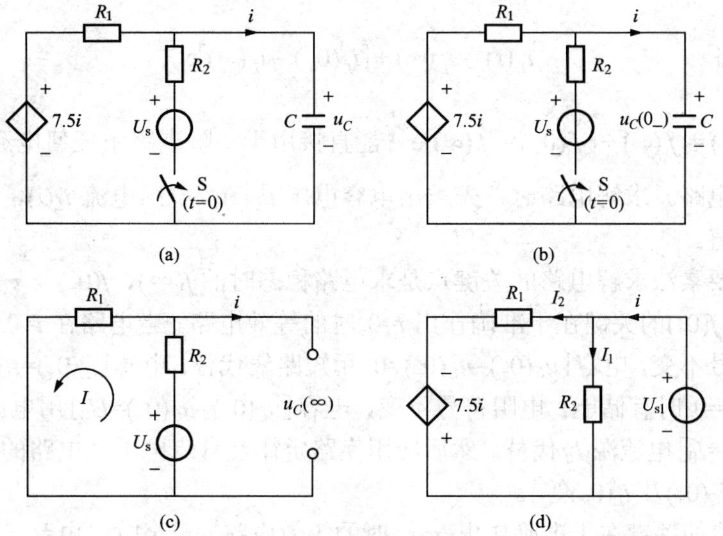

图 8-14　例 8-13 图

（a）原电路；（b）t=0₊等效电路；（c）t=∞等效电路；（d）求等效电阻电路

（2）求电容电压的稳态值 $u_C(\infty)$。作出 t=∞时的等效电路如图 8-14（c）所示，稳态时电容 C 作开路处理。

$$I=\frac{U_s}{R_1+R_2}=\frac{25}{10+15}=1(\mathrm{A})$$

$$u_C(\infty)=25-10I=25-10\times1=15(\mathrm{V})$$

（3）求时间常数 τ。作出求等效电阻 R 的电路如图 8-14（d）所示。R 为从电容 C 两端看进去的戴维南等效电阻，由于电路中含有受控电压源，用外施电压法求等效电阻 R。

由图 8-14（d）可知

$$I_1=U_{s1}/R_2\rightarrow U_{s1}=R_1I_2-7.5I\rightarrow I=\frac{U+7.5I}{R_1}\rightarrow$$

$$I=I_1+I_2=\frac{U_{s1}}{R_2}+\frac{U_{s1}+7.5I}{R_1}=\frac{U_{s1}}{10}+\frac{U_{s1}+7.5I}{15}=\frac{3U_{s1}+2U_{s1}+15I}{30}$$

$$30I=3U_{s1}+2U_{s1}+15I\rightarrow15I=5U_{s1}\rightarrow3I=U_{s1}$$

故有

$$R=U_{s1}/I=3(\Omega)$$

$$\tau=RC=3\times333.36\times10^{-6}\approx1\times10^{-3}(\mathrm{s})$$

（4）利用三要素求出 $u_C(t)$，则

$$u_C(t)=u_C(\infty)+[u_C(0_+)-u_C(\infty)]\mathrm{e}^{-\frac{t}{\tau}}=15+(0-15)\mathrm{e}^{-\frac{t}{1\times10^{-4}}}=15(1-\mathrm{e}^{-1000t})(\mathrm{V})$$

四、三要素法解题要点

（1）一阶 RC 或 RL 电路的全响应由初始值 $f(0_+)$、稳态值 $f(\infty)$及时间常数 τ 三个特征值组成。只要知道 $f(0_+)$、$f(\infty)$及 τ 三个特征值，可立即写出全解。

对于 RC 电路　　$u_C(t)=u_C(\infty)+[u_C(0_+)-u_C(\infty)]\mathrm{e}^{-\frac{t}{\tau}}$

对于 RL 电路 $i_L(t)=i_L(\infty)+[i_L(0_+)-i_L(\infty)]e^{-\frac{t}{\tau}}$

（2）公式 $f(t)=f(\infty)+[f(0_+)-f(\infty)]e^{-\frac{t}{\tau}}$ 能直接用于一阶电路中任何电流、电压的计算，但不适用于二阶电路。求解电路时，先求出电容电压 $u_C(t)$及电感电流 $i_L(t)$，然后再求其他支路的电压、电流值。

（3）应用三要素法求解电路的关键点是求电路稳态时的$f(\infty)$、$f(0_+)$及 τ 值。

1）求初始值$f(0_+)$的关键在于准确作出 t=0_+时的等效电路。当电路在 t=0_-时无储能时，作电路图时电阻符号不变，电容[$u_C(0_+)=u_C(0_-)=0$]用短路线代替；电感[$i_L(0_+)=i_L(0_-)=0$]用开路线代替。当电路在 t=0_-时有储能，电阻符号不变，电容[$u_C(0_+)=u_C(0_-)=U_0$]用电压源 U_0 代替，电感用[$i_L(0_+)=i_L(0_-)=I_0$]电流源 I_0 代替。然后应用换路定律及直流电阻性电路的分析方法求出所需的初始值[如 $U_C(0_+)$及 $i_L(0_+)$等]。

2）求 $f(\infty)$值的关键在于准确作出 t=∞时的等效电路。t=∞时，电路已处于稳定状态，作电路图时电感 L 作短路处理，电容 C 作开路处理。然后按直流电阻性电路的分析方法求出所需的稳态值[如 $U_C(\infty)$及 $i_L(\infty)$等]。

3）求时间常数 τ 的关键在于准确作出求等效电阻 R 时的等效电路。等效电阻 R 为从 L 或 C 元件两端看进去的无源网络总电阻，作出等效电路后按直流电阻性电路求总电阻的方法求出等效电阻 R。

第六节 二阶 RLC 电路的零输入响应

问题六：你了解二阶电路零输入响应的三种状态吗？

含有一种储能元件的电路称为一阶电路，含有两种储能元件（L 和 C）的电路称为二阶电路，求解其暂态过程的方程为二阶微分方程。

一、二阶电路的概念

二阶电路指能用二阶微分方程描述的电路。它在电路结构上含有两个独立的动态电路元件。只包含一个电容 C 和一个电感 L 的线性网络就是这类网络的一个典型例子。

二、二阶 RLC 电路零输入响应的概念

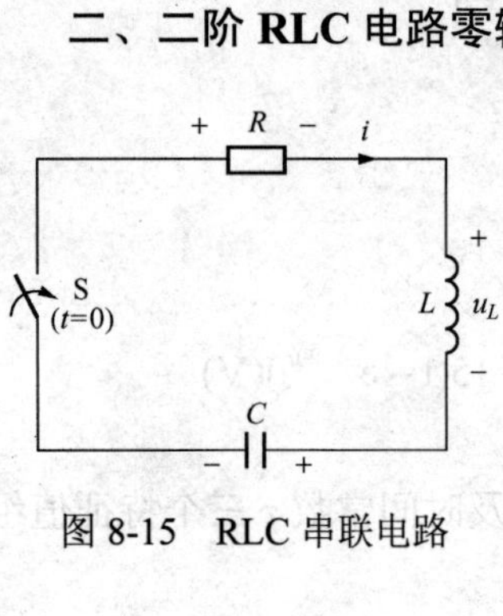

图 8-15 RLC 串联电路

在含有电容及电感的二阶电路中，电容储存的电场能量和电感储存的磁场能量之间可能会出现相互往复交换的情况，相应地出现周期性振荡和非周期性振荡。因此，二阶电路的分析要比一阶电路复杂得多，通常用二阶微分方程来描述由 RLC 组成的二阶电路。

图 8-15 所示电路为一个已充电的电容器对线圈放电的电路，这是一个 RLC 串联电路。选择各元件的电压、电流为关联参考方向，根据 KVL 可得到换路后的电路方程，即

$$u_R+u_L+u_C=0 \tag{8-19}$$

代入欧姆定律方程

$$i = C\frac{\mathrm{d}u_C}{\mathrm{d}t}，\quad u_R = Ri = RC\frac{\mathrm{d}u_C}{\mathrm{d}t}$$

$$u_L = L\frac{\mathrm{d}i}{\mathrm{d}t} = LC\frac{\mathrm{d}^2u_C}{\mathrm{d}t^2}$$

整理得

$$LC\frac{\mathrm{d}^2u_C}{\mathrm{d}t} + RC\frac{\mathrm{d}u_C}{\mathrm{d}t} + u_C = 0 \tag{8-20}$$

这是一个以 u_C 为待求变量的二阶常系数线性齐次微分方程，可见 RLC 串联电路是二阶电路。假设图 8-15 所示电路并无外部输入，仅有电路的电容电压 U_0 作用，则该电路便是 RLC 二阶串联电路的零输入响应。

三、二阶 RLC 电路零输入响应分析

二阶电路的暂态过程与一阶电路有所不同，这里主要讨论比较简单的情形，设初始条件为

$$u_C(0_+) = u_C(0_-) = U_0，\quad i_L(0_+) = i_L(0-) = 0$$

且仅研究图 8-15 所示电路的零输入响应。

式 $LC\frac{\mathrm{d}^2u_C}{\mathrm{d}t} + RC\frac{\mathrm{d}u_C}{\mathrm{d}t} + u_C = 0$ 的齐次方程特征方程为

$$LCp^2 + RCp + 1 = 0 \Rightarrow p + \frac{R}{L}p + \frac{1}{LC} = 0$$

该二次方程的两个特征根为

$$p_{1,2} = -\frac{R}{2L} \pm \sqrt{\left(\frac{R}{2L}\right)^2 - \frac{1}{LC}}$$

$$u_C(t) = A_1\mathrm{e}^{p_1t} + A_2\mathrm{e}^{p_2t} \tag{8-21}$$

式中：A_1、A_2 为积分常数，取决于 u_C 的初始条件。

p_1、p_2 的值有三种情况，即根号中的值 $\left(\frac{R}{LC}\right)^2 - \frac{1}{LC}$ 大于零、小于零及等于零三种情况。

（1）$\left(\frac{R}{LC}\right)^2 - \frac{1}{LC} > 0$，即 $R > 2\sqrt{\frac{L}{C}}$，p_1 和 p_2 为两个不等的负实根；R 称为阻尼电阻。

（2）$\left(\frac{R}{LC}\right)^2 - \frac{1}{LC} < 0$，即 $R < 2\sqrt{\frac{L}{C}}$，p_1 和 p_2 为一对共轭复根。

（3）$\left(\frac{R}{LC}\right)^2 - \frac{1}{LC} = 0$，即 $R = 2\sqrt{\frac{L}{C}}$，$p_1=p_2$ 为两个相等的负实根。

下面将分析这三种不同的响应。

1．$R > 2\sqrt{\frac{L}{C}}$，非振荡放电过程

$R > 2\sqrt{\frac{L}{C}}$ 的情况，又称为过阻尼情况，p_1 和 p_2 为两个不等的负实根；且 $|p_1| < |p_2|$，电容电压为

$$u_C(t)=A_1e^{p_1t}+A_2e^{p_2t}$$

电流为

$$i(t)=C\frac{du_C}{dt}=CA_1e^{p_1t}+CA_2e^{p_2t}$$

将初始条件 $u_C(0_+)=u_C(0_-)=U_0$，$i_L(0_+)=i_L(0_-)=0$ 代入上述两式得

$$\begin{cases}A_1+A_2=U_0\\p_1A_1+p_2A_2=0\end{cases}$$

解得积分常数

$$\begin{cases}A_1=\dfrac{p_2}{p_2-p_1}U_0\\[2ex]A_2=\dfrac{p_1}{p_1-p_2}U_0\end{cases}$$

电路的响应为

$$u_C(t)=\frac{U_0}{p_1-p_2}\text{（}p_2e^{p_1t}-p_1e^{p_2t}\text{）}$$

$$i(t)=C\frac{du_C}{dt}=C\frac{p_1p_2}{p_2-p_1}U_0\text{（}e^{p_1t}-e^{p_2t}\text{）}=\frac{U}{L(p_2-p_1)}\text{（}e^{p_1t}-e^{p_2t}\text{）}$$

其中

$$p_1p_2=\frac{1}{LC}$$

电容电压 u_C 和放电电流曲线如图 8-16（a）所示，从波形图可以看出，电容电压从初始值 U_0 单调下降到零，而放电电流的初始值和稳态值均为零。因此，电流必有一个上升和下降的过程，而在某一时刻 t_m 达到最大值，即

$$\left.\frac{di}{dt}\right|_{t=t_m}=\frac{U}{L(p_2-p_1)}(p_1e^{p_1t_m}-p_2e^{p_2t_m})=0$$

$$t_m=\frac{1}{p_1-p_2}\ln\frac{p_2}{p_1}$$

在非振荡过程中，电容一直在释放其电场能量。t_m 时刻以前电流绝对值增大，磁场能量也增大，电容释放的电场能量除电阻消耗外，转换为电感的磁场能量；t_m 时刻以后，电流的绝对值减小，磁场能也减小，这时，电容、电感同时释放出能量供电阻消耗，直到消耗完全部电场和磁场能量后，放电才告结束。整个放电过程是一个非振荡放电的过程。

2. $R<2\sqrt{\dfrac{L}{C}}$，振荡放电过程

$R<2\sqrt{\dfrac{L}{C}}$ 的情况，又称欠阻尼情况，此时 p_1、p_2 是一对共轭复数。

$$p_{1,2}=-\frac{R}{2L}\pm j\sqrt{\frac{1}{LC}-\left(\frac{R}{2L}\right)^2}$$

若令 $\dfrac{R}{2L}=\delta$，$\sqrt{\dfrac{1}{LC}-\left(\dfrac{R}{2L}\right)^2}=\omega$，则

$$p_{1,2} = -\delta \pm \mathrm{j}\omega$$

$$|p_1| = |p_2| = \sqrt{\delta + \omega^2} = \frac{1}{\sqrt{LC}} = \omega_0$$

ω_0 表示 RLC 串联电路在正弦电压作用下的谐振角频率。

当特征根为一对共轭复根时，二阶齐次方程的通解为一衰减的正弦函数，即

$$u_C(t) = A\mathrm{e}^{-\delta t}\sin(\omega t + \beta)$$

式中：A 和 β 为待定的积分常数，由初始条件确定。

将 $i(t) = C\dfrac{\mathrm{d}u_C}{\mathrm{d}t} = CA\mathrm{e}^{-\delta t}[\omega\cos(\omega t+\beta) - \delta\sin(\omega t+\beta)]$ 及两个初始条件 $u_C(0_+) = U_0, i(0_+) = 0$ 分别代入上式求得 A 和 β，即

$$\begin{cases} A\sin\beta = U_0 \\ \omega A\cos\beta - \delta A\sin\beta = 0 \end{cases},\quad \begin{cases} A\sin\beta = U_0 \\ A\cos\beta = \dfrac{\delta}{\omega}U_0 \end{cases},\quad \begin{cases} A = U_0\dfrac{\omega_0}{\omega} \\ \beta = \arctan\dfrac{\omega}{\delta} \end{cases}$$

因此得

$$u_C(t) = \frac{\omega_0}{\omega}U_0\mathrm{e}^{-\delta t}\sin\left(\omega t + \arctan\frac{\omega}{\delta}\right)$$

$$i(t) = C\frac{\mathrm{d}u_C}{\mathrm{d}t}U_0\mathrm{e}^{-\delta t}\sin[\omega\cos(\omega t+\beta) - \delta\sin(\omega t+\beta)] = -\frac{U_0}{\omega L}\mathrm{e}^{-\delta t}\sin\omega t$$

由于 $u_C(t)$、$i(t)$ 都是幅值按指数规律衰减的正弦函数，所以称这种放电过程为振荡放电，而 δ 与 ω 分别称为衰减系数和自由振荡角频率，如图 8-16（b）所示。

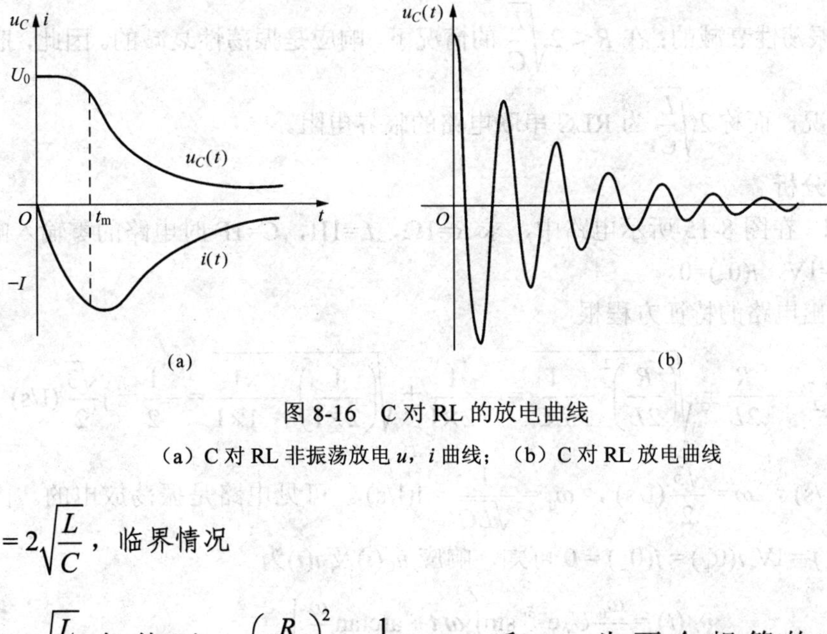

图 8-16　C 对 RL 的放电曲线

（a）C 对 RL 非振荡放电 u，i 曲线；（b）C 对 RL 放电曲线

3．$R = 2\sqrt{\dfrac{L}{C}}$，临界情况

在 $R = 2\sqrt{\dfrac{L}{C}}$ 条件下，$\left(\dfrac{R}{LC}\right)^2 = \dfrac{1}{LC}$，$p_1$ 和 p_2 为两个相等的负实根，由

$p_{1,2}=-\frac{R}{2L}\pm j\sqrt{\frac{1}{LC}-\left(\frac{R}{2L}\right)^2}$ 得其固有频率为

$$p_1=p_2=-\frac{R}{2L}=-\delta$$

由微分方程理论可知 u_C 的通解为

$$u_C(t)=(A_1+A_2t)\mathrm{e}^{-\delta t}\text{，}\quad i(t)=C\frac{\mathrm{d}u}{\mathrm{d}t}=C(-\delta A_1-\delta A_2t+A_2)\mathrm{e}^{-\delta t}$$

将初始条件 $u_C(0_+)=U_0, i(0_+)=0$ 代入得

$$\begin{cases}A_1=U_0\\A_2=\delta A_1=\delta U_0\end{cases}$$

$$u_C(t)=U_0(1+\delta t)\mathrm{e}^{-\delta t}$$

$$i(t)=-C\delta^2U_0t\mathrm{e}^{-\delta t}=-C\frac{1}{LC}U_0t\mathrm{e}^{-\delta t}=-\frac{U_0}{L}t\mathrm{e}^{-\delta t}$$

从上式可以看出，u_C 的变化情况是从 U_0 开始保持正值逐渐衰减到零，而 i 则从零开始保持负值最后趋近于零。i 达到极值的时间为

$$t_{\mathrm{m}}=\frac{1}{\delta}=\frac{2L}{R}$$

所以放电是非振荡的。u_C 和 i 的变化曲线与图 8-16 相似。

从以上分析可见，C 对 RL 放电电路的零输入响应仅含有自由分量，在 $R\geqslant 2\sqrt{\frac{L}{C}}$ 的情况下，响应是非振荡性衰减的；在 $R<2\sqrt{\frac{L}{C}}$ 的情况下，响应是振荡性衰减的。因此，把 $R=2\sqrt{\frac{L}{C}}$ 时称为临界情况，而称 $2\sqrt{\frac{L}{C}}$ 为 RLC 串联电路的临界电阻。

四、例题分析

【例 8-14】 在图 8-15 所示电路中，求 R=1Ω，L=1H，C=1F 时电路的零输入响应。初始条件为 $u_C(0_-)$=1V，$i(0_-)$=0。

解 先求出电路的特征方程根

$$p_{1,2}=-\frac{R}{2L}\pm\sqrt{\left(\frac{R}{2L}\right)^2-\frac{1}{LC}}=-\frac{1}{2\times1}\pm\sqrt{\left(\frac{1}{2\times1}\right)^2-\frac{1}{1\times1}}=-\frac{1}{2}\pm j\frac{\sqrt{3}}{2}(1/\mathrm{s})$$

即 $\delta=\frac{1}{2}(1/\mathrm{s})$，$\omega=\frac{\sqrt{3}}{2}(1/\mathrm{s})$，$\omega_0=\frac{1}{\sqrt{LC}}=1(1/\mathrm{s})$。可见电路是振荡放电的。由初始条件 $u_C(0_+)=u_C(0_-)=1\mathrm{V}, i(0_+)=i(0_-)=0$ 可知，响应 $u_C(t)$及 $i(t)$为

$$u_C(t)=\frac{\omega_0}{\omega}U_0\mathrm{e}^{-\delta t}\sin\left(\omega t+\arctan\frac{\omega}{\delta}\right)$$

$$=\frac{1}{\frac{\sqrt{3}}{2}}\times 1\mathrm{e}^{-\frac{1}{2}t}\left[\frac{\sqrt{3}}{2}t+\arctan\frac{\frac{\sqrt{3}}{2}}{\frac{1}{2}}\right]=\frac{2}{\sqrt{3}}\mathrm{e}^{-\frac{1}{2}t}\sin\left(\frac{\sqrt{3}}{2}t+60^\circ\right)(\mathrm{V})$$

$$i(t)=C\frac{\mathrm{d}u_C}{\mathrm{d}t}U_0\mathrm{e}^{-\delta t}\sin[\omega\cos(\omega t+\beta)-\delta\sin(\omega t+\beta)]=-\frac{U_0}{\omega L}\mathrm{e}^{-\delta t}\sin\omega t$$

$$=-\frac{1}{\frac{\sqrt{3}}{2}\times 1}\mathrm{e}^{-\frac{1}{2}t}\sin\frac{\sqrt{3}}{2}t=-\frac{2}{\sqrt{3}}\mathrm{e}^{-\frac{1}{2}t}\sin\frac{\sqrt{3}}{2}t(\mathrm{A})$$

五、二阶 RLC 电路零输入响应分析要点

求解二阶电路，首先要建立电路方程。在假定电路中各电流、电压参考方向后，即可根据 KVL、KCL 以及欧姆定律列写方程，再化简为只含一个未知量的方程。对于 RLC 串联电路，以 $u_C(t)$为未知量列写方程，为求得方程的解答或为了判断电路响应的性质都需要得到特征方程 $LCp^2+RCp+1=0$ 的解答，通过对 RLC 串联电路的临界电阻值 $R>2\sqrt{\frac{L}{C}}$、$R<2\sqrt{\frac{L}{C}}$、$R=2\sqrt{\frac{L}{C}}$ 三种情况的讨论可以看出：二阶电路的零输入响应取决于 R、L、C 参数，而与初始条件无关。

（1）$R<2\sqrt{\frac{L}{C}}$ 时，电路的固有频率为一对实部为负的共轭复数，响应为振荡性的，称为欠阻尼情况。

（2）当 $R>2\sqrt{\frac{L}{C}}$ 时，电路的固有频率为两个不等的负实数，响应为非振荡性的，称为过阻尼情况。

（3）$R=2\sqrt{\frac{L}{C}}$ 时，电路的固有频率为两个相等的负实数，响应仍为非振荡性的，称为临界阻尼情况。

（4）当 R=0 时，p_1、p_2 为共轭虚数时，响应为等幅振荡。

六、实践应用（Applications）

二阶动态电路响应的研究

（一）教学目标

（1）能测试二阶电路的零输入响应和零状态响应，了解元件参数对响应的影响。

（2）能观察、分析二阶电路响应的三种状态轨迹及其特点。

（二）仪器设备和试验电路

（1）函数信号发生器，1 台。

（2）双踪示波器，1 台。

（3）电阻箱（0～99999Ω）2 个，电感箱（0～200mH）1 个，电容箱（0～20μF）1 个。

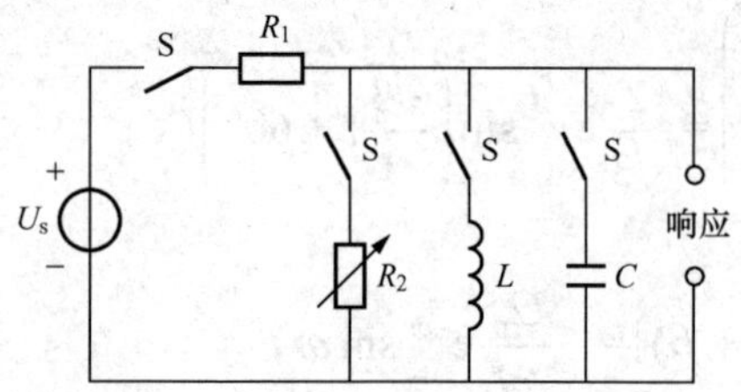

图 8-17 二阶电路响应的研究

（4）试验电路如图 8-17 所示。

（三）工作任务

测试图 8-17 所示二阶电路的零输入响应和零状态响应。了解元件参数对响应的影响。

取 R_1=10kΩ，L=4.7mH，C=1000pF，R_2 为 10kΩ 可调电阻，取脉冲信号发生器的输出电压为 U_s=1.5V，f=1kHz 的方波脉冲，通过同轴电缆接到图 8-17 中的输入端，同时用同轴电缆将输入和输出（响应）端接至双踪示波器的 Y_A 和 Y_B 两个输入口。

（1）调节可变电阻器 R_2 之值，观察二阶电路的零输入响应和零输出响应由过阻尼过渡到临界阻尼，最后到欠阻尼的变化过程，分别定性地描绘、记录响应的典型变化波形。

（2）调节 R_2 使示波器荧光屏上呈现稳定的欠阻尼响应波形，定量测定此时电路的衰减常数 α 和振荡频率 ω_d。

（3）改变一组电路参数，如增、减 L 或 C 之值，重复步骤（2）的测量，记录于表 8-1 中。

表 8-1 数 据 记 录

电路参数 实验次数	元 件 参 数				测量值	
	R_1（kΩ）	R_2	L（mH）	C（μH）	α	ω_d
1	10	调至某一次欠阻尼状态	4.7	0.001		
2	10		4.7	0.01		
3	30		4.7	0.01		
4	10		10	0.01		

（四）注意事项

（1）调节 R_2 时，要细心、缓慢，临界阻尼要找准。

（2）观察双踪时，显示要稳定，如不同步，则可采用外同步法触发（看示波器说明）。

（五）数据分析

（1）根据观察结果在方格纸上描绘二阶电路过阻尼、临界阻尼和欠阻尼的波形。

（2）归纳、总结分析电路元件参数改变对响应变化趋势的影响。

本 章 小 结

（1）换路定律

1）电路过渡过程：电路从一种稳定状态变化到另一种稳定状态的中间过程。

2）引起电路过渡过程的原因：内因是电路中含有储能元件，外因是电路换路。

3）换路定律：在换路瞬间电感上的电流和电容上的电压不能跃变，即

$$u_C(0_+)=u_C(0_-)\text{，}\ i_L(0_+)=i_L(0_-)$$

由换路定律求出的初始值称为电路的独立初始值。电路中其他量的初始值由 t=0₊时的等效电路确定，称为非独立初始值。

（2）一阶电路的零输入响应是在无外部信号输入作用而有电路初始时刻储能所产生的响应。其变化规律为电感或电容上的储能按指数规律逐渐衰减为零，即 $u_C(t)=u_C(0_+)\mathrm{e}^{-\frac{t}{\tau}}$，$i_L(t)=i_L(0_+)\mathrm{e}^{-\frac{t}{\tau}}$。

（3）一阶电路的零状态响应是指电路初始时刻无储能，而由外电路的输入作用所引起的响应。其变化规律为电感或电容上的储能按指数规律逐渐增长的过程，即

$$u_C(t)=u_C(\infty)(1-\mathrm{e}^{-\frac{t}{\tau}})，\quad i_L(t)=i_L(\infty)(1-\mathrm{e}^{-\frac{t}{\tau}})。$$

（4）动态电路的全响应由电路微分方程的解所确定，根据叠加定理，全响应应为零输入响应和零状态响应的叠加，即

全响应=零输入响应+零状态响应

对 RC 电路　$u_C(t)=u_C(0_+)\mathrm{e}^{-\frac{t}{\tau}}+u_C(\infty)(1-\mathrm{e}^{-\frac{t}{\tau}})=U_\mathrm{s}+(U_0-U_\mathrm{s})\mathrm{e}^{-\frac{t}{\tau}}$

对 RL 电路　$i_L(t)=i_L(0_+)\mathrm{e}^{-\frac{t}{\tau}}+i_L(\infty)(1-\mathrm{e}^{-\frac{t}{\tau}})=i_\mathrm{s}+(i_0-i_\mathrm{s})\mathrm{e}^{-\frac{t}{\tau}}$

（5）三要素法：一阶 RC 或 RL 电路的全响应由初始值 $f(0_+)$、稳态值 $f(\infty)$及时间常数 τ 三个特征值组成。只要知道 $f(0_+)$、$f(\infty)$及 τ 三个特征值，可立即写出全解。

对于 RC 电路

$$u_C(t)=u_C(\infty)+[u_C(0_+)-u_C(\infty)]\mathrm{e}^{-\frac{t}{\tau}}$$

对于 RL 电路

$$i_L(t)=i_L(\infty)+[i_L(0_+)-i_L(\infty)]\mathrm{e}^{-\frac{t}{\tau}}$$

三要素公式 $f(t)=f(\infty)+[f(0_+)-f(\infty)]\mathrm{e}^{-\frac{t}{\tau}}$ 能直接用于一阶电路中任何电流、电压的计算，但不适用于二阶电路。

（6）含有两种储能元件（L 和 C）的电路称为二阶电路。

RLC 串联电路的零输入响应，在 R 较小 $\left(R<2\sqrt{\frac{L}{C}}\right)$ 时，形成减幅振荡放电状态；在 R 较大 $\left(R\geqslant 2\sqrt{\frac{L}{C}}\right)$ 时，形成非振荡放电状态。

习　题　八

1．在图 8-18 所示电路中，u_s=24V，R_1=4Ω，R_2=12Ω，R_3=6Ω，电路原已稳定，开关 S 在 t=0 时断开，求各支路电流和各元件电压的初始值。

2．换路定律的内容是什么？独立初始值和相关初始值如何确定？

3．RC 电路的时间常数含义是什么？时间常数的大小对电路的响应有什么影响？

4．什么是零输入响应和零状态响应？

5．什么是电路的稳定状态？什么是电路的过渡过程？

6．RL 电路的时间常数含义是什么？

7. 三要素的含义是什么？如何计算一阶电路响应的三要素？已知三要素如何写出电路响应的表达式？

8．求图 8-19 所示电路在开关 t=0 闭合后，各电压、电流的初始值。

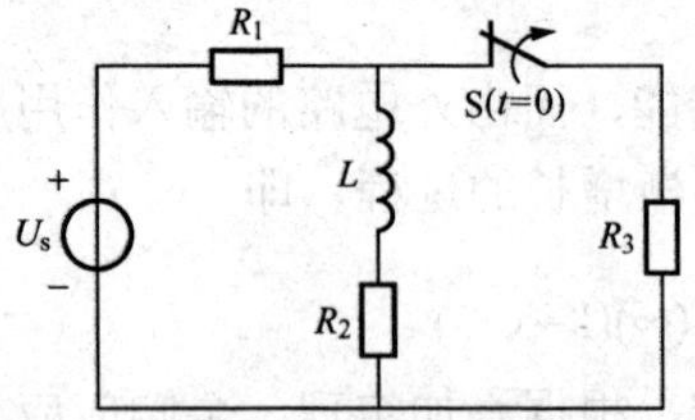

图 8-18　题 1 图

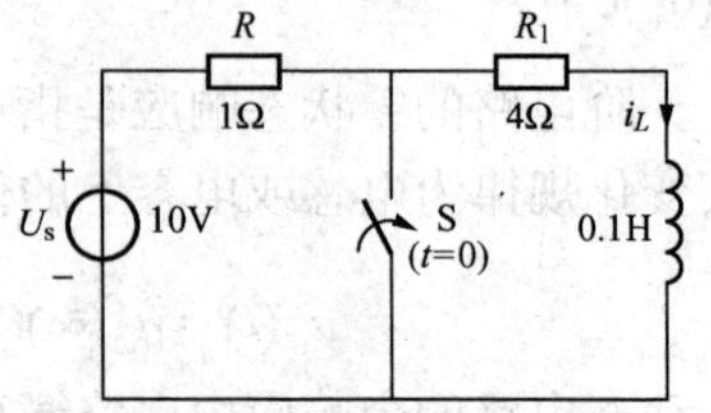

图 8-19　题 8 图

9．图 8-20 所示电路 u_s=12V，R_1=1kΩ，R_2=2kΩ，R_3=3kΩ，C=10μF，电路原已处于稳态，t=0 时开关 S 打开，求换路后电容两端电压的表达式 $u_C(t)$。

10．图 8-21 所示电路，u_s=10V，R_1=2kΩ，R_2=4kΩ，L=200mH，开关 S 断开前电路已处于稳态。求换路后的 $i_L(t)$。

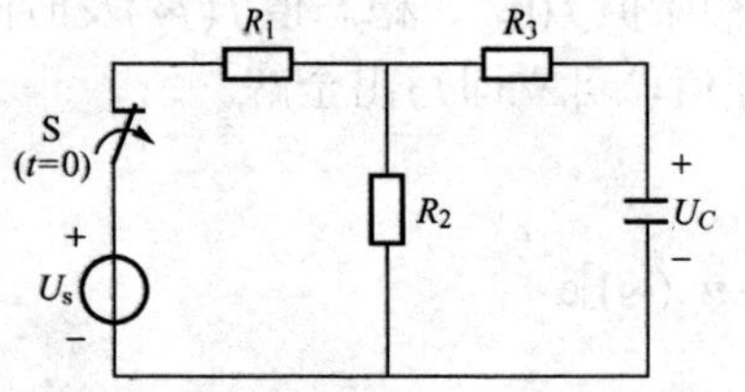

图 8-20　题 9 图

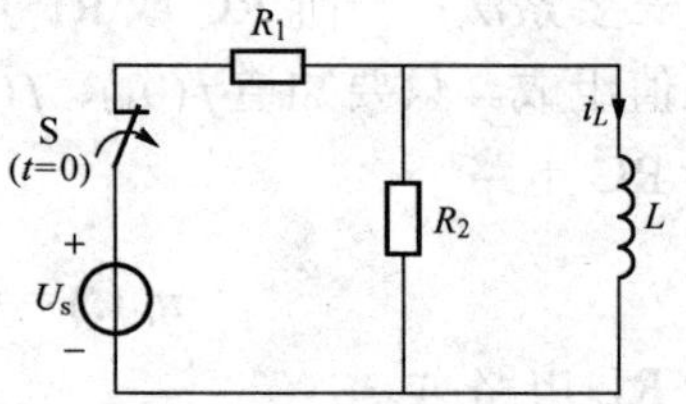

图 8-21　题 10 图

11．求图 8-22 所示电路在换路后的时间常数 τ。

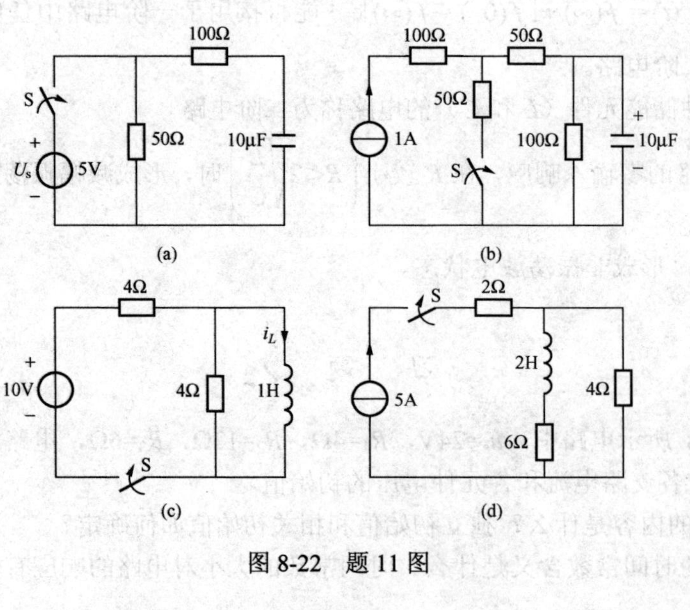

图 8-22　题 11 图

12. 在图 8-23 所示电路中，电路原已稳定，且电感 L 未储能，t=0 时开关 S 闭合，求 $i_L(t)$。

13. 如图 8-24 所示电路，U_0=180V，R_1=30Ω，R_2=60Ω，C=0.01F，$U_C(0_-)$=0V，t=0 时开关闭合，求 $u_C(t)$。

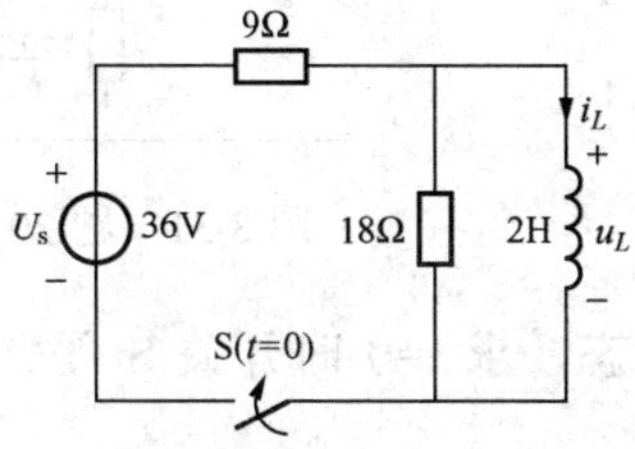

图 8-23　题 12 图

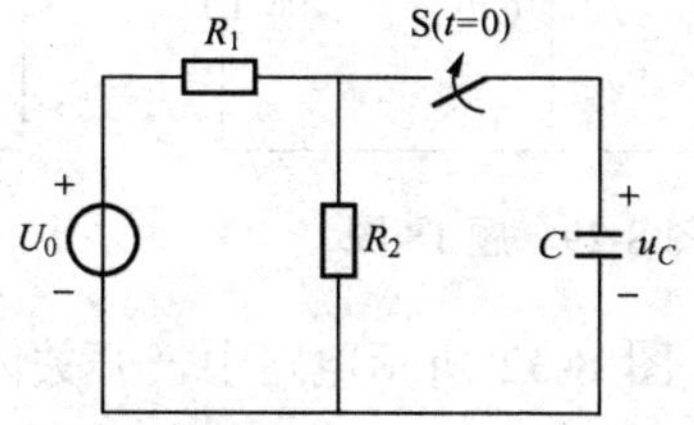

图 8-24　题 13 图

14. 在图 8-25 所示电路中，电压源的电压和电流源的电流都是恒定的，开关断开前电路已稳定，试求 S 断开后的 $u_C(t)$。

15. 图 8-26 所示电路在换路前电容未充电，试求换路后的 $u_C(t)$和 $i_1(t)$。

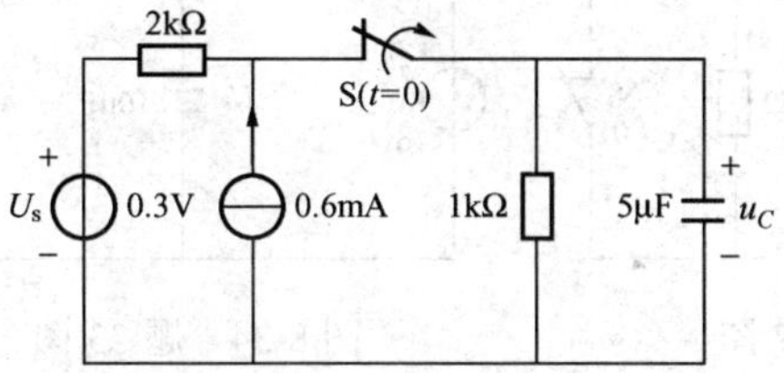

图 8-25　题 14 图

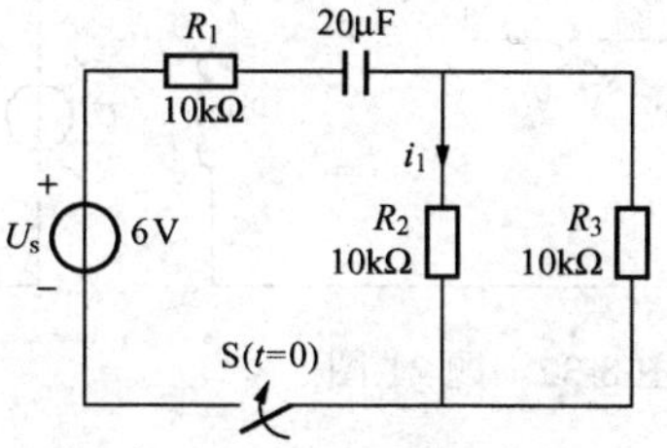

图 8-26　题 15 图

16. 在图 8-27 所示电路中，已知 U_s=100V，R_1=20Ω，R_2=80Ω，R_3=4Ω，C=20μF，电容原未充电。试求换路后的 $u_C(t)$和 $i_2(t)$。

17. 图 8-28 所示电路，已知 $u_s(t)$=1000sin(2500t+60°)V，R_2=30Ω，L=0.04H，C=4μF，R_1=20Ω，换路前电路已经稳定。试求换路后的 $u_C(t)$和 $i(t)$。

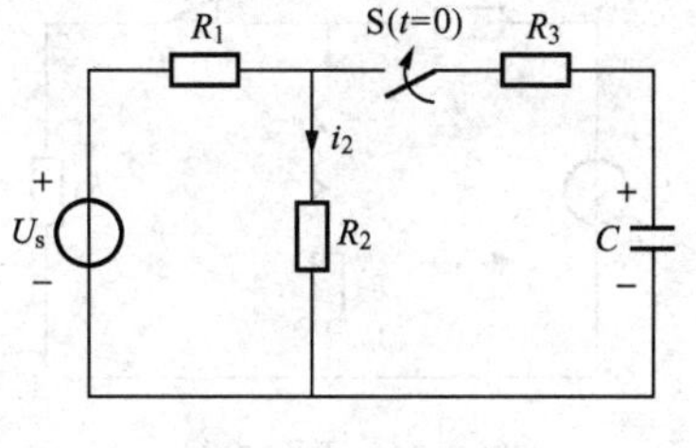

图 8-27　题 16 图

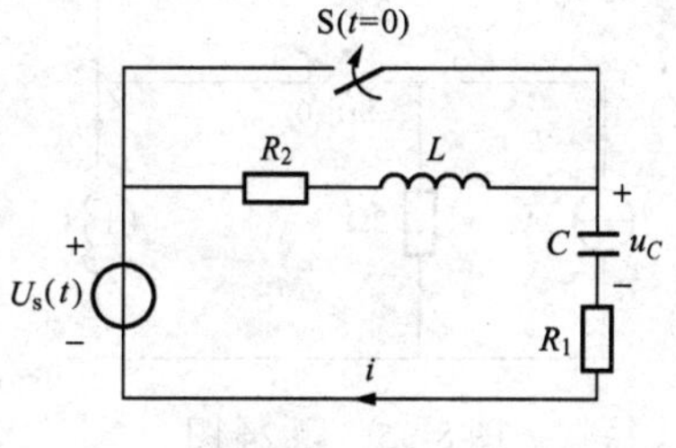

图 8-28　题 17 图

18. 在图 8-29 所示电路中，换路前电路已稳定，开关 S 在 t=0 时接通，已知 t=0.003s 时，i=1mA，求 U_s。

19. 在图 8-30 所示电路中，已知电流源的电流为恒定值，电路原已稳定，用三要素法，求换路后的 $i_1(t)$与 $i_2(t)$。

20. 图 8-31 所示电路中，开关 S 闭合前电路原已稳态，用三要素法求 t=0 时开关 S 闭合后的 $u_C(t)$和 $i_C(t)$。

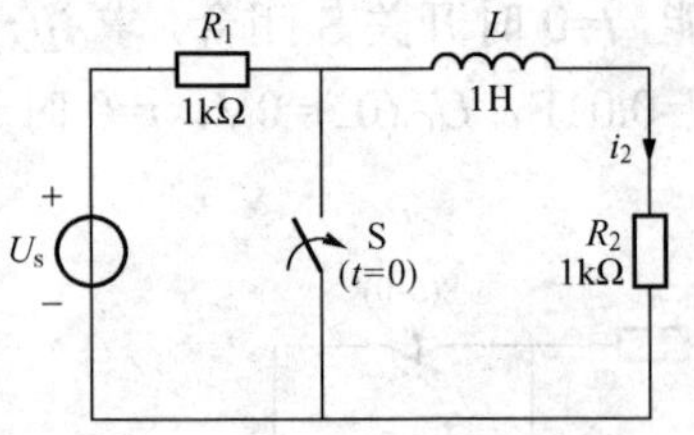

图 8-29　题 18 图

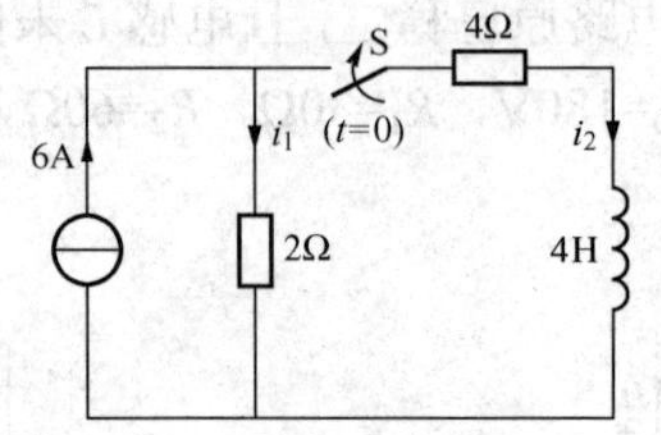

图 8-30　题 19 图

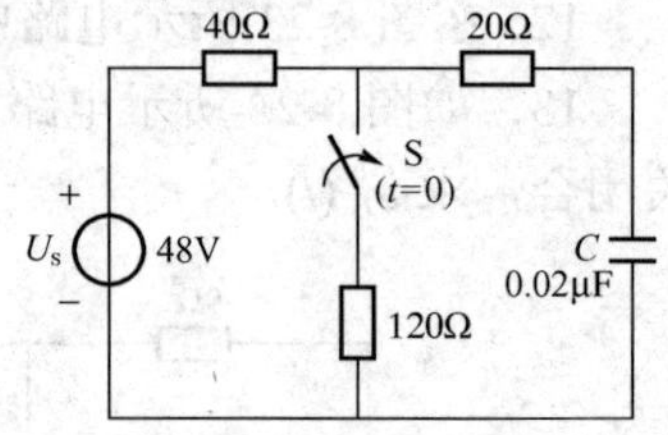

图 8-31　题 20 图

21．图 8-32 所示电路中，开关闭合前电路已处于稳态，求 t=0 时开关 S 闭合后的 $u_L(t)$ 和 $i_L(t)$。

22．图 8-33 所示电路中，电路已处于稳态，求 t=0 时开关 S 打开后的 $i(t)$，作出曲线。

23．如图 8-34 所示电路中，U_s=9V，R_1=3Ω，R_2=6Ω，C=10μF，换路前电路已处于稳态，求 t=0 时开关 S 闭合后的 $u_C(t)$，并作出曲线。

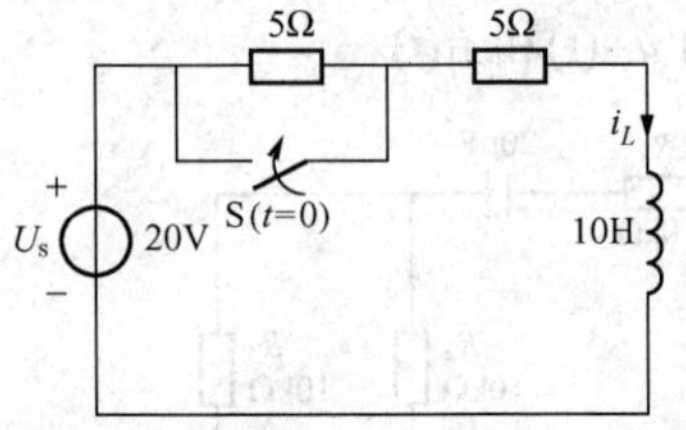

图 8-32　题 21 图

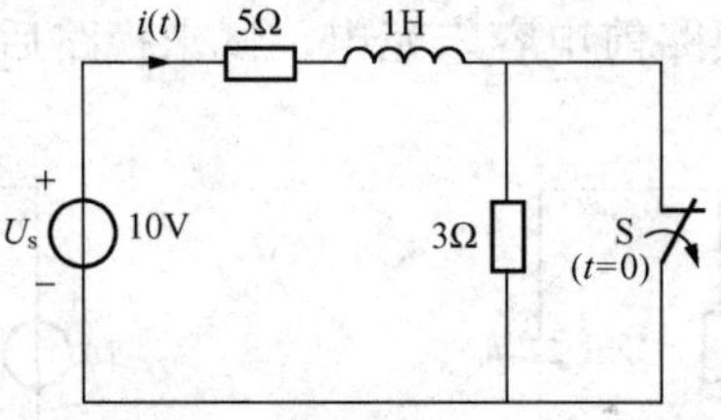

图 8-33　题 22 图

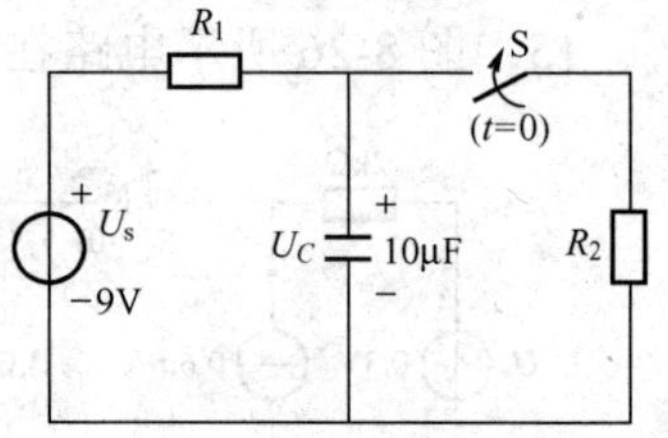

图 8-34　题 23 图

24．图 8-35 所示电路中，电流源的电流和电压源的电压均为恒定值。开关 S 接在触点 1 上，t=0 时换接到触点 2 上，试用三要素法求换路后的 $i_L(t)$。

25．在图 8-36 所示电路中，恒定电压源 U_s=24V，R_1=6Ω，R_2=12Ω，R_3=6Ω，L=0.05H，电路原已处于稳态，试求换路后的 $i_L(t)$。

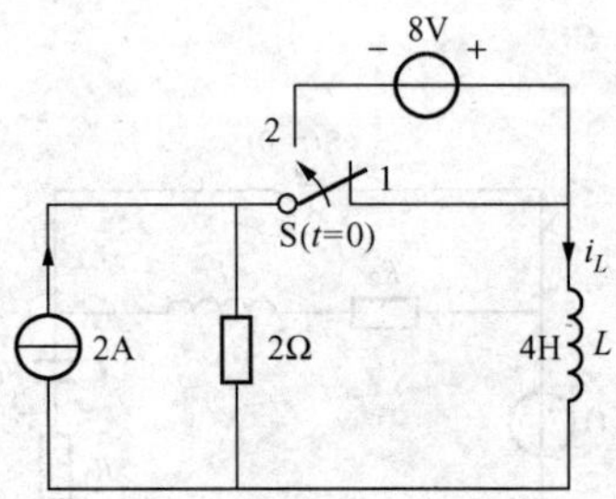

图 8-35　题 24 图

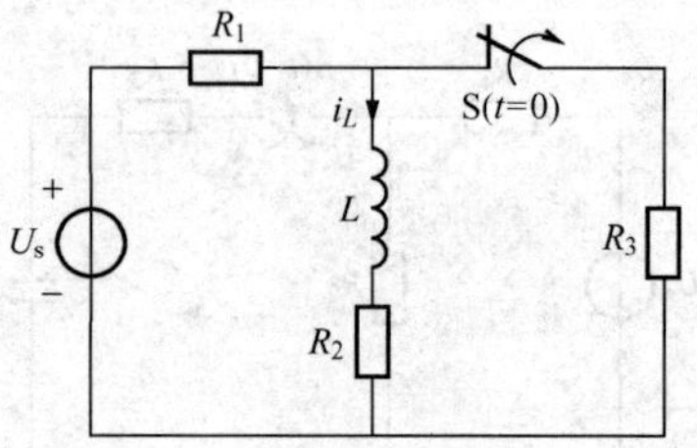

图 8-36　题 25 图

26．在图 8-37 所示电路中，$u_s(t)=100\sin(314t+120°)$V，$R_1$=80Ω，$R_2$=20Ω，$L_1$=0.1H，$L_2$=0.2H，换路前电路原已处于稳态，试求换路后的 $i_1(t)$和 $i(t)$。

27．在图 8-38 所示电路中，恒定电流源 I_s=2A，R_1=40Ω，R_2=60Ω，R_3=20Ω，C=25μF，电路原已稳定。试用三要素法求 $u_C(t)$和 $i_C(t)$。

28．在图 8-39 所示电路中，恒定电压源 U_s=80V，R_1=R_4=20Ω，R_2=R_3=80Ω，L=0.02H，用三要素法求换路后的 $i_L(t)$、$i_1(t)$和 $u_L(t)$。

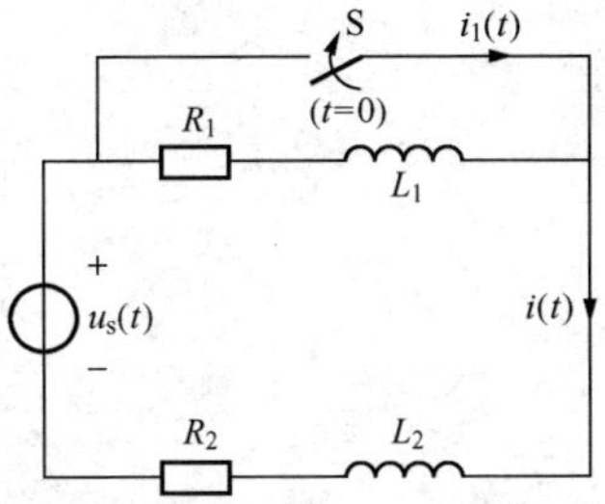

图 8-37　题 26 图

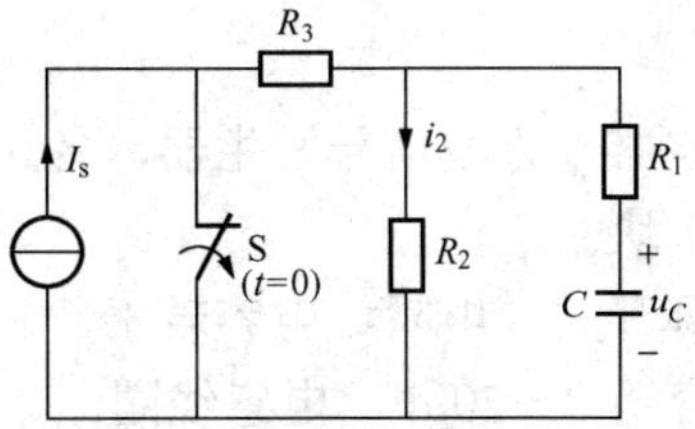

图 8-38　题 27 图

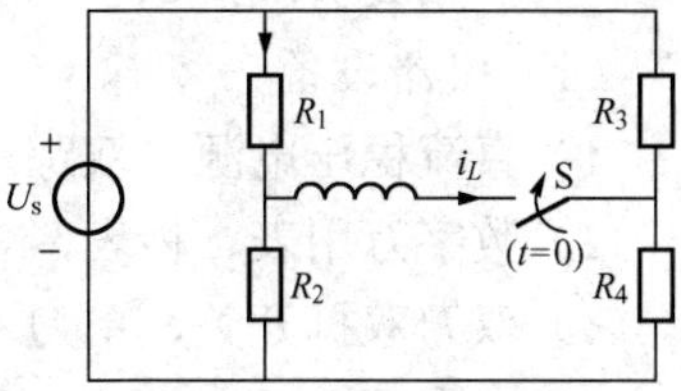

图 8-39　题 28 图

29．电路如图 8-40 所示，已知 $i(0_-)=2A$，求 $u_L(t)$，$t\geqslant 0$。

30．电路如图 8-41 所示，已知 $R=2k\Omega$，$L=0.5H$，$C=0.5\mu F$，$u_C(0_-)=2V$，$i_L(0)=0$，求 $u_C(t)$ 和 $i(t)$的零输入响应。

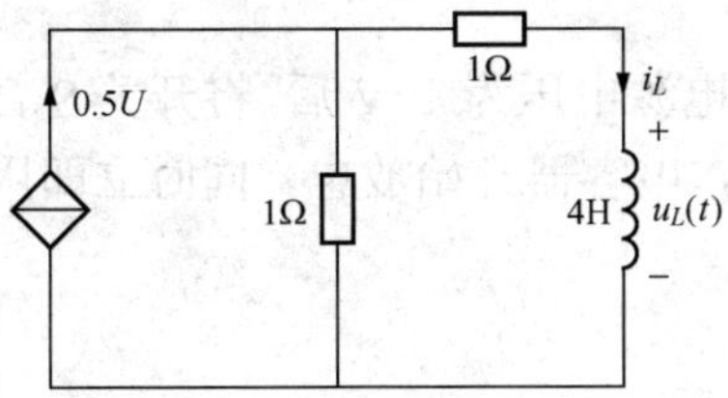

图 8-40　题 29 图

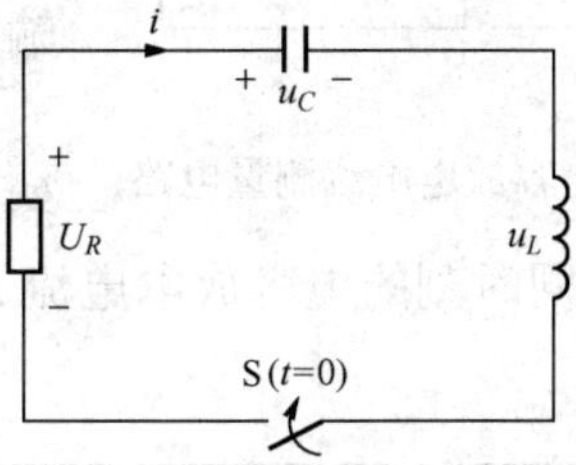

图 8-41　题 30 图

教学项目十一（仅供参考）

RC、RL 电路充放电现象观察与分析

（一）能力目标

（1）能用示波器观察 RC、RL 电路的充、放电过程。

（2）能测量 RC、RL 电路的时间常数。

（3）能用示波器观察 RC、RL 电路的过渡过程（矩形脉冲响应）。

（二）知识目标

（1）熟练掌握换路定律的含义及初始值的计算。

（2）掌握 RC、RL 电路充放电的规律。

（3）理解一阶电路的零输入响应和零状态响应。

（4）掌握求解一阶电路全响应的三要素法。

（5）了解二阶 RLC 电路零输入响应的概念。

（三）工作任务

（1）用示波器观察 RC、RL 电路的充放电过程。

（2）用秒表、微安表测量 RC 电路中电容放电电流的曲线及时间常数。

（3）研究 RC、RL 电路的零输入、零状态响应。

（4）用示波器观察 RC、RL 电路的方波响应。

（四）相关实践知识

（1）仪器设备。

1）直流稳压电源、双踪示波器、方波信号发生器，各 1 台。

2）数字万用表、秒表，各 1 块。

3）双刀双掷开关、单刀双掷开关、电阻、电容若干。

4）电阻箱 0～99999Ω、电容箱 0～20μF，电感线圈。

（2）用秒表、微安表测量 RC 电路中电容放电电流的曲线及时间常数。

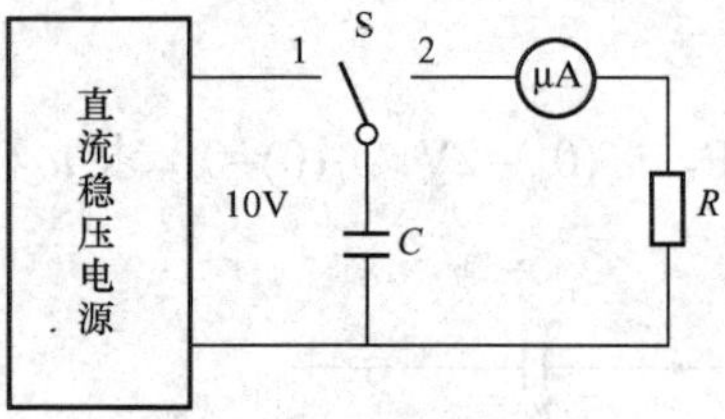

图 8-42 电容放电电流测量电路

1）电路如图 8-42 所示，当电路的时间常数足够大，（如 τ=10s）时，放电电流的衰减将相当缓慢，这时可用秒表和微安表来测量电流的变化，从而作出变化曲线。电路中的电阻电容为 R=10kΩ，C=1000μF（电解电容），直流稳压电源的输出电压为 10V。

2）用电压表测量电源电压为 10V 后，将开关 S 合向“1”，然后将开关合向“2”，电容器开始放电，同时立即用秒表计时，读取不同时刻的电容放电电流 I，记录于表 8-2 中。

表 8-2 数 据 记 录

u_s=				R=				C=			τ=RC
t（s）	0	5	10	15	20	25	30	35	40	45	50	60
i（μA）												

3）在方格纸上作出电容放电电流 i 随时间变化的曲线，并从曲线求出电路的时间常数 τ，与理论值进行比较。

（3）研究 RC 电路的零输入、零状态响应。

电路如图 8-43 所示，U_s 为直流稳压电源，r 为电流取样电阻。开关 S 首先置于位置“2”，再转到“1”，即可用示波器观察到零状态响应的波形；电路达到稳态后，开关由位置“1”转到位置“2”，可观察到零输入响应的波形。分别改变电阻 R、电容 C 和电压 U_s 的数值，观察并描绘出零输入响应和零状态响应时 $u_C(t)$和 $i_C(t)$的波形。

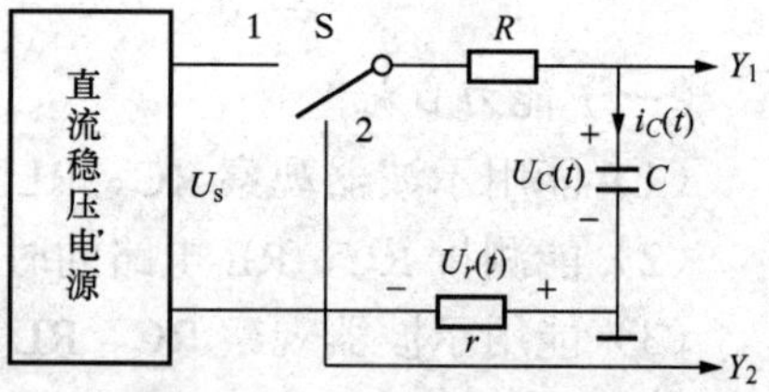

图 8-43 RC 电路的研究

（4）用示波器观察 RC 电路的方波响应。

1）电路如图 8-44（a）所示，选择方波的频率为 1Hz，幅值为 4V，电路参数为：R=5kΩ、电容 C=0.02μF，取样电阻 r=1Ω，使方波的半周期 $T/2$ 与时间常数 RC 保持约 5:1 的关系。

2）调节示波器的有关旋钮,使屏幕上显示稳定的 u_C 和 i 的波形，并将波形绘于表 8-3 中。

3）改变电路参数，使 R=500Ω 和 50kΩ，即分别使 $T/2 \geqslant 5\tau$ 及 $T/2 \leqslant 5\tau$，观察 u_C 和 i 的波形，并将波形绘于表 8-3 中。

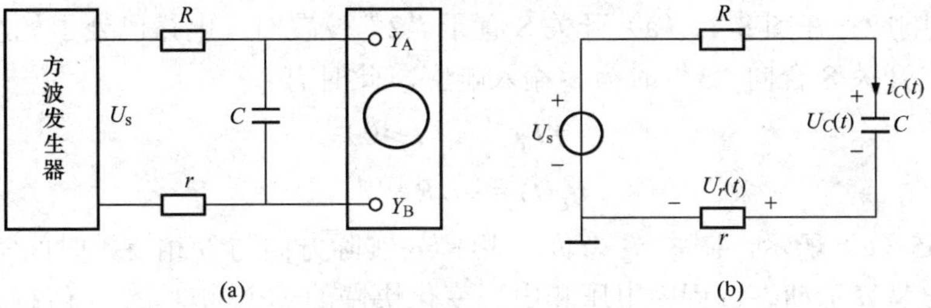

图 8-44　用示波器观察 RC 电路方波响应电路

（a）实验接线图；（b）原理图

表 8-3　　**用示波器观察 RC 电路的方波响应**

R	C（μF）	r（Ω）	$\frac{T}{2}\tau$	波　形	
				u_C	i
5kΩ	0.02	1			
500Ω	0.02	1			
50kΩ	0.02	1			

（5）RL 电路充电及放电现象观察。

1）原理电路。

a）零输入响应：电路如图 8-45（a）所示，当开关 S 合向“2”时为零状态响应，按图示参考方向有

$$i_L = \frac{U}{R}(1-e^{-t/\tau})\quad（t \geqslant 0）$$

$$U_L = U_s e^{-t/\tau}$$

其曲线如图 8-45（b）所示。

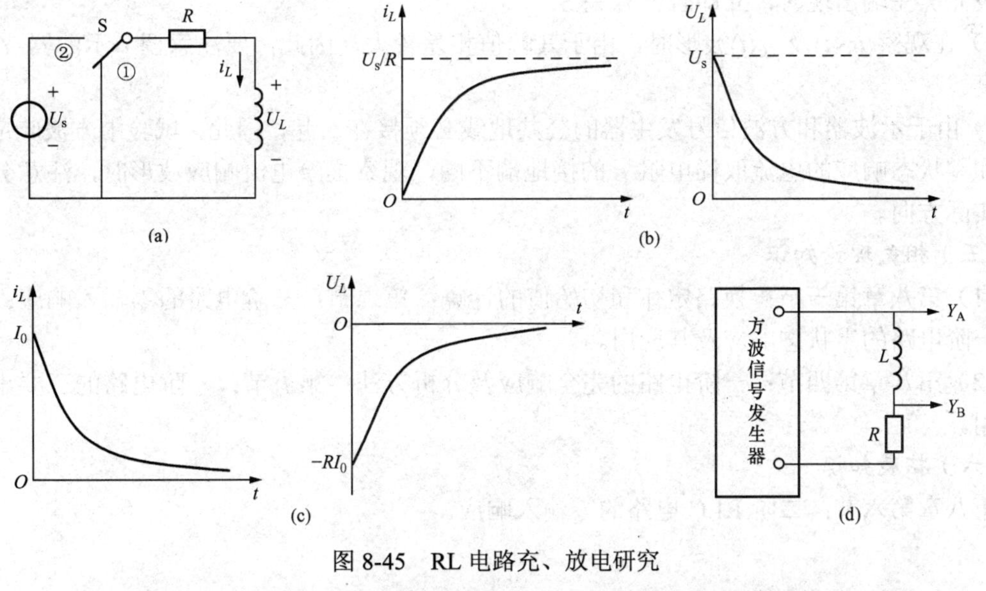

图 8-45　RL 电路充、放电研究

（a）原理图；（b）RL 电路的零状态响应波形；（c）RL 电路的零输入响应波形；（d）接线图

b）零状态响应：在图 8-45（a）开关 S 置于“2”位置时，电路已处于稳态，流过电感 L 的电流为 I_0。当开关 S 合向“1”时为零输入响应，此时有

$$i_L = I_0 e^{-t/\tau} \quad (t \geqslant 0)$$

$$u_L(t) = -I_0 R e^{-t/\tau}$$

其曲线如图 8-45（c）所示，图中 u_L 为负，表示 u_L 实际方向与 i_L 相反，时间常数 $\tau=L/R$。

时间常数 τ 是表示动态过程中电压和电流变化快慢的一个物理量。τ 值越小，衰减越快，动态过程越短。τ 值取决于电路参数，而与电路初始状态无关。

2）在 RL 电路中，由 $\tau=L/R$ 可知 τ 与 L 成正比。因 L 不可能做得很大，而 R 又不可能很小，所以若像 RC 电路那样测试 τ 值就较困难，为此采用示波器来观察其方波响应，如图 8-45（d）所示。用示波器观察 i_L、u_L 波形并绘在图 8-46 中。

3）将按图 8-45（d）连接电路观测到的 RL 电路输入方波响应的波形绘于图 8-46 中。

4）问题讨论。

a）改变 R 值，对电压、电流波形有何影响？

b）若 τ 不变，如将电源电压提高或降低，则 u_L 达到稳态的时间会延长或缩短吗？

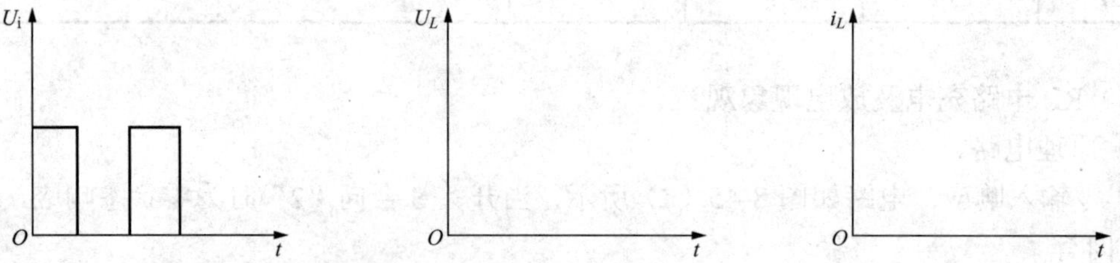

图 8-46　RL 充、放电电路波形

5）注意事项。

a）用示波器观察响应的一次过程时（如图 8-44 所示），扫描时间要适当，当扫描亮点开始在荧光屏左端出现时，立即合上开关 S。

b）在观察 $u_C(t)$ 及 $i_C(t)$ 波形时，由于其幅值相差较大，因此，要注意调节示波器 Y 轴的灵敏度。

c）由于示波器和方波信号发生器的公共地线必须接在一起，因此，试验中方波响应、零输入和零状态响应的电流取样电阻 r 的接地端不同，观察描绘电流响应波形时，注意分析波形的实际方向。

（五）相关理论知识

（1）第八章第一节：换路定律和初始值的计算；第二节：一阶电路的零输入响应；第三节：一阶电路的零状态响应及其应用。

（2）第八章第四节：一阶电路的完全响应及分析方法；第五节：一阶电路的三要素法及其应用。

（六）拓展知识

第八章第六节：二阶 RLC 电路的零输入响应。

第九章　电工仪表及其使用

电工仪表是电工实验和实训环节中不可缺少的重要测量工具，借助于各种电工仪器仪表，对电阻、电流、电压、电能、电功率等进行测量，以便了解电气设备的特性、运行情况，检查电气元器件的质量。为此，必须先了解电工仪器仪表及其测量的基本知识，了解测量的基本方法、测量产生的误差，电工仪器仪表的分类、标记和型号、一般要求等，以便能掌握正确的电工仪表使用方法，获得最佳的测量效果。

第一节　电工仪表的基本知识

问题一：你认识常用的电工仪表吗？你能正确使用哪些电工仪表？
问题二：你在实验室及其他场合使用过的电工仪器仪表有哪些类型？
问题三：你是否认为所使用的仪表准确度越高越好？

一、电工仪表的分类

电工仪表种类繁多，分类方法各异，按测量方法的不同可将电工仪表分为直读式和比较式仪表两大类。直读式仪表是应用最广泛的一种电工仪表，它的特点是：以仪表的指针在刻度盘上偏转角度的大小来反映被测量的大小，操作者可以从刻度盘上直接读取数据。

1. 按结构分类

（1）指示式仪表类：直接从仪表指示的读数确定被测量的大小，有安装式和携带式两种，如电压表、电流表、功率表和电能表等。

（2）比较式仪表类：将被测量与标准量进行比较，确定被测量的值，如直流电桥、电位差计、标准电阻箱、交流电桥、标准电感、标准电容等。

（3）数字式仪表类：直接以数字形式显示测量结果，如数字万用表、数字频率计等。

（4）记录仪表和示波器类，如故障记录仪、示波器等。

（5）扩大量程装置和变换器类，如分流器、附加电阻、电流互感器、电压互感器等。

2. 按工作原理、用途等分类

（1）按工作原理分类，有电磁式、电动式、磁电式，其他还有感应式、振动式、电热式、热电式、静电式、整流式、光电式、电解式等；部分仪表工作原理见表 9-1。

（2）按被测量对象分类，有电流表、电压表、功率表、频率表、电阻表、电能表等。

（3）按被测量的种类分类，有直流仪表、交流仪表、交直流两用仪表。

（4）按使用方式分类，有安装式和可携带式仪表。

安装式仪表固定安装在开关板或电气设备的板面上，这种仪表准确度较低，但过载能力强，造价低廉。

可携带式仪表不作固定安装使用，有的可以用在室外使用（如万用表、绝缘电阻表），有的用在实验室做精密测量和标准表用，这种仪表准确度高，造价昂贵。

表 9-1　　按仪表工作原理分类

类型	符号	工作原理	使用的电路	用法与特点
磁电式		固定的永久磁铁磁场与可动线圈中所流过的直流电流之间产生电磁力作用	直流	直读式仪表中最基本、应用最广泛的仪表；与整流器组合可用于交流测量；刻度均匀、精度高、力矩大、灵敏度好
电磁式		利用固定线圈中的电流作用进行磁化，使固定铁片与可动铁片之间产生磁力作用	交直流	主要作为测量工频交流使用，其刻度在 0 附近之外近似均匀刻度；精度稍差，但结构简单、坚固
整流式		用整流器将交流变成直流，再用磁电式仪表进行测量	交流	虽然指示的是平均值，但刻度是按正弦交流的有效值来表示的；在测量非正弦交流电时会产生误差
电动式	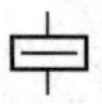	在固定线圈与可动线圈中流过的电流相互之间产生电磁力作用	交直流	交直流两用精度高，作功率表用时，刻度均匀；作电压表或电流表用时，在 0 附近刻度缩小，不均匀
感应式	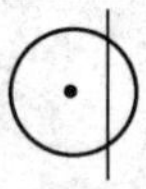	移动磁场或旋转磁场与金属盘内产生的涡流之间产生电磁力作用	交流	有旋转磁场式和移动磁场式，移动磁场式广泛用于交流电能表
静电式		利用固定电极与可动电极之间产生的静电吸引力	交直流	因交直流两用，可进行高频测量，适用于高电压测量，使用分压器可扩大测量范围
热电式	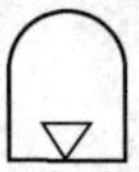	在加热器中流动的电流对热电偶加热，产生的热电动势用磁电式仪表测量	交直流	指示有效值，交直流两用，过载能力差，由于热电偶的热容量之故，响应有滞后

（5）按仪表的准确度分，有 0.1、0.2、0.5、1.0、1.5、2.5、5.0 七个等级。

仪表的级别表示仪表的准确度等级，准确度指仪表测量时可能产生的最大误差占满刻度的百分之几，级别的数字越小，准确度越高。

0.1 和 0.2 级仪表用作标准表和校验仪表；0.5、1.0 和 1.5 级仪表用作实验室测量；2.5 和 5.0 仪表用于工程，装在配电盘和操作台上。

（6）按使用环境条件分，有 A、B、C 三组，A 组：工作环境在 0～+40℃，相对湿度 85%以下；B 组：工作环境在−20～+50℃，相对湿度 85%以下；C 组：工作环境在−40～+60℃，相对湿度 98%以下。

（7）按对外界磁场的防御能力分，有Ⅰ、Ⅱ、Ⅲ、Ⅳ四个等级。

二、仪表的误差（Instrument）

由于制造工艺的限制及测量时外界环境因素等影响以及操作人员的因素，误差是不可避免的，根据引起误差的原因，可将误差分为基本误差和附加误差两类。

1. 基本误差（Intrinsic Error）

基本误差是指在规定的温度、频率、波形、放置方式以及外界电磁波干扰的正常工作条件下，因仪表本身的缺陷所产生的误差，它是一种不可避免的误差。

影响电工仪表基本误差的主要原因：

（1）标尺刻度不精确而产生的误差；

（2）仪表弹簧的永久变形而产生的误差；

（3）内部电磁场引起的误差；

（4）轴和轴承之间的摩擦误差等。

2. 附加误差（Additional Error）

附加误差是由于仪表在非正常工作条件下进行测量时产生的误差。如周围环境温度过高、过低；电源波形、频率超出规定的变化范围；外界电磁场干扰等都会产生附加误差。附加误差有些是可以消除或限制在一定范围以内的。

3. 误差的几种表示方法

电工仪表误差的表示方法有三种：绝对误差、相对误差、引用误差（也称为单位相对误差）。

（1）绝对误差ΔA（Absolute Error）。它是指用测量值A_x与实际值A_0之间的差值表示的误差，即

$$\Delta A = A_x - A_0 \tag{9-1}$$

被测量的实际值，是指标准仪表的指示值。绝对误差的单位与被测量的单位相同。

（2）相对误差γ（Relative Error）。绝对误差不能反映测量结果的准确程度，因此用相对误差γ来反映测量结果的准确度。

相对误差用绝对误差ΔA与实际值A_0之比的百分数表示，即

$$\gamma = \frac{\Delta A}{A_0} \times 100\% \tag{9-2}$$

相对误差给出了测量误差的明确概念，用它对不同的测量误差进行比较很方便，所以它是一种较为常用的测量误差表示形式。

例子：用两个伏特表分别测量两个电压值，一个电压表在测量 500V 电压时，绝对误差ΔA是 5V；另一个在测量 50V 电压时，绝对误差ΔA是 1V。从绝对误差看，前者要大于后者，但是，前者对测量值的相对误差是 1%，而后者是 2%，从测量的准确程度来看，显然前者要比后者的小，精确度高。

（3）引用误差γ_m（Fiducial Error）。对于同一台仪表，测量值不同，相对误差也不同，因此，相对误差并不能说明仪表的性能。因此，国家标准中对指示仪表的误差用引用误差表示。

引用误差是仪表的绝对误差ΔA与仪表的满刻度值A_m（即量程）之比的百分数，即

$$\gamma_m = \frac{\Delta A}{A_m} \times 100\% \tag{9-3}$$

（4）仪表的准确度（Instrument Accuracy）。仪表的准确度用仪表的最大引用误差表示，即

$$\pm K = \frac{\Delta_m}{A_m} \times 100\% \tag{9-4}$$

式中：$\pm K$为仪表的准确度等级；Δ_m为以绝对误差表示的最大基本误差；A_m为仪表的量程。

所以，电工仪表的准确度等级，即为仪表在规定的工作条件下使用时，最大引用误差的数值。

第二节　常用电工仪表的结构及工作原理

问题四：常用的磁电式、电磁式及电动式仪表的结构、工作原理有什么不同？

电工仪表的种类很多，就指针式仪表而言，其结构和工作原理也不同。下面简单介绍常用的电磁式、电动式、磁电式仪表的结构和工作原理。

一、磁电式仪表（Magnet Meter）

1. 结构（Structure）

磁电式仪表又称为动圈式仪表，它是根据载流导体在磁场中受到电磁力的作用原理制成的，仪表由一个固定的永久磁铁和一个带有指针及弹簧的可动线圈组成，它的结构如图 9-1 所示。

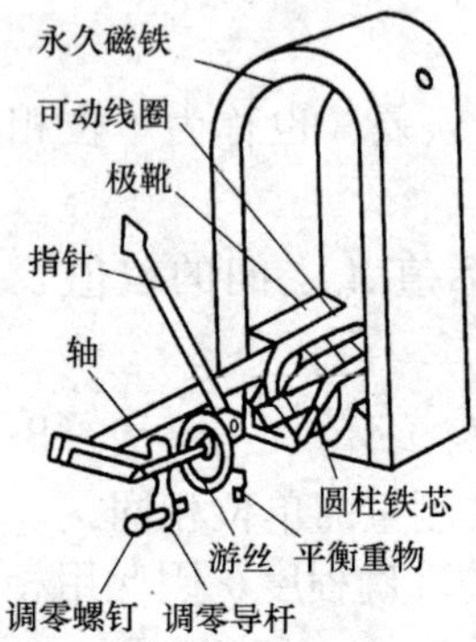

图 9-1　磁电式仪表结构

2. 工作原理（Operating Principle）

当直流电流 I 流过可动线圈时，载流线圈与空气隙中的磁场相互作用，使线圈获得磁场力的作用，从而使线圈产生转矩，带动指针偏转。可动线圈与固定在一起的游丝因可动线圈的偏转而扭转产生反作用力矩，当作用力和反作用力相等时，可动部分将停留在相应的位置，指针在标度尺上指出被测量的数值。指针的偏转角度 α 与通过线圈中的电流大小成正比，即

$$\alpha = KI \tag{9-5}$$

式中：K 为常数。

由此可见，磁电式仪表标尺上的刻度是均匀的。

3. 优缺点（Merit and Demerit）

（1）优点：刻度均匀；灵敏度和准确度高、消耗功率小；受外界影响小。

（2）缺点：表头本身只能用来测量直流量（当采用整流装置后也可以用来测量交流量）；过载能力低。

4. 使用注意事项

（1）测量时电流表要串联在被测支路中，电压表要并联在被测电路中。

（2）使用直流表，电流必须从“+”极性端进入，否则指针将反偏。

（3）磁电系测量机构只能用于测量直流电，不能用于测量交流电，若仪表误接交流电，指针没有指示，但可动线圈中仍有电流通过，若电流过大，将损坏仪表。

（4）仪表过载能力低，使用时注意不要过载。

二、电磁式仪表（Electromagnetic Type Meter）

电磁式仪表的结构有两种，分为吸引型与排斥型。它是利用放置在线圈中的铁芯受到线圈电流产生的磁场磁化后，铁芯与线圈或铁芯与铁芯相互作用产生转矩的原理制成的。

1. 吸引型电磁式仪表结构

吸引型电磁式仪表结构如图 9-2 所示。

2. 工作原理

当电流通过线圈时，在线圈附近产生磁场，使可动铁片磁化，铁片被磁场吸引，产生转动力矩带动指针偏转。当线圈中电流方向改变时，线圈所产生的磁场和被磁场化的铁片极性同时改变。可见这种仪表可交直流两用。

3. 排斥型电磁式仪表工作原理

排斥型电磁式仪表结构如图 9-3 所示。当固定线圈通入电流后，电流产生的磁场使固定铁片和可动铁片同时磁化，同性磁场间相互排斥，使可动部分转动。当固定线圈中电流方向改变时，它所建立的磁场方向随之改变，因此两铁片仍然排斥，转动力矩方向保持不变，因而它同样可以交直流两用。

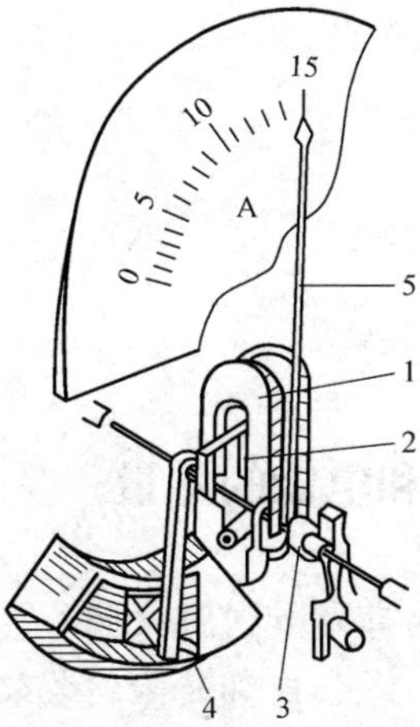

图 9-2　吸引型电磁式测量机构

1—固定线圈；2—可动铁片；3—游丝；4—空气阻尼器；5—指针

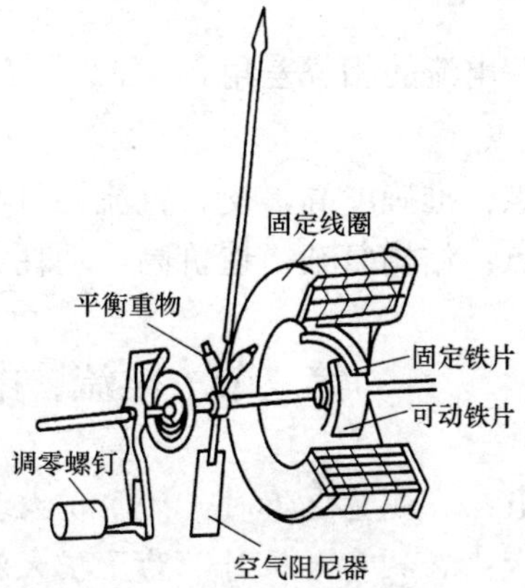

图 9-3　排斥型电磁式仪表结构

不论是吸引型还是排斥型电磁仪表，其转动力矩均与电流的平方成正比，因此仪表刻度是不均匀的。

4. 电磁式仪表的优缺点

（1）优点：结构简单，过载能力强，交直流量均可测量。

（2）缺点：刻度不均匀，本身功耗大，灵敏度和准确度较低。

三、电动式仪表（Electrodynamic Type Meter）

1. 结构（Structures）

电动式仪表的结构如图 9-4 所示。仪表内由固定线圈（简称定圈，又称电流线圈）和可动线圈（简称动圈，又称电压线圈）等组成。

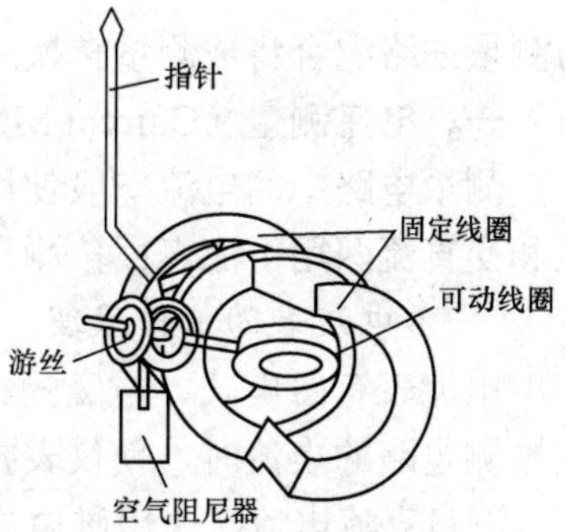

图 9-4　电动式仪表的结构

2. 工作原理（Operating Principle）

当固定线圈中通入直流电流 I_1 后，将产生磁场，磁感应强度 B_1 正比于 I_1。如果可动线圈通入直流电流 I_2，则可动线圈在磁场中受到电磁力的作用而带动指针偏转，电磁力 F 的大小与磁感应强度 B_1 和电流 I_2 的乘积成正比。直接转动力矩与游丝的反抗力矩相平衡时指针停止偏转，因此仪表的偏转角 α 与两线圈电流的乘积成正比，即

$$\alpha = KI_1I_2 \tag{9-6}$$

式中：K 为常数。

当线圈中通入交流电时，由于两线圈中的电流方向均发生变化，因此产生的电磁力矩不变，这样可动线圈受到的转动力矩方向就不会改变方向。设两线圈中的电流分别为 i_1 和 i_2，则转动力矩的瞬时值与两线圈中电流的瞬时值乘积成正比。而仪表可动部分的偏转程度取决于转动力矩的平均值，由于转动力矩的平均值不仅与 i_1 及 i_2 的有效值成正比，还与 i_1 和 i_2 相位的余弦成正比，因此，电动式仪表用于测量交流时，指针的偏转角与两电流的有效值及两

电流的相位差的余弦成正比，即

$$\alpha = KI_1I_2\cos\varphi \tag{9-7}$$

式中：φ为两电流的相位差角。

3. 优缺点

（1）优点：准确度高，交、直流均可测量。

（2）缺点：结构复杂，造价高，功耗大，过载能力差。

第三节 电流、电压、功率和电能的测量

问题五：在测量电流时，为了扩大量程，表头内部是如何解决的？

问题六：在测量电压时，为了扩大测量的量程，表头内部是如何装配的？

问题七：测量单相和三相交流电功率时，功率表和电能表如何接入电路？

电路中电流、电压、功率和电能的测量一般使用电流表、电压表、功率表和电能表进行测量，实用直读式电工仪表由测量电路及测量机构——表头组成，其结构框图如图 9-5 所示。

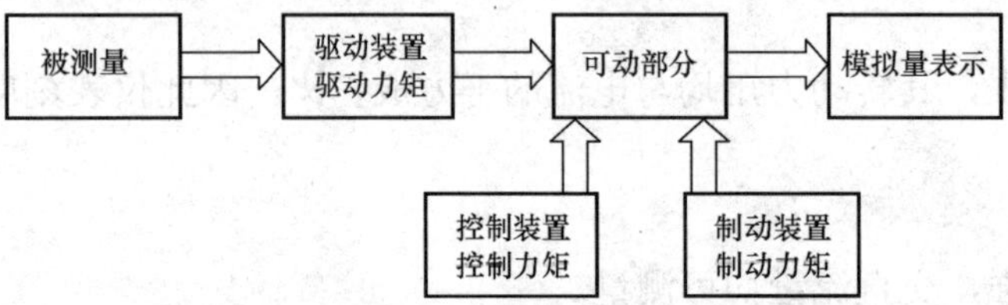

图 9-5 直读式仪表的基本结构

测量线路（如分压器、分流器等）的作用是将被测量（如电压、电流）变换成适合机构测量的电磁量；测量机构（称表头）的作用是与测量线路配合将被测量转换成仪表指示器（如仪表的指针）的偏转角。

一、电流测量（Current Measurement）

测量电路中的电流一般使用电流表，按所测电流性质的不同，分直流电流表、交流电流表和交直流两用电流表；按测量范围又可分为微安表、毫安表和安培表。

（一）电流表的工作原理

电流表有磁电式、电磁式、电动式等形式，仪表一般串接在被测电路中，当仪表线圈通过被测电路的电流时，使仪表指针发生偏转，用指针偏转的角度来反映被测电流的大小。

测量直流电流时采用磁电式电流表，测量交流电流时采用电磁式电流表，接线时，电流表必须与被测电路串联，否则会烧坏电表，接法如图 9-6 所示。

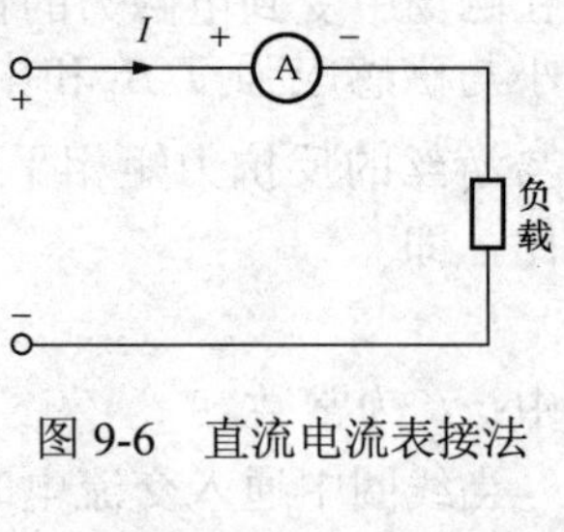

图 9-6 直流电流表接法

此外，测量直流电流时还必须注意仪表的极性。

电流表（Ammeter）的量程一般很小，只能测量几十微安到几十毫安的电流，为了测量更大的电流，必须扩大仪表的量程。

（二）电流表扩大量程的方法

磁电系电流表可以制成多量程，图 9-7 为具有两个量程的电流表电路。图中量程为I_2挡的分流电阻为$R_{A1}+R_{A2}$，I_1挡的分流电阻为R_{A1}，分流电阻R_{A1}和R_{A2}的值由下述方法确定。原因是不论在哪个量程，表头支路电压降与分流支路电压降总是相等的，所以对量程I_1和I_2可

分别列出下列方程

$$I_0R_0=(I_2-I_0)(R_{A1}+R_{A2})$$
$$I_0(R_0+R_{A2})=(I_1-I_0)R_{A1}$$

移相得

$$I_0(R_0+R_{A1}+R_{A2})=I_2(R_{A1}+R_{A2})$$
$$I_0(R_0+R_{A1}+R_{A2})=I_1R_{A1}$$
$$I_2(R_{A1}+R_{A2})=I_1R_{A1}$$

1. 扩大量程的方法

在表头上并联一个分流器。分流器实际上就是一个低值电阻 R_A，如图 9-8 所示。为了不使电路因串入电流表影响负载的工作，电流表负载电阻 R_0 必须比负载电阻小。

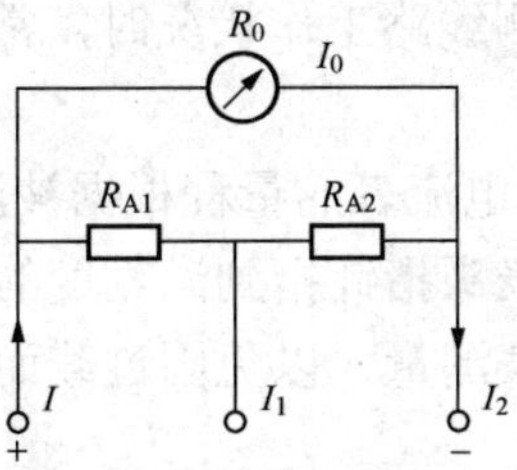

图 9-7　两个量限的电流表电路

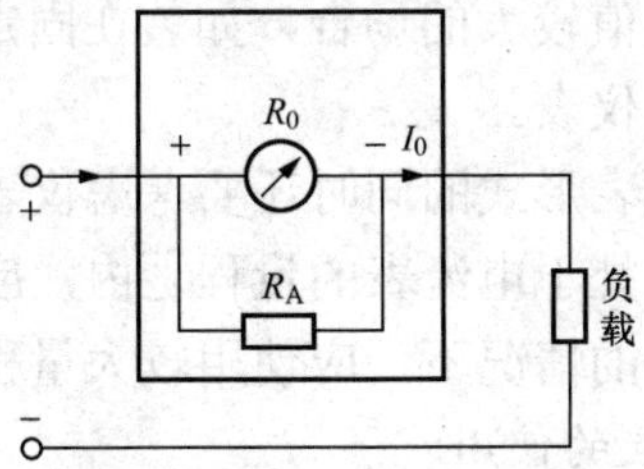

图 9-8　直流电流表扩大量程

2. 并联电阻 R_A 的阻值计算

设已知需要扩大量程的倍数：$n=I/I_0$，则分流电阻阻值 R_A 为

$$R_A=\frac{R_0}{n-1} \tag{9-8}$$

3. 例题分析

【例 9-1】 一磁电系测量机构，其满偏电流 I_0 为 400μA，内阻为 300Ω，若将量限扩大为 1A，求分流电阻值。

解　先求电流量程扩大倍数　$n=\dfrac{I}{I_0}=\dfrac{1}{400\times10^{-6}}=2500$

则分流电阻为　$R_A=\dfrac{R_0}{n-1}=\dfrac{300}{2500-1}=0.12(\Omega)$

【例 9-2】 如图 9-7 所示双量程电流表，已知表头满偏电流值为 0.6mA，内阻 R_0 为 280Ω，使用抽头转换式分流电路扩大量程，当转换开关分别位于 I_1 和 I_2 时，电流表量程分别为 10mA 和 1mA，求分流电阻 R_{A1} 和 R_{A2} 的值。

解　扩大量程倍数　$n=\dfrac{I}{I_0}=\dfrac{1}{0.6}=1.667$

总分流电阻

$$R_{A1}+R_{A2}=\frac{R_0}{n-1}=\frac{280}{1.667-1}=420(\Omega)$$
$$I_1R_{A1}=I_2(R_{A1}+R_{A2})=1\times10^{-3}\times420=0.42(\text{V})$$
$$R_{A1}=\frac{0.42}{I_1}=\frac{0.42}{10\times10^{-3}}=42(\Omega)$$

$$R_{A2} = 420 - R_{A1} = 420 - 42 = 378(\Omega)$$

如前所述，测量交流电流多使用电磁式表头，因为它的线圈是固定不动的，可以采用较粗的导线绕制，允许通过较大的电流数值，最高可达上百安培。当需要测量大电流时，不宜使用并联电阻的方法扩大量程，因为交流电的分流不仅与电阻阻值有关，而且与线圈的电感有关。交流电流表一般使用电流互感器扩展量程。电流互感器是一种专供测量用的变压器。其使用方法读者可参阅其他书籍。

（三）电流表的选择

测量直流电流时，可使用电磁式、磁电式或电动式仪表，其中磁电式仪表使用较为普遍；测量交流电时，可使用电磁式、电动式，其中电磁式仪表使用较多，适用于对测量要求准确度高、灵敏度高的场合。如测量晶体管电路、控制电路时常采用磁电式仪表；对测量精度要求不严格、测量值较大的场合，如装在固定位置监测线路工作状况时，常选用价格低、过载能力强的电磁式仪表。

在选择电流表形式的同时还要考虑仪表的量程。电流表的量程根据被测量的大小来决定，要使被测电流值处于电流表的量程之内，应尽量使表头指针指到满刻度的 2/3 左右。在不明确被测电流大小的情况下，应使用较大量程的电流表测量，以免因过载而烧坏仪表。

（四）电流表的使用

在测量电路电流时，一定要将电流表串联在被测电路中，如图 9-6 所示。磁电式仪表一般只用于测量直流电流，测量直流电流时，要注意电流表接线端的“+”“-”极性标记，不可接错，否则仪表反偏，会损坏仪表。对于有两个量程的电流表，它具有三个接线端，使用时要看清楚接线端量程标记，根据被测电流的大小，选择合适的量程，将公共接线端和一个量程接线端串联在被测电路中，接线如图 9-7 所示。

（五）电流表的内阻

用电流表测量电路电流时，电流表串联在电路中。由于仪表具有内阻，会改变被测电路的工作状态，影响被测电路的数值，如图 9-9 所示。根据图 9-9（a）可求出被测电路实际的电流值

$$I_1 = U / R_0 \tag{9-9}$$

由于电流表的接入，负载电阻变为 $R_0 + R_1$，由图 9-9（b）可得电流测量值

$$I_2 = U / (R_1 + R_0)$$

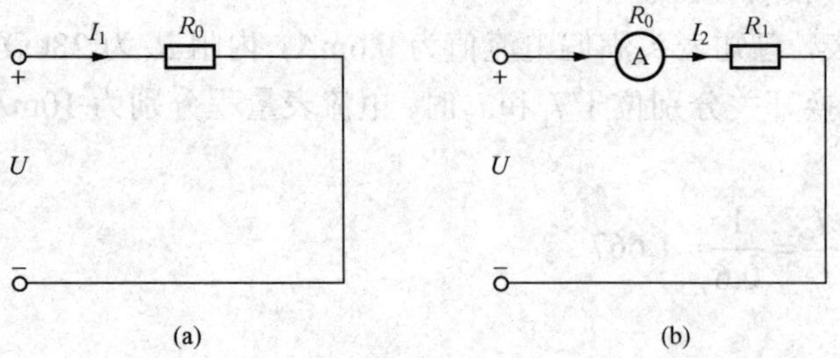

图 9-9　电流表的内阻对测量准确度的影响

式中：R_0 为电流表的内阻。

因为 $R_0 + R_1 > R_1$，所以测量电流比实际电流小，产生了测量误差。电流表内阻越小，测量结果越接近实际值。为了提高测量的准确度，应尽量采用内阻较小的电流表。

二、电压测量（Voltage Measurement）

测量电路中的电压多使用磁电式表头制成的电压表（Voltmeter）。按所测电压的性质分为直流电压表、交流电压表和交直流两用电压表；按其测量范围又可分为毫伏表、伏特表。

（一）电压表的工作原理

测量机构的两端接于被测电路时，两点间的电压 U 加在仪表的接线端上，电流通过仪表内的线圈，测量机构中的电流为 $I=U/R_0$，它与电压成正比，所以测量机构的偏转角（指针）可以用来指示电压。

由于测量机构的允许电压很小，因而直接作为电压表来使用只能测量很小的电压，一般只有几十毫伏。为了测量较高的电压，必须扩大电压表的量程。

（二）电压表扩大量程的方法

1. 扩大量程的方法

采用一个大电阻与测量机构串联，构成大量程的电压表，串联电阻起分压作用。串联大电阻后，分走了电路中的大部分电压，测量机构只承受很小一部分电压，如图 9-10 所示。

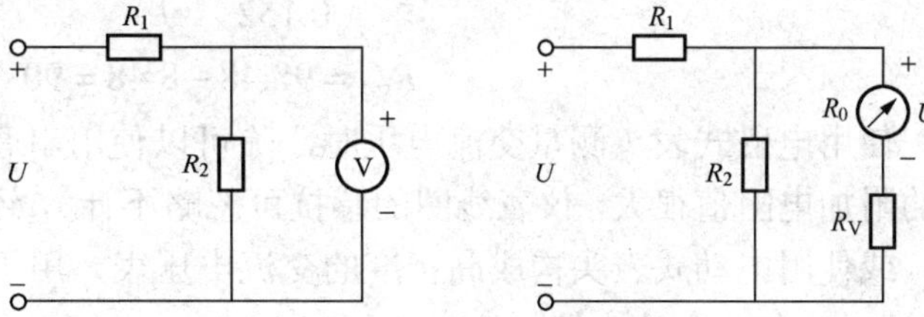

图 9-10　测量电压的方法

根据附加电阻阻值的不同，电压表可扩展为不同的量程刻度，通过转换开关来选择量程，可计算出扩展后的电压表量程 U 为

$$U=\left(1+\frac{R_V}{R_0}\right)U_0 \tag{9-10}$$

式中：U_0 是表头的满偏电压，即表头的量程。当电压表一定时，$1+\dfrac{R_V}{R_0}$ 是常数。

同理，若已知电压表扩展量程的倍数 U/U_0，也可算出串联附加电阻值 R_V 为

$$R_V=\left(\frac{U}{U_0}-1\right)R_0 \tag{9-11}$$

2. 例题分析

【例 9-3】 有一磁电式表头，其满偏电流 $I_0=200\mu A$，内阻 $R_0=1000\Omega$，要制成 100V 的电压表，试求附加电阻值 R_V。

解　（1）求测量机构的满偏电压值

$$U_0=I_0R_0=200\times10^{-6}\times1000=0.2(V)$$

（2）求电压量程扩大倍数

$$m=\frac{U}{U_0}=\frac{100}{0.2}=500$$

（3）求串联附加电阻值

$$R_V=(m-1)R_0=(500-1)\times1000=499(k\Omega)$$

【例 9-4】 有一磁电式表头，满偏电流值 $I_0=100\mu A$，内阻 $R_0=1.52k\Omega$，如直接用来测量电压，其量程是多少？若利用图 9-11 所示电路将表头制成具有两个量程的电压表，当转换开关置于位置 1 时，量程是 1V；位于位置 2 时，量程是 10V，求附加电阻 R_{V1} 和 R_{V2} 的值。

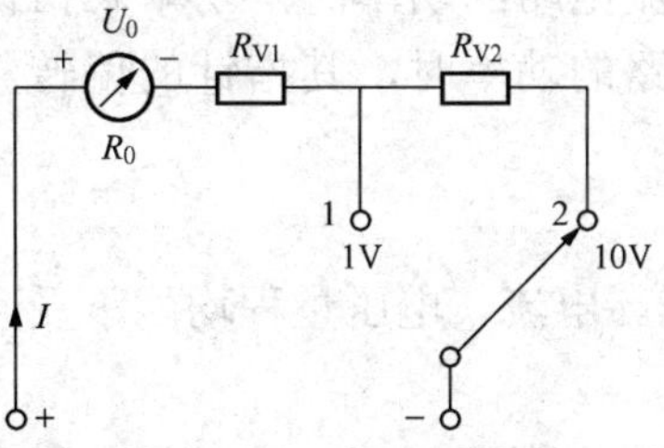

图 9-11　多量程电压表电路

解 （1）求测量机构的满偏电压值

$$U_0 = I_0 R_0 = 100\times10^{-6}\times1.52\times10^3 = 0.152(\text{V})$$

从计算数据可知，该表头只能用来测量很小的电压值。为此应与表头串联附加电阻来扩大电压表的量程。

（2）根据图 9-11，当转换开关置于位置 1 时，电压表的量程为 1V，则

$$R_{\text{V1}} = \left(\frac{1}{0.152}-1\right)\times1.52\times10^3 = 8.48(\text{k}\Omega)$$

当转换开关置于位置 2 时，电压表的量程为 10V，同理有

$$R_{\text{V1}} + R_{\text{V2}} = \left(\frac{10}{0.152}-1\right)\times1.52\times10^3 = 98.48(\text{k}\Omega)$$

$$R_{\text{V2}} = 98.48 - 8.48 = 90.48(\text{k}\Omega)$$

使用电磁式表头测量交流电压时，除可以使用串联附加电阻的方法扩大量程外（由于串联的附加电阻值很大，仪表线圈的感抗可忽略不计），还可以使用电压互感器扩大电压表的量程，或使用电动式表头构成高精度的交流电压表，用于测量精度要求较高的场合。

（三）电压表的选择

电压表的选择原则和方法与电流表的选择相同，主要从测量对象、测量范围、要求精度和仪表价格等方面考虑。电压表用于测量工厂的低压配电线路，电压多为 380V 和 220V，对测量精度要求不高，可采用电磁式电压表，量程选择 450V 和 300V。用于实验室测量和检查电子线路电压时，对测量精度和灵敏度要求较高，可采用磁电式多量程的电压表，也可以使用万用表的电压挡测量交流电压。

（四）电压表的使用

用电压表测量电路电压时，电压表与被测电压的两端并联，测量所选用的电压表量程要大于被测电路的电压；使用磁电式电压表测量直流电压时，要注意电压表接线端子上的“+”、“－”极性标记，以避免指针反向偏转损坏电压表。

电压表内阻的大小，通常用每伏千欧数来表示，其值越大电压表的内阻越大。如电压表表盘标注 1kΩ/V，其量程是 100V，则该电压表内阻是 100kΩ。

三、功率测量（Power Measurement）

（一）功率表的工作原理

功率表（Power Meter）一般用电动式测量机构制成。电动式仪表的固定线圈匝数少、导线粗，作为功率表的电流线圈，它与被测电路串联，通过负载电流；可动线圈（匝数多、导线细，作为功率表的电压线圈）经附加电阻串联后与被测电路（负载）并联，可动线圈两端电压就是负载电压，可动线圈支路又称电压支路。当测量直流电路的功率时，功率表指针的偏转角取决于负载电压和负载电流的大小；当测量交流电路的功率时，其指针的偏转角与负载电压和负载电流及功率因数成正比。

（二）功率表的选择

选择功率表时，主要是对功率表的电流、电压量程的选择。电流、电压量程均能承受允许通过的负载电流和负载电压。

例如有一感性负载，功率为 900W，额定电压是 220V，功率因数是 0.85，应如何选择功率表的电流、电压量程来测量这一负载消耗的功率呢？由于负载电压为 220V，功率表的电压

量程可选为 300V。根据公式 $P=UI\cos\varphi$，则 $I=P/(U\cos\varphi)=4.8\text{A}$（负载电流），故可选功率表的电流量程为 5A，电压量程为 300V，功率量程为 1500W。如果选用量程为 100V、15A 的功率表，虽然功率量程仍为 1500W，但负载电压超过了功率计的电压量程，因而不能使用。

普通功率表是按照额定电压、额定电流及额定功率因数 $\cos\varphi=1$ 的条件下进行刻度的，如果负载的功率因数较低时，测量功率时功率表指针的偏转角度会很小，测量误差较大，这时需选择低功率因数功率表。低功率因数功率表标度尺是在功率因数较低的条件下进行刻度，并在表内采取了多种补偿措施，对功率因数较低的负载可以提高测量的准确度。

（三）功率表的读数

功率表（Power Meter）一般制作成多量程，对于不同电压和不同电流的量程，功率表刻度尺上的每一分格所代表的功率值均不同。因此，功率表的刻度尺通常只有分格而不标功率值。用功率表测量时，应根据选定的电压、电流量程计算出功率表每一分格所代表的瓦特数，即

$$C=\frac{UI}{\text{满偏刻度}}\ \text{（W/格）} \tag{9-12}$$

式中：C 为功率表的分格常数，W/格；U 为电压量程；I 为电流量程。

例如，功率表的电流量程为 2.5A，电压量程为 300V，功率表满偏刻度为 75 分格，则它的分格常数为

$$C=\frac{300\times2.5}{75}=10\ \text{（W/格）}$$

测量时将功率表指示的格数乘以分格常数 C，即为电路的实际电功率，即

$$P=C\times\text{功率表指针所指的格数} \tag{9-13}$$

若负载的功率因数较低，如 $\cos\varphi<0.5$ 时，为避免测量时产生较大误差，应选用低功率因数功率表，其分格常数 C 可用下式计算

$$C=\frac{UI\cos\varphi}{\text{满偏刻度}}\ \text{（W/格）} \tag{9-14}$$

式（9-14）中 $\cos\varphi$ 为仪表上标注的额定功率因数，如 $\cos\varphi=0.2$。

测量时将功率表指示的格数乘以分格常数 C，即为电路的实际功率。

（四）功率表的使用

1. 直流电功率的测量

直流电路的功率 $P=UI$，因此使用直流电流表和直流电压表分别测出被测电流、电压值，然后可计算出功率值。但电流表、电压表接入电路后，总会产生一定的分流和分压作用，从而影响了测量的准确性。为此根据被测电路中负载电流的大小不同，有两种不同的方法，如图 9-12 所示。

图 9-12（a）所示电路适用于负载电阻较小、负载电流较大的场合，此时电压表的分流作用可以忽略不计；图 9-12（b）所示电路适用于负载电阻较大、负载电流较小的场合，此时电流表的分压作用可以忽略不计；此外，直流电路的功率也可使用功率表直接

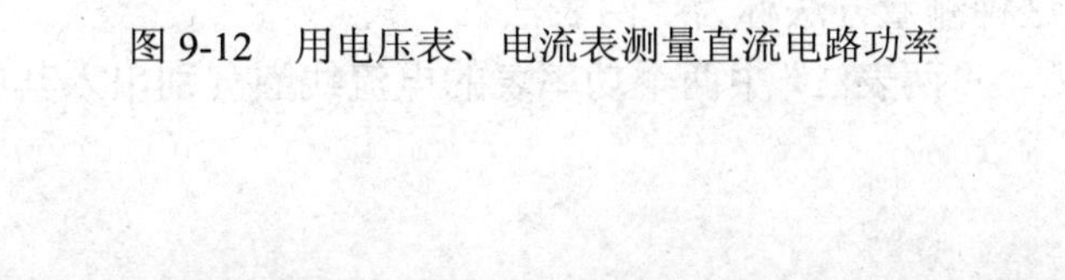

图 9-12　用电压表、电流表测量直流电路功率

测量。

2. 交流电路功率的测量

（1）单相交流电路功率的测量。单相交流电路中的电功率计算一般依据公式 $P = UI\cos\varphi$ 进行计算。

电动式功率表指针的偏转方向是由通过电流线圈的电流方向决定的，如果改变其中一个线圈的电流方向，指针将反转。通常在电流线圈和电压线圈的接线端记“*”符号，称为电源端，并规定电源端接线规则如下：功率表电流线圈的电源端必须和电源相连接，另一接线与负载相连接；电压线圈的电源端可以与电流线圈的任一接线端相连，另一接线端跨接被测负载的另一端。按照这个规则接线，指针不会反转。在仪表上注有“*”号的接线端应接在一起，功率表的连接如图 9-13 所示。

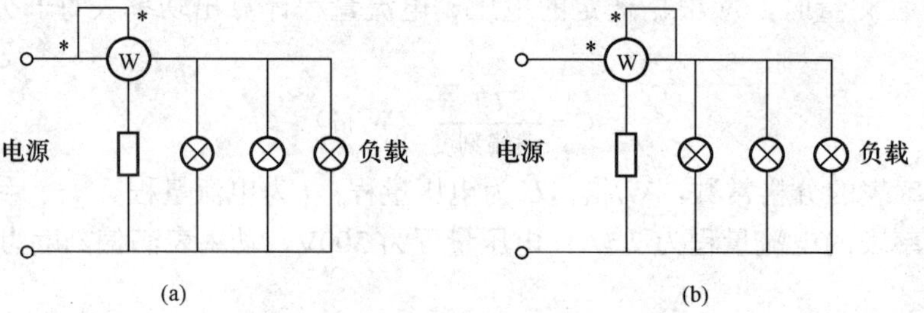

图 9-13　功率表的两种正确接线

功率表有两种接线方法。当被测负载较小时，考虑功率表功率消耗对测量结果的影响，可根据情况选择接线方法。当负载电阻远大于电流线圈电阻时，应采用如图 9-13（a）所示的接线方法，此时电压线圈所测的电压为负载和电流线圈所消耗的功率之和。因电流线圈与负载相比电阻小，所测电压近似等于负载电压，功率表指示接近实际值。

当负载电阻远小于电压线圈电阻时，应采用图 9-13（b）所示的接线方法，此时电流线圈所测的电流为负载与电压线圈电流之和，功率表指示为负载和电压线圈电流之和。因电压线圈电阻远大于负载电阻，所测电流近似等于负载电流，功率表指示较为准确。在实际测量中，如被测负载的功率很大，可任选上述两种接线方法的一种。

（2）三相对称负载电路总功率的测量。测量三相电路的功率分别有“一表法”、“两表法”和“三表法”。具体测量方法请参考第五章三相电路功率的测量内容。

1）“一表法”。一表法适用于三相对称电路。对称的三相四线制电路，由于每相负载是对称的，每相消耗的有功功率相等，因此，可以用一只功率表先测量出一相的功率，再乘读数的 3 倍就是三相电路的功率，即

$$P = 3P_{\mathrm{A}} \tag{9-15}$$

这种测量方法称为“一表法”，如图 9-14 所示。

2）“两表法”。在三相三线制的电路中，不管电源或负载是否对称，都可以用图 9-15 所示电路的接线方法测量电路的三相功率，两块功率表的读数之和就是总的三相功率，即

$$P = P_1 + P_2 \tag{9-16}$$

这种测量方法称为“两表法”。

“两表法”中两个功率表的电流线圈分别串入其中两根相线中，“*”端接在电源侧，非“*”

端接在负载侧，电压线圈的“*”端与各自的电流线圈“*”端相连，非“*”端共同接在第三根相线上。这种测量方法适用于三相三线制的电路中，不管电源、负载对称与否。根据功率表的工作原理及功率的计算公式，以三相负载作星形连接为例进行分析。

3）“三表法”。对于不对称的三相四线制电路，需要用三只功率表测量出三相的功率，如图 9-16 所示，图中功率表 PW1、PW2、PW3 分别指示 A、B、C 三相负载消耗的功率，三相总功率等于三只功率表的读数之和，即

$$P = P_1 + P_2 + P_3 \tag{9-17}$$

这种测量方法称为“三表法”。

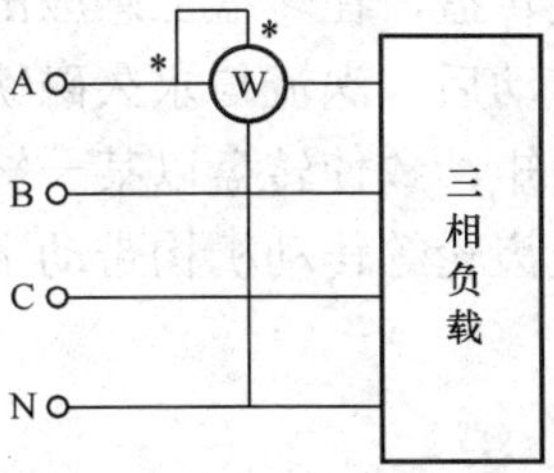

图 9-14 “一表法”接线

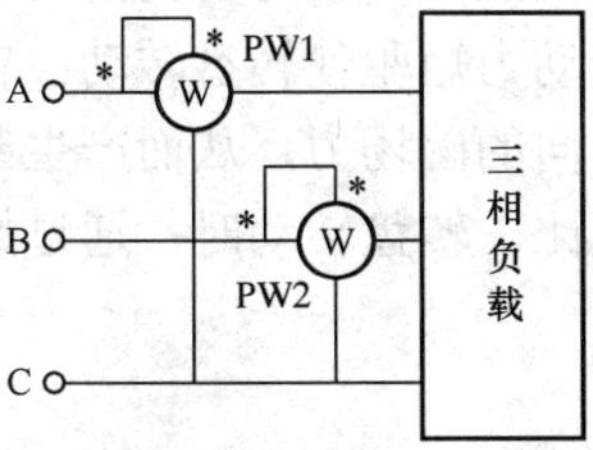

图 9-15 “两表法”接线

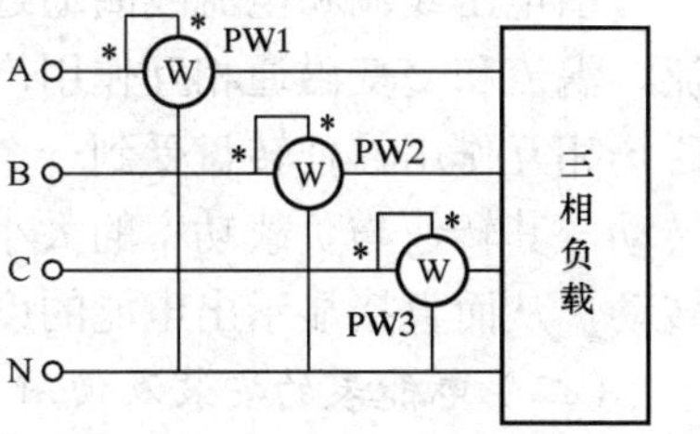

图 9-16 “三表法”接线

四、电能测量（Electricity Energy）

电能是电功率在时间上的积累，电能的单位是 kW · h，也称为度，测量电能一般采用电能表，电能表用来测量某一时间段内发电机发出的电能或负载消耗电能的仪表。

（一）电能表

凡是用电的地方几乎都要用到电能表，电能表是电工仪表中生产使用数量最多的一种。电能表是计量电能的仪表，即能测量某一段时间所消耗的电能。

1. 单相电能表的结构

电能表按用途分为有功电能表和无功电能表两种，分别计量有功功率和无功功率。根据工作原理的不同，电能表可分为感应式、电动式和磁电式三种；按接入电源的相数不同，又有单相和三相之分。目前主要使用成本低、稳定性高的感应式电能表，电能表的种类虽多，但其结构是相似的，通常由两部分组成：一部分是固定的电磁铁，另一部分是活动的铝盘。电能表由驱动机构、制动机构和积算机构（又称计度器）、支座和接线盒等部件组成。单相电能表的外形如图 9-17 所示，单相电能表的结构如图 9-18 所示。

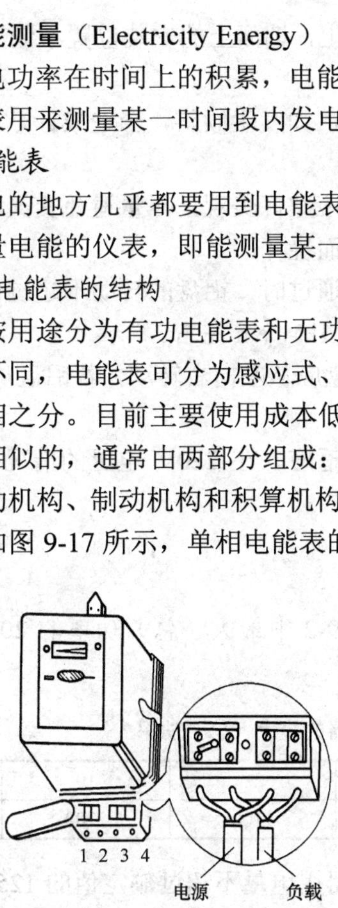

图 9-17　单相电能表的外形

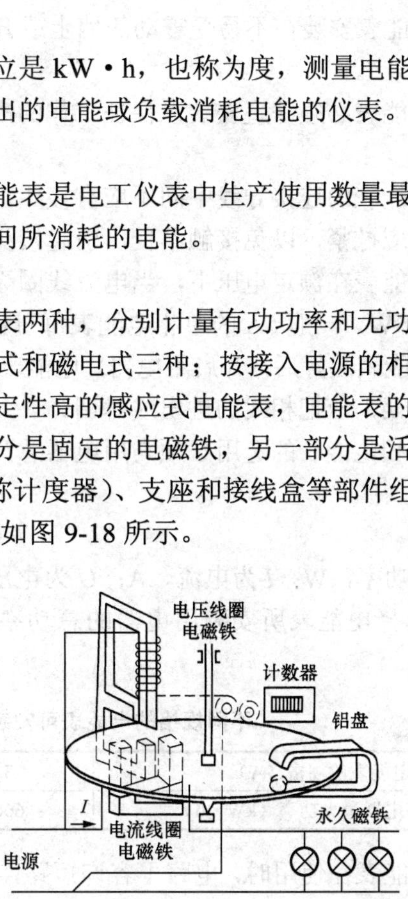

图 9-18　单相电能表的结构

（1）驱动机构：用来产生转动力矩，由电流线圈、电压线圈和铝制转盘组成。

电流线圈匝数少，电阻小，导线截面积大，与用电器串联。电压线圈线径细、匝数多、电阻大，与照明线路的用电器并联。

（2）制动机构：用来产生制动力矩，由永久磁铁和转盘组成。

（3）积算机构：用来计算电能表转盘的转数，以实现电能的测量与计算。

（4）支座：用于支承驱动元件、制动元件和计数结构等部件。

（5）接线盒：用于连接电能表内外线路。

2. 电能表的工作原理

当电压线圈和电流线圈通过交流电流时，就有交变的磁通穿过转盘，在转盘上感应出涡流，涡流和交变磁通相互作用产生转动力矩驱使转盘转动；转盘转动后，涡流与永久磁铁的磁场相互作用，使转盘受到一个反方向的磁场力，从而产生制动力矩，致使转盘以某一转速转动，其转速与负载功率的大小成正比。转盘转动时，通过蜗杆及齿轮等传动机构带动字轮转动，从而直接显示出电能的度数。

（二）电能表的安装及使用要求

（1）电能表按设计装配图规定的位置进行安装。不能安装在高温、潮湿、多尘及有腐蚀气体的地方。

（2）电能表安装在不易受震动的墙上或开关板上，墙面上的安装位置不低于1.8m，便于检查和“抄表”。

（3）电能表必须垂直安装以保证工作的准确性，如发生倾斜，会造成计数不准或停走等故障。

（4）电能表的连接导线中间不应有接头，配线应整齐美观，尽量避免交叉。接线时接线盒内的螺钉应拧紧，以免接触不良，引起接头发热而烧坏。

（5）电能表在额定电压下，当电流线圈无电流通过时，铝盘的转动不超过1转，功率消耗不超过1.5W。一般5A的单相电能表每月耗电为1kW·h左右。

（6）电能表装好后，开启用电器，电能表的铝盘应从左向右转动，若铝盘从右向左转动，说明接线错误，应把相线的进出线对调。

（7）单相电能表的选用必须与用电器总瓦数相适应。在220V电压的情况下，可根据下式估算功率

$$P = UI$$

式中：P为功率，W；I为电流，A；U为电压，V。

一般选择电能表所安装用电器的总功率是表9-2中最大（总）功率的20%～25%最为适宜。

表9-2　不同规格的电能表可安装用电器的最大（总）功率

电能表的规格（A）	3	5	10	25
可安装电器最大功率（kW·h）	660	1100	2200	5500

（8）电能表在使用时，电路不容许短路，用电器用电量不超过额定值的125%。注意电能表不要受撞击。

（9）电能表不许安装在10%额定负载以下的电路中使用。

（三）电能表的接线

电能表在经济核算和收付电费中应用广泛。电能表能否正确运行，取决于制造、安装运行、维修等多方面的因素，而电能表的接线是否正确是一个非常重要的环节。

电能表可分为单相电能表和三相电能表，接线有直接接入或经互感器接入两种方式。下面分别介绍几种常用的电能表接线方式。

1. 单相电能表接入方式

（1）在低压小电流电路中，单相电能表可直接接在线路上。也可按电能表接线盒背面的接线图接线，如图9-19所示。

（2）在低电压大电流线路中，若线路的负载电流超过电能表的量程，必须经电流互感器变小后接入，如图9-20所示，实际耗电量等于电能表上的耗电数乘以电流互感器的倍数。

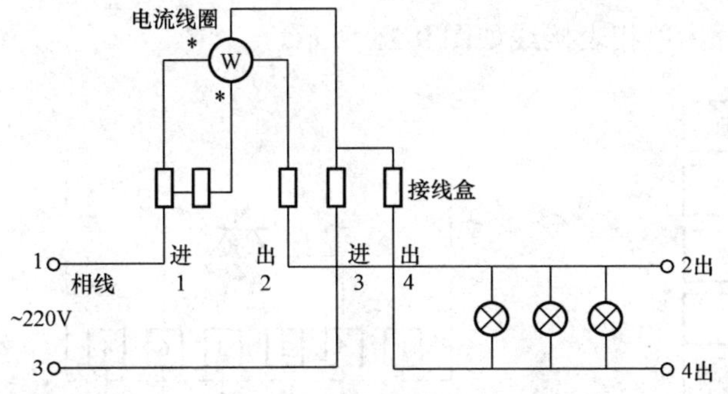

图9-19　单相电能表的直接接线

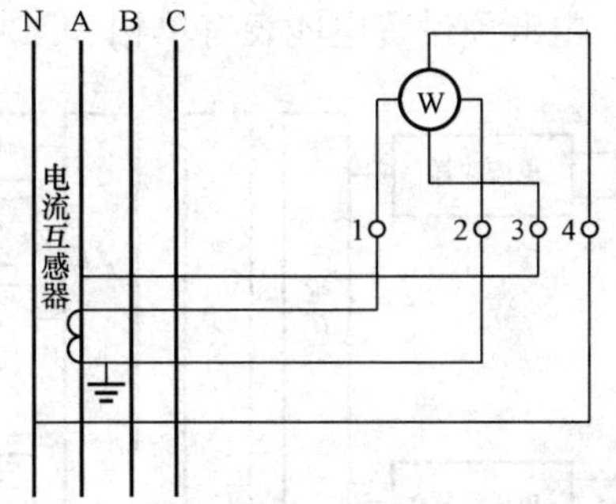

图9-20　单相电能表经电流互感器的接线

2. 三相两元件电能表接线

（1）直接接入式。接线方法如图9-21所示。

（2）经过电流互感器的接线方法如图9-22所示。

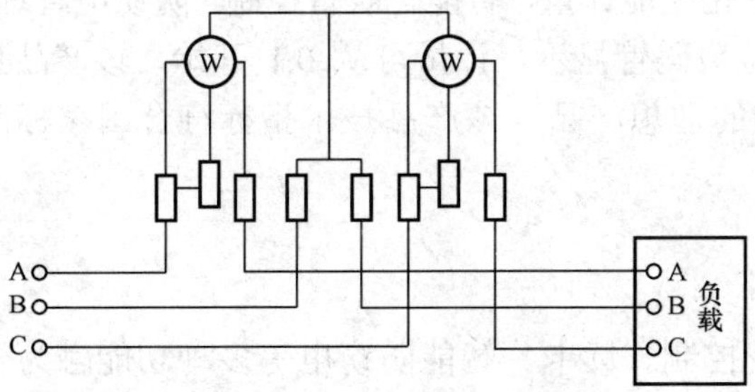

图9-21　三相两元件电能表的直接接线

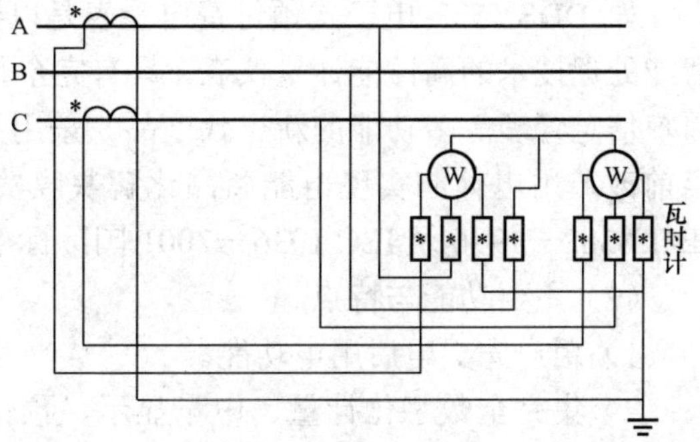

图9-22　三相两元件电能表经过电流互感器的接线

3. 三相三元件电能表接线

三相三元件电能表主要用于三相四线制接线，接线方法如图9-23所示。

（四）拓展知识

目前新型电表较多，如具有较高科技含量的长寿式机械电能表、静止式电能表、电卡预

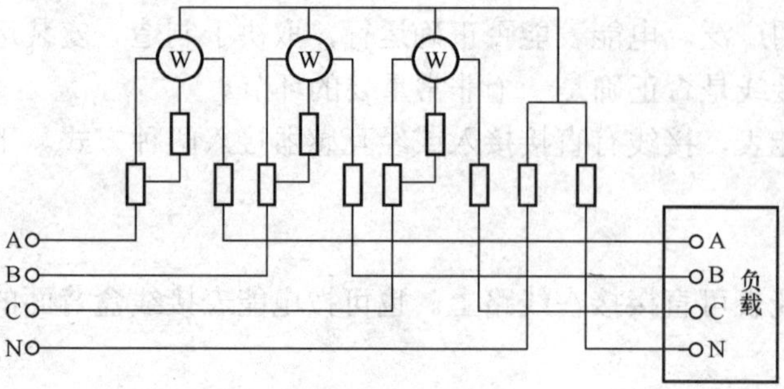

图 9-23 三相三元件电能表直接接入的接线

付费电能表和防窃型电能表等。下面介绍电卡预付费电能表和防窃型电能表。

1. 电卡预付费电能表

(1) IC 卡表。电卡预付费电能表又称磁卡表或 IC 卡表。电能计量采用先进的微电子技术进行数据采集、处理和保存，实现先付费后用电的管理功能。

磁卡表由电能计量和微处理器两个功能模块组成。电能计量功能块使用分流倍增电路，产生表示用电多少的脉冲序列，送至微处理器进行电能计量；微处理器则通过接头与电能卡（IC 卡）传递数据，实现各种控制功能，其工作原理如图 9-24 所示。

电卡预付费电能表有单相和三相之分，单相表接线如图 9-25 所示。

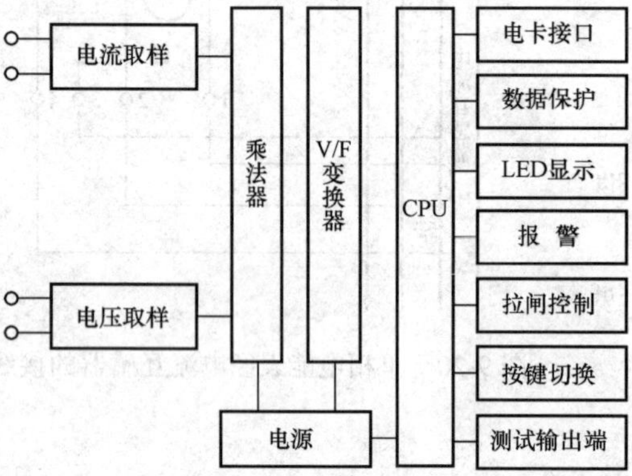

图 9-24 电卡预付费电能表工作原理方框图

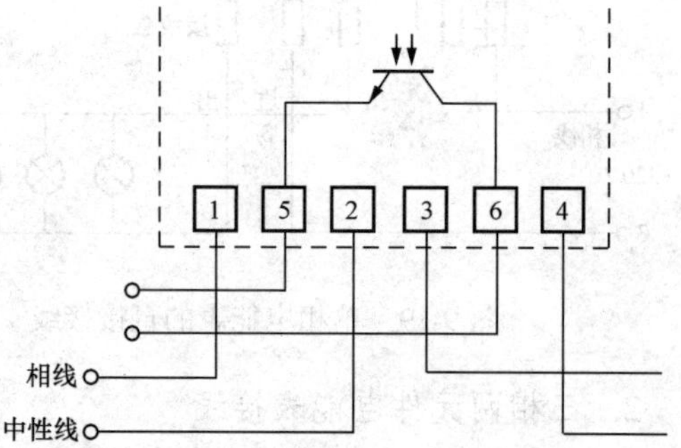

图 9-25 单相电卡预付费电能表接线

如 DDSY523 电子式预付费电能表是以数字化、智能化的电能计量为核心，结合单片机智能处理技术的高性能计量仪表，具有完全数字化电能计量，智能化收费控制，防窃电管理，用户信息管理等多功能的新一代产品。采用五位数码管显示，计量可从 0.1 开始，该产品是当前改革用电体制实现电能商品化解决收费难的理想产品。该产品技术指标符合国家标准 JB/T 8382—1996 及 IEC 1036—2001 国际标准。

(2) 主要功能与特点。

1）用户先买电后用电功能。

2）集完全数字化计量、电量显示、预付费控制、读卡、智能防窃电等多种功能融为一体，具有极高的可靠性。

3）过负载保护。

4）显示剩余电量。

5）有预报警功能。

6）停电后电量自动保存等其他的一些功能。

7）可增加 485 接口。

2. 防窃型电能表

防窃型电能表是一种集计量和防窃电功能于一体的新型电能表，它可有效地防止违章窃电行为，堵住窃电漏洞，给用电管理带来极大方便。防窃型电能表如图 9-26 所示。

（1）防窃电预付费电能表的特点。

1）正常使用时，盗电制裁系统不工作。

2）当出现非法短路电流回路时，盗电制裁系统工作，电能表运转加快并催促非法用电户停止窃电行为。此表采用了双向计度器装置，如电能表反转时，倒转照样计数。

3）具有多种防窃电功能，起动电流小、无潜动、宽负荷、低功耗，误差曲线平直、长期运行时稳定性好，外形美观、体积小、质量轻、安装方便。

4）准确度高：全电子式设计，内置进口专用芯片，精度不受频率、温度、电压、高次谐波影响。寿命长，采用 SMT 技术，优化的电路设计，整机出厂后无需调整电路。功耗低：采用低功耗设计，降低电网线损耗。

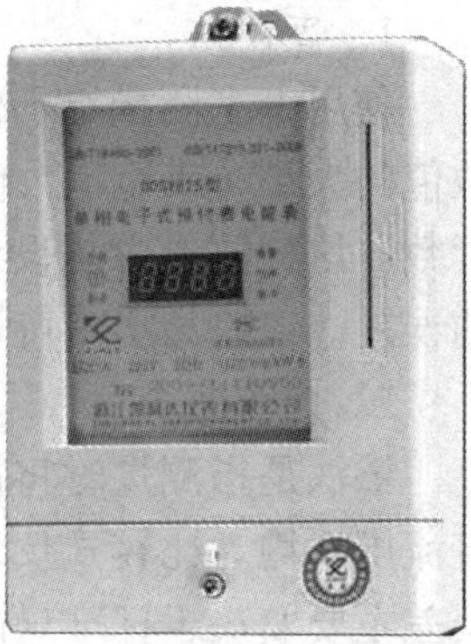

图 9-26　防窃型电能表

5）预购电量：IC 卡传递数据，实现数据回读，包括回读总电量、剩余电量、表内累积购电量、总购电次数等信息。

6）技术参数：采用长寿命基表，延长使用周期精度等级为 1～2 级；电流量程：5（20）A，5（30）A，10（40）A，20（80）A，功耗：≤1W。

（2）插卡式电表主要技术指标。

1）采用美国 AD7755 芯片，稳定准确，性能可靠。

2）准确度等级：1.0 级，符合 GB/T 17215—1998、IEC1036—1996。

3）电流规格：5（20）A，5（30）A，10（40）A，20（80）A。

4）额定电压：AC220V。

5）额定频率：50Hz。

6）起动电流：0.4%I_b。

7）功耗：≤1W。

8）环境工作条件：–45～+55℃（对数码管型），相对湿度不超过 85%（温度+25℃）。

9）抗电磁干扰能力强，可在恶劣电力环境下运行。

10）方便管理，操作程序方便。

第四节　电工测量的方法

问题八：你了解电工测量的常用方法吗？什么是直读法和比较法？

电工测量的方法，常用的有直接测量法和间接测量法两种。电工测量就是确定被测量的数值；测量的过程，就是将被测量与其单位量进行比较，以确定它与测量单位的比例关系，从而确定其大小的过程。

一、直接测量法（Direct Method of Measurement）

直接测量法是指由所用测量仪器仪表直接得到被测量数值大小的方法，如用电压表测量电压、用电桥测量电阻等。

直接测量法分为直读法和比较法两种。

1. 直读法

使用电工测量指示仪表（或数字式仪表），在测量时通过仪表指针的偏转直接读取被测量数值的大小（或显示数值的大小），称为直读法，如各种电压表、电流表、功率表和万用表的读数。这种测量方法设备简单，操作方便，但其准确度较低，测量误差主要来源于仪表本身的误差，误差最小时可达±0.05%。

2. 比较法

该法是指测量时将被测量与标准量进行比较，确定被测量的值，称为比较法，如各种交、直流电桥均为比较式仪表，可用比较法。这种测量方法的准确度高，但操作比较麻烦，测量误差主要取决于标准量的精度和仪表的灵敏度，误差最小可达±0.01%。

二、间接测量法（Indirect Method of Measurement）

间接测量法是指测量时测出与被测量有关的量，然后通过被测量与这些量的关系式，计算得出被测量。如用伏安法测量电阻，首先测出被测电阻上的电压和电流，然后根据欧姆定律计算出被测电阻值。间接测量法的测量误差较大，它是各个测量仪表和各次测量中误差的综合。

第五节　电阻、电感和电容的测量

问题九：若想测量电器的电阻值常用什么仪表？你用什么仪表检查办公室或者你家中的用电器是否损坏了？

问题十：电感、电容是交流电路中常见的器件，怎样测量它们的数值？

问题十一：你归纳过对仪器的要求及正确使用仪器仪表的方法吗？

问题十二：电感、电容是交流电路中常见的器件，怎样测量它们的数值？

电阻 R 是一种对电流呈现阻碍力的元件；电感 L 是一种储存磁场能量的元件；电容 C 又称电容器，它是一种储存电场能量的元件；电阻、电感、电容及电源是组成电路的基本元件。测量电阻通常使用万用表和直流电桥；测量电感和电容通常使用交流电桥。

一、电阻的测量

（一）万用表（Multimeter）

万用表是一种多量程、多用途的便携式直读仪表，一般用来测量交、直流电流、电压和电阻等，有的还可以测量电感、电容和晶体管放大倍数，所以万用表又称为多用表。根据电表内部结构和原理的不同，万用表可分为磁电式和数字式两种类型。

1. 磁电式万用表（Magnetoelectric Multimeter）

磁电式万用表由测量机构（表头）、转换开关和测量电路组成。测量机构通常由磁电式直流微安表组成，表头面板上刻有多种量程的刻度线，还有指针和调零器等；转换开关则利用固定触头和活动触头的通断来达到类型和量程的转换；测量电路主要将被测量转换成适合表头表示的电量，图 9-27 所示是一般万用表测量电路的原理图。

（1）电阻的测量。将转换开关旋到测量电阻挡“Ω”的位置上，然后选择合适的电阻量程，再将两表笔短接调零，若指针不指在欧姆零点，应转动欧姆调零旋钮，使指针指在零点；如果调不到零，说明表内电池不足，需更换电池，每次更换量程后应重新调整欧姆零点。调零后，将被测电阻接入表笔“+”、“－”两端，便构成了电阻的测量电路。由于电阻本身不带电源，因此在电路中接入了电池 E，由于被测电阻越小则通过表头的电流越大，所以在电阻的刻度盘上与电流、电压的刻度相反；又由于电流与被测电阻不成正比关系，所以电阻的标度尺是不均匀的。为提高测量准确度，选择量程时应尽量使指针在Ω刻度的中间位置附近为宜，测量值在表盘Ω刻度线上读数。被测电阻值=表盘指针指向的Ω刻度×量程。测量时不允许用手触及被测电阻的两端，以免并联上人体电阻，造成测量误差。此外，测量接在电路中的电阻时，必须断开电阻的一端或断开与被测电阻相并联的电路；不能带电测量电阻。对具有电解电容的电路进行电阻测量时，要进行放电后再测量。

（2）直流电流的测量。将转换开关旋到直流电流挡，测量直流电流时注意正负极性必须正确，电流由红表笔流入，黑表笔流出。被测电流从“+”、“–”两端接入，便构成了测量直流电流的回路，图 9-27 中 R_{A1}、R_{A2}、R_{A3}、R_{A4} 是分流器电阻，与表头构成闭合回路，通过转换开关的挡位来改变分流器的电阻值，从而达到改变电流量程的目的。

（3）直流电压的测量。将转换开关旋到直流电压挡，测量直流电压时，正负极性必须正确，红表笔应接在电路中的高电位端，黑表笔应接在电路低电位端。被测电压从“+”、“–”两端接入，便构成了测量直流电压的回路，图 9-27 中 R_{V1}、R_{V2}、R_{V3}、R_{V4} 是倍压器电阻，与表头构成串联电路，通过改变转换开关的挡位便可改变倍压器的电阻，从而达到改变电压量程的目的。

（4）交流电压的测量。将转换开关旋到交流电压挡，被测交流电压从“+”、“–”两端接入，便构成了交流电压测量回路。因表头属于磁电式直流表，测量交流时需加装整流电路，图 9-27 中使用了两个二极管 VD1 和 VD2 组成半波整流电路，表头反映的是交流电压的有效值，电阻 R'_{V1}、R'_{V2}、R'_{V3}、R'_{V4} 是倍压器电阻，电压量程的改变与测量直流电压相同。

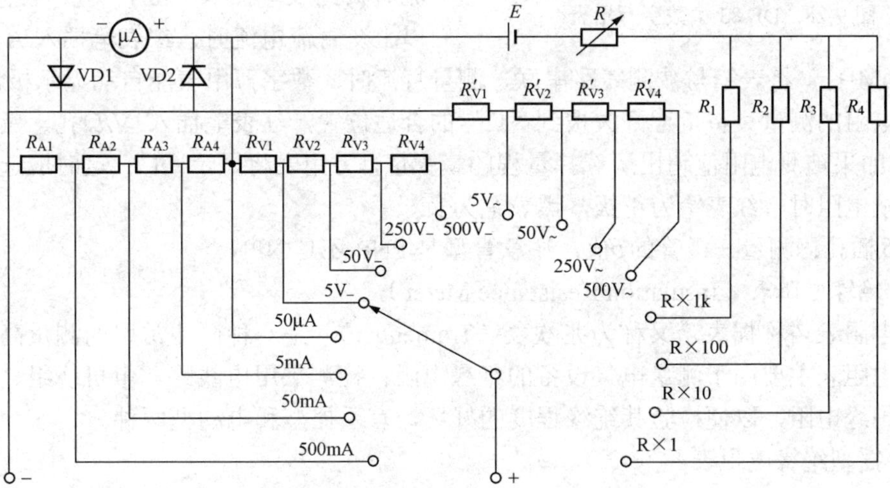

图 9-27　万用表测量电路原理图

（5）万用表使用注意事项。

1）在测量电压或电流时，对于无法估计被测电压、电流大小的情况下，应选择最大量程挡，然后再换到合适的量程挡进行测量。

2）选择被测量电量的挡位时，禁止带电转换量程开关，切忌用电流挡或电阻挡测量电压。

3）在测量直流电压或直流电流时，必须注意极性，正、负端应各与电路的正、负端相接。

4）测量电流时，应把电路断开，将表串联在被测电路中。

5）不能带电测量电阻值，如需测量，必须把被测电阻与电路断开，欧姆挡在换挡中要重新调零。

6）万用表每次使用完毕，应将转换开关拨到空挡或交流电压最大挡，以免造成仪表损坏。万用表长期不用时，应将电池取出。

2. 数字式万用表（Digital Multimeter）

数字式万用表和普通磁电式万用表一样，也是一种多用途、多量程的直读式仪表。数字万用表的表头为数字电压表，它用液晶数字显示测量的结果，工作可靠，速度快、精度高、输入阻抗高、保护功能齐全，读数直接、简单、准确。

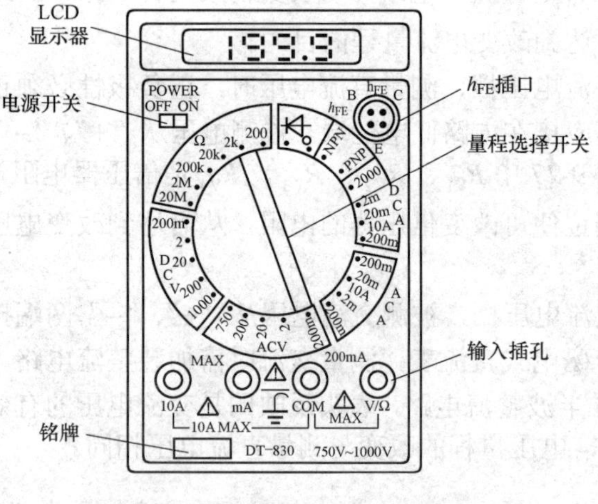

图 9-28 DF-83 型数字万用表

如图 9-28 所示为一款 DF-83 型数字万用表。它的使用方法如下：黑笔总是插入 COM 孔，测量交流电压、电阻、二极管等通断检测时，红表笔插入 V/Ω孔。

（1）交直流电压的测量。根据需要将量程开关拨到 DCV（直流）或 ACV（交流）的合适量程，红表笔插入 V/Ω孔，黑表笔插入 COM 孔，并将表笔与被测线路并联，即显示读数。

（2）交直流电流的测量。将量程开关拨到 DCV（直流）或 ACV（交流）的合适量程，红笔插入 V/Ω孔，测量 200mA 以下交直流电流时，红表笔插入“mA”孔；测量 200mA 以上交直流电流时，红表笔插入 A 孔，黑表笔插入 COM 孔，将表笔与被测线路串联，测量直流时，数字万用表能自动显示极性。

（3）电阻的测量。将量程开关拨到“Ω”的合适位置，红表笔插入 V/Ω孔，黑表笔插入 COM 孔。如果被测电阻值超出所选择量程的最大值，万用表将显示“1”，这时应选择更高的量程。测量电阻时，红表笔为正极，黑表笔为负极。

（4）β插孔：测量三极管的β值，注意管型是 PNP 还是 NPN。

（二）绝缘电阻表（Insulation Resistance Meter）

绝缘电阻表俗称摇表，又称为兆欧表（Tramegger），是一种简便常用的测量高电阻的仪表。绝缘电阻表主要用于测量电气设备的绝缘电阻；检测供用电线路、电机绕组、电缆、电气设备的绝缘电阻，以便检验其绝缘程度的好坏，有手摇型和电动型两种。

1. 手摇型绝缘电阻表

手摇型绝缘电阻表，主要由磁电式流比计与直流发电机组成，其结构如图 9-29 所示。

（1）工作原理。如图 9-30 所示，流比计是用电磁力代替游丝产生反作用力矩的仪表。它与一般磁电式仪表的不同点是：除了不用游丝产生反作用力矩外，还有两个区别。一是空气隙中的磁感应强度不均匀；二是可动部分有两个绕向相反且成一定角度的线圈，一个线圈用于产生转动力矩 T_1，另一线圈产生转动力矩 T_2；被测电阻接在（L）和（E）的两个端口上，形成两个回路，一个是电流回路，一个是电压回路。电流回路是从电源“+”端经被测电阻 R_Z、限流电阻 R_C 和可动线圈 B 回到电源“−”端。电压回路从电源“+”端经限流电阻 R_V、可动线圈 A 回到电源“−”端。由于空气隙中的磁感应强度不均匀，因此两线圈产生的转矩 T_1 和 T_2 不仅与流过线圈的电流 I_1、I_2 有关，还与可动部分的偏转角 α 有关，当 $T_1=T_2$，可动部分处于平衡状态，这时偏转角 α 是两线圈电流 I_2、I_1 比值的函数，称为流比计，即

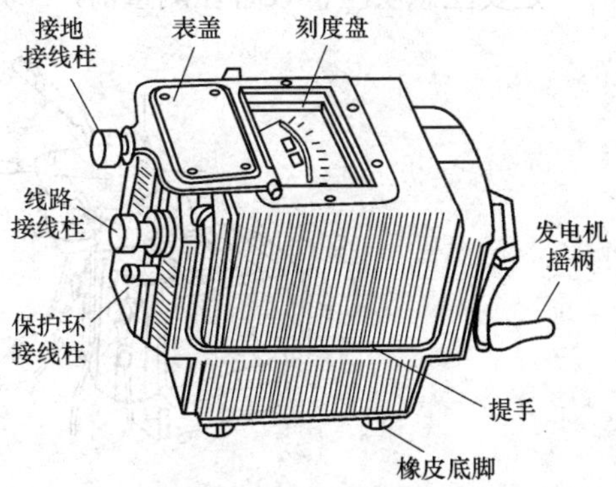

图 9-29 绝缘电阻表

$$\alpha = f\left(\frac{I_2}{I_1}\right)$$

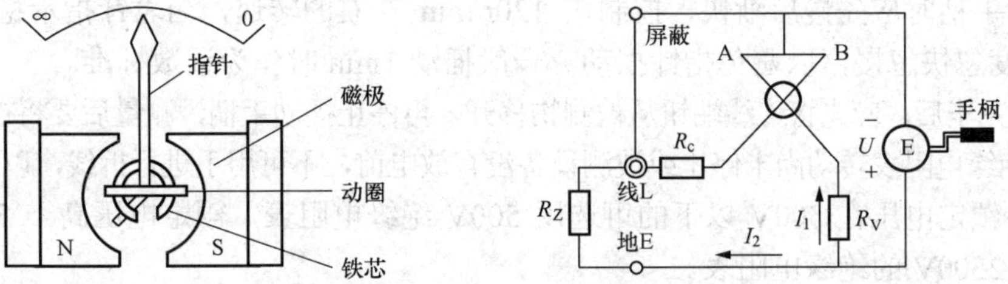

图 9-30 绝缘电阻表的工作原理示意图

限流电阻 R_C、R_V 为固定值，当发电机电压不变时，电压回路的电流 I_1 为常数，电流回路的电流 I_2 的大小与被测电阻 R_Z 的大小成正比，所以流比计指针的偏转角 α 能直接反映出被测电阻 R_Z 的大小。

由于绝缘电阻表的电源由手摇发电机提供，电压的波动对转动力矩和反作用力矩的干扰是相同的，所以流比计指针的偏转角与电源电压的变化无关。但在测量绝缘电阻时，绝缘电阻值与承受的电压有关，所以，手摇发电机时，摇动的转速必须达到规定值（120r/min），而且要连续摇够一定的时间。

（2）使用前的检查。绝缘电阻表是否正常，要做一次“开路”和“短路”检查试验。做“开路”试验时，将绝缘电阻表的 L、E 接线端钮隔开（“开路”），如图 9-31（a）所示，用右手摇动手柄，左手拿表的接线端钮，并用左手掌按住表，以防摇动手柄时仪表晃动，使测量不准。当表的指针指向“∞”处，说明“开路”试验合格。再把表的两个端钮 L、E 合在一起（短路），如图 9-31（b）所示，慢慢摇动手柄（半圈），指针应指向“0”处，表明此表的“短路”试验合格，如果再继续摇下去，会损坏仪表。如果上面两个检验不合格，则说明绝缘电阻表异常，需要修理好之后再使用。

（3）使用时的注意事项。

1）由于绝缘电阻表的电压较高，如 1000V 的绝缘电阻表直流电压会达到或超过 1000V，测

量时一定要注意安全；设备在测量前，一定要断电，并对被测设备充分放电后方可进行测量。

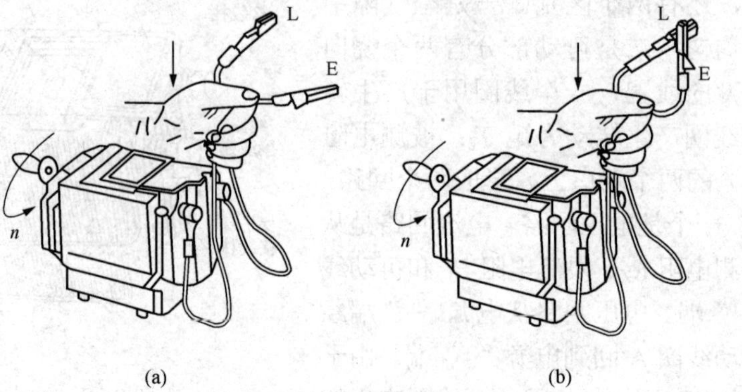

图 9-31 绝缘电阻表使用前的检查

（a）检查开路情况；（b）检查短路情况

2）绝缘电阻表要放在平稳的地方，摇动手柄时要用另一只手扶住表，以防表身摆动而影响读数。

3）摇动手柄时应先慢后渐快，控制在 120r/min 左右的转速，当表针指示稳定时，切忌手摇动的速度忽快忽慢，以避免指针摆动。一般摇动 1min 时作为读数标准。

4）测量完毕后，应先将连线端钮从被测物移开，再停止摇动手柄，测量后要将被测物对地充分放电；在绝缘电阻表转动尚未停止或被测设备没有放电前，不可用手进行拆线，以免引起触电。

5）设备额定电压在 500V 以下的可选用 500V 绝缘电阻表，额定电压高于 500V 时，选用 1000V 和 2500V 的绝缘电阻表。

（4）绝缘电阻表的接线。

1）绝缘电阻表有三个分别标有“L（线）”、“E（地）”和保护环“G（屏）”的接线柱。测量电路的绝缘电阻时，可将被测电阻接于表“L”接线柱上，将良好的地线接于“E”接线柱上，连接方法如图 9-32 及图 9-33 所示。

2）测量电动机绕组对地绝缘电阻时，将电动机绕组接于“L”端，机壳接于“E”端，连接方法如图 9-33 所示。

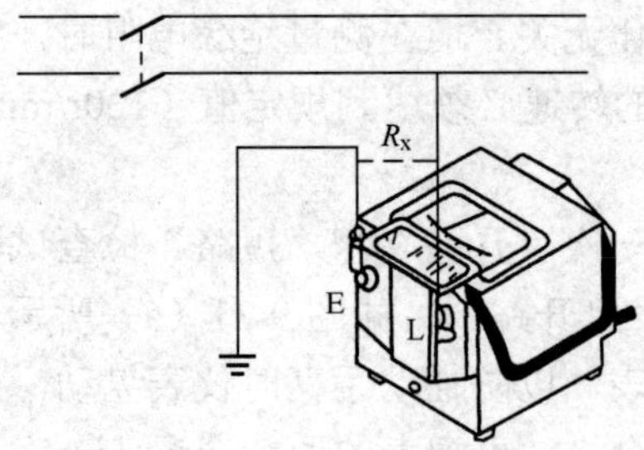

图 9-32 测量线路绝缘电阻

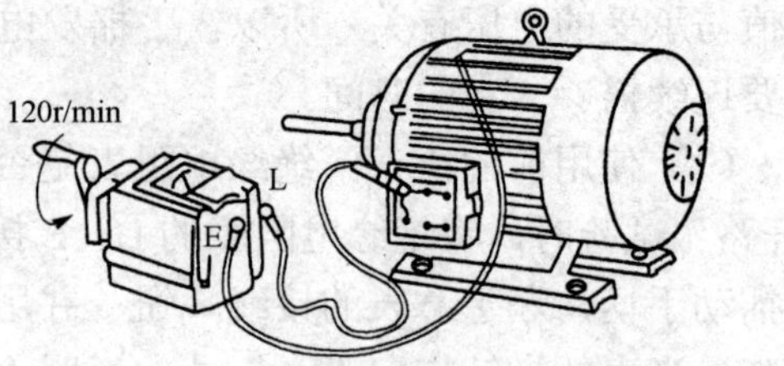

图 9-33 测量电动机绕组对地绝缘电阻

3）测量电动机的绕组间绝缘电阻时，将“L”端和“E”端分别接在电动机的两相绕组的接线端，连接方法如图 9-34 所示。

4）测量电缆的缆芯对缆壳的绝缘电阻时，将缆芯接于绝缘电阻表的“L”端，缆壳接于“E”端，将电缆壳、缆芯之间的内层绝缘物接于保护环“G”，以消除因表面泄漏电流引起的测量误差，连接方法如图 9-35 所示。

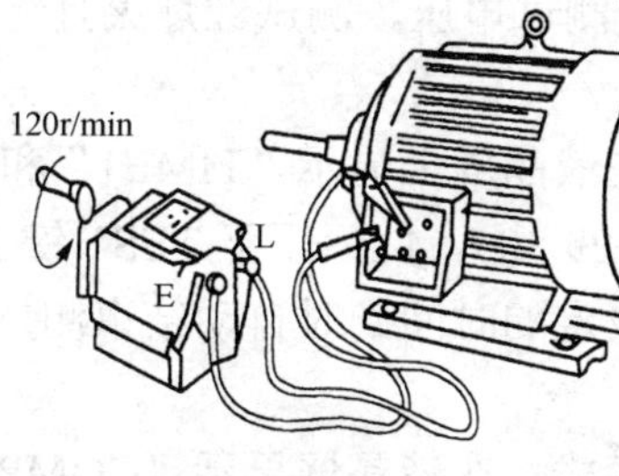

图 9-34 测量电机绕组间绝缘电阻

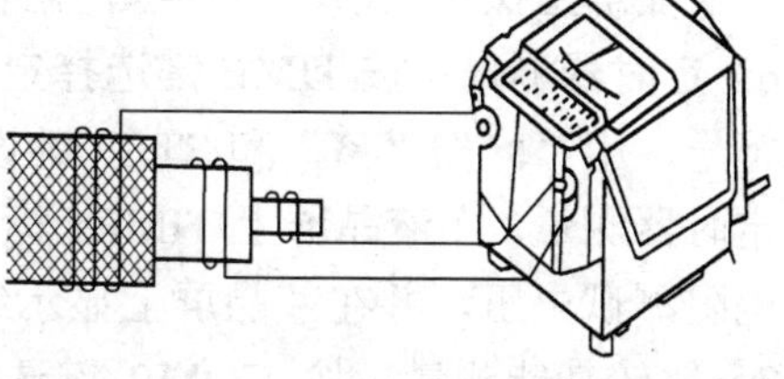

图 9-35 测量电缆芯对缆壳的绝缘电阻

2. 数字型绝缘电阻测试仪

（1）功能特点。数字型绝缘电阻测试仪适用于各种电气设备在保养、维修、试验及检测中作绝缘测试。绝缘阻值分度线均匀清晰，便于准确读数，操作简捷，携带方便，低耗电，用 8×1.5V 电池供电，使用时间长。具有电池容量检查功能；有单电压机型和双电压机型，额定电压、量程合理配置成多种规格，适用面广；采用先进数字处理技术，容量大、抗干扰能力强，能满足高压、高阻、大容量负载测试的要求，示值准确、稳定、可靠；具有防震、防潮、防尘结构，适应恶劣工作环境；保护功能完善，能承受短路和被测电容残余电压冲击。如图 9-36 所示为智能微型绝缘电阻测试仪。下面以优利德公司生产的 UT511 型智能微型绝缘电阻测试仪为例说明数字型绝缘电阻表的使用方法。

图 9-36 优利德 UT511 型绝缘电阻测试仪

（2）测量前的准备。

1）按 ON/OFF 一秒钟开机，开机时预设测试电压为 100V 绝缘电阻连续测量挡。

2）当液晶屏左侧电池显示只剩一格时，说明电池将耗尽，需更换电池，但测量准确性不会受到影响。

（3）电压测量（Voltage Measurement）。

1）按 DCV/ACV 键设置到直流电压测量挡，再按可设置到交流电压测量挡。如此循环设置。

2）将红表笔插入“V”输入端口，黑表笔插入“COM”输入端口。

3）将红黑鳄鱼夹接入被测电路，当测量直流电压时，若为负电压，则“–”（负极显示标志）显示在液晶屏上。

4）测试完毕，断开测试线与被测电路连线。

（4）绝缘电阻测量（Insulation Test）。

1）测试前确定被测电路无电。按 HO 键设置到测量绝缘电阻挡，按▲或▼选择测试电压 100V/250V/500V/1000V 中之一挡；当测量电阻低于 500kΩ、250V；测量电阻低于 1MΩ、500V；测量电阻低于 2MΩ、1000V 测量电阻低于 5MΩ时；测量时间不要超过 10s。

2）将被测电路完全放电，并与电源电路隔离。

3）将红表笔插入“LINE”输入端口，黑表笔插入“EARTH”输入端口。

4）将红黑鳄鱼夹接入被测电路，正极电压是从 LINE 端输出。

5）连续测量：按 TIME 键选择连续测量模式，在液晶屏上无定时器标志显示，此后按住

TEST 键 1s 能够进行连续测量，输出绝缘电阻测试电压，测试红灯发亮，在液晶屏上高压提示符 0.5s 闪烁。测试完后，压下 TEST 键，关闭绝缘电阻测试电压，测试红灯灭且无高压提示符，液晶屏上保持当前测量绝缘电阻值。

6）定时器测量：按 TIME 键选择定时器测量模式，在液晶屏上显示“TIME1”和定时器标志符号，用“►”、“◄”和 STEP 键设置时间（00:05～29:30），此后压下 TEST 键 2s 能够进行定时器测量，在液晶屏上 TIME1 标志 0.5s 闪烁。当设定的时间到时自动结束测量，关闭绝缘电阻测试电压，并在液晶屏上显示绝缘电阻值。

7）比较功能测量：按 COMP 键选择比较功能测量模式，在液晶屏显示“COMP”标志版本号和比较电阻值，用“◄”、“►”和 STEP 键可设置电阻比较值（最小为 1MΩ，最大为测试电压允许测量的最大值），此后压下 TEST 键 2s，当绝缘电阻比较值小时，在液晶屏显示“NG”标志符号，否则，在液晶屏上显示“GOOD”标志符号。

8）极化指数测量（吸收比试验）：按 TIME 键，在液晶屏显示“TIME1”和定时器标志符号，用“◄”、“►”和 STEP 键可设置 TIME1 时间（00:05～29:30），在设置完 TIME1 后，再按 TIME 键在显示屏上显示“TIME2”、“PI”和定时器标志符号，用“◄”、“►”和 STEP 键设置 TIME2 时间（00:10～30:00），此后压下 TEST 键 2s，当 TIME1 设定时间到达之前，在液晶屏上 TIME1 标志 0.5s 闪烁，当 TIME2 时间到达之前，在液晶屏上 TIME2 标志 0.5s 闪烁，在设定时间 TIME2 测量结束后，在显示屏显示 PI 值，用“◄”、“►”键循环显示极化指数、TIME2 绝缘电阻值和 TIME1 绝缘电阻值。

备注：极化指数等于 3～10min 值或 30s～1min 值；极化指数大于 4.0 最好，2.0～4.0 较好，2.0～1.0 警告，小于 1.0 损坏。

（5）低电阻测量（Low Resistance Measurements）。

按 LO 键设置到低电阻测量挡。

1）将待测电路停电并完全放电。

2）将专用双头红色测试线插入“LINE”输入法端口，专用单头黑色测试线插入“EARTH”输入端口。

3）将鳄鱼夹接入被测电路后开始进行低电阻测量，当电阻小时，蜂鸣器叫。

4）此挡可检测发光二极管，当发光二极管正极接红测试线，若发光二极管亮，则发光二极管完好；若发光二极管不亮，则发光二极管损坏。

二、直流电桥（Direct-current Bridge）

电桥分为直流电桥和交流电桥，直流电桥又分为直流单臂电桥和直流双臂电桥。电桥在电磁测量中应用广泛，其特点是灵敏度和准确度都比较高，在需要精确测量电阻时往往采用电桥。交流电桥可以测量电阻、电感、电容等参数。

直流单臂电桥又称为惠斯通电桥，它用于测量 1～1000kΩ的中值电阻；直流双臂电桥又称为凯尔文电桥，用于测量 1Ω以下的小电阻。

精确测量电阻必须采用直流电桥，直流电桥是一种比较测量仪器，它是把被测电阻与标准电阻直接进行比较，从而确定被测电阻值的大小；它的测量精度远高于万用表。

（一）直流单臂电桥

1. 工作原理

直流单臂电桥电路原理如图 9-37 所示，它由四个电阻连接成一个封闭的环行电路，每个电阻均称为桥臂。电桥的两个顶点 a、b 端为输入端，接电桥的直流电源，另两个顶点 c、d 端为输出端，接检流计；四个桥臂电阻中，R_x 为被测电阻，其余均为标准电阻，测量时接通电桥电源，调节标准电阻，使检流计指示为零，即 $I_g = 0$，此时电桥处于平衡状态，c、d 两点的电位相等，即 $I_1R_x = I_4R_4$，$I_2R_2 = I_3R_3$，当 $I_g = 0$ 时，$I_1 = I_2, I_3 = I_4$，从而得到 $R_x / R_2 = R_4 / R_3$，即 $R_xR_3 = R_2R_4$，由此可求得 $R_x = R_4R_2 / R_3$；电桥中 R_2 / R_3 称为比例臂，也称为电桥的倍率；R_4 称为比较桥臂；当调节电桥达到平衡时，比较臂 R_4 乘以倍率 R_2 / R_3 即可得到被测电阻 R_x 的阻值。由于被测电阻 R_x 与标准电阻值进行比较，而标准电阻的准确度很高，所以电桥测量电阻的准确度是很高的；一般直流单臂电桥的准确度等级有 0.01、0.02、0.05、0.1、0.2、0.5、1.0、1.5 八个等级。

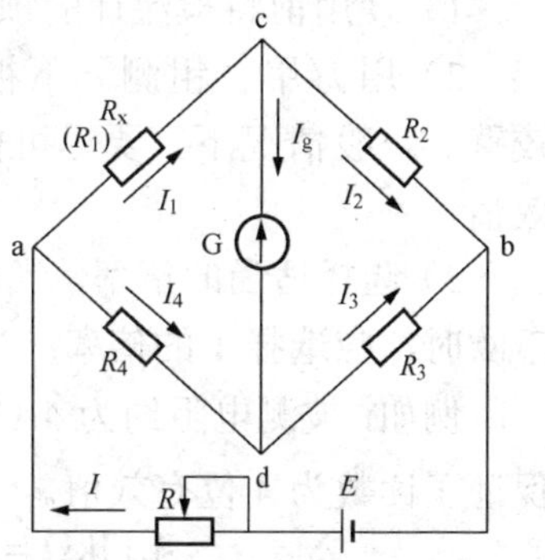

图 9-37　直流单臂电桥电路原理图

2. 使用方法

直流单臂电桥的型号繁多，但其使用方法大致相同，下面以常用的 QJ23 型直流单臂电桥为例，介绍直流单臂电桥的使用。

QJ23 型直流单臂电桥的面板及原理电路如图 9-38 所示，比例桥臂由八个电阻组成，在实际应用中 R_2、R_3 放在一起，用转换开关来改变 R_2 / R_3 的比值，由倍率开关切换七个挡位，挡位分别为×0.001、×0.01、×0.1、×1、×10、×100、×1000 七种比率。其比较臂由四个电阻串联而成，有四个读数盘，第一组为 9 个 1Ω电阻，第二组为 9 个 10Ω电阻，第三组为 9 个 100Ω电阻，第四组为 9 个 1000Ω电阻；当所有的电阻串联时，总电阻为 9999Ω，由读数转换盘开关转换；选择不同倍率和比较臂电阻，可测量出不同的电阻值。

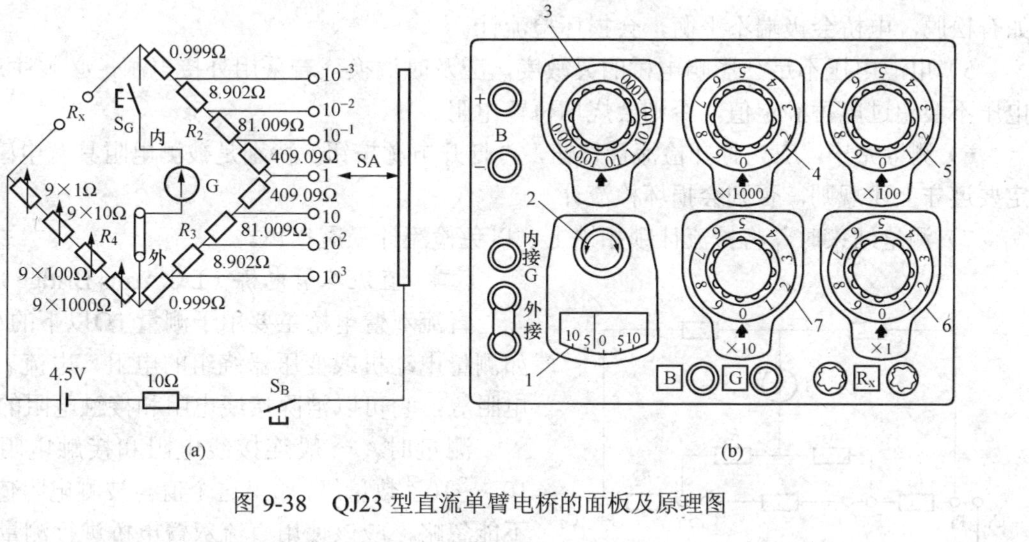

图 9-38　QJ23 型直流单臂电桥的面板及原理图

（1）测量电阻及误差。QJ23 型直流单臂电桥可以测量从 1×10^{-3}～9999×10^3 的电阻，其准确度在不同的量程内有所不同，由于接线电阻的影响，只有在 100～99999Ω的量程内，其基本误差才不超过±0.2%。QJ23 型直流单臂电桥的面板和电路如图 9-38 所示。

（2）测量步骤（Measurement Procedure）。

1）使用前将检流计的锁扣打开，调节调零装置使指针指示在零位。

2）用万用表粗测一下被测电阻，估计它的大约数值，然后根据电阻值选择适当的比较臂。一般情况下，要尽可能将比较臂的四组电阻都用上，以保证读数的精确度为 4 位有效值。

3）选择适当的倍率。当被测电阻 R_x 约为几百欧时，应选择 0.1 的倍率；当被测电阻为几千欧时，应选择 1 的倍率；当被测电阻 R_x 约为几万欧时，应选择 10 的倍率，以此类推。

例如，被测电阻约为 4.11kΩ，如果选择倍率 1，那么比较臂电阻读数盘 R_4 预置为 1×4110，保证了读数为 4 位有效值。

$$4.11\text{k}\Omega = 4110\times1 = (4\times1000+1\times100+1\times10+0\times1)\times1\Omega$$

4）用短粗导线将被测电阻 R_x 接在测量接线柱上，连接处要拧紧。测量时，按电源按钮，再按检流计按钮，调节读数盘，使检流计指示为零，如果此时指针偏转太快，则应及时松开按钮。这时，如果检流计指针偏向标度尺“+”端，应增大比较臂电阻值；反之，如果检流计指针偏向标度尺“−”端，则应减小比较臂电阻值，再按下检流计细调按钮，仔细调节，直至检流计指示基本为零，使电桥达到基本平衡。

5）读数，计算电阻值。被测电阻值=比较臂读数盘电阻之和×倍率。

6）测量完毕，先松开检流计按钮，再松开电源按钮。

（3）使用注意事项。

1）为了测量准确，在测量时选择的倍率应使比较臂电阻的四个读数盘都有读数。

2）测量时，电桥必须放置平稳，被测电阻应单独测量，不能带电测试。

3）由于接头处的接触电阻和连接导线电阻的影响，直流单臂电桥不宜测量电阻值小于 1Ω的电阻。

4）测量时，连接导线应尽量用截面积较大、较短的导线，以减小误差。接线必须拧紧，如有松脱，电桥会极端不平衡，会损坏检流计。

5）电池电压不足会影响电桥的灵敏度，应及时调换。若采用外接电源，必须注意极性，电压不要超过电桥额定值，否则会烧坏桥臂电阻。

6）测量完毕，应先打开检流计按钮，再打开电源按钮，特别是被测电阻具有电感时，一定要遵守上述规则，否则会损坏检流计。

7）测量结束时，将检流计锁扣锁上，以免检流计受震损坏。

（二）直流双臂电桥（DC Arms Bridge）

直流双臂电桥主要用于测量 1Ω以下的小电阻，如测量电动机或变压器绕组的电阻、电流表的分流电阻等，它可以消除接线电阻和接触电阻的影响。

测量时，一般连接线电阻和接触电阻大约为 10^{-4}～10^{-2} 数量级，如果这个值与被测电阻值相比已不能忽略，应该使用直流双臂电桥进行测量。

1. 直流双臂电桥的工作原理

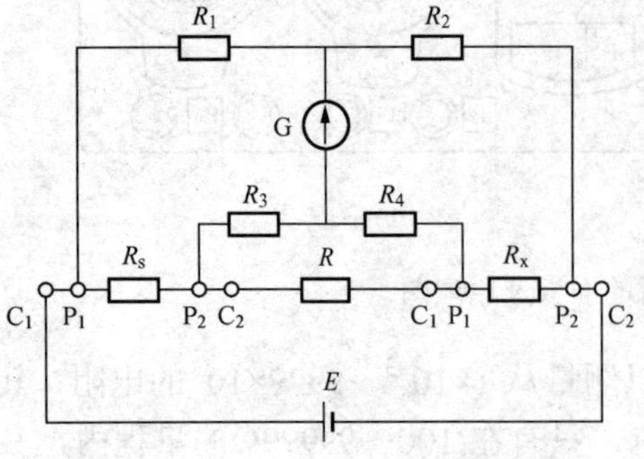

图 9-39 直流双臂电桥电路原理图

直流双臂电桥的原理接线电路如图 9-39 所示。E 为电源，R_x 为被测电阻，R_x 与 R_s、R_1、R_2、R_3、

R_4组成各桥臂，其中R_x和R_s都有两对接头，即电流接头C_1、C_2和电位接头P_1、P_2。电阻值是指P_1、P_2之间的值。

测量时接入被测电阻R_x，用一根粗导线将R_x和R_s连接，与电源组成闭合回路，这时R_x和R_s接线电阻和接触电阻包含在支路内。调节各桥臂电阻，使电桥处于平衡状态，即检流计为零，此时，不论R的大小如何，只要保证$R_3/R_1=R_4/R_2$，则$R_x=R_sR_2/R_1$；这样，便可消除接线电阻和接触电阻对测量结果的影响。

2. 直流双臂电桥的使用方法

直流双臂电桥的型号繁多，但结构原理和使用方法相同。下面以常用的 QJ44 型双臂电桥为例，说明其结构与使用方法。

QJ44 型双臂电桥的面板如图 9-40 所示，其测量范围为 0.001～11Ω，基本误差是±2%，电路中 12 个电阻组成比例桥臂，相当于图 9-38 中的R_1、R_2、R_3、R_4，分为五挡，分别为×0.01、×0.1、×1、×10、×100 五种倍率。QJ44 型双臂电桥的比较臂电阻采用滑线电阻结构，其阻值可在 0.01～0.11 之间调节，测量时可根据转盘的位置，直接从版面刻度上读数。

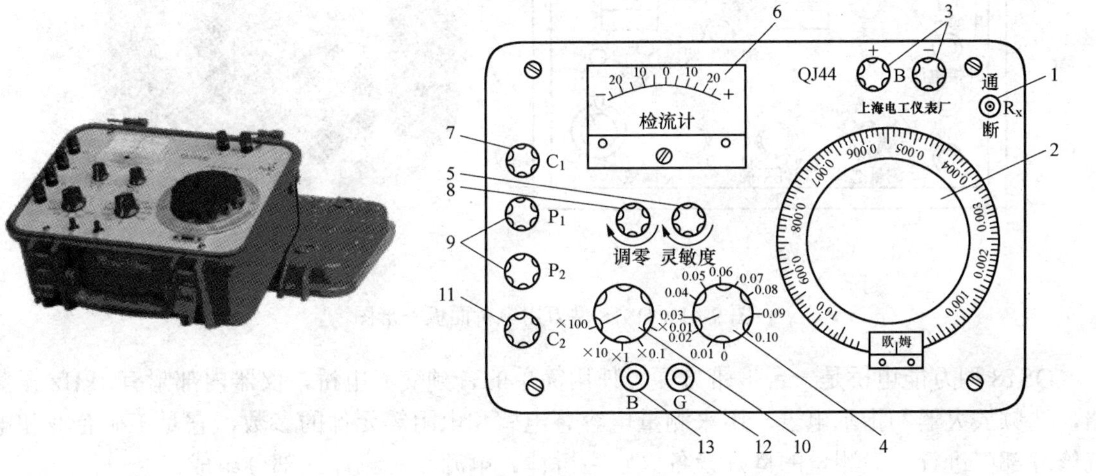

(a)　(b)

图 9-40　QJ44 型双臂电桥面板图

1—晶体管检流计电源开关；2—滑线读数盘；3—电桥外接电源接线柱；4—步进读数开关；5—检流计灵敏度调节旋钮；6—检流计；7、11—被测电阻，电流端接线柱；8—检流计电气调零旋钮；9—被测电阻，电压端接线柱；10—倍率读数开关；12—检流计按钮开关；13—电桥工作按钮开关

（1）测量步骤。

1）先将被测电阻的电流接头和电位接头分别与接线柱C_1、C_2和P_1、P_2连接，其连接导线应尽量短而粗，以减少接触电阻。

2）根据被测电阻的范围，选择适当的倍率，然后接通电源和检流计。

3）调节读数盘，使检流计指示为零，当电桥处于平衡状态时，即可读取被测电阻值，被测电阻值=读数盘的数值×倍率。

（2）使用注意事项。

1）被测电阻的每一端须有两个接头，电位接头应比电流接头更靠近电阻本身，且两对接线头不能绞在一起。

2）测量时，接线头应尽量除去污物并拧紧，以减少接触电阻、提高测量准确度。

3）由于直流双臂电桥的工作电流很大，如使用电池测量时操作速度要快，以免耗电过多。测量结束后，应立即切断电源。

三、电感和电容的测量

电感和电容的测量通常使用电桥进行。交流电桥是将被测量和已知标准（如标准电感、电容、电阻）在交流电桥电路上进行比较而获得测量结果的比较仪表。

1. 万能电桥（Universal Bridge）

万能电桥不但可以测交流电阻、电感、电容；而且可以测量材料的介电常数，电容器的介质损耗，线圈间的互感系数和耦合系数，磁性材料的磁导率和液体的电导率。图 9-41 所示为 QS18 型万能电桥面板外形图。

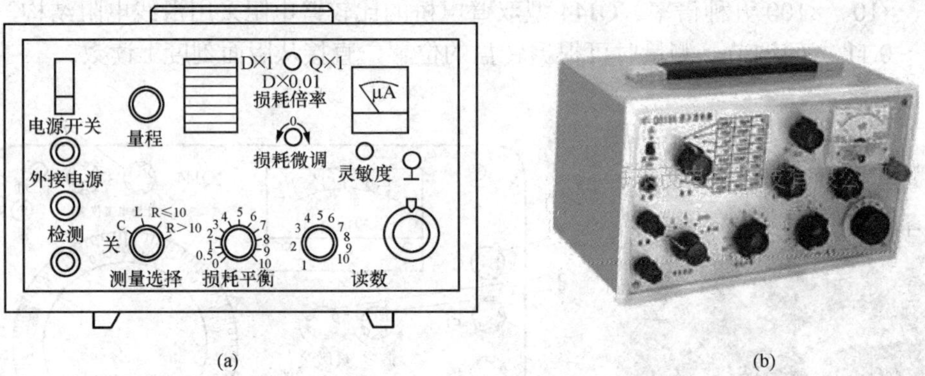

图 9-41　QS18 型万用电桥面板外形图

QS18 型万能电桥是一台携带方便、使用简单的音频交流电桥，仪器内部附有 1kHz 振荡器，选频放大器和指示电表，用来测量电容、电感和电阻等元件的参数，它是工矿企业和电气修理部门进行一般测量的良好设备。它由桥体、电源和检流计三部分组成。

（1）桥体：由可调电阻 R_A、R_B、R_S 和固定电阻 R_C（100Ω）、固定电容 C_S（0.1μF）组成，R_A 就是面板上的量程，R_B 就是面板上的读数，R_S 就是面板上的“损耗平衡”。

（2）电源：测电阻时采用 9V 直流电源，测其他量采用由晶体振荡器产生的 1kHz 的交流电源。

（3）检流计采用磁电系检流计。

2. 电感的测量

（1）将测量选择开关置于 L 位置上。估计一下被测电感的大小，然后旋动量程开关在合适的量程上。如被测电感为 10mH 左右的电感器，则量程开关置于 10mH 位置上。

（2）选择损耗倍率。一般空心电感选择“*D*×1”，高 *Q* 滤波线圈选择“*D*×0.01”，测量叠片铁芯电感线圈时选择“*D*×1”，损耗平衡盘置于 1 位置，损耗微调逆时针旋到底，将灵敏度逐步增大，使电表的指针偏转略小于满刻度。

（3）先调节电桥的读数盘，再调节损耗平衡盘。观察电表的动向，使电表指针指向零，然后再将灵敏度增大到小于满度，反复调节电桥的读数盘和损耗平衡盘，直至灵敏度开到足够满足分辨出测量精度的要求，电表指零或接近于零，此时电桥达到平衡。

（4）计算被测电感 L_x 和品质因数 Q_x。

被测量 L_x =量程开关指示值×读数指示值

Q_x =损耗倍率指示值×损耗平衡指示值

3. 电容的测量

（1）将测量选择开关置于 C 位置上。估计一下被测电容的大小，然后旋动量程开关在合适的量程上。如被测电容为 500pF 左右的电容器，则量程开关置于 1000pF 位置上。

（2）选择损耗倍率。一般电容选择“D×0.01”，大电解电容选择“D×1”，损耗平衡盘置于 1 位置，损耗微调逆时针旋到底，将灵敏度逐步增大，使电表的指针偏转略小于满刻度即可。

（3）先调节电桥的读数盘，再调节损耗平衡盘。观察电表的动向，使电表指针指向零，然后再将灵敏度增大到小于满度，反复调节电桥的读数盘和损耗平衡盘，直至灵敏度开到足够满足分辨出测量精度的要求，电表指零或接近于零，此时电桥达到平衡。

（4）计算被测电容 C_x 和损耗 $\tan\delta$。

$$被测量\ C_x=量程开关指示值\times读数指示值$$

$$\tan\delta=“损耗倍率”指示值\times“损耗平衡”指示值$$

4. 使用注意事项

（1）测量开始时，勿将灵敏度旋钮旋至最大。

（2）试验完毕后应将测量选择开并置于“关”的位置，拨动开关置于“外”的位置。

四、常用电工仪表的正确使用

（1）根据需要正确选择仪表的种类、型号和规格。测量时根据被测量是直流或交流，正确选用直流仪表或交流仪表。

（2）根据被测量的大小选用仪表的合适量程。被测量结果的准确度不仅与仪表的量程有关，还与仪表的准确度有关。因此，要根据被测量的大小来选择仪表的合适量程进行测量，一般所选仪表的量程应为被测量最大值的 1.2～1.5 倍左右。

（3）测量时应正确读数。对于指针式仪表，读数时视线与仪表标尺平面垂直，并读取足够的位数。

（4）仪表仪器在使用前应尽量使表针指到零位，如果指针不在零位，应调节“调零器”使指针指到零位。

（5）应按仪表的正常工作条件使用仪表。

（6）测量结束，应将仪表复位。如万用表应放置高电压挡，电桥的检流计用后应锁住等。

本 章 小 结

（1）电工仪器仪表是电气安装、生产与维修不可缺少的工具，熟悉和掌握这些电工仪器仪表的操作技能、使用方法是提高学习效率、保证电路性能和施工质量的重要条件，因此，必须重视和牢固掌握常用电工仪器仪表的正确使用方法。

（2）本章重点介绍了在维修、调试电路中常用的电流表、电压表、功率表、电能表、智能卡式防窃电预付费电能表、磁电式万用表、数字式万用表、绝缘电阻表、绝缘电阻测试仪、直流单双臂电桥、万能电桥等仪器仪表的结构、用途、工作原理和使用方法、使用注意事项。

（3）通过本章的学习，能正确掌握各种电工仪器仪表的使用方法，为参加项目化教学的实验、实训和维修工作打下坚实的基础。

习　题　九

1．电工仪表按照其结构和用途是如何分类的？
2．在使用仪表时，仪表的量程应如何选择？
3．电流表和电压表的主要区别是什么？在电路连接时应注意什么问题？
4．使用指针式万用表测量电阻时，为什么一定要调零？
5．用量程为250V的电压表测量220V的标准电源，读出的电源电压为219V，求：
（1）测量的绝对误差和相对误差是多少？
（2）若此时的绝对误差等于电压表的最大误差，该表的准确度是多少？
6．绝缘电阻表在使用前应如何自检？使用绝缘电阻表有哪些注意事项？
7．单相及三相电能表是如何接线的，请作出其电路图？
8．如何用直流单臂电桥测量电阻？
9．如何用直流双臂电桥测量电阻？
10．如何使用万能电桥测量元件的电感、电容值？
11．如何使用绝缘电阻测试仪测量设备的绝缘电阻值？

教学项目十二（仅供参考）

电流、电压、功率和电能的测量及误差分析

（一）能力目标
（1）能正确使用电流表、电压表、功率表、电能表、万用表、绝缘电阻表。
（2）能熟练运用仪表测量电路的电流、电压、功率和电能。
（二）知识目标
（1）了解仪表的分类误差及准确度。
（2）理解指针式仪表及数字式仪表的结构及工作原理。
（3）掌握电流、电压、功率和电能的测量方法。
（三）工作任务
使用电流表、电压表和功率表测量电路的电流、电压和功率。
1. 电流、电压的测量
（1）使用电流表测量电路中的电流（如测量电烤箱电路的电流、电压）。
（2）使用电压表测量负载上的电压（如电动机负载）。
（3）计算电路负载损耗的功率。
（4）计算电路负载损耗的电能。
2. 功率与电能的测量（如测量电动机电路的电压、电流和功率）
（1）使用电流表测量交流电路中电流的有效值。

（2）使用电压表测量交流电路负载上的电压有效值。

（3）使用功率表和电能表测量交流电路的负载损耗、有功功率和电能。

（4）用测量到的电流、电压有效值进行功率、电能计算，将所得的结果与用功率表、电能表测量的结果进行比较。

（四）相关理论知识

第九章：电工仪表及其使用。

（1）电工测量的方法。

（2）电工仪表的分类及产生误差的原因。

（3）常用电工仪表的结构及工作原理。

（4）电流、电压、功率和电能的测量。

（五）拓展知识

（1）电卡预付费电能表的使用。

（2）数字万用表、绝缘电阻表、数字式绝缘电阻测试仪的使用。

（3）电阻、电感和电容的测量。

第十章　安全用电技术及其应用

学习电路知识，不仅需要掌握电路的基本理论和分析方法，而且要懂得如何安全用电。安全用电包括人身安全和设备安全两个方面。安全用电技术涉及电气产品本身的质量，以及人们在设备安装、使用、维修过程中不发生电气事故。人们在用电过程中，必须注意安全用电，稍有疏忽或麻痹大意，将有可能发生人身触电事故或者引起电气火灾和爆炸事故。

防止触电的措施很多。如果将防止触电的技术措施按照直接电击和间接电击分类，则安全电压、漏电保护等属于既防止直接电击，又防止间接电击的安全措施；绝缘、屏护、间距等属于防止直接电击的安全措施；保护接地、保护接零、加强绝缘等措施属于防止间接电击的安全措施。

第一节　安全用电知识

问题一：假如你要成为一名电气工作人员应当具备哪些条件？
问题二：作为一名电气工作人员应具备哪些人身安全知识？
问题三：电流是如何对人体产生伤害的？

随着全民用电知识的普及，人们接触电气设备的机会越来越多。若不了解一些安全用电知识，则很容易造成设备和人身安全事故。电气设备分为高压设备（250V 以上）和低压设备（250V 及以下）。运行设备一般指全部带电及部分带电或一经操作即可带电的设备。

一、电气工作人员的必备条件

电气工作是国家规定的一种特殊工种，因此从事电气工作的人员必须具备下述条件。

（1）身体健康，并经医生鉴定无妨碍电气工作的疾病。如双目视力校正后在 0.8 以下或色盲、听觉障碍、高血压和低血压病、心脏病、癔病、癫痫病、神经官能症、精神分裂症、严重口吃患者不能从事电气工作。

（2）熟悉触电急救方法和电气防火、救火方法。

（3）具备必要的电气安全知识并经主管部门考试合格。

二、电气工作人员人身安全知识

（1）严禁在一个插座或灯座上引接功率过大的用电器具或过多的用电器；严禁在潮湿、有热源、多灰尘、有易燃和腐蚀性气体的环境中安装电器。

（2）严禁用金属丝（如铅丝）绑扎电源线，不要利用“一线一地”方式接线用电。

（3）严禁采用两线一地、三线一地（指大地）安装用电设备和器具。

（4）不能用潮湿的手去触及开关、插座和灯座等用电装置，更不能用湿抹布去揩抹电气装置和用电器具，严禁用伤湿止痛膏之类的医用胶带包扎绝缘皮破损的导线。

（5）在潮湿环境中使用移动电器时，要采用 36V 以下的安全低压电源。在金属容器内（如锅炉、蒸发器或管道等）使用移动电器时，必须采用 12V 安全电源，并应有人进行监护。

（6）在搬移可移动电器如电风扇、电热器、电视机等电气设备时，要先切断电源。

（7）下雨天气在室外活动要防止跨步电压触电。打雷是大气中一种强烈的放电现象，雷电电压高、电流大，打雷时不要靠近避雷针、避雷器及其接地点；遇到有高低压线被打断刮落在地时，不能走进距断线地点 10m 以内的地段（以防跨步电压触电），更不能用手去触摸断线。若人已进入上述地段，身体有麻电感时，不要惊慌，应立即双脚并拢或用一只脚跳出该地段。

（8）在进行电气运行和维修工作时，严格遵守各种安全操作规程和规定，不得玩忽失职。

（9）进行电气维修操作时，要严格遵守停、送电操作规定，确实做好防突然送电的各项安全措施，不准约时送电。在一经合闸即可送电到工作地点的开关的操作把手上，应悬挂“禁止合闸，有人工作！”的标示牌；标示牌的悬挂和拆除应按操作票或工作票中相关规定执行。

（10）在附近有可能带电的设备工作时，一定要保持可靠的安全距离。为保证电气工作人员在进行电气设备运行操作或维护检修时不致误碰带电体或引起电气事故，规定了电气工作人员离带电体的最小距离，见表 10-1。

（11）进行电气设备工作前，应检查电工工具的绝缘性能合格后方可使用。

表 10-1　　工作人员与带电设备间的安全距离

设备额定电压（kV）	10 及以下	20～35	44	60	110	220	330
设备不停电时的安全距离（mm）	700	1000	1200	1500	1500	3000	4000
工作人员工作时正常活动范围与带电设备的安全距离（mm）	350	600	900	1500	1500	3000	4000
带电作业时人体与带电体之间的安全距离（mm）	400	600	600	700	1000	1800	2600

（12）需登高进行电气作业者，必须受过登高作业训练并持证上岗。

三、电流对人体的危害

电流对人身的伤害主要分为电击和电伤两大类。电流对人体的伤害程度与通过人体电流的大小、持续时间、电流通过人体的途径、种类等多种因素有关。

1. 电流大小

直流电流、高频电流、冲击电流对人体有伤害作用，其伤害程度较工频电流为轻。一般情况下通过人体的电流越大，人体的生理反应就越明显，感应就越强烈，引起心室颤动所需的时间越短，致命的危险就越大。直流电最小感知电流男性约为 5.2mA，女性约为 3.5mA；对于工频交流电，按照通过人体电流的大小和人体所呈现的不同状态，可分为下列三种。

（1）感知电流（Sensory Current）：成年男性的平均感觉电流约为 1.1mA，成年女性为 0.7mA。

（2）摆脱电流（Go Current）：是指人体触电后能自主摆脱电源的最大电流。成年男性平均摆脱电流约为 16mA，成年女性约为 10mA。摆脱电流一般不会造成不良后果，但超过摆脱电流后会感到难以忍受，时间过长可能昏迷、窒息，甚至死亡。

（3）致命电流（Deadly Current）：是指在较短时间内危及生命的最小电流。通过人体的电流达到 30～50mA，人的中枢神经就会受到伤害，使人感觉麻痹，呼吸困难。所以一般认为当通过人体的电流达到 50mA 以上时，心脏会停止跳动，可能导致死亡；因此，我国对工频电流达 30mA 作为安全电流的容许值（即不危及人身安全的电流值）。

2. 电流频率（Current Frequency）

电流的频率不同，对人体的伤害程度也不同。频率在25～300Hz的交流电流对人体的伤害最为严重。随着频率的增加，危险性将降低。

3. 通电时间（Conduction Time）

通电时间越长，危害越大。因为随着电流持续时间的延长，电能量积累越多，引起心室颤动的电流值会随之减小，因此对人体的危害性也随之增加。

4. 电流路径（Current Path）

电流通过头部可使人昏迷；通过脊髓可能导致瘫痪；通过心脏可造成心跳停止，血液循环中断；通过呼吸系统可造成窒息。

5. 电流种类（Kinds of Current）

实验证明交流电流、直流电流、特殊波形电流都对人体具有伤害作用，但其伤害程度以工频电流最为严重。

6. 个体差异（Indivedual Difference）

人体的室颤电流与通过电流时心脏的质量有关，有心脏病、中枢神经系统疾病、肺病的人电击后的危险性较大；而身体健康、肌肉发达者的摆脱电流就较大；女性的感知电流和摆脱电流仅是男性的2/3，则危险性较大，儿童电击后的危险性比成年人大；人体当时的精神状态和心理因素对电击后果也有影响。

7. 人体电阻（Body Resistance）

人体电阻是确定和限制人体容许安全电流的参数之一。人体电阻包括体电阻和皮肤电阻两部分，一般约为1500～2000Ω，为安全起见通常取800～1000Ω，人体组织电阻从大到小依次是骨、脂肪、皮肤、肌肉、神经、血管。皮肤电阻在人体电阻中占有较大的比例，皮肤电阻因角质层的厚薄和干湿程度而不同，角质层越厚，电阻越大；皮肤越干燥电阻越大，当皮肤沾水、皮肤损坏、皮肤表面沾有导电性粉尘时会使人体电阻急剧下降。

8. 电压的影响

一般认为低电压触电致死的主要原因是心室颤动，而高电压触电致死的主要原因是呼吸中枢麻痹。由于影响电流变化的因素很多，而电力系统的电压是较恒定的，所以从安全方面看，确定人体触电的安全条件不宜采用安全电流而是用安全电压。安全电压额定值的等级为36、24、12、6V。当电气设备采用了超过24V的安全电压时，必须采取防直接接触带电体的保护措施。

四、电气火灾与防爆

1. 电气隐患

俗话说："水火无情"。据统计，我国火灾事故中的40%以上是由办公场所、住宅电气线路老化或配置不合理造成的，电气火灾原因居第一位。电气火灾不仅造成人员伤害和设备损坏，而且可能造成大规模长时间停电，带来极大的经济损失。长期经验证实因电气引起的火灾大部分是因为缺乏安全用电常识和不遵守安全用电规程规定所致，少数才是施工质量不高造成，所以普及有关常识和制定相关防护措施十分必要。

2. 产生电气火灾与爆炸的原因

电气火灾是指由电气原因引发燃烧而造成的灾害。短路、过载、漏电等电气事故都有可能导致火灾。设备自身缺陷、施工安装不当、电气接触不良、雷击静电引起的高温、电弧和电火花是导致电气火灾的直接原因，周围存放易燃易爆物是产生电气火灾的环境条件。

日常生活和生产的各个场所中，常存在易燃易爆场所，如在建筑物内部及附近，会制造、加工、储藏具有气体、蒸汽、液体、粉尘、纤维等爆炸性混合物，一旦这些易燃易爆物遇到可燃性物质侵入（如电气设备和线路故障）便会引起火灾或爆炸。

燃烧是一个氧化过程，它取决于温度、助燃物（如空气中的氧）和可燃物。各种电气设备的绝缘物大多是可燃物质，燃烧发热产生危险温度。经验表明，产生危险温度的主要原因有以下几种。

（1）电气设备或导体过电流造成的过热。

（2）在电流回路中，因局部电阻增大导致电气设备或线路的局部发热。

（3）电火花、电弧产生的高热量。引起电火花的原因是开关的开与合、电机电刷滑环的摩擦、故障短路接地、导线松脱、机械碰撞、感应放电等；雷电闪络或静电放电时也可能产生电弧或电火花。

（4）由于通风、散热不良致使电气设备过热。

（5）电气设备内部的铁芯绝缘损坏或长时间过电流而引起过热。

（6）运行操作不正确或维护不当导致发热。如带负荷拉合隔离开关等。

（7）现代家庭中，电视机、音响、电冰箱、洗衣机、空调、电饭锅、电烤箱、微波炉和洗碗机等被大量使用，而居民住宅现有的电气线路配置标准太低，插座数量不满足多种电器使用要求，因此乱拉乱接插座板造成电气火灾的隐患司空见惯。

3. 电气防火与防爆措施

防火防爆是一项综合性防护措施，它包括电气设备的合理选用及正确布置、安装与检修的质量，以及保持设备及线路的正常运行等。具体预防措施如下。

（1）正确选用电气设备装置。根据使用环境和条件来正确选择电气设备及线路材料。对易燃易爆场所则必须使用防爆、防火电气产品；有导电尘埃的地方应选择有抗绝缘老化功能的产品。

（2）对正常工作中可能产生电热效应的设备采用隔热、散热、强迫冷却等结构。

（3）安装短路、过载、漏电保护等自动断电保护装置。对电气设备和线路正确设置接地、接零保护，为防雷电而安装避雷器及接地装置。

（4）在爆炸危险场所布置的电气设备采取密封装置将电弧、电火花与易燃易爆物隔离，并保持良好的通风散热。

（5）对电气设备和线路选择正确的接地或接零保护。

五、电气消防

导致电气火灾的原因复杂多样，其特点是发生火灾后电气设备可能是带电的，部分电气设备本身还充满大量的油，可能发生喷油甚至爆炸事故。若发生了火灾，应立即拨打 119 火警电话报警，并立刻进行扑救。进行现场扑救主要注意以下几点。

1. 首先要尽快切断电源

（1）切断电源时，应先断负荷开关，再断隔离开关。严防带负荷拉隔离开关。

（2）对开关等设备，因烟熏、火烤后，其绝缘性能降低，拉隔离开关时要使用绝缘工具。

2. 正确选择使用灭火器灭火

常用的灭火器有二氧化碳、四氯化碳、干粉、1211（二氟一氯一溴甲烷）和泡沫灭火器等。干燥的砂土也是灭火材料。泡沫灭火器具有导电性不宜用作电气设备的灭火，带电灭火时必须有人监护。

（1）用四氯化碳灭火器灭火时，为防中毒，灭火人员应站在上风侧。

（2）用喷雾水枪进行灭火比较安全。用喷雾水枪进行电气火灾灭火时水枪喷嘴与带电体的距离可参考以下数据：10kV 及以下者不小于 0.7m，35kV 及以下者不小于 1m，110kV 及以下者不小于 3m，220kV 不应小于 5m。因条件限制而只能用普通喷射水枪灭火时需将水枪喷嘴接地（以防因喷射水柱的泄漏电流流过人体），另外也可让灭火人员穿戴绝缘手套和绝缘靴或均压服。

（3）灭火时人体与带电体必须保持必要的安全距离。

（4）若出现带电导线断落在地面，要及时划出警戒区以防跨步电压触电。

（5）对充油设备灭火。若仅在外部起火可用二氧化碳等灭火器带电灭火；若火势较大则要及时切断电源，可用水灭火；当发电机与电动机等旋转电机着火时可用喷雾水枪灭火并使其均匀冷却，以防轴与轴承变形；也可用二氧化碳、1211 或蒸汽灭火，但不宜用干粉、砂土等材料。

（6）火灾中若发现有人触电应立刻进行正确的抢救。

第二节　接地和接零保护及应用

问题四：何谓工作接地？电气设备工作时怎样进行保护接地？

问题五：保护接零是如何实现的？对接地装置有哪些要求？

问题六：何谓重复接地？电气设备怎样进行重复接地？

问题七：你能制作和安装接地装置以及测量接地电阻吗？

在供用电过程中，设备由于受到电、热的长期作用绝缘会发生老化、磨损或受到过电压的击穿使不带电部分（如金属外壳、底座）带电，从而造成设备损坏或触电事故，为避免事故的发生必须对电气设备进行接地保护或接零保护。

一、接地及接地保护的几个概念

1. 接地（Ground connection）

接地是指将电气设备不带电的金属外壳或某一点，通过导线与大地之间作电气连接或金属性连接，称为电气接地，简称接地。电气设备接地的作用有两个：一是为了保护人身安全，防止因电气设备绝缘损坏而引起触电事故；二是保证电气设备的正常运行和安全。

2. 中性点和中性线（Neutral point and neutral line）

变压器、电动机或三相负载，若进行星形连接，三相绕组的三个末端连接在一起，称为中性点，中性点引出的导线称为中性线，当中性点接地时为零点，由零点引出的导线称为零线，如图 10-1 所示。

3. 工作接地

工作接地是指为保证电气设备在正常和事故情况下可靠地工作而进行的接地。

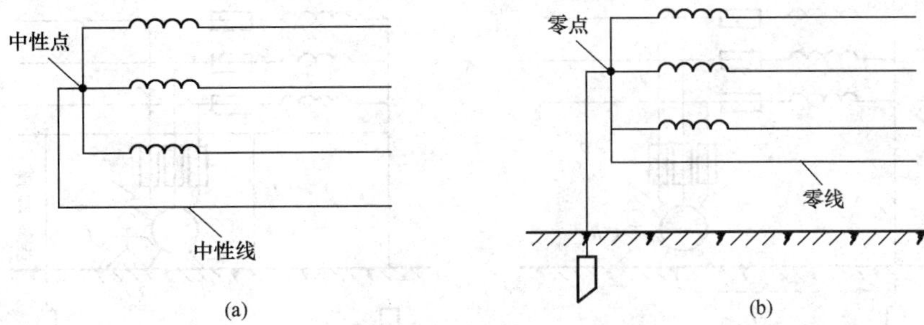

图 10-1　中性点与中性线

工作接地的形式有以下几种。

（1）利用大地作回路的直接工作接地。正常运行时有电流通过大地，如直接工作接地。

（2）维持系统安全运行的接地。如 110kV 及以上系统的中性点接地，变压器低压侧的中性点接地等。

（3）为了防止雷击和过电压对设备及人身造成危害而设置的接地。

4. 保护接地

保护接地是指为保障人身安全将电气设备正常情况下不带电的金属部分接地叫保护接地。保护接地的作用如图 10-2 所示。图 10-2（a）是电机外壳未接地，当发生一相碰壳时，其外壳带相电压，人接触到外壳时会有触电危险。图 10-2（b）是电机外壳有保护接地，发生一相碰壳时，电流主要从接地处流过，减少了人被触电的危险。

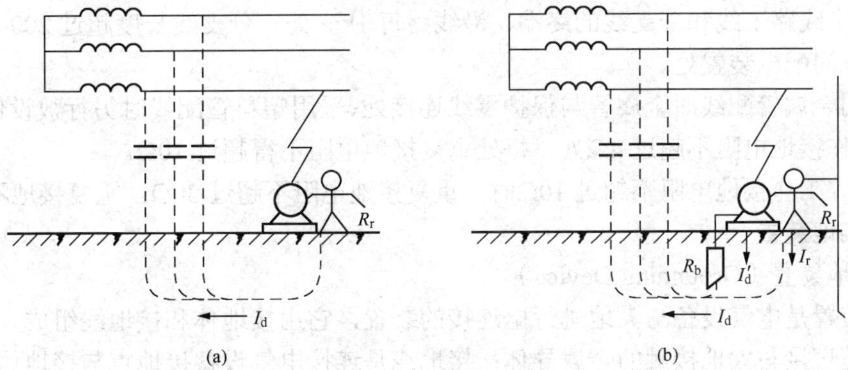

图 10-2　保护接地示意图

（a）未加保护接地；（b）加保护接地

5. 防雷接地

防雷接地是指为了防止电气设备和建筑物受到雷击，将避雷装置（避雷线、避雷针、避雷器、引下线等）进行接地连接的方式。

6. 保护接零

为了保证人身安全，将三相四线制系统中的正常情况下不带电的金属外壳与零线连接称为保护接零。保护接零的作用如图 10-3 所示，当电机发生单相碰壳故障时，将形成单相短路，引起保护装置动作，切除故障，从而避免了人身触电事故。

必须注意：同一系统中，保护接地和保护接零只能采用一种形式，不可既接地又接零。

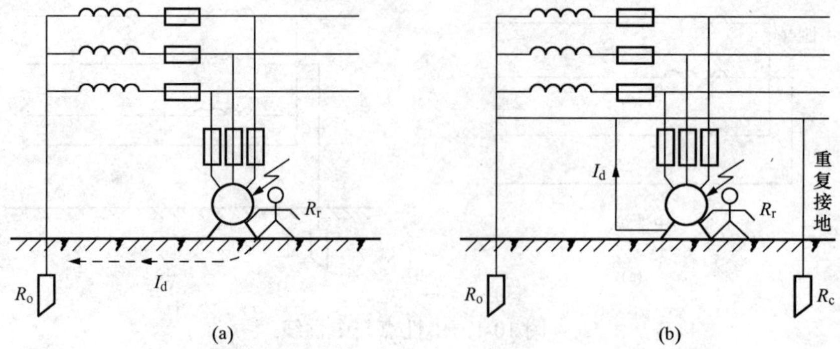

图 10-3 保护接零示意图

(a) 未加保护接零；(b) 加保护接零

7. 重复接地

将零线上一处或多处通过接地装置与大地再次连接，称为重复接地，如图 10-3（b）所示。

（1）重复接地的作用。

1）降低漏电设备对地电压；

2）减轻零线断线的危险性；

3）缩短故障持续时间；

4）改善防雷性能。

（2）使用范围。

1）架空线路干线和分支线的终端、沿线路每 1km 处、分支线长度超过 200m 的分支处；线路引入车间配电装置处。

2)采用金属管配线时金属管与保护零线连接处、采用塑料管配线时另行敷设保护零线处。

3）工作接地电阻不超过 4Ω处，每处重复接地电阻不得超过 10Ω。

4）允许工作接地电阻不超过 10Ω时，重复接地电阻不超过 30Ω，重复接地不少于三处。

二、接地装置

1. 接地装置（Grounding Device）

接地装置是电气设备与大地进行电连接的装置，它由接地体和接地线组成。接地体又称接地极，是直接与大地接触的金属导体；接地线是连接电气设备接地点与接地体的导线。接地装置按接地体数量的多少，有三种组成形式。

（1）单极接地装置（Unipolar Grounding Device）。单极接地装置由一个接地体和接地线构成。接地线一端与接地体相连，另一端与电气设备的接地点相连。它适用于对接地要求不太高和电气设备接地点较少的场合。

（2）多极接地装置（Multipole Grounding Device）。多极接地装置由两个或两个以上接地体与接地线构成，各接地体之间用接地干线连成一体。接地干线和电气设备的接地点由接地支线相连。多极接地可靠性强，接地电阻小，适用于接地要求较高、电气接地点较多的场合。

（3）接地网络（Ground Network）。接地网络指将多个接地体用接地干线连接成网络，它具有接地可靠、接地电阻小等特点，适用于配电所、大型车间等场所。

2. 自然接地体和自然接地线

为节省钢材和施工费用，在设计和选用接地体和接地线时应优先考虑自然导体。不论城乡工矿企业和工业与民用建筑，凡与大地有可靠接地的设备或结构件，若能满足其接触电阻和热稳定要求的都可利用。

（1）自然接地体（Natural Grounding）。自然接地体是指与大地有可靠连接的建筑及构筑物的金属结构，敷设于地下而数量不少于两根的电缆金属外皮，建筑物钢筋混凝土基础的钢筋部分，用于其他目的埋设在地下的金属管道（有可燃或爆炸性介质的除外）等。利用自然接地体时要采用不少于两根的导体且在不同地点与接地干线相连接。

（2）自然接地线（Natural Ground Wire）。自然接地线是指建筑物的金属结构（梁、桩及混凝土内部的钢筋等）、生产用金属结构（起重机轨道、配电装置的外壳、电梯竖井、起重机与升降机的构架、运输皮带的钢梁等）、配线的钢管等，使用时在管接头和接线盒处要采用跨接线连接以保证其成为连续导体，若管壁厚度小于 1.5mm 时不宜使用，因其易产生锈蚀成为不连续导体；电缆的金属构架及铅、铝包皮（通信用电缆除外）；不流经可燃液体或气体的金属管道可作低压设备接地线。水管不宜直接作接地线。

3. 人工接地体及人工接地线

人工接地装置常采用圆钢、钢管、角钢、扁钢等材料制作，最好用钢质材料，其最小规格及尺寸见表 10-2；铜、铝接地线只能用于地面上，其尺寸见表 10-3。

表 10-2 钢接地体和接地线的最小规格

地上地下、种类、规格		地上		地下	
		室内	室外	交流电流回路	直流电流回路
圆钢直径（mm）		6	8	10	12
扁钢	截面（mm^2）	60	100	100	100
	厚度（mm）	3	4	4	6
角钢厚度（mm）		2	2.5	4	6
钢管管壁厚度		2.5	2.5	3.5	4.5

注 电力线路杆塔的接地体引出线的截面不应小于 $50mm^2$，引出线应热镀锌。

表 10-3 低压电气设备地面上外露的铜和铝接地线的最小截面

名称	铜（mm^2）	铝（mm^2）
明敷的裸导体	4	6
绝缘导体	1.5	2.5
电缆的接地芯或与相线相包在同一保护外壳内的多芯导线的接地芯	1	1.5

注 在地下不得采用裸铝导体作为接地体或接地线。

4. 接地装置的安装

（1）接地体的选择。垂直安装的接地体通常用角钢或钢管制成。角钢接地体一般为 40mm×40mm×4mm 或 50mm×50mm×5mm 的角钢，长度在 2～3m 之间；管形接地体一般采用直径为 50mm，管壁厚不小于 3.5mm 的钢管，长度在 2～3m 之间；若采用圆钢作接地体，其直径不小于 20mm。若用扁钢其厚度应不小于 4mm，截面积不小于 $48mm^2$。

（2）接地体的制作。垂直安装的接地体下端应加工成尖形。用圆钢时角钢的下端要削尖，扁钢埋入时要立着放置。

（3）接地体的安装。采用打桩法将接地体垂直打入地下，接地体与地面保持垂直，不可倾斜，以免增大接地电阻，打入地面的深度应大于 2m。接地体打入地面后，应在接地体四周填土夯实，尽量减少接地电阻。

（4）水平接地体的选材与制作。水平安装的接地体通常采用扁钢或圆钢制成。扁钢接地体的厚度不小于 4mm，截面积不小于 $48mm^2$；圆钢接地体的直径不小于 8mm。水平安装接地体的长度根据安装条件和接地装置的结构形式而定，通常在几米到几十米之间。

（5）水平接地体的安装。采用挖沟填埋的方法，将接地体水平埋设在地下，深度距地面 0.6m 以下，如果是多极接地，接地体之间应相隔 2.5m 以上距离。

5. 接地线的安装（Grounding line installation）

接地线应尽量利用建筑物的金属结构、吊车导轨、配线钢管等，如果不能利用上述导体，应安装接地线。

（1）接地线的选用。常用的接地线有圆钢、扁钢、各种裸铜线、绝缘铜线、裸铝线、绝缘铝线等。

（2）接地线的安装。接地线与接地体的连接尽量采用电焊焊接，如用螺钉压接，连接处的接触面应做防锈处理，如镀锌或镀锡，采用 12～16mm 的镀锌螺钉，安装时拧紧，接触面保持平整、严密。连接处如埋入地下，应在地面做标记，便于检查维修。

6. 减小接地电阻的措施

接地电阻主要取决于接地体与土壤接触面的电阻及土壤电阻。采用的措施主要有以下几种。

（1）在土壤电阻率较高的地层，在接地体的周围填入化学降阻剂，其配方有多种，请参阅有关资料。

（2）在土壤电阻率很高的地层，可采用挖坑填土的方法。

（3）在土壤电阻率不太高的地层，可增加接地体的个数。

（4）如果地下较深处电阻率较低，可增加接地体埋设的深度。

7. 接地装置的保护

（1）接地线应防止发生机械损伤和化学腐蚀。

（2）与公路、铁路或管道等交叉及其他可能使接地线遭受损伤处，用管子或角钢加以保护。

（3）接地线穿过墙壁，楼板和地坪处加装钢管或其他坚固的保护套，有化学腐蚀的部位应采取防腐措施。

（4）接地体引出线的垂直部分和接地装置焊接部位应作防腐处理。作防腐处理前，除锈并去掉焊接处残留的焊药。

（5）接地体敷设完后的土沟回填土不应夹有石块和建筑等垃圾，在回填土时应分层夯实。

三、接地电阻的测量

各种接地装置的接地电阻应定期测量，一般应当在雨季前或土壤最干燥的季节测量。接地电阻的测量方法有多种，下面介绍用接地电阻测量仪和万用表测量接地电阻的方法。

1. 用接地电阻测量仪测量接地电阻

最常用的接地电阻测量仪是电位差计型接地电阻测量仪（常用的有手摇式接地电阻测量仪和数字式接地电阻测量仪）。它由自备 110～115Hz 的交流电源(手摇发电机或电子电源)和电位差计式测量机构组成。它本身能产生交变的接地电流，不需外加电源，接地电阻测量仪备有探针和连接线等附件，其外形与普通绝缘电阻表相似。它有 C_2、P_2、P_1、C_1 四个接线端子或 E、P、C 三个接线端子。测量接地电阻的方法如下。

（1）断开接地线与电气设备外壳之间的连接，如图 10-4 所示。

（2）将一支接地探针 C_1（电流极）插在距接地体 40m 处，把另一支探针 P_1（电压极）插在距接地体 20m 处，两针插入地面约 400mm 深，如图 10-4 所示接线。

（3）根据被测电阻的大小，选择粗调旋钮的位置（粗调旋钮有三挡）。

（4）以 120r/min 的转速均匀摇动仪器手柄，当表头指针偏离中心时，调节细调拨盘，直到指针位于中心为止。

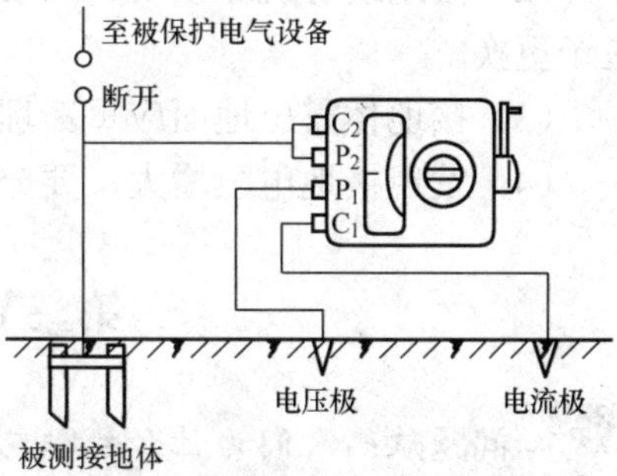

图 10-4　接地电阻测量仪接线图

（5）读数。细调拨盘的指示值与粗调旋钮的倍率，就是被测接地电阻值。如细调拨盘的读数为 0.36，粗调旋钮的倍率为 10，则被测接地电阻是 3.6Ω。

2. 用万用表测量接地电阻

这是一种简易测量接地电阻的方法，操作如下。

（1）按图 10-5 所示连接，A 为接地体点，在距 A 点 3m 的 B、C 处，分别打入两根测试探针，打入地面深度约 500mm。

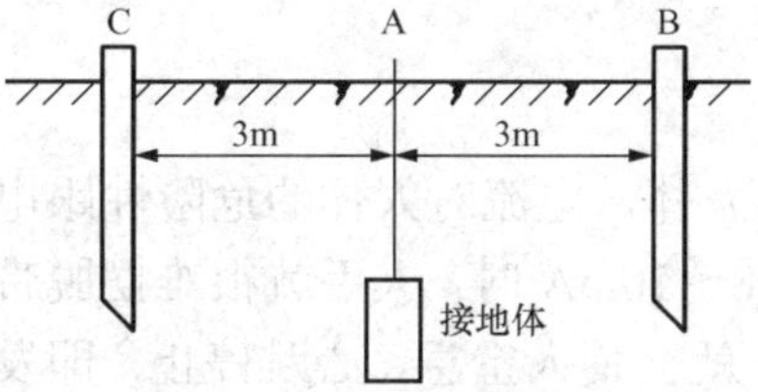

图 10-5　用万用表测量接地电阻

（2）将万用表置于×1Ω电阻挡，调好零点，选好测试线，测量并记录 AB 之间、BC 之间、AC 之间的电阻值，得 R_{AB}，R_{BC}，R_{AC}。

（3）根据下式进行接地电阻的计算，即

$$(R_{AB}+R_{AC}-R_{BC})/2$$

如测得 $R_{AB}=7\Omega$，$R_{AC}=11\Omega$，$R_{BC}=12\Omega$，则接地电阻为 3Ω。

四、接地装置的检修

1. 接地装置的验收

（1）各部位连接是否牢固，有无松动，有无脱焊，有无严重锈蚀。

（2）接地线有无机械损伤或化学腐蚀，涂漆有无脱落。

（3）人工接地体周围有无堆放强烈腐蚀性物质，地面以下 50cm 以内接地线的腐蚀和锈蚀情况如何。

（4）接地电阻是否合格。

2. 接地装置的检查周期

（1）变、配电站接地装置，半年或一年进行一次接地电阻的测定。

（2）对车间电气设备的接地装置，每两年检查一次，并于干燥季节每年测量一次接地电阻。

（3）防雷接地装置，每年雨季前检查一次。

（4）避雷针的接地装置，每 5 年测量一次接地电阻。

（5）手持电动工具的接零线或接地线，每次使用前进行检查。

（6）有腐蚀性的土壤内的接地装置，每 5 年局部挖开检查一次。

3. 接地装置的维修

（1）接地装置焊接连接处开焊，螺丝连接处松动，应及时处理。

（2）接地线有机械损伤、断股现象或有严重的锈蚀、腐蚀，锈蚀或腐蚀超过 30%以上者应予更换。

（3）接地体露出地面应重新埋入地下。

（4）发现接地电阻增大，要分析原因，采取措施及时修复。

第三节 触电急救方法及其应用

问题八：人们为什么会触电？触电的方式和种类有哪些？触电时如何脱离电源？

问题九：假若你发现有人触电，应如何施救？

电可以为人们服务，但如果不注意安全用电，电就会对人们造成危害。触电事故是所有电气事故中最常见的事故。

统计资料表明，触电事故具有一定的分布规律：触电事故在 6～9 月是多发期；低压触电事故远高于高压触电事故；农村用电条件较差，设备简陋，技术水平低，管理不严容易产生触电事故；冶金、矿业、建筑、机械行业工作现场环境复杂，潮湿、高温，移动式设备和携带式设备多，容易造成触电事故；人为失误造成的触电事故约占整个触电事故的 70%以上。那么触电是怎样发生的呢？

一、触电的原因（Electrocuted reason）

人体是一个导电体，人体触及带电体时，就有电流通过人体，电流对人体的危险性跟电流的大小、通电时间的长短等因素有关。通过人体的电流达 8～10mA 时，人手就很难摆脱带电体，当通过人体的电流达到 100mA 时，只需要很短时间，就会使人窒息，心跳停止，即发生触电事故。电流越大，从触电到死亡的时间越短。

由欧姆定律可知，导体中电流的大小跟加在导体上的电压大小有关，通过人体的电流决定于外加电压和人体电阻的大小，人体电阻每个人都是不一样的，而且同一个人的电阻也不是固定不变的，皮肤干燥时大些，潮湿时小些。经验表明，只有不高于 36V 的电压才是安全的。照明电路及家庭电路的电压是 220V，动力电路的电压是 380V，都超出了安全电压，一旦发生触电，就有生命危险。

为防止触电事故的发生，电气设备需要采用安全电压。

1. 安全电压（Safety Voltage）

安全电压是指为防止触电事故而采用的由特定电源供电的电压系列。我国安全电压额定值的等级为 36、24、12、6V。

2. 安全电流（Safety Current）

安全电流又称摆脱电流，是指触电后人能自主摆脱带电体的最大电流，约为 10mA。

3. 造成人体触电的主要原因

（1）缺乏电气基本常识。

（2）不了解和不遵守安全规程或操作规定，直接触及或过分靠近电气设备的带电部分。

（3）接触到电气设备中因绝缘损坏而带电的金属外壳或与外壳相连接的金属构架等。

（4）靠近电气设备的带电部分、绝缘损坏处或带电部分的接地短路处。

二、触电的种类

根据人体触电后电流对人体的伤害程度将触电分为电击和电伤两类。按照发生电击时电气设备的状况，电击分为直接电击和间接电击。前者是设备没有故障，人体触及带电体时发生的电击；后者是设备出现故障，人体触及故障带电体时发生的电击。

1. 电击（Electric Shock）

电击是指电流对人体内部组织造成的伤害。电击就是我们通常所说的触电，绝大部分触电死亡事故都是电击造成的。人体触及带电的导线、漏电设备的外壳或其他带电体，以及由于雷击或电容放电，都可能导致电击。

电击也指电流通过人体时，破坏人的心脏、神经系统、肺部等的正常工作而造成的伤害。它可以使肌肉抽搐，内部组织损伤，造成发热发麻、神经麻痹等，甚至引起昏迷、窒息、心脏停止跳动而死亡。

2. 电伤（Electrical Lesion）

电伤是指触电时电流的热效应、化学性电刺激引起的生物效应对人体造成的伤害。电伤可以是电流通过人体直接引起，也可以是电弧或电火花引起，包括电弧烧伤、烫伤、电烙印、皮肤金属化、电气机械性伤害、电光眼等不同形式的伤害。其临床表现为头晕、心跳加剧、出冷汗或恶心、呕吐或皮肤烧伤处疼痛等。

三、触电的方式

按人体触及带电体的方式和电流流过人体的路径，可将电击分为单相触电、两相触电、跨步电压触电等。

1. 单相触电（Single-phase Electric Shock）

当人体直接接触带电体的某一相时，电流通过人体流入大地（或中性线）并构成回路。这种触电叫单相触电，如图 10-6 所示。对于高压带电体，人体虽未直接接触，但由于安全距离不足，高压经电弧对人体放电，也属于单相触电。单相触电的危害与接触电压的大小、电网中性点是否接地、每相线路对地电容量的大小有关。

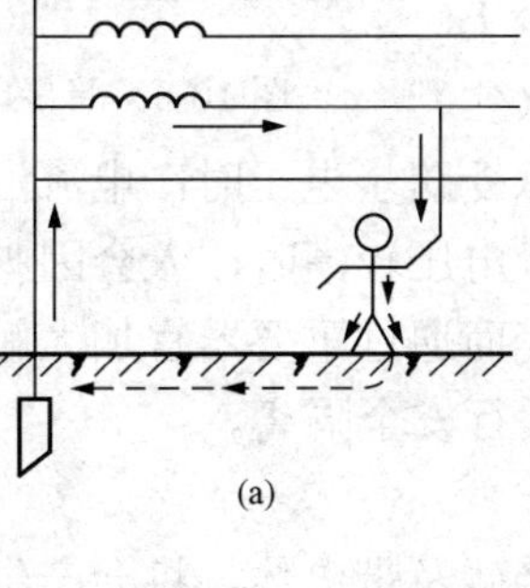
(a)

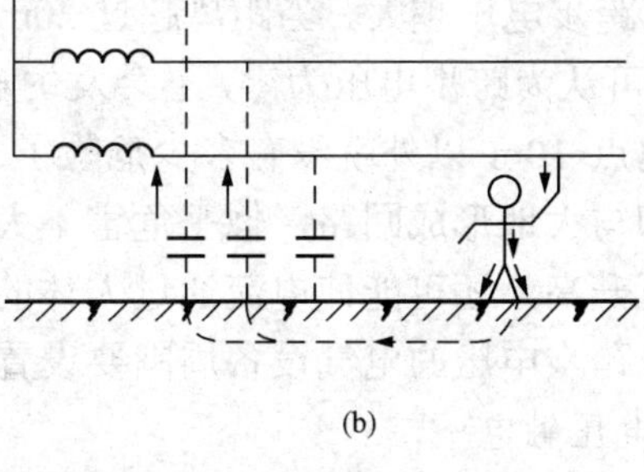
(b)

图 10-6　单相触电

（a）中性点直接接地；（b）中性点不直接接地

（1）中性点接地电网的单相触电。当人体接触到某一相线路时，人体承受相电压，电流通过人体、大地和中性点所连接的接地装置（或接地体），形成闭合回路，导致触电。

（2）中性点不接地电网的单相触电。由于中性点不接地，人体接触到某一相线路时会有两个电气回路的电流流过人体。假设人体接触到C相，则形成的一个回路是电流从被触摸的C相出发，经人体与大地再经A相线路对地绝缘阻抗到A相导线，另一个回路是电流从被触摸的C相出发，经人体与大地再经B相线路对地绝缘阻抗到B相导线，这两个回路承受线电压，若线路的绝缘水平比较高，绝缘电阻很大，则流经触电人体的电流就小，从而降低对人的危险性。若线路的绝缘不良，这种触电事故对人的危险性大。

若触电人穿着绝缘鞋，则人体与大地的电阻很大，通过人体的电流将降到很小，其触电危害性会大大降低。

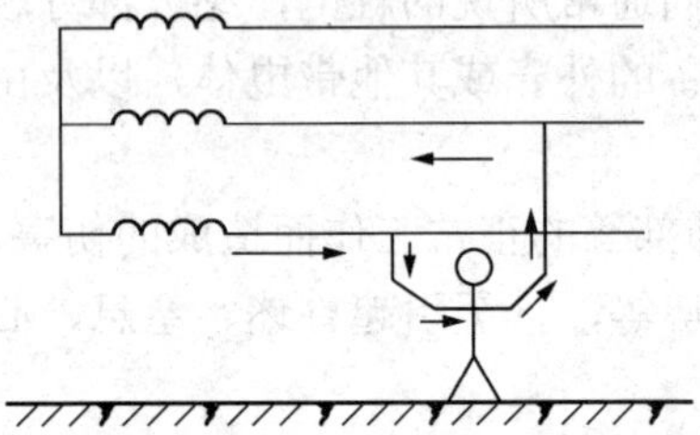

图 10-7　两相触电

2. 两相触电（Two Phase Electric Shock）

人体的不同部位同时接触两相电源时造成的触电，如图10-7所示。对于这种情况，无论电网中性点是否接地，人体所承受的线电压比单相触电时高，危险性更大。

除了单相和两相触电外，还可能发生电弧放电触电。其主要指人体接近高压带电设备时的电弧伤害事故，一般人体直接触及高压电线或设备可能性很小，电弧通常是当人体对高压电线或设备的距离小于安全最小距离时，空气被击穿，高压对人体发生电弧闪络放电（也称飞弧放电）。高电压对人体放电造成单相接地而引起的触电属于单相触电；人体同时接近高压系统不同相带电体而发生电弧放电，致使电流从其中某相导体通过人体流入另一相导体构成一个回路的触电属于两相触电。

3. 跨步电压触电（Step Voltage Electric Shock）

如图10-8所示，在接地点周围，人的两脚间出现跨步电压即构成跨步电压触电。

一般情况下当雷电流入大地或电力线路（特别是高压线）或电气设备发生接地故障时，会以接地点为中心以半球状向大地流散，在地面上形成电位分布，越接近接地点电压越高。当人畜跨进这个区域，两脚之间出现的电位差称为跨步电压。在这种电压作用下，电流从接触高电位的脚流进，从接触低电位的脚流出，从而形成触电。

图 10-8　跨步电压触电

跨步电压的大小取决于人体站立点与接地点的距离，距离越小，其跨步电压越大。当距离超过20m时（理论上为无穷远处）可认为跨步电压为零，不会发生触电危险（实际上，距接地点10m以外就没有多少危险了）。人体承受跨步电压时，电流沿人的一脚经胯部再到另一脚与大地形成回路，似乎危害不大，但跨步电压较高时，人会因脚抽筋摔倒使作用于人的电压升高，还可能使电流通过人体的路径改变而通过重要器官加大触电危险性。所以在可能形成跨步电压的电气设备周围要设置围栏，实行安全隔离。

4. 接触电压触电

电力线发生接地，除存在跨步电压处，若人体直接碰及带电体，将会产生接触电压的直接触电。由接触电压造成的触电事故称为接触电压触电。

5. 残余电压触电

当人触及带有剩余电荷的设备和线路时造成的触电事故，称为残余电压触电。储能元件，如并联电容器、电力电缆、电力变压器及大容量电机等，在退出运行或对其进行类似绝缘电阻表测量等检修后，会带上剩余电荷，因此要及时对试品放电，以防止残余电压触电。

四、触电现场急救（Electric shock on-site first-aid）

触电急救的步骤是：脱离电源→现场急救→外伤处理。

1. 脱离电源

人触电后，可能由于痉挛而紧抓带电体，不能自已脱离电源。此时抢救者在保护好自己不被触电的情况下尽快让触电者脱离电源，脱离电源的方法一般有以下几种。

（1）拉闸断电。触电时临近地点有电源开关或插头时，应立即拉开电源开关或拔下插头，切断电源。但应注意的是，一般拉线开关、平面开关只控制一根线，有可能断开的是零线而不能断开电源。

（2）切断电源线。若电源开关远离触电地点，可用带绝缘柄的电工钳或干燥木柄的斧头等切断电线，断开电源。

（3）用绝缘物品拨开电源线。当电线或带电体搭落在触电者身上或被压在身下时，可用干燥的绝缘物（如木质材料、塑料和橡胶制品、书本、棉麻品、瓷器等）挑开触电者身上的电线或用电器具；若一时不易使触电者与电线离开（如手紧抓带电体）时，可用木板插进触电者身下，使他的身体与大地隔离开来，从而断开电流的“通路”使触电者脱离电源。

（4）若触电者触及高压带电设备，应立即通知有关部门停电；若不能立即通知停电时可用适合该电压等级的绝缘工具（戴绝缘手套、穿绝缘靴并用绝缘棒）使触电者脱离电源　（注意自身的安全距离）。

（5）如触电发生在架空线路上时，若是低压带电线路，不能立刻切断电源时，由救护者迅速登杆，系好自己的安全带后用带绝缘胶柄的钢丝钳、干燥的绝缘物将触电者拉离电源；若是高压带电线路，不能立刻切断电源时，可以采用抛掷金属导体的方法，使线路短路迫使保护装置动作而断开电源。高空抛掷时要注意防火，抛掷点尽量远离触电者。

脱离电源时的注意事项：救护者一定要判明情况做好自身防护，在切断电源前不得与触电者接触；在触电者脱离电源的同时，要防止二次摔伤事故。如果触电事故发生在夜间，要及时解决临时照明，以免延误抢救时机。

2. 现场急救

当触电者脱离电源后，应根据触电者的轻重程度作简单诊断后采取相应的急救措施。

（1）判断触电者是否有意识。对成年人可轻拍或轻摇其肩头，并在耳朵边呼唤（你怎么啦？），若无反应即可认为此人已经丧失意识；对婴儿（小于 1 周岁）要叩击足底部、捏掐合谷处（即手背部拇指和食指间），看其是否哭泣；对儿童（1～8 周岁）轻拍肩头看其是否会哭叫。

（2）对意识丧失者要在 10s 内进一步判断其呼吸及心跳情况。方法是看、听、试。看：指看触电者胸腹部有无起伏来判断其呼吸情况；听：指用耳朵贴近口鼻听触电者有无呼气声音；试：指用手放在触电者鼻孔处感觉是否有气流从手指缝流过；或用中指和食指的指腹轻轻触摸颈部一侧喉结旁凹陷处的颈动脉或腹股沟动脉是否有搏动。另外可观察瞳孔是否放大来判断触电者是否“假死”，如图 10-9 所示。

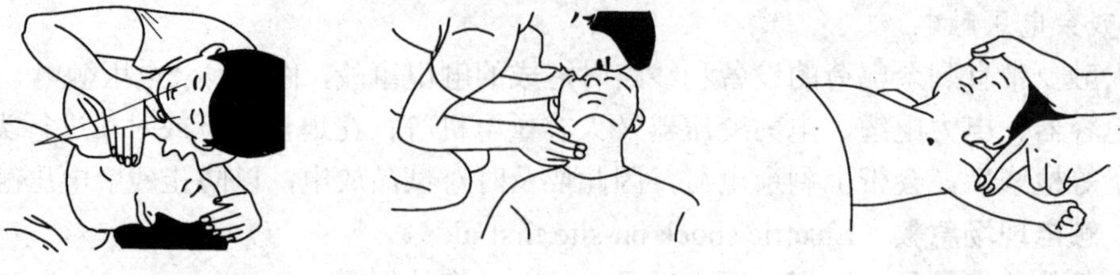

图 10-9　对触电者的检查

现场急救的措施：一是通畅气道，二是人工呼吸法，三是胸外心脏挤压法。

（3）通畅气道。通畅气道是保证有效进行人工呼吸的先决条件。呼吸道梗阻是发生心脏停搏的原因。梗阻部位常发生在咽喉部，意识丧失的触电者会因舌肌及颈部肌群松弛，舌和会厌下垂与咽后壁或声门紧密接触形成梗阻；或因口腔、咽喉部及气管内有异物堵塞（如呕吐物、分泌物、血块及泥土、假牙等）而气道不通。解除因舌后坠引起的梗阻方法有两种：一种是头后仰法，即一手置前额向下后推移，另一手放颈后将颈部向上抬起使头部尽量后仰；另一种是托下颌法，即一手压前额而另一手以除拇指外的四指将触电者下颌角用力向前方推移，同时将拇指置于下唇部向前下方拨动下颌使其张口以利于经口呼吸，如图 10-10 所示。

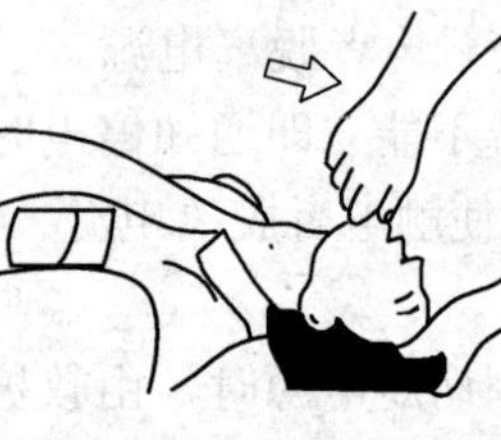

图 10-10　头后仰法

在进行通畅气道过程中要注意以下几点。

1）首先使触电者仰卧。解除妨碍胸部活动的衣领纽扣及腰带等物品，如果触电者口中有异物（可将下巴往下拉，观察口腔及鼻腔内情况）应立刻将其清除（不要占用过多时间），可先将其头部及身体同时置于侧身体位，施救者可以自己的膝部支撑于触电者的肩胛部以保持体位的稳定，以食指和中指伸入口中沿其颊部一直伸达舌根部向口腔外作扫刮式动作将异物清除，必要时可重复施行。

2）若怀疑有颈椎骨折者严禁用头后仰法，也不宜左右摆动头部，可用托下颌法且头部只需保持中间位即可。

3）头部后仰程度是以下颌角与耳垂连线与地面垂直为佳，对于儿童不宜过分后仰以免颈椎损伤。

4）开放气道要在 3～5s 内完成，且在整个急救过程中都要保持气道畅通。

（4）口对口（鼻）人工呼吸法。

人工呼吸法有俯卧式、仰卧式、手臂曲伸运动式及口对口（鼻）式等人工呼吸，实践及研究表明最有效的方法是口对口（鼻）人工呼吸。如图 10-11 所示，口对口人工呼吸的实施过程是：

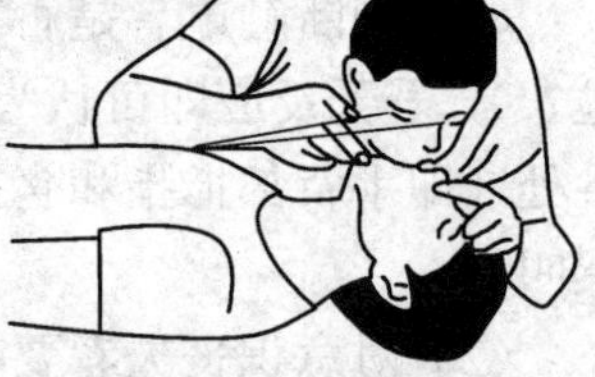

图 10-11　口对口人工呼吸法

1）使触电者仰卧，使头尽量后仰，鼻孔朝天。

2）施救者跪于触电者一侧，一手捏紧鼻孔，另一只手掰开嘴巴（如果张不开嘴巴，可以用口对鼻，但此时要把口捂住，防止漏气）。

3）深吸气后紧贴触电者嘴巴吹气，吹气时要使他胸部膨胀，然后快速把头移开，让触电者自行排气。先连续大口吹气两次，每次 1～1.5s。

4）对儿童只能小口吹气，以胸廓上抬为准。人工呼吸时对婴儿每分钟约 20 次，儿童每分钟约 16 次且鼻子不必捏紧。

在进行人工呼吸时，若胸壁起伏已肯定，在大吹两口气后，用食指中指试颈部动脉判断有无脉搏，脉搏不存在者可确定心跳已止，此时要同时进行人工呼吸和胸外心脏挤压，若此时有脉搏表明心脏尚未停搏只需用人工呼吸即可。

（5）胸外心脏挤压法。

1）让触电者仰卧在结实的平地或木板上，救护人员立或跪在触电者一侧，两手掌根相叠，两臂伸直，掌根放在心口窝稍上一点的地方，即放在胸骨下三分之一的部位，如图 10-12 所示。

2）掌根用力下压（向触电者脊背方向），成人压陷 3～5cm，按压后掌根很快抬起，让触电者胸部自动复原，胸外心脏按压要以均匀速度进行，挤压频率每分钟 60～80 次，反复进行。每次放松时，掌根不必完全离开胸壁，如图 10-13 所示。

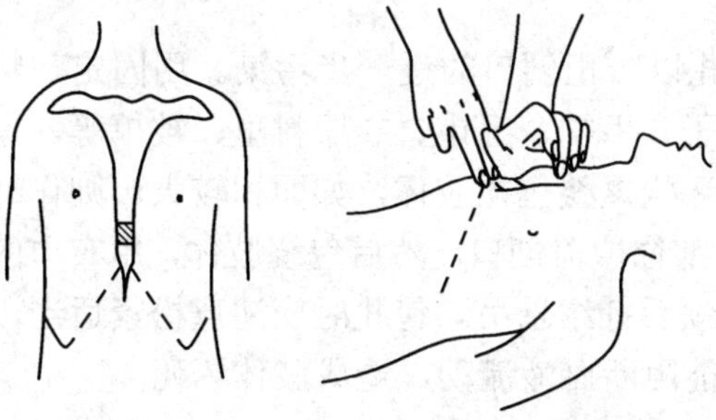

图 10-12　正确的按压位置

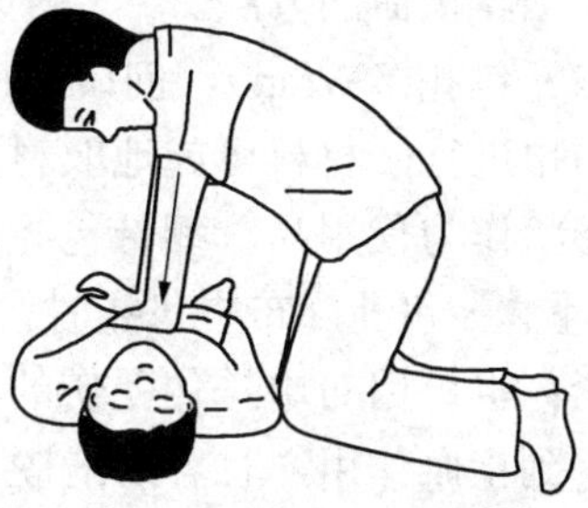

图 10-13　按压姿势与用力方法

（6）同时采用“口对口人工呼吸法”和“胸外心脏挤压法”。单人救护时，可先吹气 2 次，再挤压 15 次，交替进行。双人救护时，一人可跪在与触电者头部水平位置进行呼吸（先查意识、呼吸、脉搏），另一人跪在与触电者胸部水平位置挤压（在得知心跳停止后），可吹气 1 次，再挤压 5 次，交替进行，吹气须在挤压松弛的时间内完成，以免影响胸廓膨起，吹气者负责维持气道畅通、观察瞳孔、触摸颈部动脉。为配合默契挤压者可数口诀操作，若要互换操作可在查颈动脉时进行，中断不要超过 5s，循环进行。

（7）在急救进行了约几分钟后（相当于单人急救的四个 15 比 2 的循环），应进行第一次再判断，查看被救者的呼吸、脉搏是否恢复。如果已触摸到颈部动脉但无呼吸，则暂停胸外心脏挤压，而改用口对口人工呼吸继续抢救，若呼吸和脉搏都未恢复，则继续用人工呼吸法和胸外心脏挤压法。以后每进行 4～5min 查一次，每次检查时间不超过 5s。要根据具体的判断做相应的后续抢救措施，直至抢救成功或医生到来。

3. 外伤处理

对于与触电同时发生的外伤，应分情况进行酌情处理。对于不危及生命的轻度外伤，可以放在触电急救之后处理。

触电者常伴有创伤如烧伤、骨折和出血等，现场抢救时对于电灼伤处理的要点是：伤口保持清洁，要避免骨折部位移动，大量鲜血涌出时要及时止血。

（1）止血（Hemostasis）。一般出血分为动脉出血（出血为喷射状，血色鲜红）、静脉出血（创口出血为涌泉状，血色暗红）、毛细血管出血（创面出血为水珠状，血色鲜红，创口较浅）。

其中动脉出血的出血量最大，最难控制，危险性最大。止血方法有以下几种。

1）指压法。用清洁手指或手掌压迫出血点上方（即近心脏的部位）使血管压扁，血流中断，并将出血肢体抬高，以减少出血量。

2）包扎法。用无菌敷料、绷带、布巾等在创口部位进行覆盖与包扎。电灼伤应保持伤口清洁，伤口全部用清洁布片覆盖，防止污染。四肢烧伤时，先用清洁冷水冲洗，然后用清洁布片或消毒纱布覆盖送医院。

3）止血带法。止血带可以用布带、橡胶带，最好是气压止血带，严禁用电线、铁丝、细绳等，绑扎处应接近创口。用止血带止血时，应先用柔软布片数层垫在止血带下面以防组织过度受压坏死，但上臂中段、前臂及小腿不能缚扎，以免损伤神经。扎好后应作标记，绑扎超过 45min 以上，应松开 2min 后再扎紧。

动脉出血宜用指压法、止血带法止血；静脉出血宜用包扎法、止血带法止血；毛细血管出血用包扎法，也可用云南白药撒在创面上止住毛细血管出血及小静脉出血。尽量避免采用草灰、烟丝止血的方法。

（2）包扎（Wrap）。创口一般都应进行包扎以防止创口的进一步污染。用固定敷料、绷带、布巾进行，材料可就地取材，用干净的帽子、手帕、毛巾、衣服衬里、被单等，撕成合适的形状作为代用品。绷带包扎的方法一般是环状重叠包扎肢体，如面积较大，则作螺旋状（部分重叠）包扎。布巾包扎时，应将布巾中心部位覆盖创口，然后包绕肢体，用布巾的角打结收紧；也可用布巾托住受伤的上肢前臂，在颈后打结悬吊。包扎时应注意松紧适当，若太松起不到止血作用，且容易滑脱；若太紧则可能阻断血液流动，造成肢体坏死。

第四节　安全用电技术及预防措施

问题十：你了解安全用电的技术措施吗？如何保证安全用电？

安全用电要求电气工作人员、生产工作人员以及其他用电人员必须遵守有关安全用电的规定，采取必要的防护措施，在保证人身及设备安全的前提下正确用电。对于电工技术人员，除了应具有一定的安全用电常识外，还必须掌握电工操作安全防护技术、电工作业安全技术、电气设备安全技术和触电急救知识。

从触电事故分析可知，许多触电事故在现有条件下是可以预防的。为了防止和避免触电事故的发生，必须做好电气安全教育，做好电气安全管理工作，建立和健全电气操作安全制度，掌握一些保证电气安全的技术措施。

一、电气安全的基本要求

实践表明，触电事故的原因很多，设备不合格、设备安装不当、设备绝缘损坏而漏电、违章操作、误操作、制度不严等都有可能造成触电事故。一般来说，触电事故的共同原因是安全组织措施不健全、安全技术措施不完善所致。电气安全的措施及内容较多，主要有以下几个方面。

（1）做好安全教育。很多触电事故告诫人们，没有安全意识是造成触电事故的重要因素。因此必须加强安全教育，使用电人员认识安全用电的重要性，掌握安全用电的基本方法，才能消除人身触电事故的发生。

（2）建立健全的规章制度。必要而合理的规章制度是人们在长期从事电气生产实践工作中总结出来的，安全操作规程、电气安装规程、运行管理和维护制度，以及其他的规章制度是保证电气安全生产的基本因素。不同的电气工种应遵循相应的操作规程，安装电气线路及电气设备时必须严格遵守安装操作规程，对于某些特殊设备和特殊场所应有专人管理及专门的制度等。

（3）执行严格的电气安全检查制度。严格的电气安全检查制度，能及时发现电气设备的安全隐患。安全检查要着重抓“装、拆、检、修”四个方面。装：就是检查安装电气设备是否符合安装规程要求。拆：就是检查不用的电气设备是否能及时拆除。检：就是对电气设备进行定期检查。主要着重检查电气设备的绝缘性能，设备裸露带电部分的防护，开关及插座插头的良好性，保护接地、接零的正确性和可靠性，接地保护装置的可靠性，安全用具和灭火器材的配备情况等。修：是检查维修与检修制度的执行程度。

二、保证安全的组织措施

为了保证人身和设备的安全，我国电力部门制定了电气安全的组织措施。保证安全的组织措施主要有以下几个。

1. 工作票制度（Work-sheet System）

在电气设备上工作应填写工作票。在部分或全部停电的线路或设备上工作时必须填写工作票；工作票要写明工作任务、工作时间、停电范围、安全措施、工作负责人和工作班组成员，签发人、工作许可人、工作人员要签字。

工作票的形式一般有三种：第一种工作票、第二种工作票、口头或电话命令。对于第一种和第二种工作票以外的其他工作或紧急事故抢修设备，可以不填写工作票，而采用口头或电话命令，但值班员应将发令人、负责人以及工作任务详细记录，并向发令人复诵核对一遍，且安全技术组织措施应满足安全工作要求，并有监护人。工作票一式两份，一份交工作负责人，一份由值班员保存。

2. 工作许可制度（Work Permit System）

工作许可人（值班人）在完成施工现场的安全措施后应会同工作负责人到现场再次检查所做的安全措施，并确认检修设备无电压；对工作负责人指明带电设备和交待注意事项后与工作负责人在工作票上分别签名。完成上述许可手续后，方可开始工作。

3. 工作监护制度（Work Guardianship System）

在完成工作许可手续后，工作负责人应向全体工作人员交待清楚工作任务、工作范围、注意事项、带电的设备。

工作负责人（监护人）必须在工作现场，对工作人员的安全认真监护并及时纠正违反安全的行为。

4. 工作间断、转移和终结制度（Work Continuous Transfer and End System）

工作间断时，工作人员从工作现场撤出时所有安全措施保持不动，工作票由工作负责人执存；当工作量大需要长时间工作时，应保留所作全部安全措施。工作结束后，工作负责人应负责检查、清理工作现场，拆除所有的安全措施，撤出全体工作人员，确保工作设备能安全送电后再与值班人员办理结束工作手续。

值班人员接到工作负责人的工作结束申请后，应对工作设备进行检查，符合运行要求后与工作负责人相互在工作票上签名，注明结束工作时间，收回工作票。在未办理工作票终结手续以前，值班人员不得将检修设备合闸送电。在工作间断期间，若需要紧急送电，必须根据工作负责人的确切通知，全部工作人员已离开工作地点，拆除安全措施，用电设备符合要求的情况下方可送电。已结束的工作票要保存 3 个月。

三、保证安全的技术措施

在全部停电和部分停电的设备或线路上工作，必须完成停电、验电、装设接地线、悬挂标示牌或装设遮栏等保证安全的技术措施。上述措施由值班员执行并有人监护。

1. 停电（Power Failure）

在工作地点必须停电的设备有：①要检修的设备；②工作人员进行工作时，正常活动范围与带电设备距离小于表 10-1 规定设备；③带电部分在工作人员后面和两侧又无可靠安全措施的设备。

2. 验电（Electrometry）

变配电设备和线路停电后，在挂接地线前必须用验电器检验有无电压。验电器必须符合所验设备的电压等级，使用验电器前应先在有电设备上进行验证确认验电器良好后方可进行验电（对 6kV 以上带电体验电时，禁止验电器接触带电体）。高压验电时应戴绝缘手套，穿绝缘靴，不允许以电压表和信号灯有无指示作为判断有无电的依据。

3. 装设接地线（Installment Grounding Lines）

装设接地线的目的是防止工作地点意外来电，保证检修人员安全。

当验证设备无电后，将检修设备放电，装设接地线时，必须先接接地端，后接导体端，要求接触良好、可靠；拆接地线时，先拆导体端，后拆接地端。接地线应采用多股软裸铜线，截面不得小于 $25mm^2$。

4. 悬挂警告牌和装设遮栏

在一经合闸即可送电到工作地点的断路器和隔离开关的操作把手上悬挂“禁止合闸，有人工作！”警告牌；在室内高压设备上工作，应在工作点四周用绳子作好围栏，围栏上悬挂“在此工作”警告牌。在室外构架上工作，应在工作地点附近带电部分的横梁上悬挂“ 止步，高压危险！”警告牌，等等。凡是容易出现危险的地方均应挂上相应的警告牌。

四、保证安全的其他措施

1. 屏护（Screen Protection）

屏护是采用屏护装置控制不安全因素，即采用遮栏、护罩、箱闸等将带电体与外界隔离开来。

2. 间距（Spacing）

为防止人体触及或接近带电体，防止车辆等物体碰撞或过分接近带电体造成事故，以及为了防止火灾、防止过电压放电等各种短路事故，在带电体与带电体、带电体与地面、带电体与其他设备、设施之间均需保持一定的安全距离。间距的大小与电压高低、设备类型、安装的方式等因素有关。

3. 绝缘（Insulation）

即用不导电的绝缘材料把带电体封闭起来，这是防止直接触电的基本保护措施。

4. 漏电保护（Leakage Protection）

漏电保护装置在低压电网中发生电气设备及线路漏电或触电时能利用剩余电流来迅速自动切断故障线路或设备，从而保护人身安全。

5. 保护接地或接零

它是 I 类设备的附加安全预防措施，能使可触及的导电设备在工作绝缘损坏后不成为带电体。

6. 安全电压（Safety Voltage）

在特别危险环境中应用安全电压设备。由独立电源或具备双线圈的变压器供电，即使外壳带电但流过人体电流较小不足以发生触电事故。

7. 使用绝缘安全用具（Use Insulation Safe Appliance）

如操作者穿绝缘鞋、戴绝缘手套或站在绝缘台上等使人与设备分隔。

本 章 小 结

（1）安全用电技术涉及到电气产品本身的质量，以及人们在设备安装、使用、维修过程中不发生电气事故。

（2）防止触电的技术措施很多，如果将防止触电的技术措施按照直接电击和间接电击分类，则安全电压、漏电保护等属于既防止直接电击，又防止间接电击的安全措施；绝缘、屏护、间距等属于防止直接电击的安全措施；保护接地、保护接零、加强绝缘等措施属于防止间接电击的安全措施。

（3）触电急救的方法主要有口对口人工呼吸法和胸外心脏挤压法。

（4）保证安全的组织措施主要有工作票制度、工作许可制度、工作监护制度、工作间断转移和终结制度。

（5）保证安全的技术措施主要有停电、验电、装设接地线、挂警告牌和装设遮栏。

习 题 十

1. 安全电压是指哪些电压？为什么安全电压常用 12、24、36V 这三个电压等级？
2. 发生电气火灾应如何扑救？
3. 人体触电有哪几种类型？哪几种方式？
4. 发现有人触电，用哪些方法使触电人尽快脱离电源？
5. 采用口对口人工呼吸时应注意什么？
6. 胸外心脏挤压法在什么情况下使用？试简述其动作要领。
7. 什么叫保护接地？什么叫保护接零？保护接地是如何起到保护人身安全作用的？
8. 保护接地、保护接零的原理是什么？它们的适用范围有哪些？
9. 安全用电的组织措施有哪些？
10. 安全用电的技术措施有哪些？

教学项目十三（仅供参考）

接地装置的设计、安装及测量

（一）能力目标

（1）能设计制作接地装置。

（2）能进行接地装置的安装。

（3）能测量接地装置的接地电阻。

（二）知识目标

（1）了解作为一名电气工作人员的必备条件。

（2）熟悉接地和接零保护的组成。

（3）掌握工作接地、保护接地、保护接零及防雷接地的接线方法。

（4）熟悉接地装置的制作及接地电阻的测量。

（三）工作任务

进行某一接地装置的设计、选材、制作、安装并掌握测量接地电阻的方法。

（四）相关实践知识

第十章第二节：接地装置；接地电阻的测量；接地装置的检修。

（五）相关理论知识

第十章第一节：安全用电知识；第二节：接地和接零保护。

（六）拓展知识

（1）电流对人体的危害，安全电压。

（2）电气工作人员人身安全知识。

（3）电气火灾与防爆方法。

教学项目十四（仅供参考）

触电急救方法分析

（一）能力目标

（1）能用“口对口人工呼吸法”对触电人员进行急救。

（2）能用“胸外心脏挤压法”对触电人员进行急救。

（二）知识目标

（1）了解触电的原因、触电的种类和触电的方式。

（2）掌握触电急救的步骤。

（3）掌握触电急救中口对口人工呼吸法和胸外心脏挤压法。

（三）工作任务

（1）分析触电的原因。

（2）施救者单独或两人一组，相互进行口对口人工呼吸法和胸外心脏挤压法对触电者施行急救。

（四）相关实践知识

第十章第三节：触电急救。

老师在心肺复苏人体模型（没有人体模型，则可直接在人体上进行）演示两种急救方法。单人操作步骤及流程如图 10-14 所示。

（五）相关理论知识

第十章第三节：触电的原因，触电的种类，触电的方式，触电急救方法。

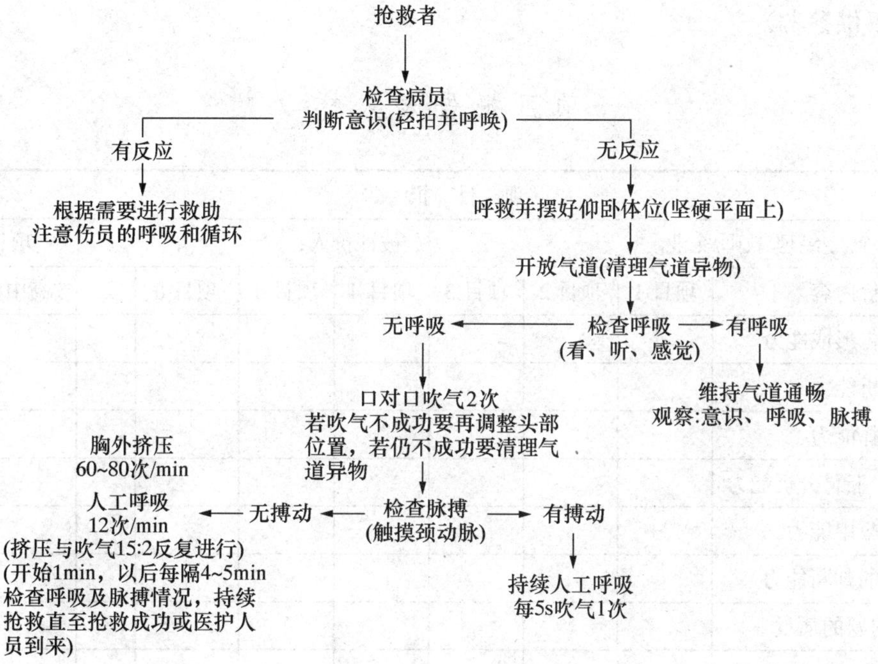

图 10-14　单人现场心肺复苏法流程图

（六）拓展知识

第十章第四节：安全用电技术及预防措施。

附录一（仅供参考）

项目报告表式样

项 目 报 告								
评价人：个人/经理/教师/企业				被评价人：				项目号
评价内容	项目 1	项目 2	项目 3	项目 4	项目 5	项目 6		按高中低进行合计
项目报告形成能力								
分析能力								
选择能力								
资料查阅、汇总分析能力								
知识应用能力								
对问题的判断能力								
回答问题的质量								
应变能力								
语言表达能力								
与人合作								
经济意识								
自学能力								
安全意识								
外语能力								
遵守纪律								
按高中低进行合计								

附录二

部分习题参考解答

习　题　一

1．实现电能的传输和转换或实现电信号传递和处理。

2．电路由电源、中间环节和负载三个基本部分组成。电源的作用是将其他形式的能转换成电能供负载使用；负载的作用是将电能转换为其他形式的能，中间环节的作用是连接电源和负载，并传输和控制电能。

3．电感元件储存的能量与电感元件的电感量和流过电感的电流有关。

4．凡是端电压保持恒定值U_s或端电压$u_s(t)$是某一固定的时间函数，而与流过其中电流无关的电源称为理想电压源。

5．输出电流始终保持恒定值I_s或是某一固定的时间函数$i(t)$，而与加在其两端电压无关的电源称为理想电流源。

6．电容元件储存的能量与电容元件的容量和端电压有关。

7．图1-22（a）5V；图1-22（b）–5V；图1-22（c）5V；图1-22（d）–5V

8．图1-23（a）4mA；图1-23（b）–4mA；图1-23（c）–0.2A；图1-23（d）0.2A

9．$U_{BD}=20V$，$U_{AC}=21V$。

10．图1-25（a）–12W，释放功率；图1-25（b）12W，吸收功率；图1-25（c）0.1W，吸收功率

11．25h

12．0.07A；14.14V

13．223.6V；0.02A

14．298.3W；不安全。

15．$U_{ab}=8V$

习　题　二

1．电流表未串联电阻之前的最大量程为$U_g=I_gR_g=0.5V$，改装为量程 5V 的电压表，即$U=5V$，据分压公式$U_g=R_gU/(R+R_g), R=UR_g/U_g-R_g=90k\Omega$

2．$R=R_1+R_2+R_3=6\Omega$，$I=I_1=I_2=I_3=1A$，$U_1=I_1R_1=1V$，$U_2=I_2R_2=2V$，$U_3=I_3\ R_3=3V$

3．（1）$1/R=1/R_1+1/R_2+1/R_3=(1/6)S, R=6\Omega$；（2）$U=U_1=U_2=U_3=6V$；

（3）$I_1=U_1/R_1=0.6A, I_2=U_2/R_2=0.3A, I_3=U_3/R_3=0.1A$，$I=I_1+I_2+I_3=1A$或$I=U/R=1A$；（4）$P_1=R_1I^2=U_1^{\ 2}/R_1=3.6W$

4．提示：扩大电压表量程电路实际上为串联电路，它利用了串联电阻分压原理。在不同量程的电路中，表头的参数始终保持不变。只是量程越大与表头串联的电阻个数越多。流过表头电流$I=U/R_V=5/10000=0.5mA$

（1）15V 量程：$R_V + R_1 = U/I = 30k\Omega$，$R_1 = 20k\Omega$；

（2）25V 量程：$U/R_V = (25-U)/(R_1+R_2)$，$R_2 = 20k\Omega$；

（3）150V 量程：$R_1 + R_2 + R_3 + R_V = U/I = 300k\Omega,\ R_3 = 250k\Omega$

或：$R = (150-25)/I = 250k\Omega$。

5．$R = R_1 // [R_2 + (R_3 // R_4)] = 10\Omega$，$I = U/R = 0.6A$，$I_1 = U_1/R_1 = 0.3A$，$I_2 = I - I_1 = 0.3A$ 或 $I_2 = U/R_{234} = 0.3A$

6. 提示：电流表扩大量程运用的是电阻并联时可以分流的特点。当电流表的量程越大时，与表头并联的电阻的数值应越小，表头电压 $U = I_A R_A = 0.18V$

（1）5mA 量程：$I_{R1} = I - I_A = 4.9mA,\ R_1 = U/I_{R1} \approx 36.7\Omega$

（2）30mA 量程：$I_{R2} = I - I_A = 29.9mA,\ R_2 = U/I_{R2} = 6.02\Omega$

7. 图2-44（a）：$R_{ab} = (3//6) + 6 + (8//8) = 12(\Omega)$；图2-44（b）：$R_{ab} = 20//[17 + (6//6)] = 10(\Omega)$

8．提示：将图 2-45（a）和图 2-45（b）中较长的连线缩短，可以看清楚各电阻间的连接关系；图 2-45（a）：$R_{ab} = [(6//6)+7]//10 + 5 = 10(\Omega)$，图 2-45（b）：4 个电阻并联 $R_{ab} = 1/4 = 0.25(\Omega)$；图 2-45（c）：$R_{ab} = [(5+5)//15] + 6 = 12(\Omega)$，$R_{cd} = (15+5)//5 = 4(\Omega)$

9．把晶体管看成为一个节点，$I_e + I_c = I_b,\ I_c = -4.8mA$，实际方向与图示相反。

10．$I_5 = I_2 - I_3 + I_4 - I_1 = -10A$

11．由右侧假想回路得：$U = 12 - 5I_2 = 4$，$I_2 = 1.6A$；由左侧支路得：$U = 6 - I_1 = 4$，$I_1 = 1A$，由 KCL 得：$I_3 = I_1 + I_2 = 2.6A$

12．由 KCL 知：$I_1 = I_{s1} = 6A,\ I_2 = I_{s2} = 2A$，$I_3 = I_1 - I_2 = 4A$，$U_3 = I_3 R_1 = 12V$；$U_4 = I_3 R_2 = 4V$

d 点参考：$V_c = U_4 = 4V,\ V_b = V_c + U_3 = 16V$，$V_a = V_b - U_s = 14V$

由 KVL 知：$U_2 = V_b = 16V,\ U_1 = V_a = 14V,\ I_{s1}$ 发出的功率 $P_1 = U_1 I_1 = 84W$；I_{s2} 吸收的功率：$P_2 = U_2 I_2 = 32W,\ U_s$ 发出的功率 $P_3 = U_s I_1 = 12W$；

13.（1）有 4 节点，3 网孔；选各支路参考方向如附图 1 所示。例如：c 节点的电流方程 $I_1 + I_2 - I_3 = 0$；（2）S 断开时，

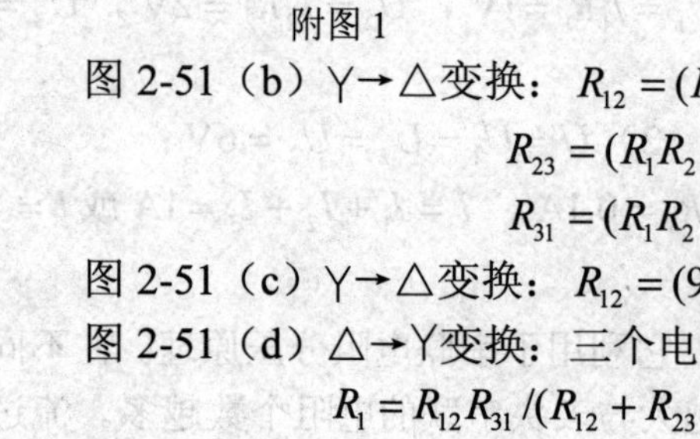

附图 1

$I_1 = I_a = -I_2$，$I_a = I_1 = 9/(3+6) = 1A$，

$I_b = (3+5)/3 = (8/3)A$，

$U_{ab} = -9 + 3I_1 + 6 - 3 = -3(V)$

$U_{bc} = -3 + 6 = -3(V)$，或 $U_{bc} = 3I_b - 5 - 6 = -3(V)$

14．图 2-51（a）Y→△变换：因为 $R_1 = R_2 = R_3 = 4\Omega,\ R_{12} = R_{13} = R_{23} = 3\times 4 = 12\Omega$（图形略）。

图 2-51（b）Y→△变换：$R_{12} = (R_1R_2 + R_2R_3 + R_3R_1)/R_3 = 19\Omega$

$$R_{23} = (R_1R_2 + R_2R_3 + R_3R_1)/R_1 = (19/4)\Omega$$

$$R_{31} = (R_1R_2 + R_2R_3 + R_3R_1)/R_2 = (19/3)\Omega$$

图 2-51（c）Y→△变换：$R_{12} = (9/8)\Omega,\ R_{23} = (3/4)\Omega$，$R_{31} = (3/2)\Omega$

图 2-51（d）△→Y变换：三个电阻相等：

$$R_1 = R_{12}R_{31}/(R_{12} + R_{23} + R_{31}) = (7/3)\Omega,\ R_1 = R_2 = R_3 = (7/3)\Omega$$

图 2-51（e）△→Y变换：

$R_1 = R_{12}R_{31}/(R_{12}+R_{23}+R_{31}) = 1\Omega$, $R_2 = R_{12}R_{23}/(R_{12}+R_{23}+R_{31}) = 0.5\Omega$,

$R_3 = R_{23}R_{31}/(R_{12}+R_{23}+R_{31}) = (1/3)\Omega$

图 2-51（f）△→Y变换：$R_1 = (1/11)\Omega$, $R_2 = (3/11)\Omega$，$R_3 = (2/11)\Omega$

15．图 2-52（a）将三个三角形连接的 300Ω电阻等效变换成星形电阻，化简电路如附图 2（a）所示，$R_{ab} = 100 + (100+100)/2 = 200\Omega$；

图 2-52（b）将三个三角形连接的 9kΩ电阻等效变换为星形电阻，化简电路如附图 2（b）所示，$R_{ab} = 3 + (3+6)/2 = 7.5\text{k}\Omega$

16．三个 6Ω电阻等效变换成星形，如附图 3 所示，$I_z = U/R = -8/(3+4//6) = -1.82(\text{A})$

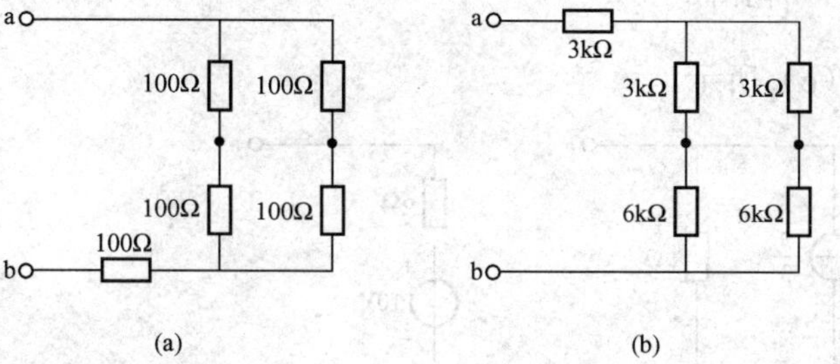

附图 2

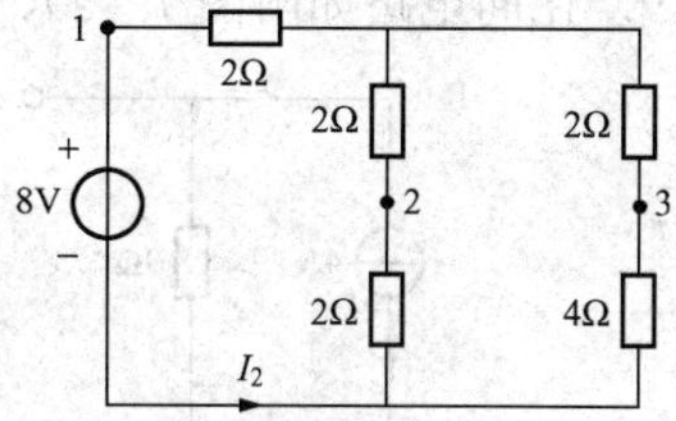

附图 3

17．图 2-54（a）6V 电压源和 3Ω电阻及 12V 电压源和 6Ω电阻组成两个实际电压源且并联，将实际电压源用实际电流源等效。化简电路如附图 4（a）所示。

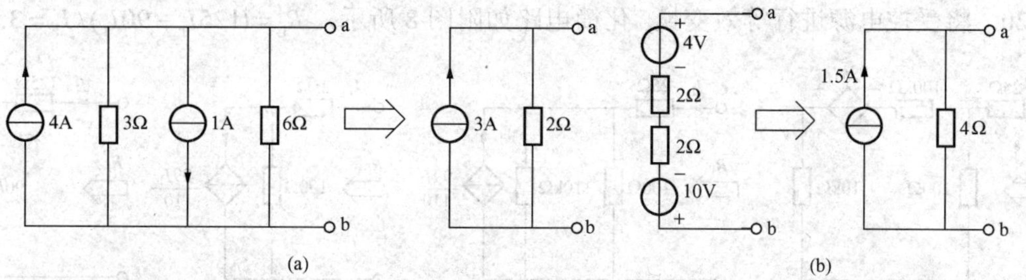

附图 4

图 2-54（b）：将两个实际电流源化简为电压源，再将两电压串联。

图 2-54（c）：根据电流源的性质（与电流源串联的任何元件可换成短路线而对外电路没有影响）将 5V 电压源用短路线代替，再将 5V 电压源和 5Ω电阻组成的实际电压源等效为电流源，然后合并。其简化过程和等效电路如附图 5（c）所示。

图 2-54（d）：6A 电流源与 5V 电压源并联时，根据电压源的性质（与电压源并联的任何元件均可断开或取走而对外电路没有影响（将 6A 电流源取走）。

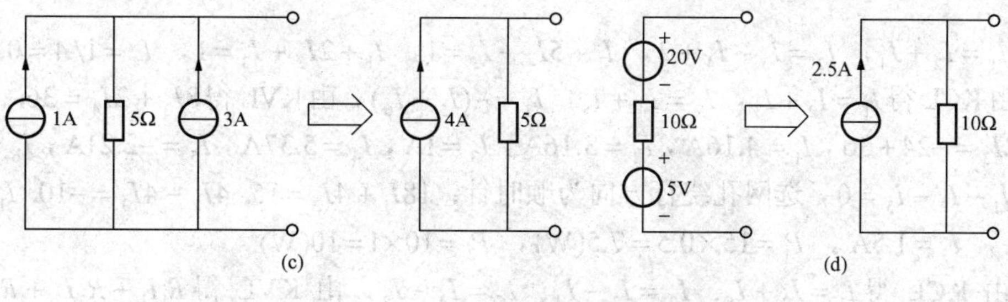

附图 5

18．计算结果和等效电路如附图 6（a）、（b）、（c）、（d）所示。

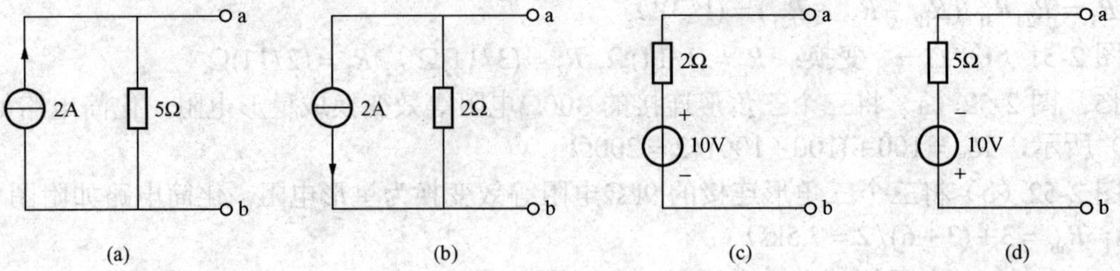

附图 6

19．化简电路如附图 7（a）、（b）、（c）所示。

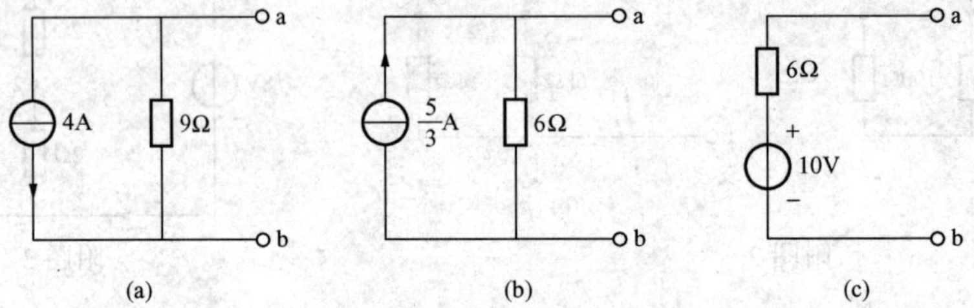

附图 7　等效电路

20．将受控电源进行等效变换，化简电路如附图 8 所示，$R_i = (125I_1 - 90I_1)/I_1 = 35\Omega$

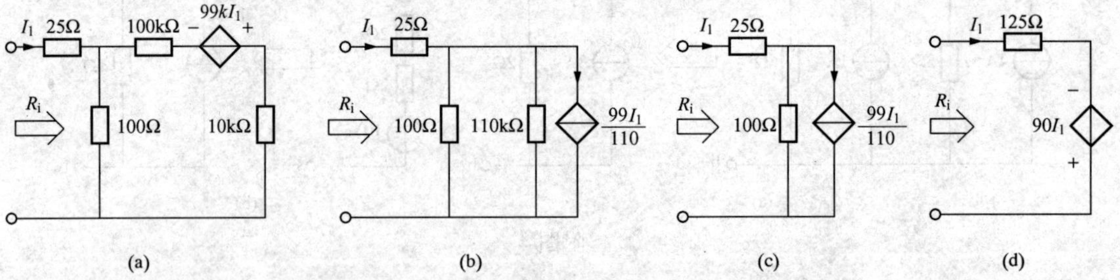

附图 8　等效电路

21．将受控电流源等效变换成受控电压源，由 VCR 定律求出 I

$I = (-U_s + 500I)/(1000 + 1000 + 500)$, $I = -5\text{mA}$，$U = -IR_L = -2.5\text{V}$

22．由 KVL 定律列方程得 $U_s + 2U_1 = I\,(R_1 + R_2)$，$U_1 = IR_1$；解得 $I = 2.5\text{A}$

习　题　三

1．$I_1 = I_2 + I_4$，$I_2 = I_3 - I_4 + 2$，$I_1 + 5I_4 + I_3 = 1$，$I_1 + 2I_2 + I_3 = 1$，$I_4 = 1/4 = 0.25(\text{A})$

2．由 KCL 得 $I_1 = I_2 + I_3$，$I_2 = I_4 + I_5$，$I_3 = -(I_5 + I_6)$，由 KVL 得 $8I_2 + 2I_4 = 36$，$2I_4 - 6I_5 = 24$，$12I_3 = -24 + 36$，$I_1 = 4.16\text{A}$，$I_2 = 3.16\text{A}$，$I_3 = 1\text{A}$，$I_4 = 5.37\text{A}$，$I_5 = -2.21\text{A}$，$I_6 = -1.21\text{A}$

3．$I_1 - I_2 - I_3 = 0$，选网孔绕行方向为顺时针：$18I_1 + 4I_3 = 15$，$4I_2 - 4I_3 = -10$，$I_1 = 0.5\text{A}$，$I_2 = -1\text{A}$，$I_3 = 1.5\text{A}$，$P_1 = 15 \times 0.5 = 7.5(\text{W})$，$P_2 = 10 \times 1 = 10(\text{W})$

4．由 KCL 得 $I_1 = I_2 + I_6$，$I_2 = I_3 - I_4$，$I_6 = I_4 - I_5$，由 KVL 得 $R_1I_1 + R_2I_2 + R_3I_3 = U_{s3}$，

$R_3I_3 + R_4I_4 + R_5I_5 = U_{s3}$，$-R_2I_2 + R_4I_4 + R_6I_6 = U_{s6}$，$I_5 = -305/319 = -0.956(\text{A})$

5．$U_{\text{N}'\text{N}} = \Sigma I_{sk}/\Sigma G_k = (10/10+10/10+10/10)/(1/10+1/10+1/10+1/5) = 6(\text{V})$

$U_{\text{N}'\text{N}} = RI_0 = 6\text{V}, I_0 = 1.2\text{A}, U_{\text{N}'\text{N}} = 10-10I_1 = 6$，$I_1 = I_2 = I_3 = 0.4\text{A}$

6．$U_{12} = (130/2+100/5)/(1/2+1/10+1/5) = 85/0.8 = 106.25(\text{V})$，$U_{12} = -2I_1+130,\ U_{12} = 5I_2 +100,\ U_{12} = 10I_3$，$I_1 = 11.875\text{A}$，$I_2 = 1.25\text{A}$，$I_3 = 10.625\text{A}$

7．设 b 为参考节点，$U_{\text{ab}} = (12/6+4)/(1/6+1/6) = 18(\text{V}),\ I = U/R = 18/6 = 3(\text{A})$。

8．$U_{\text{ab}} = [24/6-30/3]/[1/6+1/6+1/3] = -9(\text{V}),\ U_{\text{ab}} = 24-6I_1,\ I_1 = 5.5\text{A},\ U_{\text{ab}} = -30-3I_2,\ I_2 = -7(\text{A}),\ U_{\text{ab}} = 6I_3 = -9\text{V}, I_3 = -1.5\text{A}$

9．选网孔 1、2 为顺时针、网孔 3 逆时针方向：$I_0 = 0.1U_{\text{A}} = 0.9I_{L1}$，$(9+18)I_{L1} - 18I_{L2} = 42,\ -18I_{L1} + (3+18)I_{L2} + 3\times 0.9I_{L1} = 20,\ I_0 = 0.9\times 4.26 = 3.834(\text{A})$

10．选网孔 2、3 为顺时针，网孔 1 为逆时针方向，则 $200I_{\text{I}} + 100I_{\text{III}} = 180$，$600I_{\text{II}} - 200I_{\text{III}} = 60,\ 100I_{\text{I}} - 200I_{\text{II}} + 700I_{\text{III}} = 120,\ I_{\text{I}} = (6/7)\text{A},\ I_{\text{II}} = (9/70)\text{A}$，$I_{\text{III}} = (3/35)\text{A},\ I_1 = I_{\text{I}} + I_{\text{III}} = (66/70)\text{A},\ I_2 = I_{\text{I}} + I_{\text{II}} = (69/70)\text{A},\ P_{120} = 113.14\text{W},\ P_{60} = 59.14\text{W}$

11．选网孔 1、2 为顺时针方向，则 $(6+6)I_{\text{I}} - 6I_{\text{II}} = 24, -6I_{\text{I}} + (6+3)I_{\text{II}} = 30$，$I_{\text{I}} = 5.5\text{A},\ I_{\text{II}} = 7\text{A},\ I_1 = I_{\text{I}} = 5.5\text{A},\ I_2 = -I_{\text{II}} = -7\text{A},\ I_3 = I_{\text{I}} - I_{\text{II}} = -1.5\text{A}$

12．选网孔 1、2 为顺时针方向：$(10+5+6)I_{\text{I}} - 6I_{\text{II}} = 30,\ -6I_{\text{I}} + (10+5+6)I_{\text{II}} = 10$，$I_{\text{I}} = 1.704\text{A},\ I_{\text{II}} = 0.963\text{A}$，$I = I_{\text{I}} - I_{\text{II}} = 0.74\text{A}$

13．利用弥尔曼定理得 $U_{\text{a}} = [120/60-120/30-100/20]/[1/60+1/30+1/20] = -70\text{V}$，用戴维南定理，断开 20kΩ电阻，求 $U_{\text{oc}} = 60\text{V},\ R_0 = 20\text{k}\Omega,\ I = 60/(20+20) = 1.5\text{mA}$

14．利用戴维南定理，断开二极管支路，$U_{\text{oc}} = 10I - 20,\ R_0 = 20//10 = 20/3\text{k}\Omega,\ U_{\text{a}} = [5\times 20/3]/[5+20/3] = 2.857\text{V}$（二极管正向导通）

15．断开 ab 支路，求 $U_{\text{oc}} = 100\times 60/[40+60] = 60\text{V},\ R_0 = 60//40 = 24\Omega,\ I = 0.294\text{A}$

16．断开 ab 支路 4Ω 电阻，求戴维南电路，$U_{\text{ab}} = [12\times 4/(4=4)-8] = -2(\text{V}),\ R_0 = 4//4 = 2\Omega,\ I = U_{\text{ab}}/(4+4) \approx -0.33(\text{A})$

17．断开 R_L，$U_{0C} = 30\times 40/(30+60) = (40/3)\text{V},\ R_0 = 20+60//30 = 40\Omega$，$P_{\text{m}} = U_{0C}^2/4R_0 = 10/9 \approx 1.1\text{W}$

18．（1）电流源作用，则 $I_2' = 6\times 5/(9+6) = 2(\text{A}),\ I_3' = -9\times 5/(9+6) = -3(\text{A}),\ U_{\text{s1}}' = -5\times 5 + 6I_3' = -43\text{V}$

（2）电压源作用，则 $I_2'' = I_3'' = 30/(9+6) = 2(\text{A}),\ U_{\text{s1}}'' = 6I_3'' = 12(\text{V})$

$I_2 = I_2' + I_2'' = 4\text{A},\ I_3 = I_3' + I_3'' = -1\text{A},\ U_{\text{s1}} = U_{\text{s1}}' + U_{\text{s1}}'' = -31(\text{V})$

19．（1）6A 电流源作用，则 $I_1' = 6\times 3/[3+2+2+2] = 2\text{A}$

（2）6V 电压源作用，则 $(2+2+2+3)I_1'' = -6,\ I_1'' = (-2/3)\text{A}$

（3）24V 电压源作用，则 $(2+2+2+3)I_1''' = 24,\ I_1''' = (8/3)\text{A}$

（4）$I_3 = 6 - I_1 = 2\text{A},\ U_1 = 3I_3 = 6\text{V}$

20．（1）支路电流法：选网孔①、②为顺时针绕行方向

$$\begin{cases} I_1 + I_2 - I_3 = 0 \\ R_1I_1 - R_2I_2 = U_{\text{s1}} + U_{\text{s2}} \\ R_2I_2 + R_3I_3 = U_{\text{s2}} \end{cases}$$

则 $I_1 = 1.8\text{A}, I = 0.6\text{A}, I_3 = 2.4\text{A}$

（2）利用戴维南定理，则断开 R_3 支路，求开口电压 U_{oc} 及 R_0；$U_{oc} = U_{s2} + 2I = 8\text{V}$，$R_0 = R_1 // R_2 = (4/3)\Omega$，$I_3 = U_{oc}/(R_0 + R_3) = 2.4\text{A}$

（3）利用叠加定理，则 U_{s1} 作用：$I_1' = U_{s1}/[R_1 + R_2 // R_3] = 2.4\text{A}, I_3' = I_1'R_2/(R_2 + R_3) = 1.2\text{A}$

U_{s2} 作用：$I_2'' = U_{s2}/[R_2 + R_1 // R_3] = 1.8\text{A}, I_3'' = I_2''R_1/(R_1 + R_3) = 1.2\text{A}, I_3 = I_3' + I_3'' = 2.4\text{A}$。

21．列网孔电流方程步骤如下：①选网孔电流（一般按顺时针方向）；②依据 $\Sigma RI = \Sigma U_s$ 列方程，即网孔电阻压降代数和等于网孔电压源代数和；③解方程得各网孔电流；④各支路电流是网孔电流或网孔电流代数和。将网孔取为顺时针的优点：方程左方互电阻都是负号；方程右方中公共支路的电压源出现两次，一次为正，一次为负，便于校验。有电流源时，尽可能将该支路拉到边界上去。

22．节点法方程有 n 个，n 为独立节点数。节点方程一般形式为（以第 i 节点为例）$G_{i1}U_1 + G_{i2}U_2 + \cdots + G_{in}U_n = \sum_i GU_s + \sum_i I_s$ 其中，U_1、U_2、…、U_n 是各节点电压；G_{ii} 是自电导；G_{ij} 是互电导，恒为负；$\sum_i GU + \sum_i I_s$ 是节点 i 的等效电流源，电流源指向节点取正。如有理想电压源，尽量将其中一端选为参考节点，另一端节点电压为已知。列节点方程式，可先不假定支路电流方向，解出节点电压后，在求支路电流前确定。

23．如有受控源，先将它当成独立源，列网孔、节点方程，然后再将控制关系代入。

24．在含受控源电路中用叠加定理时，将每个独立源单独作用，再叠加。

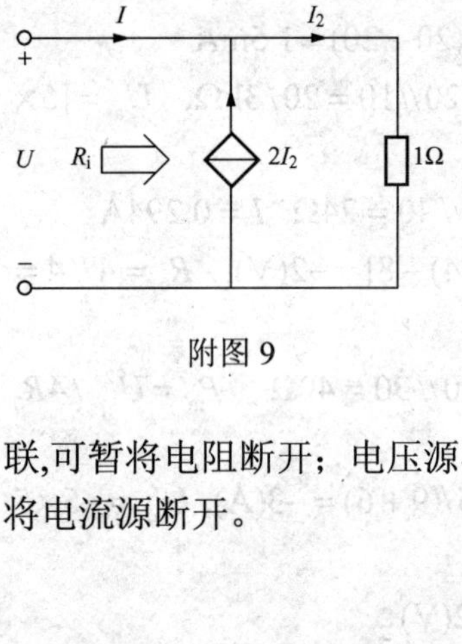

附图 9

25．等值替换指替换后的新网络中未被替换的部分电压、电流保持不变。等值替换可化简网络，如串并联、Y—△变换等。

26．在含受控源的一端口网络上加电压，可求出端口电流，且端口电压与端口电流成正比，比值就是电阻；此电阻可能为负，如附图 9 电路中，$R_i = U/I = U/(-2I_2 + I_2) = U/(-I_2) = -1\Omega$。

27．电流源与电阻串联,可暂将电阻短接；电压源与电阻并联,可暂将电阻断开；电压源与电流源串联，可暂将电压源短接；电压源与电流源并联，可暂将电流源断开。

习　题　四

1．（1）9.97A，1000rad/s，159Hz，$\dfrac{\pi}{6}$；（2）1.05ms

2．（1）$U_{m1} = 100\sqrt{2}\,\text{V}$，$U_{m2} = 180\sqrt{2}\,\text{V}$，$U_1 = 100\,\text{V}, U_2 = 180\,\text{V}$；

（2）314rad/s，50Hz，0.02S；

（3）$\psi_1 = 150°$，$\psi_2 = -60°$，$\varphi_{12} = -150°$，u_1 滞后 u_2 150°，（4）波形图略

3．（1）$5\sqrt{2}\sin\left(314t + \dfrac{\pi}{6}\right)\text{A}$；（2）$i(0.01) = -2.5\sqrt{2}\,\text{A}$

4．　$10 + \text{j}4$；$2 + \text{j}12$；$56.6\angle 8.1°$；$1.79\angle 98.1°$

5．（1）$2.5\sqrt{2}\angle -120°\,\text{V}$，$5\sqrt{2}\angle 150°\,\text{V}$；（2）90°；

（3）说明方向与原来相反，即在原来的初相上加或减180°

6.（1）$3\angle 30°$ A，$4\angle -60°$ A；（2）$i = i_1 + i_2 = 5\sqrt{2}\sin(314t - 23.1°)$ A

7.（1）$u = 10\sin(314t - 45°)$ V；（2）$u = 100\sqrt{2}\sin(314t + 60°)$ V

（3）$380\sqrt{2}\sin(314t - 60°)$ V；（4）$0.8\sqrt{2}\sin(314t + 150°)$ A

（5）$9\sin(314t - 120°)$ A；（6）$3\sqrt{2}\sin(314t - 180°)$ A

8.（1）$40\angle 30°$ V，40V，$u = 40\sqrt{2}\sin(\omega t + 30°)$；（2）40W，80W

9.（1）40Ω；（2）$400\angle 143.1°$ V，$400\sqrt{2}\sin(314t + 143.1°)$ V；（3）4000 var，4000var

10.（1）31.8mH；（2）0.5A

11.（1）50Ω；（2）$1\angle 30°$ A，$i = \sqrt{2}\sin(1000t + 30°)$ A；（3）-50 var

12.（1）电感元件，0.14H；（2）电容元件，159μF；（3）电阻元件，15Ω

13.（1）$178.9\angle 63.4°$ V；（2）$80\angle 0°$ V；$160\angle 153.4°$ V；（3）略

14.（1）2A；30Ω

15. PV1 不变，PV2 增大一倍，PV3 减小一半。PA1 不变，PA2 减小一半，PA3 增大一倍。

16.（1）$50\angle 36.9°$ Ω；（2）$80\angle 30°$ V，$160\angle 120°$ V，$100\angle -60°$ V，$100\angle 66.9°$ V

17. $20\angle 36.87°$ A

18. $10\angle 30°$ A，$10\angle -60°$ A，$20\angle 120°$ A，$14\angle 75°$ A

19.（1）$1.25\angle 36.87°$ S，容性；（2）$4\sqrt{2}\sin(2t - 36.87°)$ V，$4\sqrt{2}\sin(2t - 36.87°)$ A，$\sqrt{2}\sin(2t - 126.87°)$ A，$4\sqrt{2}\sin(2t + 53.13°)$ A

20. 6.8Ω，0.22H

21. $4\sqrt{2}\angle 0°$ A

22. 5.58μF

23.（a）$1 - \mathrm{j}2\Omega$，$0.2 + \mathrm{j}0.4$ s；（B）$2 - \mathrm{j}1\Omega$，0.4+j2s

24.（1）$18\angle -60°$ Ω，$0.056\angle 60°$ S；（2）容性；（3）9Ω，15.6Ω

25. $44.72\angle 26.57°$ A，$20\angle 90°$ A，40A

26.（1）2Ω，0.5S；（2）$\dot{I} = 4$ A，$\dot{I}_1 = 3.2\angle -18.4°$，$\dot{I}_2 = 4.4\angle -26.6°$ A

27. $u_L = 20\sqrt{2}\sin(2t + 71.57°)$ V；$i_C = 7.07\sqrt{2}\sin(2t + 26.57°)$

28. $2.24\angle 63.4°$ V

29. 图4-45（a）$50\sqrt{2}\angle 45°\Omega$，$\dfrac{\sqrt{2}}{100}\angle -45°$ S；图4-45（b）$1.02\angle 78.69°\Omega$，$0.98\angle -78.69°$ S

30.（1）0.66A；（2）43.7W，-138.5var(容性)，145.2VA

31.（1）30Ω、68.7Ω、137.4V；（2）275var、300VA、0.4

32. 1300W；1971var；1360VA；0.55；10.7A

33.（1）发出：$560\angle 26.57°$ VA；吸收：$627\angle 53.1°$ VA，$280\angle -63.53°$ VA；

（2）0.894

34. 11Ω，60.5mH，10A；（2）71.1μF；（3）6.25A

35.（1）20.68kW；（2）2.9kvar；（3）32.88kVA；（4）0.99

36. $\dot{V}_1 = 4.47\angle 26.57°$ V，$\dot{V}_2 = 5.1\angle -11.32°$ V

37.（1）27.7A，32.4A，29.9A；（2）（1537+j2308）VA，（2923+j1385）VA

38.（a）$100\angle-95.7°$ V，$14.14\angle-45°\Omega$；（b）$0.89\angle93.4°$ V，$0.89\angle-26.57°\Omega$

习　题　五

1．设$\dot{U}_{AB}=380\angle30°$，则各相电压为

$\dot{U}_A=220\angle0°$ V，$\dot{U}_B=220\angle-120°$ V，$\dot{U}_C=220\angle120°$ V

各相、线电流为

$$\dot{I}_A=\frac{\dot{U}_A}{Z}=\frac{220\angle0°}{60+80j}=2.2\ \angle-53.13°\,(A)；\quad \dot{I}_B=\frac{\dot{U}_B}{Z}=\frac{220\angle-120°}{60+80j}=2.2\ \angle-173.13°\,(A)，$$

$$\dot{I}_C=\frac{\dot{U}_C}{Z}=\frac{220\angle120°}{60+80j}=2.2\ \angle66.87°\,(A)$$

作相量图如附图 10 所示。

2．（1）绕组为Y接，则$U_L=\sqrt{3}U_{ph}=6000$V

（2）$\dot{U}_A=3464\angle-60°$ V，则$\dot{U}_B=3464\angle-180°$ V，$\dot{U}_C=3464\angle60°$ V

因此各线电压为$\dot{U}_{AB}=6000\angle-30°$ V，$\dot{U}_{BC}=6000\angle-150°$ V，$\dot{U}_{CA}=6000\angle90°$ V

（3）作相量图如附图 11 所示。

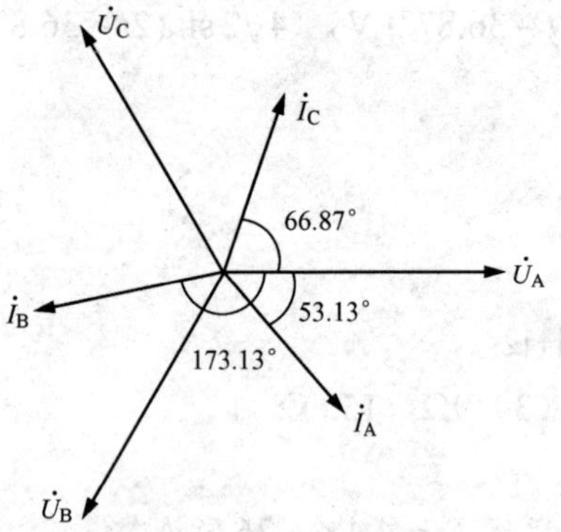

附图 10

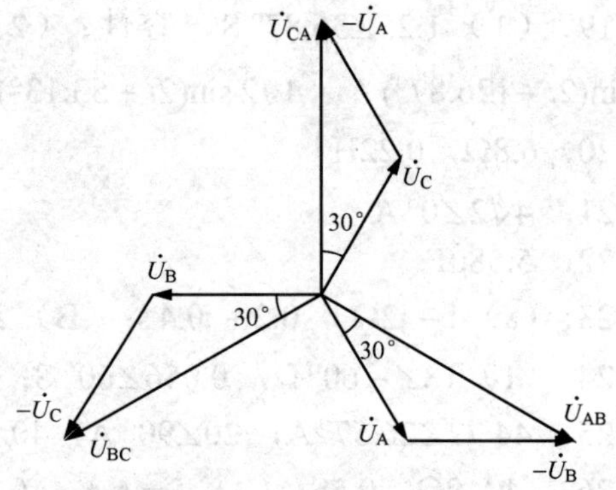

附图 11

3．设$\dot{U}_{AB}=380\angle0°$ V，$\dot{U}_{BC}=380\angle-120°$ V，$\dot{U}_{CA}=380\angle120°$ V。

则各相电流为

$$\dot{I}_{AB}=\frac{\dot{U}_{AB}}{Z}=\frac{380\angle0°}{10\angle60°}=38\ \angle-60°\,(A)，\quad \dot{I}_{BC}=\frac{\dot{U}_{BC}}{Z}=\frac{380\angle-120°}{10\angle60°}=38=\angle-180°(A)，$$

$$\dot{I}_{CA}=\frac{\dot{U}_{CA}}{Z}=\frac{380\angle120°}{10\angle60°}=38\angle60°(A)$$

则线电流为：$\dot{I}_A=\sqrt{3}\dot{I}_{AB}\angle-30°=65.82\angle-90°(A)$

$\dot{I}_B=\sqrt{3}\dot{I}_{BC}\angle-30°=65.82\angle150°(A)$

$\dot{I}_C=\sqrt{3}\dot{I}_{CA}\angle-30°=65.82\angle30°(A)$

作相量图如附图 12 所示。

4．（1）三相变压器一次绕组接成三角形，每相绕组承受 110kV 电压；若接成星形，每

相绕组承受$\dfrac{110}{\sqrt{3}}$kV 电压。

（2）从绝缘材料方面考虑，应选择接成星形，因为此时绝缘只需按相电压考虑，可以降低绝缘要求，节省投资。

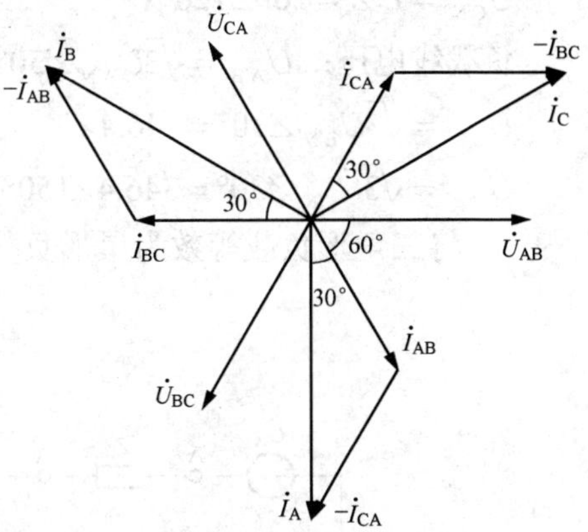

附图 12

5．三相绕组作三角形连接，电动机从电网吸收的功率为 P=17328W；

三相绕组作星形连接，电动机从电网吸收的功率为 P=5776W；

由以上计算可知，同一台电动机，绕组接成三角形时消耗的功率是绕组接成星形时的 3 倍。

6．由 $P_N=\sqrt{3}U_N I_N \cos\varphi_N \eta_N$ 得

线电流 $I_L=I_N=21.03\text{A}$；相电流 $I_{ph}=\dfrac{I_L}{\sqrt{3}}=12.14(\text{A})$

额定视在功率为 $S_N=\sqrt{3}U_N I_N=\dfrac{P_N}{\cos\varphi_N}=13841.5(\text{VA})$

额定无功功率为 $Q_N=\sqrt{S_N^2-P_N^2}=9570\text{var}$

7．电动机从电网吸收的功率 $P_1=\dfrac{P_N}{\eta_N}=3658.5\text{W}$

由于额定电压为 380V，电动机为三角形接线。设电动机为Y接，其相、线电流相等

$$I_L=\frac{P_N}{\sqrt{3}U_N\cos\varphi_N\eta_N}=6.948\text{A}$$

设 $\dot{U}_{AB}=380\angle 0°\text{V}$，则 $\dot{U}_{BC}=380\angle -120°\text{V}$，

$\dot{U}_{CA}=220\angle 120°\text{V}$，$\dot{U}_{AC}=380\angle -60°$；由 $\cos\varphi_N=0.8$ 得

$\varphi_N=36.87°$，则 $\dot{I}_{AB}=\dfrac{6.948}{\sqrt{3}}\angle -36.87°\text{A}$，$\dot{I}_{BC}=\dfrac{6.948}{\sqrt{3}}\angle -156.87°\text{A}$；

$\dot{I}_A=6.948\angle -66.87°\text{A}$；$\dot{I}_B=6.948\angle 173.13°\text{A}$

第一块功率表的读数为 $P_{W1}=U_{AC}I_A\cos\left[-60°-(-66.87°)\right]=2621.3\text{W}$

第二块功率表的读数为 $P_{W2}=U_{BC}I_B\cos\left[-120°-(173.13°)\right]=1037.14\text{W}$

两块功率表的读数之和为 $P_{W1}+P_{W2}=3658.44W=P$

8．三相电路对称，N 和 N′电位相等。

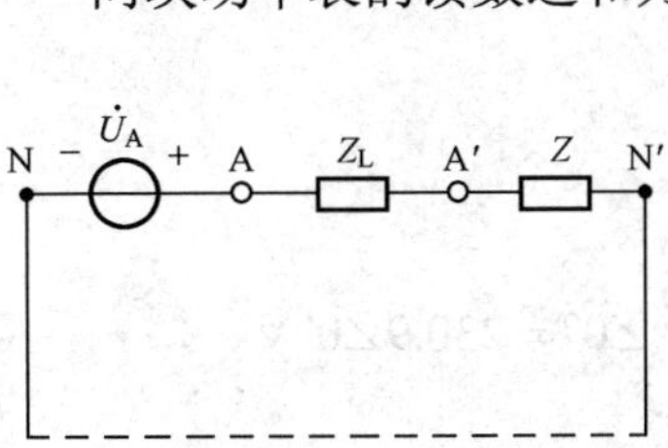

附图 13

把电源看成星形连接 $U_{ph}=\dfrac{U_L}{\sqrt{3}}=220\text{V}$；设 $\dot{U}_A=220\angle 0°$，作出 A 相计算电路如附图 13 所示，则相电流为

$\dot{I}_A=\dfrac{\dot{U}_A}{Z+Z_L}=10\sqrt{2}\angle -45°\text{A}$；$\dot{I}_B=10\sqrt{2}\angle -165°\text{A}$；

$\dot{I}_C=10\sqrt{2}\angle 75°\text{A}$

负载相电压：$\dot{U}_{A'N'}=\dot{I}_A Z=200\angle 0°\text{V}$；$\dot{U}_{B'N'}=\dot{I}_B Z=200\angle -120°\text{V}$；

$\dot{U}_{C'N'} = \dot{I}_C Z = 200\angle 120°V$

负载线电压：$\dot{U}_{A'B'} = \sqrt{3}\dot{U}_{A'N'}\angle 30° = 346.4\angle 30°V$

$\dot{U}_{B'C'} = \sqrt{3}\dot{U}_{B'N'}\angle 30° = 346.4\angle -90°V$；

$\dot{U}_{C'A'} = \sqrt{3}\dot{U}_{C'N'}\angle 30° = 346.4\angle 150°V$

9．将三角形负载等效为星形负载，如附图 14（a）所示，则

$$Z' = \frac{1}{3}Z = (39 + j28)\Omega$$

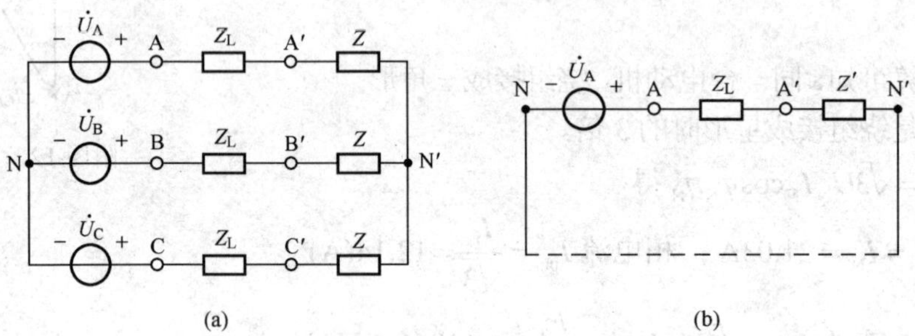

附图 14

把电源看成星形$U_{ph} = \frac{380}{\sqrt{3}} = 220V$，设$\dot{U}_{AN} = 220\angle 0°V$，作出一相计算电路，如附图 14（b）所示，则电路的线电流为

$$\dot{I}_A = \frac{\dot{U}_A}{(Z_L + Z')} = \frac{220\angle 0°}{(1+2j+39+28j)} = \frac{220\angle 0°}{50\angle 36.87°} = 4.4\angle -36.87°(A)$$

根据对称性得

$$\dot{I}_B = 4.4\angle -156.87°A，\dot{I}_C = 4.4\angle 83.13°A$$

负载的相电流

$$\dot{I}_{A'B'} = \frac{\dot{I}_A}{\sqrt{3}}\angle 30° = 2.54\angle -6.87°A$$

根据对称性得

$$\dot{I}_{B'C'} = 2.54\angle -126.87°A，\dot{I}_{C'A'} = 2.54\angle 113.13°A$$

计算三角形负载的相电压：$\dot{U}_{A'B'} = \dot{I}_{A'B'}Z = 365.8\angle 28.8°V$

根据对称性得$\dot{U}_{B'C'} = 365.8\angle -91.2°V$，$\dot{U}_{C'A'} = 365.8\angle 148.8°V$

10．（1）将三角形负载化为星形负载如附图 15（a）所示

$$Z_2' = \frac{1}{3}Z = (5 + j5)\Omega$$

（2）作出 A 相计算电路如附图 15（b）所示。设$\dot{U}_{AN} = \frac{400}{\sqrt{3}}\angle 0° = 230.9\angle 0°V$

$$\dot{I}_A = \frac{\dot{U}_{AN}}{\frac{Z_1 Z_2'}{Z_1 + Z_2} + Z_L} = 6.73\angle -49.26°A$$

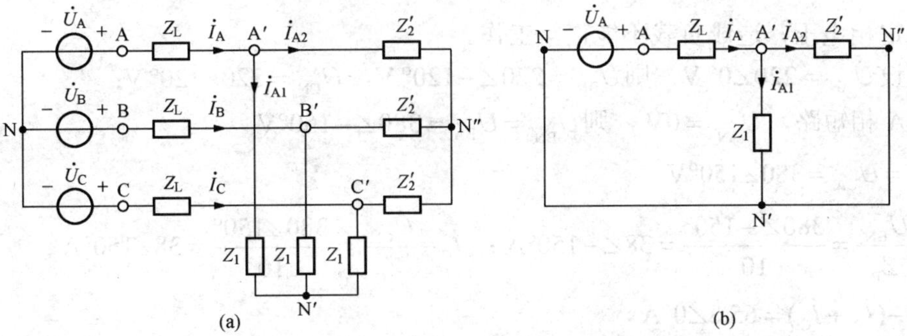

附图 15

（3）负载相电压为$\dot U_{A'N'}=\dot U_{AN}-\dot I_A Z_L=216.39\angle-1°\text{V}$；

根据对称性有$\dot U_{B'N'}=216.39\angle-121°\text{V}$；$\dot U_{C'N'}=216.39\angle119°\text{V}$

（4）负载线电压为$\dot U_{A'B'}=\dot U_{A'N'}\angle30°=374.8\angle29°\text{V}$；

根据对称性有$\dot U_{B'C'}=374.8\angle-91°\text{V}$，$\dot U_{C'A'}=374.8\angle149°\text{V}$

（5）求负载电流$\dot I_{A1}=\dfrac{\dot U_{AN'}}{Z_1}=\dfrac{216.39\angle-1°}{40+50\text{j}}=3.38\angle-52.34°\text{A}$；

$\dot I_{A2'}=\dfrac{\dot U_{AN'}}{Z_2'}=\dfrac{216.39\angle-1°}{50+50\text{j}}=3.06\angle-46°\text{A}$；

回到原电路：$\dot I_{A2}=\sqrt3\dot I_{A2'}\angle-30°=5.3\angle-76°\text{A}$；

（6）Z_1和Z_2消耗的功率分别为

$P_1=3I_{A1}^2R_1=1371\text{W}$，$P_2=3I_{A2}^2R_2=4229.41\text{W}$

11．（1）求 A、B、C 三相负载的大小

$R_A=\dfrac{U_{AN}^2}{P_A}=\dfrac{220^2}{4000}=12.1(\Omega)$，$R_B=\dfrac{U_{BN}^2}{P_B}=\dfrac{220^2}{10000}=4.84(\Omega)$，

$R_C=\dfrac{U_{CN}^2}{P_C}=\dfrac{220^2}{20000}=2.42(\Omega)$

（2）当中性线断开时，中性点电压位移

$$\dot U_{N'N}=\frac{\dfrac{\dot U_A}{R_A}+\dfrac{\dot U_B}{R_B}+\dfrac{\dot U_C}{R_C}}{\dfrac{1}{R_A}+\dfrac{1}{R_B}+\dfrac{1}{R_C}}=\frac{\dfrac{220\angle0°}{12.1}+\dfrac{220\angle-120°}{4.84}+\dfrac{220\angle120°}{2.42}}{\dfrac{1}{12.1}+\dfrac{1}{4.84}+\dfrac{1}{2.42}}=90.6\angle141.8°(\text{V})$$

（3）负载各相电压

$\dot U_{AN'}=\dot U_{AN}-\dot U_{N'N}=296.5\angle-10.9°(\text{V})$

$\dot U_{BN'}=\dot U_{BN}-\dot U_{N'N}=249.6\angle-98.9°(\text{V})$

$\dot U_{CN'}=\dot U_{CN}-\dot U_{N'N}=140\angle106.1°(\text{V})$

由于负载不对称，当中性线断开时，导致$\dot U_{N'N}\neq0$，即中性点位移，而使各相负载的相电压$\dot U_{AN'}$、$\dot U_{BN'}$、$\dot U_{CN'}$不对称，有的高于负载的额定相电压，可能损坏电气设备；有的低于

负载的额定相电压，造成负载不能正常工作。

12．设$\dot{U}_{AN}=220\angle 0°$ V，则$\dot{U}_{BN}=220\angle -120°$ V，$\dot{U}_{CN}=220\angle 120°$ V；

（1）A 相短路，$\dot{U}_{AN'}=0$V，则$\dot{U}_{BN'}=\dot{U}_{BA}=380\angle -150°$V，

$\dot{U}_{CN'}=\dot{U}_{CA}=380\angle 150°$V

$\dot{I}_B=\dfrac{\dot{U}_{BN'}}{Z_B}=\dfrac{380\angle -150°}{10}=38\angle -150°$A；$\dot{I}_C=\dfrac{\dot{U}_{CN'}}{Z_C}=\dfrac{380\angle 150°}{10}=38\angle 150°$A；

$\dot{I}_A=-(\dot{I}_B+\dot{I}_C)=65.8\angle 0°$A

（2）A 相断开，$\dot{I}_A=0$；$\dot{I}_B=\dfrac{\dot{U}_{BC}}{Z_B+Z_C}=\dfrac{380\angle -90°}{10+10}=19\ \angle -90°$A；$\dot{I}_C=-\dot{I}_B=19\angle 90°$A

习　题　六

一、应用题

1．由公式$f_0=\dfrac{1}{2\pi\sqrt{LC}}$得$f_0=\dfrac{1}{2\times 3.14\times\sqrt{3\times 10^{-3}\times 0.33\times 10^{-6}}}=5061(\text{Hz})$

电流大小为$I_0=\dfrac{U_s}{R}=\dfrac{3}{30}=0.1$A，相量为$\dot{I}_0=0.1\angle 0°$A

各元件 RLC 上的电压相量分别为：$\dot{U}_R=\dot{I}R=0.1\angle 0°\times 30=3\angle 0°(\text{V})$

$\dot{U}_L=\text{j}\dot{I}X_L=0.1\angle 0°\times 2\times 3.14\times 5061\times 0.003\angle 90°=9.5\angle 90°(\text{V})$

$\dot{U}_C=-\text{j}\dot{I}X_C=0.1\angle 0°\times 2\times 3.14\times 5061\times 0.003\angle -90°=9.5\angle -90°(\text{V})$

2．因为电路发生谐振，则有$I_0=\dfrac{U_s}{R}=\dfrac{1}{R}=0.1\text{A}$, 故$R=10\Omega$，由于$U_{C0}=QU_s=100$V，所以$Q=100$，再利用公式$Q=\dfrac{\rho}{R}=\dfrac{\omega_o L}{R}=\dfrac{1}{\omega_o CR}=\dfrac{1}{R}\sqrt{\dfrac{L}{C}}$

可得

$100=\dfrac{2\times 3.14\times 10^6 L}{10}$，故$L=0.159$mH

$100=\dfrac{1}{10\times 2\times 3.14\times 10^6 C}$，故$C=159.2$pF

3．由公式$f_0=\dfrac{1}{2\pi\sqrt{LC}}$与$Q=\dfrac{\rho}{R}=\dfrac{\omega_o L}{R}=\dfrac{1}{\omega_o CR}=\dfrac{1}{R}\sqrt{\dfrac{L}{C}}$可求出谐振电路的谐振频率$f_0$和品质因数$Q$分别是

$f_0=\dfrac{1}{2\times 3.14\times\sqrt{1\times 10^{-6}}}=159.2(\text{Hz})$

$Q=\dfrac{1}{10}\sqrt{\dfrac{1}{10^{-6}}}=100$

4．由公式$\dfrac{U_1}{U_2}=\dfrac{N_1}{N_2}$可得到变压比$\dfrac{U_1}{U_2}=\dfrac{N_1}{N_2}=\dfrac{220}{110}=2=k$故二次绕组匝数为$N_2=N_1/2=1100$匝。二次绕组中电流为$I_2=\dfrac{U_2}{R}=11$A，由$\dfrac{I_2}{I_1}=\dfrac{N_1}{N_2}=k$得到$I_1=I_2/2=5.5$A

5．由公式$P=UI$可以求出一、二次绕组的额定电流分别为$I_1=\dfrac{S}{U_1}=9.1\text{A}$，$I_2=\dfrac{S}{U_2}=18.2\text{A}$

6．首先根据公式 $S=IU$ 可以求出二次绕组中的额定电流为$I_2=\dfrac{S}{U_2}=454.6\text{A}$，而每盏电灯的电阻为$R=\dfrac{U^2}{P}=1210\Omega$，其工作需要的电流为$I=\dfrac{U}{R}=0.09\text{A}$，故可以接入的电灯盏数为$454.6/0.09=5051$（盏）。

7．根据公式$L_{顺}=L_1+L_2+2M$得到线圈顺向串联时的等效电感是$L_{顺}=20\text{H}$，反向串联时的等效电感为$L_{反}=L_1+L_2-2M=8\text{H}$

8．因为互感线圈是反向串联，故等效电感是$L_{反}=L_1+L_2-2M=0.1\text{H}$，由公式$f_0=\dfrac{1}{2\pi\sqrt{LC}}$得$\omega_0=\dfrac{1}{\sqrt{0.1\times C}}=10^6$，所以$C=10\times10^{-12}\text{F}=10\mu\text{F}$

9．电路中的电流大小为$I_0=\dfrac{U_s}{R}=\dfrac{30}{100}=0.3(\text{A})$, 相量为$\dot{I}=0.3\angle0°\text{A}$　各元件 RLC 上的电压相量分别为：$\dot{U}_R=\dot{I}R=30\angle0°\text{V}$

$\dot{U}_L=\text{j}\dot{I}X_L=30000\angle90°\text{V}$，$\dot{U}_C=-\text{j}\dot{I}X_C=30000\angle-90°\text{V}$

二、判断题：（将判断结果填入括号中，正确的填“√”，错误的填“×”。）

1．（√）；2．（√）；3．（×）；4．（√）；5．（√）；6．（×）；7．（×）；8．（√）；9．（×）；10．（√）

习　题　七

1．$I=\sqrt{I_1^2+I_3^2+I_5^2}=\sqrt{22^2+60^2+14.14^2/2}=64.68(\text{A})$

2．$U=\sqrt{U_0^2+U_1^2+U_3^2+U_5^2}=\sqrt{50^2+63.7^2/2+21.2^2/2+12.7^2/2}=69.53(\text{V})$

3．$U=\sqrt{U_0^2+U_1^2+U_2^2+U_3^2}=\sqrt{80^2+60^2/2+50^2/2+30^2/2}=99.5(\text{V})$

$I=\sqrt{I_0^2+I_1^2+I_3^2+I_4^2}=\sqrt{40^2+(30/\sqrt{2})^2+20^2/2+10^2/2}=47.96(\text{A})$

$p=U_0I_0+U_1I_1\cos\varphi_1+U_3I_3\cos\varphi=1106.4\text{W}$

4．无中性线时，相电流、负载相电压中不含零序谐波，电源相电压中含零序谐波。

$U=\sqrt{U_{\text{ph}}^2+U_{\text{N'N}}^2}=115,U_{\text{ph}}=\sqrt{U^2-U_{\text{N'N}}^2}=111\text{V}=U_1$，$I_1=U_1/Z=111/10=11.1(\text{A})$，三相有功$P=3I_1^2R=3696\text{W}$

5．（1）直流分量作用：电容用开路线代替，电感用短路线代替，$I_0=0$，$U_0=0, P_0=0$

（2）计算基波分量，$Z_1=R+\text{j}(X_{L1}-1/\omega C)=17.09\angle-69.44°\Omega$，

$Z_3=R+\text{j}(3X_{L1}-X_{C1}/3)=6\Omega$，$Z_{L3}=R+\text{j}3X_{L1}=6+\text{j}6\Omega$，

设$\dot{U}_1=80\angle30°/\sqrt{2}\text{V}$，$\dot{I}_1=\dot{U}_1/Z_1=80\angle30°/(\sqrt{2}\times17.09\angle-69.44°)=3.31\angle99.4°(\text{A})$

$\dot{U}_{L1}=\dot{I}_1Z_{L1}=3.31\times(6+\text{j}2)\angle99.44°=20.93\angle117.87°(\text{V})$

（3）计算三次谐波分量，$\dot{U}_3=18\angle0°/\sqrt{2}\text{V}$，$\dot{I}_3=\dot{U}_3/Z_3=18/(6\sqrt{2})=2.12\text{A}$，

$\dot{U}_{L3}=\dot{I}_3Z_{L3}=3/[(6+\text{j}6)\times\sqrt{2}]=18.03\angle45°\text{V}$

（4）电流表、电压表、功率表的读数为$I=\sqrt{3.31^2+2.12^2}=3.93(\text{A})$

$U_{RL}=\sqrt{20.93^2+18.03^2}=27.6(\text{V})$，$P=I_1^2R+I_3^2R=92.7\text{W}$

6.（1）发电机空载时，绕组回路中只有三次谐波电动势，因三相三次谐波同相位有 $U_{s3}=3U_3=3\times51=153\text{V}$, $Z_3=3\sqrt{R^2+(3X_{L1})^2}=25.5\Omega$，$I=U_{s3}/Z=6\text{A}$

（2）一相接反，则回路中有基波及三次谐波电压存在，基波总电压为 $U_{s1}=2\times125=250(\text{V})$，基波电流 $I_1=U_{s1}/(3Z_1)=250/(3\times\sqrt{1.3^2+2.8^2})=27(\text{A})$，三次电流 $I_3=U_3/Z_3=2\text{A}$；通过发电机绕组的电流 $I=\sqrt{I_1^2+I_3^2}=27.07\text{A}$

7.（1）取电流电压关联方向，据瞬时值形式欧姆定律得

$u=iR=(5+14.14\cos\omega t+7.07\cos2\omega t)\times10=(50+141.4\cos\omega t+70.7\cos2\omega t)\text{V}$

$U=\sqrt{U_0^2+U_1^2+U_2^2}=\sqrt{50^2+141.4^2/2+70.7^2/2}=122.48(\text{V})$

（2）$P=U^2/R=122.48^2/10=1500.1(\text{W})$

8.（1）取关联方向，电容电压滞后于它的电流 90º，一次谐波作用 $X_{C1}=1/\omega C=10\Omega$，$U_{C1}=I_1X_{C1}=14.14\times10/\sqrt{2}=100(\text{V})$，$u_{C1}=U_{C1}\sqrt{2}\sin(100t-90°)=100\sqrt{2}\sin(100t-90°)\text{V}$，

（2）二次谐波电流作用

$X_{C2}=1/2\omega C=5\Omega$，$U_{C2}=I_2X_{C2}=7.07\times5/\sqrt{2}=25(\text{V})$

$u_{C2}=U_{C2}\sqrt{2}\sin(200t-90°)=25\sqrt{2}\sin(200t-90°)(\text{V})$

（3）$u=u_{C1}+u_{C2}=[100\sqrt{2}\sin(100t-90°)+25\sqrt{2}\sin(200t-90°)]\text{V}$，

$U=\sqrt{U_{C1}^2+U_{C2}^2}=103.1\text{V}$

（4）电路的平均功率为 $P=0$

习 题 八

1. $i_L(0_+)=i_L(0_-)=1\text{A}, i_3(0_+)=0, u_3(0_+)=i_3(0_+)R_3=0$,

$u_2(0_+)=i_L(0_+)R_2=12\text{V}$,

$i_1(0_+)=i_L(0_+)=1A, U_1(0_+)=i_1(0_+)R_1=4\text{V}$, $u_L(0_+)=u_s-u_1(0_+)-u_2(0_+)=8\text{V}$

2. 在换路后一瞬间任何电感电流和磁链，以及任何电压和电荷一般都应保持换路前一瞬间的原有量不能跃变，换路后就以此为初始值而连续变动。这个规律称为换路定律。即：$u_C(0_+)=u_C(0_-)$, $i_L(0_+)=i_L(0_-)$。独立初始值 $u_C(0_+)$, $i_L(0_+)$ 可由换路定律直接求得；相关初始值由独立初始值、KCL、KVL 和欧姆定律求出。

3. RC 电路的时间常数 $\tau=RC$，它是衡量电路过渡过程进行得快慢的物理量。时间常数 τ 大，则充电或放电时间长，一般时间 t=(3～5)τ 可认为充电或放电过程基本结束。

4. 零输入响应指无外加信号输入作用而有电路初始时刻储能所产生的响应；零状态响应指电路初始时刻无储能，而有外电路的输入信号所引起的响应。

5. 电路在换路很长时间($t=\infty$)之后的状态，称为稳定状态；过渡过程指电路从一个稳定状态过渡到另一个稳定状态所经历的物理过程。

6. RL 电路和时间常数为 $\tau=L/R$，R 为从电感两端看进去的无源等效网络电阻。

7. 一阶 RC 或 RL 电路的全响应由稳态值 $f(\infty)$，初始值 $f(0_+)$，及时间常数 τ 三个特征值组成，称为三要素。计算一阶电路的三要素为：（1）求电路的初始值 $f(0_+)$；$u_C(0_+)=u_C(0_-)$, $i_L(0_+)=i_L(0_-)$；（2）求电路的稳态值 $f(\infty)$；它是一个恒定不变的常数，此时电容相当于开路，

电感相当于短路，作出 $t=\infty$ 时的等效电路求 $f(\infty)$；（3）求电路的时间常数 τ，$\tau=RC$ 或 $\tau=L/R$，等效电阻 R 为从 L 或 C 两端看进去的无源网络的总电阻。已知 $f(\infty)$、$f(0_+)$ 及 τ 后，可按下式写出电路响应的表达式，即

$$f(t)=f(\infty)+[f(0_+)-f(\infty)]\mathrm{e}^{-\frac{t}{\tau}}$$

8．$i_L(0_+)=i_L(0_-)=10/(1+4)=2\text{A}$，

$i(0_+)=10/1=10\text{A}, i_1(0_+)=i(0_+)-i_L(0_+)=8\text{A}$

$u_R(0_+)=Ri(0_+)=10\text{V}, u_{R1}(0)=R_1 i_L(0)=8\text{V}, u_L(0_+)=-u_{R1}(0_+)=-8\text{V}$

9．$u_C(0_+)=u_C(0_-)=\dfrac{R_2}{R_1+R_2}U_\mathrm{s}=8\text{V}, \tau=(R_2+R_3)C=50\times10^{-3}\text{s}$

$u_C(t)=U_0\mathrm{e}^{-\frac{t}{\tau}}=8\mathrm{e}^{-20t}\text{V}$

10．$i_L(0_+)=i_L(0_-)=U_\mathrm{s}/R_1=5\text{mA}, I_0=5\text{mA}$，$\tau=L/R_2=50\times10^{-6}\text{s}$

$i_L(t)=5\mathrm{e}^{-20000t}\text{mA}$

11．（a）$\tau=RC=0.01\text{s}$；（b）$\tau=0.5\text{ms}$；（C）$\tau=L/R=0.5\text{s}$；（d）$\tau=L/R=0.2\text{s}$

12．$I_\mathrm{s}=36/9=4\text{A}$，$\tau=2/(9+9//18)=1/3\text{s}$，$i(t)=I_\mathrm{s}-I_\mathrm{s}\mathrm{e}^{-\frac{t}{\tau}}=4(1-\mathrm{e}^{-3t})\text{A}$

13．$U_\mathrm{s}=\dfrac{60}{30+60}\times180=120\text{V}$，$\tau=R_1//R_2\times C=0.2\text{s}$，$u_C(t)=120(1-\mathrm{e}^{-5t})\text{V}$

14．提示：将两电源等效为电压源 $u_\mathrm{s}=(0.6+0.3/2000)\times2\text{k}\Omega=1.5\text{V}$，$R_0=2\text{k}\Omega$，$u_C(0_+)=u_C(0_-)=\dfrac{1.5}{2+1}\times1=0.5(\text{V})$，$\tau=RC=5\times10^{-3}\text{s}$，$u_C(t)=0.5\mathrm{e}^{-200t}\text{V}$

15．换路前电路未充电，RC 电路的响应为零状态响应，$\tau=[(R_1+R_2)//R_3]C=0.3\text{s}$

$u(t)=6(1-\mathrm{e}^{-t/0.3})\text{V}$，$i_1(t)=i_C/2=\dfrac{1}{2}C\mathrm{d}u_C/\mathrm{d}t=2\times10^{-4}\mathrm{e}^{-t/0.3}\text{A}$

16．$u_C(\infty)=u_{R2}=100\times80/(20+80)=80\text{V}$，$\tau=(R_1//R_2+R_3)C=4\times10^{-4}\text{s}$

$u_C(t)=80(1-\mathrm{e}^{-2500t})\text{V}$，$i_C(t)=C\mathrm{d}u_C/\mathrm{d}t=4\mathrm{e}^{-2500t}A$，$u_{R3}=i_C R_3=16\mathrm{e}^{-2500t}\text{V}$

$i_2(t)=(u_{R3}+u_C)/R_2==1+0.8\mathrm{e}^{-2500t}\text{A}$

17．$Z=R_1+R_2+\mathrm{j}(X_L-X_C)=50\Omega$，$\dot{I}=\dot{U}_\mathrm{s}/Z=2\angle60°/\sqrt{2}\text{A}$，

$i(t)=2\sin(2500t+60°)\text{A}, u_C=-\mathrm{j}\dot{I}X_C=141.4\sqrt{2}\sin(2500t-30°)\text{V}$,

$u_C(0_+)=u(0_-)\approx-100\text{V}$，$\tau=RC=8\times10^{-5}\text{S}$，$Z=R-\mathrm{j}X_C=20-\mathrm{j}100=101.98\angle-78.7°\Omega$，稳态分量：$\dot{I}=\dot{U}/Z=100\angle60°/\sqrt{2}\times101.98\angle-78.7°=0.693\angle138.7°\text{A}$，

暂态分量：$u''(t)=A\mathrm{e}^{-\frac{t}{\tau}}$，$u_C(t)=u'_C(t)+u''_C(t)=[\sin(2500t+48.7°)+A\mathrm{e}^{-t/8\times10^{-5}}]\text{V}$

$u_C(0_+)=u_C(0_-)=-100\text{V}$，$-100=98\sin(48.7°)+A\mathrm{e}°$，$A=-100-98\sin48.7°=-173.52$，$\tau=RC=8\times10^{-5}\text{s}$，$u(t)=u'_C(t)+u''_C(t)=[98\sin(2500t+48.7°)-173.52\mathrm{e}^{-12500t}]\text{V}$

$i(t)=C\mathrm{d}u_C/\mathrm{d}t=[0.98\sin(2500t+138.7°)+8.66\mathrm{e}^{-12500t}]\text{A}$

18．换路前电路已稳态，$i_L(0_+)=i_L(0_-)=U_\mathrm{s}/(R_1+R_2)=U_\mathrm{s}/2000\text{A}$，换路后，电路属于零输入响应。$\tau=L/R_1=0.001\text{s}, i_L(t)=(U_\mathrm{s}/2000)\mathrm{e}^{-3}=1\times10^{-3}\text{A}, U_\mathrm{s}=2000\times1\times10^{-3}\times\mathrm{e}^3=40\text{V}$

19．换路前电路无储能，$i_L(0_-)=0$，$i_L(\infty)=6\times2/(4+2)=2\text{A}$，换路后电路为零状态响

应，$\tau = L/R = 4/(2+4) = (2/3)\text{s}$，$i_2(t) = i_L(t) = 2(1-\text{e}^{-1.5t})\text{A}$，$i_1(t) = I_s - i_2(t) = 6 - 2(1-\text{e}^{-1.5t}) = [4+2\text{e}^{-1.5t}]\text{A}$

20．三要素法：$u_C(0_+) = u_C(0_-) = U_s = 48\text{V}, u_C(\infty) = 120\times 48/(40+120) = 36\text{V}$

$\tau = RC = 1\times 10^{-6}\text{s}$，$u_C(t) = u_C(\infty) + [u_C(0_+) - u_C(\infty)]\text{e}^{-\frac{t}{\tau}} = [36+12\text{e}^{-1\times 10^6 t}]\text{V}$，$i_C(t) = C\text{d}u_C/\text{d}t = -0.24\text{e}^{-1\times 10^6 t}\text{A}$

21．$i_L(0_+) = i_L(0_-) = 20/(5+5) = 2\text{A}$，$i_L(\infty) = 20/5 = 4\text{A}$，$\tau = L/R = 10/5 = 2\text{s}$，$i_L(t) = i_L(\infty) + [i_L(0_+) - i_L(\infty)]\text{e}^{-t/\tau} = [4-2\text{e}^{-0.5t}]\text{A}$，$u_L(t) = L\text{d}i_L/\text{d}t = 10\text{e}^{-0.5t}\text{V}$

22．三要素法：$i_L(0_+) = i_L(0_-) = 10/5 = 2\text{A}, i_L(\infty) = 20/(5+3) = 1.25\text{A}$，$\tau = L/R = 1/(5+3) = (1/8)\text{s}$，$i_L(t) = i_L(\infty) + [i_L(0_+) - i_L(\infty)]\text{e}^{-t/\tau} = [1.25+2\text{e}^{-8t}]\text{A}$,

23．$u_C(0_+) = u_C(0_-) = U_s = 9\text{V}$，$u_C(\infty) = U_s R_2/(R_1+R_2) = 9\times 6/(3+6) = 6\text{V}$

$\tau = RC = R_1 // R_2 \times C = 3\times 6\times 10\times 10^{-6}/(3+6) = 20\times 10^{-6}(\text{s})$

$u_C(t) = u_C(\infty) + [u_C(0_+) - u_C(\infty)]\text{e}^{-t/\tau} = [6+3\text{e}^{-5\times 10^4 t}]\text{V}$

24．换路前电路已稳定，电流源等效为电压源 $i_L(0_+) = i_L(0_-) = U_{s1}/R = 2\times 2/2 = 2(\text{A})$ $i_L(\infty) = (4+8)/2 = 6\text{A}, \tau = L/R = 4/2 = 2\text{s}, \ i_L(t) = i_L(\infty) + [i_L(0_+) - i_L(\infty)]\text{e}^{-t/\tau} = [6-4\text{e}^{-0.5t}]\text{A}$

25．换路前电路中含有两个网孔，应用戴维南定理求电感电流的初始值 $u_{oc} = 24\times 6/(6+6) = 12\text{V}$，$R_0 = R_1 // R_3 = 3\Omega, i_L(0_+) = i_L(0_-) = U_{oc}/R_0 = 0.8\text{A}$，$i_L(\infty) = 24/(6+12) = (4/3)\text{A}$，$\tau = L/R = 0.05/(6+12) = (0.05/18)\text{s}$，$i_L(t) = i_L(\infty) + [i_L(0_+) - i_L(\infty)]\text{e}^{-t/\tau} = [4/3 - (8/15)\text{e}^{-360t}]\text{A}$

26．换路前电路已稳定，用相量法求初始值

$Z = 80+20+\text{j}(314\times 0.1+314\times 0.2) = 100+\text{j}94.2 = 137.38\angle 43.29°\Omega$

$\dot{I} = \dot{U}_s/Z = 0.7279\angle 76.71°/\sqrt{2}(\text{A}), i_{L2}(t) = 0.72\sin(314t+76.71°)\text{A}$

$i_{L2}(0_+) = i_{L2}(0_-) = 0.7279\sin 76.71° = 0.7084\text{A}$，换路后，求出 $i(t)$ 的零状态响应

$i(t) = I_m \sin(\omega t + \varphi_s - \varphi) - I_s \sin(\varphi_s - \varphi)\text{e}^{-t/\tau}(\text{A}), Z_2 = R_2 + \text{j}X_{L2} = 20+\text{j}62.8°, 65.9\angle 72.33°\Omega$，$\tau = L_2/R_2 = 0.01s, \varphi_s = 120°, \varphi = 72.33°$

则
$$i(t) = \frac{100}{65.9}\sin(314t+120°-72.33°) - \frac{10}{65.9}\sin(120°-72.33°)\text{e}^{-100t}$$
$$= [1.517\sin(314t+47.67°) - 1.121\text{e}^{-100t}]\text{A}$$

零输入响应 $i(t) = i_L(0_+)\text{e}^{-t/\tau} = 0.7084\text{e}^{-100t}\text{A}$，电路的全响应 $i(t) = i_L(t) = 1.517\sin(314t+47.67°) - 1.121\text{e}^{-100t} + 0.7084\text{e}^{-100t} = 1.517\sin(314t+46.67°) - 0.413\text{e}^{-100t}(\text{A})$，$\tau_1 = l_1/R_1 = 1.25\times 10^{-3}\text{s}, i_{L1}(0_+) = i_{L2}(0_+) = 0.7084\text{A}, i_1(t) = i(t) - i_{L1}(0_+)\text{e}^{-t/\tau_1} = 1.517\sin(314T+47.67°) - 0.413\text{e}^{-100t} - 0.7084\text{e}^{-800t}(\text{A})$

27．$u_C(0_+) = u_C(0_-) = 0$,

$\tau = (R_1+R_2)C = 25\times 10^{-4}\text{s}$，$u_C(\infty) = I_s R_2 = 2\times 60 = 120\text{V}$

$u_C(t) = u_C(\infty) + [u_C(0_+) - u_C(\infty)]\text{e}^{-t/\tau} = 120 + (0-120)\text{e}^{-400t}\text{V} = 120(1-\text{e}^{-400t})\text{V}$

$i_C = C\text{d}u_C/\text{d}t = 25\times 10^{-6}\times 120\times 100\text{e}^{-400t} = 1.2\text{e}^{-400t}\text{A}$，$i_2(t) = [2-1.2\text{e}^{-400t}]\text{A}$

28．换路前电感无储能 $i_L(0_+) = i_L(0_-) = 0$，换路后电路为零状态响应

$R_0 = R_1 // R_2 + R_3 // R_4 = 32\Omega$， $\tau = L / R_0 = 6.25 \times 10^{-4}$ s

稳态分量用戴维南定理求解

$u_{0C} = 80 \times 80/(20+80) - 80 \times 20/(80+20) = 48(\text{V})$，$R_0 = 32\Omega$, $i_L(\infty) = u_{0C} / R_0 = 1.5\text{A}$

$i_L(t) = i_L(\infty)(1 - \text{e}^{-t/\tau}) = 1.5(1 - \text{e}^{-1600t}\text{A}$， $u_L(t) = L\text{d}i/\text{d}t = 48\text{e}^{-1600t}\text{V}$

29． $i_L(0_+) = i_L(0_-) = 2\text{A}$，电感两端外施电压法求等效电阻

$U = 2I + 0.5U$， $R_0 = U / I = 4\Omega$， $\tau = L / R_0 = 4/4 = 1(\text{s})$， $i(t) = i(0_+)\text{e}^{-t/\tau} = 2\text{e}^{-t}\text{A}$， $u(t) = L\text{d}i/\text{d}t = -8\text{e}^{-t}\text{V}$

30． $R = 2\text{k}\Omega, 2\sqrt{L/C} = 2\sqrt{0.5/0.5 \times 10^{-6}} = 2\text{k}\Omega$， $R = 2\sqrt{L/C}$，电路属于临界阻尼情况，固有频率 $p = -\dfrac{R}{2L} \pm \sqrt{\left(\dfrac{R}{2L}\right)^2 - \dfrac{1}{LC}} = -\dfrac{R}{2L} = -2000\ (1/\text{s})$，$u_C(t) = (A_1 + A_2 t)\text{e}^{-2000t}\text{V}$

$i(t) = C\text{d}u_C/\text{d}t = C[A_2\text{e}^{-2000t} - 2000(A_1 + A_2 t)\text{e}^{-2000t}]\text{A}$， $u_C(0_+) = u_C(0_-) = 2\text{V}$,

$i_L(0_+) = i_L(0_-) = 0$， $A_1 = 2$， $A_2 = 2000 \times 2 = 4000$， $u_C(t) = (2 + 4000t)\text{e}^{-2000t}\text{V}$

$i(t) = 0.5 \times 10^{-6}[4000\text{e}^{-2000t} - 2000 \times (2 + 4000t)\text{e}^{-2000t}] = -4t\text{e}^{-2000t}\text{A}$

参 考 文 献

[1] 戴士弘．高职教改课程教学设计案例集．北京：清华大学出版社，2008.
[2] 石生．电路基础分析．北京：高等教育出版社，2000.
[3] 李瀚荪．电路分析．北京：中央广播电视出版社，1985.
[4] 许建平．电路基础实验．北京：化学工业出版社，2005.
[5] 徐国华．电路实验教程．北京：北京航空航天大学出版社，2005.
[6] 李元庆．电路基础．华南理工大学出版社，2007.
[7] 张志良．电工基础．北京：机械工业出版社，2010.
[8] 付植桐．电工技术实训教程．北京：高等教育出版社，2004.
[9] 王贻月．电路学习指导．大连：大连理工大学出版社，2004.
[10] 陈正岳．电工基础．北京：中国电力出版社，1997.
[11] 李元庆．电机与变压器．北京：中国电力出版社，2007.
[12] 郭少英．电路基础．大连：大连理工大学出版社，2003.
[13] 石伟平．电路分析与应用．上海：华东师范大学出版社，2007.
[14] 田淑华．电路基础习题解答与实践指导．北京：机械工业出版社，2004.
[15] 李培芳．电路学习辅导与题解．北京：清华大学出版社，2005.
[16] 戴士弘．职业教育课程教学改革．北京：清华大学出版社，2008.
[17] 侯文顺．高分子材料分析、选择与改性课程项目化教学实施案例．北京：化学工业出版社，2009.
[18] 程周．电工基础实验．北京：高等教育出版社，2001.